高职高专通信技术专业系列教材

U0652573

通信原理
项目式教程

（第二版）

◎主编　崔雁松

西安电子科技大学出版社

内 容 简 介

本书主要介绍通信系统的结构组成、基本概念和基本技术方法，包括各种模拟调制技术、数字调制技术、模拟信号数字化的方法，各种信道编码技术以及复用和同步技术。本书整体采用任务驱动式架构，由 6 个项目、29 个任务和 68 个子任务组成。每个任务都是先提出"任务要求"，然后学习"必备知识"，最后进行"思考应答"。对于难度较大的任务，还在"思考应答"前设有"案例分析"，以帮助读者进一步了解、掌握所学内容，做到学以致用。

本书既可以作为高职高专通信技术专业、移动通信专业、电子信息工程专业等通信类专业的基础性教材，也可作为其他相关专业的职业素质扩展类教材，还可作为各级各类通信行业从业人员的参考书。

图书在版编目(CIP)数据

通信原理项目式教程/崔雁松主编. --2 版. --西安：西安电子科技大学出版社，2023.9
ISBN 978 - 7 - 5606 - 7015 - 7

Ⅰ. ①通… Ⅱ. ①崔… Ⅲ. ①通信原理—高等职业教育—教材
Ⅳ. ①TN911

中国国家版本馆 CIP 数据核字(2023)第 165890 号

策划编辑 马乐惠
责任编辑 马乐惠
出版发行 西安电子科技大学出版社(西安市太白南路 2 号)
电   话 (029)88202421 88201467   邮   编 710071
网   址 www. xduph. com   电子邮箱 xdupfxb001@163.com
经   销 新华书店
印刷单位 陕西天意印务有限责任公司
版   次 2023 年 9 月第 2 版 2023 年 9 月第 1 次印刷
开   本 787 毫米×1092 毫米 1/16 印张 18.5
字   数 437 千字
印   数 1～4000 册
定   价 43.00 元
ISBN 978 - 7 - 5606 - 7015 - 7/TN

XDUP 7317002 - 1

前　言

"通信原理"是通信类专业学生必修的入门级课程，在整个专业课程体系中具有奠基性的地位和作用。一直以来，与此课程相关的教材层出不穷、比比皆是。但是，真正适合高职高专类学生的教材并不多，一些教材甚至是由本科类教材剪切、拼凑而成的，因此学生普遍反映该课程难度太大，理论性太强，与实际联系不上。针对此问题，结合十几年的教学经验及目前的教学要求，本人编写了这本项目式教程。

本书力求做到如下几点：

- 系统性：打破传统教学内容体系，尽量展现完整的通信系统结构组成和关键技术。
- 实用性：贴近生产、生活中的实际通信系统。
- 前沿性：选取现有通信系统中先进的通信技术。
- 一书两用：知识讲解与习题训练紧密结合，"学"与"做"融为一体。
- 直观易懂：摒弃繁琐的公式推导，用通俗易懂的语言配以大量的图形、数据表格和实例，力求使学生有更直观、更明晰的感受。
- 引发兴趣、鼓励自信心：采用任务驱动式架构，案例讲解配以强化训练。

本书主要由 6 个项目、29 个任务和 68 个子任务组成。项目 1"初识通信系统"，主要训练学生辨识通信系统的种类、认识通信系统的组成、学会计算信息量、评价通信系统的优劣等；项目 2"构建模拟调制通信系统"，主要介绍调幅广播系统、SSB 频分复用系统和调频广播系统的结构组成及关键技术；项目 3"模拟信号的数字化传输"，主要介绍 PAM、PCM 和 ΔM 三种模拟信号数字化的方法；项目 4"构建数字基带通信系统"，主要介绍数字基带通信系统中的码间串扰、位同步设计、加扰及均衡等技术；项目 5"设计实现各种信道编码"，主要对学生进行线性分组码、卷积码和交织编/解码等方面的训练；项目 6"构建数字调制通信系统"，主要介绍三种基本的二进制系统和多进制系统，以及几种现代实用的数字调制技术。

本次修订替换了部分案例及示意图，使教材内容能更好地结合工程实际，与时俱进。每个项目的最后均有"思考应答参考答案"，读者扫码即可阅读。

本书由崔雁松主编，其中，项目 5 由刘以倩编写，其余项目由崔雁松编写。

由于时间和水平所限，书中难免存在缺点和不足，希望能够得到全国高职院校同行专家、教师及学生的支持和批评指正，共同研讨本门课程及相关课程高职类教材的编写工作。联系邮箱：yansong.cui@126.com。

编　者
2023 年 6 月

CONTENTS
目　录

项目 1　初识通信系统

任务 1.1　学会辨识通信系统

任务要求：日常生活、生产中存在着各种各样的通信系统，通过学习和独立思考，了解各种通信系统的存在形式，掌握它们各自的特点，学会对其进行分类。

子任务 1.1.1　了解通信发展的历史

┌─────────────┐
│　**必备知识**　│
└─────────────┘

　　通信离人们的生活并不遥远，从古代的消息树、烽火台和驿马传令到现代的书信、电报、电话、广播、电视、遥控、遥测等可以看出，通信的发展史也是人类的科技进步史。真正的电通信始于 19 世纪 30 年代。1837 年，莫尔斯电磁式电报机出现；1866 年，利用大西洋海底电缆实现了越洋电报通信；1876 年，贝尔发明了电话机，出现了有线电报、电话通信；19 世纪末，出现了无线电报；20 世纪，电子管、晶体管、集成电路的出现，使通信迅速发展；20 世纪 80 年代以来，微波通信、卫星通信、光纤通信、移动通信和计算机通信等各种现代通信系统竞相发展。现在的通信技术正在向数字化、智能化、综合化、宽带化、个人化方向迅速发展。人类不断努力，正在奔向通信的最终目标——5W（Whenever，Wherever，Whoever，However and Whatever），即无论何时、何地都能实现与任何人进行任何形式的信息交互——全球个人通信。

┌─────────────┐
│　**思考应答**　│
└─────────────┘

　　通信和通信系统与"电"的关系是怎样的？

子任务 1.1.2　掌握"通信"的概念

┌─────────────┐
│　**必备知识**　│
└─────────────┘

　　何谓通信？简言之，通信是指将信息有效而可靠地由一地传输到另一地的过程。为了实现通信，必须要有一定的技术、设备和传输媒介的支持，所有这些技术、设备和传输媒介的总和就构成了通信系统（参照图 1-1 的公众通信网）。

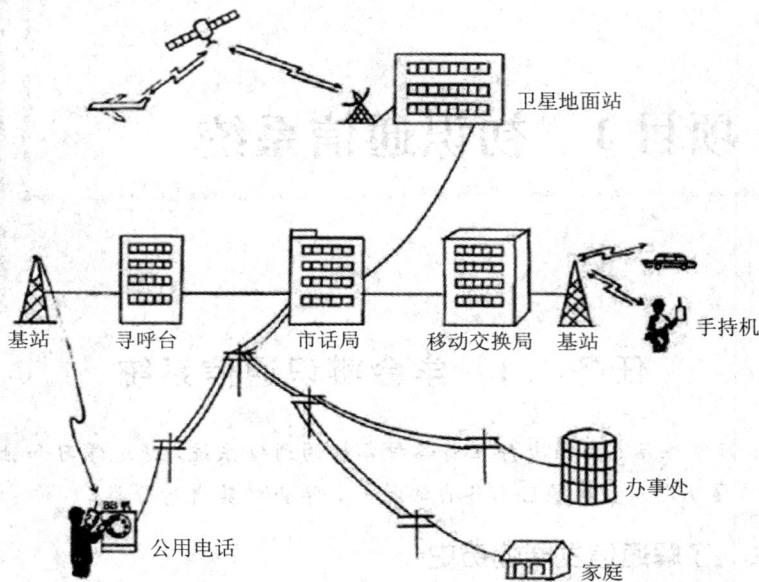

图 1-1　公众通信网

　　具体来讲，通信和通信系统的概念包括以下几方面含义：

　　（1）通信的目的是传输信息。这里强调通信传输的是"信息"，而不是"消息"。"消息"这个词汇在日常生活中，尤其是在人们的口语中应用普遍。然而，在通信术语中，应该采用的词汇是"信息"。信息是有用的消息，是收信者不确定的、未知的消息。否则，通信就失去了意义。

　　（2）信息的传输必须是有效而可靠的。有效性和可靠性是衡量通信系统性能优劣的两个最主要的质量指标。有效性是指系统能高效率地传输信息；可靠性是指系统能不失真地传输信息。

　　（3）信息的传输在异地之间，要经历一段时间，要采用某种具体的形式，要克服路径中的干扰和距离上的障碍。

　　在同一地点、可以面对面直接交流的情况下研究通信是没有意义的，因此，通信一般是在异地之间。又由于在异地，信息的传输必然要耗时，因此，通信中既包含有空间的问题，又包含有时间的问题。通信要传输的信息是抽象的概念，其传输要采取"信号"这种具体的形式。信号是信息的载体。信号在传输过程中要克服距离上的障碍，否则就会产生衰减和失真。衰减是指信号的功率随传播距离的增加而减小的现象。失真是指由于受到传输路径中噪声的影响，信号在波形上的变动。噪声是指由系统内部或外部过程所产生的随机的并对本系统有用信号有影响的信号。

┌─ 思考应答 ─┐

1．"消息""信息"和"信号"的关系是怎样的？

2．信号传输过程中的两大基本现象及其含义是什么？

3. 仔细观察图 1-1，试说出其中采用的技术、设备和传输媒介都有哪些？

子任务 1.1.3　学会辨识通信系统的分类与传输方式

┌─────────┐
│ **必备知识** │
└─────────┘

一、通信系统的分类

通信系统有很多分类方法，下面仅介绍其中最主要的几种。

1. 按通信的业务和用途分类

按通信的业务和用途不同，可将通信系统分为常规通信系统和控制通信系统两大类。其中，常规通信又包括话务通信和非话务通信两种。话务通信主要包括电话信息服务业务、语音信箱业务和电话智能网业务。话务通信在通信史上一直处于主导地位，但近年来，非话务通信发展趋势强劲，如计算机通信、电子信箱、数据库检索、可视图文及会议电视、图像通信等。由于话务通信的固有地位，后出现的通信系统往往以现有的公共电话网为依托，现在建成的综合业务数字网（ISDN）就是融合了多种通信业务形式的综合性通信系统。控制通信包括遥测、遥控、遥信和遥调通信等，如雷达通信和遥测、遥控指令通信等。

2. 按调制与否分类

按系统中是否采用了调制、解调技术，可将通信系统分为基带传输系统和频带传输（又称调制传输或载波传输）系统。基带传输系统是指信号在发送端无需经过调制而直接进行传输，在接收端无需经过解调就能接收的系统。基带传输一般只能用于近距离通信，如门禁对讲系统。频带传输系统是指在发送端对基带信号进行调制，将基带信号的频谱进行搬移，在接收端通过解调从接收到的信号中恢复出原始基带信号的系统。

3. 按信号特征分类

信号按照其参量（如幅度、频率等）取值的不同，可以分为模拟信号和数字信号两种。模拟信号参量的取值是连续的或可以有无穷多个，如语音、图像等。数字信号参量的取值只能是有限多个，如计算机输入/输出信号、电报信号等。

按照信道中所传输的是模拟信号还是数字信号，把通信系统相应地分成模拟通信系统和数字通信系统。无论是模拟通信还是数字通信，在不同的通信领域中都得到了广泛的应用。但与模拟通信相比，数字通信具有更多的优点，更能适应现代社会对通信技术越来越高的要求。其优点主要包括：

（1）抗干扰能力强。由于数字信号的取值个数有限（大多数情况只有 0 和 1 两个值），在传输过程中我们不必关心信号的绝对值，只注意相对值即可。因此，即使受到噪声干扰，只要不超过相对的界限，就不会产生误码。此外，数字信号在传输过程中，能够通过再生中继的方法，对数字信号波形进行整形再生而消除噪声积累，而模拟信号只能进行简单的中继放大，在有用信号被放大的同时，噪声也被放大了，如图 1-2 所示。

（2）差错可控。数字通信可以采用信道编码技术降低系统误码率，提高传输可靠性。

（3）便于进行加工和处理。数字通信系统易于与各种数字终端接口，易于用现代数字

(a) 模拟通信系统

(b) 数字通信系统

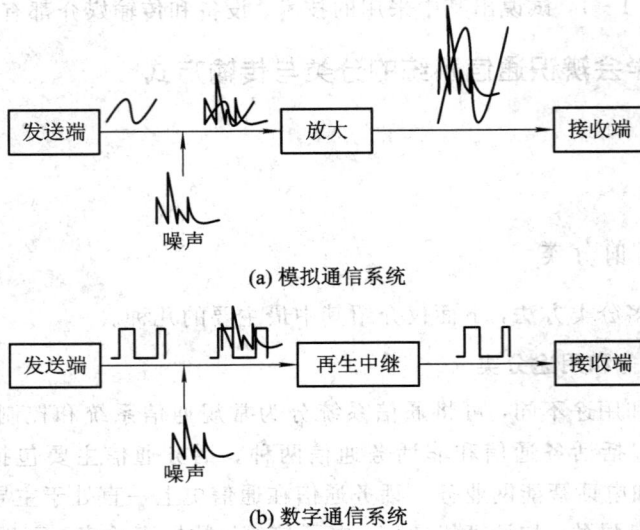

图 1-2　模拟通信与数字通信抗干扰能力对比

信号处理技术对数字信号进行处理、加工、变换和存储。

（4）易集成。由于采用数字集成电路，因此数字通信系统具有体积小、重量轻、调试方便等特点。

（5）易加密，保密性强。

（6）灵活性好，通用性强。数字通信系统能够传输话音、电视、数据等各种信息形式，因此，更具通用性和灵活性。

但是，数字通信的这些优点都是用比模拟通信占据更宽的系统频带为代价而换取的。以电话为例，一路模拟电话通常只占据 4 kHz 的带宽，但一路接近同样话音质量的数字电话可能要占据 20～60 kHz 的带宽。此外，由于数字通信对同步要求高，因而系统设备比较复杂。不过，随着光纤、数字微波等宽带信道的使用以及数字频带压缩技术的发展，数字通信的这些缺点已经弱化，数字通信的主导地位越来越明显。

4. 按传输媒介分类

按传输媒介的性质不同，可将通信系统分为有线通信系统和无线通信系统两大类。有线通信是用缆线（如架空明线、同轴电缆、光缆等）作为传输媒介完成通信的，如有线电话、有线电视、海底电缆通信等。无线通信是依靠电磁波在自由空间中传播以达到传递消息的目的，如短波电离层传播、微波视距传播、卫星中继等。

5. 按工作波段分类

按系统中通信设备的工作频率（波长）不同，可将通信系统分为长波通信、中波通信、短波通信、超短波（米波）通信、微波通信和红外线通信。其中，无线电波包括从长波到微波（包括分米波、厘米波和毫米波）的范围，比无线电波频率更高的是红外线、可见光、紫外线等。

表 1-1 列出了通信中使用的波段（频段）及其常用传输媒介、主要用途等。其中，工作频率和波长的换算公式为

$$f = \frac{c}{\lambda} = \frac{3 \times 10^8}{\lambda} \tag{1-1}$$

式中，f 为工作频率(单位为 Hz)，λ 为工作波长(单位为 m)，c 为光速(单位为 m/s)。

表 1-1　通信波段与常用传输媒介

频率范围	对应波长	名称/符号	传输媒介	主要用途
3 Hz～30 kHz	$10^4 \sim 10^8$ m	甚低频 VLF	有线线对 长波无线电	音频、电话、数据终端长距离导航、时标
30～300 kHz	$10^3 \sim 10^4$ m	低频 LF	有线线对 长波无线电	导航、信标、电力线通信
300 kHz～3 MHz	$10^2 \sim 10^3$ m	中频 MF	同轴电缆 中波无线电	调幅广播、移动陆地通信、业余无线电
3～30 MHz	$10 \sim 10^2$ m	高频 HF	同轴电缆 短波无线电	移动无线电话、短波广播、定点军用通信、业余无线电
30～300 MHz	1～10 m	甚高频 VHF	同轴电缆 米波无线电	电视、调频广播、空中管制、车辆通信、导航
300 MHz～3 GHz	10～100 cm	特高频 UHF	波导 分米波无线电	电视、微波接力、卫星和空间通信、雷达
3～30 GHz	1～10 cm	超高频 SHF	波导 厘米波无线电	微波接力、卫星和空间通信、雷达
30～300 GHz	1～10 mm	极高频 EHF	波导 毫米波无线电	雷达、微波接力、射电天文学
1000～10 000 GHz	$3 \times 10^{-5} \sim$ 3×10^{-4} cm	红外线、可见光、紫外线	光纤、激光 空间传播	光通信

6. 按信号复用方式分类

对多路信号，采用复用方式传输能够更加有效地利用现有通信资源。按信号的复用方式不同，可将通信系统分为频分复用(FDM)、时分复用(TDM)、码分复用(CDM)、空分复用(SDM)和波分复用(WDM)等。频分复用是用频谱搬移的方法使不同信号占据不同的频率范围；时分复用是用抽样或脉冲调制的方法使不同信号占据不同的时间区间；码分复用是用正交的码型来区分不同信号；空分复用是靠空间方位来区分不同信号；波分复用是指在同一根光纤中同时传输两路或多路不同波长的光信号。例如，移动通信的发展经历了四个阶段：1G 为频分复用；2G 主要采用时分复用；3G 主要采用码分复用；4G 采用正交频分复用(OFDM)。

二、传输方式

通信系统中信号的传输方式有很多，其划分依据主要包括以下两种。

1. 按消息传递的方向与时间关系划分

对于点与点之间的通信，按消息传递的方向与时间关系，通信方式可分为单工(Simplex)

通信、半双工（Half - duplex）通信和全双工（Duplex）通信三种。

单工通信是指消息只能单方向传输的工作方式。因此通信双方发送、接收功能是固定的且只需占用一个信道，如图 1-3（a）所示。广播、电视、遥测、遥控等采用的就是单工通信。

半双工通信是指通信双方都具有发送和接收功能，但不能同时接收，也不能同时发送的双向传输方式。因此，半双工通信也只需占用一个信道，如图 1-3（b）所示。无线对讲机、普通无线收发报机等采用的就是半双工通信。

全双工通信是指通信双方可同时进行收发操作的双向传输方式。因此，全双工通信必须占用双向信道，如图 1-3（c）所示。电话通信、计算机通信等采用的就是全双工通信。

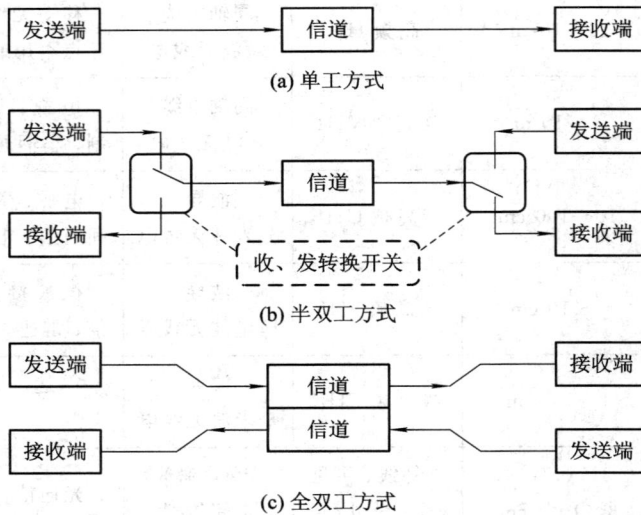

图 1-3　单工、半双工和全双工传输方式示意图

2. 按数字信号码元的排列方法划分

在数字通信中，按数字信号码元排列的顺序可分为并行传输和串行传输。

并行传输是指将代表信息的数字序列以成组的方式在两条或两条以上的并行信道上同时进行传输，如图 1-4（a）所示。串行传输是指数字序列以串行方式一个接一个地在一条信道上进行传输，如图 1-4（b）所示。

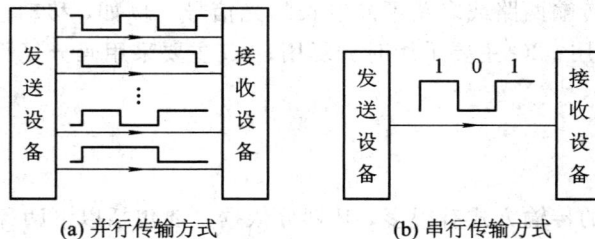

图 1-4　并行和串行传输方式示意图

并行传输数据传输速率高，但线路多、成本高，一般适用于近距离通信。串行传输虽然数据传输速率低，但线路成本也低，非常适合于远距离通信。

┌─────────┐
│ **案例分析** │
└─────────┘

1. 家用电器遥控器所属的通信系统分类及传输方式是怎样的？

答：家用电器遥控器一般是在遥控器和家用电器之间采用一对红外对管，使用 38 kHz 载波去调制不同按键的编码信号，然后以红外线形式发送出去。因此，按通信的业务和用途分类，属于控制通信；按调制与否分类，属于频带传输；按信号特征分类，属于数字通信（模拟信号不能进行编码）；按传输媒介分类，属于无线通信；按工作波段分类，属于红外线通信，由于只传输单路信号，因此未进行信号复用；按消息传递的方向与时间关系划分，属于单工通信；按数字信号码元的排列方法划分，属于串行通信（每次传输的数据量不大）。

2. 有线电视所属的通信系统分类及传输方式是怎样的？

答：传统的有线电视是电视台通过传输线路向用户终端发送音视频信号，现在的数字有线电视能够实现视频点播、节目预约、电视读报等多种业务。因此，按通信的业务和用途分类，属于常规通信；按调制与否分类，属于频带传输（不同的电视节目占用不同的频道）；按信号特征分类，传统的有线电视属于模拟通信，现在的有线电视属于数字通信；按传输媒介分类，属于有线通信；按工作波段分类，属于甚高频 VHF 和特高频 UHF 通信；按信号复用方式分类，属于频分复用；按消息传递的方向与时间关系划分，传统的有线电视属于单工通信，现在的有线电视属于半双工或全双工通信；按数字信号码元的排列方法划分，属于串行通信（码流、远距离）。

┌─────────┐
│ **思考应答** │
└─────────┘

1. 3G 移动通信系统所属的系统分类及传输方式是怎样的？
2. Internet 的主干网所属的通信系统分类及传输方式是怎样的？

任务 1.2 认识通信系统的组成

任务要求：了解通信系统的基本组成、构成要素和系统中采用的关键技术，学会对日常生活、生产中的通信系统进行简单的分析。

子任务 1.2.1 了解通信系统的基本组成和构成要素

┌─────────┐
│ **必备知识** │
└─────────┘

为了了解通信系统的基本组成和结构，下面介绍通信系统的一般模型，如图 1-5 所示。

信息源即信息的来源，其作用是把消息转换成原始电信号的形式，如电话机、计算机、

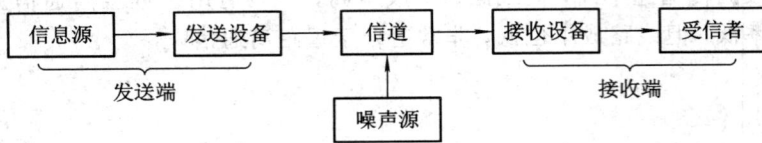

图 1-5　通信系统的一般模型

电传机等。发送设备的基本功能是将信息源产生的原始电信号变换成适合在信道中传输的信号，其变换方式是多种多样的，如调制、编码、放大、二/四线变换等。信息源和发送设备都位于系统的发送端。

信道即信息传输的通道。信道既可以是有线的，也可以是无线的。有线信道如架空明线、电缆、光缆等，无线信道主要是自由空间。信号在传输过程中，尤其是在信道中，要受到各种内、外部噪声的影响。噪声源即噪声的来源，它是整个系统中所有噪声的抽象集中。

信息源与受信者、发送设备与接收设备都是通信系统中的匹配对。因此，接收设备的基本功能与发送设备刚好相反，是将从信道中接收到的带有干扰的信号变换成原始信号的形式，以利于受信者的接收。接收设备的变换如解调、译码、滤波、放大等。受信者的作用与信息源相反，是将恢复的原始信号转换成相应的消息形式，如电话机、计算机等既可以是信息源，又可以是受信者。

需要指出，图 1-5 给出的模型只是反映了通信系统一般的、共性的问题，在研究对象更具体以及研究问题的侧重点不同时，应该建立不同的、更具体的通信系统模型。

【案例分析】

将楼宇住宅中的非可视基带对讲系统与通信系统一般模型进行对照，指出各部分构成要素。

答：当来人按下门铃时，楼门前的门铃系统是发送端，住宅中的响铃系统是接收端，信道是传输线路，噪声来自系统内部电路，基本可忽略。信息源是按钮，发送设备是放大器；接收设备是振铃电路，受信者是喇叭。

当双方通话时，楼门的主机和住宅中的分机都既是发送端也是接收端，信道仍是传输线路，噪声主要来源于系统外部干扰声音。信息源是话筒，发送设备是放大器；接收设备也是放大器，受信者是喇叭。

当住户控制开门时，住宅中的分机是发送端，楼门前的门禁装置是接收端，信道仍是传输线路，噪声基本可忽略。信息源是按键，发送设备是放大器；接收设备是控制电路，受信者是电控锁。

【思考应答】

1. 将人们通过收音机接听广播员的广播这一行为与通信系统一般模型进行对照，指出各部分的构成要素。

2. 将磁卡门禁系统与通信系统一般模型进行对照，指出各部分的构成要素。

子任务 1.2.2 了解模拟通信系统的基本组成和构成要素

必备知识

模拟通信系统的模型如图 1-6 所示。与通信系统的一般模型相比，发送设备和接收设备分别变成了调制器和解调器。这并不是说发送和接收只需要调制和解调就够了，只是突出强调了它们在模拟通信系统中的作用。可以说，模拟基带传输系统现在已经很少见了。

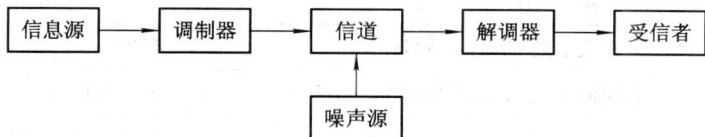

信息源 → 调制器 → 信道 → 解调器 → 受信者

噪声源 → 信道

图 1-6 模拟通信系统的模型

调制是通信原理中一个十分重要的概念，是一种信号处理技术，无论在模拟通信还是在数字通信中都具有非常重要的作用。

为什么要进行调制呢？一般来讲，信源直接产生的信号频带范围处于低频，甚至零频范围，这种信号称为基带信号。如语音信号频谱范围为 300～3400 Hz，图像信号频谱范围为 0～6 MHz。基带信号未经过调制直接被发送到信道中而进行的传输称为基带传输。但是，实际中的很多信道不是基带形式，不能进行基带信号的直接传输，如图 1-7 所示。因此需要将基带信号进行调制，即频谱搬移，变换为适合于信道的形式再进行传输。

频谱图

O 基带   频带 ω

信道

图 1-7 基带与频带

例如：传播声音时，我们可以用话筒把人声变成电信号，通过扩音器放大后再用喇叭播放出去，这属于基带传输。但若想将声音传得更远一些，比如几十千米甚至更远，就要考虑采用电缆或无线电了。但随之会出现两个问题，其一是铺设一条几十千米甚至上百千米的电缆只传一路声音信号，传输成本高、线路利用率低。采用频分复用技术，将多路声音信号分别调制到不同的频段上进行传输就可以有效解决此问题。也就是说，调制是实现频分复用，充分利用频谱资源的有效手段。另一问题是若采用无线电通信，则需满足欲发射信号的波长与发射天线的几何尺寸具有可比性（通常认为天线尺寸应大于波长的十分之一）的基本条件，信号才能通过天线有效地发射出去。而基带音频信号的频率范围是 30 Hz～30 kHz，据公式"波长 λ＝光速 c/频率 f"可知，其最小的波长也在千米以上。也就是说，要想将基带音频信号直接通过天线发送出去，所需天线尺寸应在百米以上，这显然不符合实际。采用调制技术，将信号频带搬移到高频段上去，就能有效降低信号波长，从而减小天线尺寸。

到底什么是调制呢？我们对调制的定义为：让原始基带信号去改变高频载波的某个（或

某些)参量，使载波的这个(或这些)参量随基带信号的变化而变化，或者说使载波的这个(或这些)参量携带有基带信号的信息，这个过程就称为调制。这里的基带信号也称为调制信号，经过调制以后的信号称为已调信号，又称为频带信号。打个比方：人步行从天津到北京，既费时又费力，这就是基带传输；而改为乘车方式，即载波传输，就能够节省人力和时间。人好比是基带信号，汽车或火车就是载波。

调制的种类很多，在通信中具有广泛的应用，常见的调制方式及其用途如表 1－2 所示。

表 1－2　常见的调制方式及其用途

调 制 方 式			用 途 举 例
连续波调制	模拟调制	线性调制	常规双边带调幅(AM)：广播
			抑制载波双边带调幅(SC－DSB)：立体声广播
			单边带调幅(SSB)：载波通信、无线电台、数传
			残留边带调幅(VSB)：电视广播、数传、传真
		非线性调制(角度调制)	频率调制(FM)：微波中继、卫星通信、广播
			相位调制(PM)：中间调制方式
	数字调制		幅移键控(ASK)：数据传输
			频移键控(FSK)：数据传输
			相移键控(PSK)、DPSK、QPSK 等：数据传输、数字微波、空间通信
			其他高效数字调制：QAM、GMSK 等：数字微波、空间通信
脉冲调制	脉冲模拟调制		脉幅调制(PAM)：中间调制方式、遥测
			脉宽调制(PDM、PWM)：中间调制方式、遥控
			脉位调制(PPM)：遥测、光纤传输
	脉冲数字调制		脉码调制(PCM)：市话、卫星、空间通信
			增量调制(DM 或 ΔM)、CVSD 等：军用、民用数字电话
			差分脉码调制(DPCM)：电视电话、图像编码
			其他语音编码方式：ADPCM、APC、LPC 等：中低速数字电话

由表 1－2 可见，调制主要包括以下几种分类。

(1) 按调制信号的种类来进行分类：

模拟调制——调制信号为模拟信号，比如正弦信号；

数字调制——调制信号为数字信号，比如二进制序列。

(2) 按载波的种类来进行分类：

连续波调制——载波为连续信号，比如正弦信号；

脉冲调制——载波为脉冲信号，比如矩形脉冲序列。

(3) 按调制参数的种类来进行分类：

幅度调制——载波的幅值随调制信号的变化而变化；

频率调制——载波的频率随调制信号的变化而变化；

相位调制——载波的相位随调制信号的变化而变化。

需要说明的是，在实际工程应用中，还经常将几种调制结合起来使用，即所谓复合调制方式，比如多进制数字调制中的调幅调相法（QAM）。

┌─────────┐
│ **案例分析** │
└─────────┘

1. 已知 GSM 移动通信系统工作的中心频率是 900 MHz，试粗略计算 GSM 手机直线型天线的长度。

解 根据公式计算

$$\lambda = \frac{c}{f} = \frac{3 \times 10^8}{900 \times 10^6} = \frac{1}{3} \text{ m}$$

得出 900 MHz GSM 系统电磁波波长约为 0.33 m，取手机天线长度为波长的十分之一，即 GSM 手机天线的长度为 0.033 m，即 3.3 cm。

2. 参考表 1-2 和查询相关资料，了解调幅广播、调频广播、业余无线电台、市话通信和广播电视采用的调制方式及所属类别。

答：（1）调幅广播：模拟线性调制（常规双边带幅度调制 AM）；

（2）调频广播：模拟非线性角度调制（频率调制 FM）；

（3）业余无线电台：模拟线性调制（单边带幅度调制 SSB）；

（4）市话通信：脉冲数字调制（脉码调制 PCM）；

（5）广播电视：无线电视用模拟线性调制（残留边带幅度调制 VSB）、卫星电视用数字调制（正交相移键控 QPSK）、有线电视用高效数字调制（正交幅度调制 QAM）。

┌─────────┐
│ **思考应答** │
└─────────┘

1. 已知 3G 移动通信系统的工作频率是 2000 MHz 左右，试粗略计算 3G 手机直线型天线的长度。

2. 已知某载波信号 $c(t) = 3\cos(2000\pi t + \varphi)$，试指出该载波的各个参数值。

3. 图 1-8 是一个调制模型，试根据已学知识和图中已有内容将图中文字补充完整。

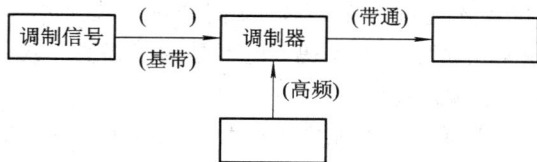

图 1-8 任务 1.2.2 思考应答第 3 题图

子任务 1.2.3 了解数字通信系统的基本组成和构成要素

┌─────────┐
│ **必备知识** │
└─────────┘

数字通信系统的模型如图 1-9 所示，与模拟通信系统的模型相比，发送端除了调制变换之外，还增加了信源编码和信道编码，接收端除了解调之外，也相应地增加了信道译码和信源译码。

信息源 → 信源编码器 → 信道编码器 → 调制器 → 信道 → 解调器 → 信道译码器 → 信源译码器 → 受信者

噪声源 → 信道

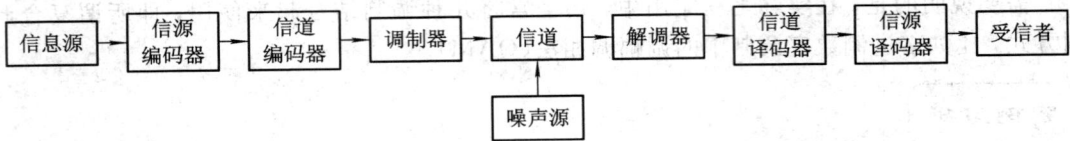

图 1-9　数字通信系统的模型

　　信源编码的目的是为了提高系统的有效性。其作用主要有两个：一是设法减少码元（M进制系统中共有 M 种消息符号，每个消息符号又称为一个码元）数目和降低码元速率，即通常所说的数据压缩。由于码元速率与信号有效传输带宽有正比关系，而信号带宽又直接反映了系统的有效性。因此，降低码元速率就是提高系统的有效性。如图像压缩编码、语音压缩编码都属于信源编码。二是当信息源产生的是模拟信号时，将模拟信号变换成数字信号，即通常所说的模/数转换。同样的信息，用有限多个取值（数字信号）取代连续的或无限多个取值（模拟信号）的表示，显然能够提高系统的有效性。

　　信道编码的目的是为了提高系统的可靠性。数字信号在信道中传输时会由于噪声、衰落等的影响而产生差错。信道编码就是利用差错控制技术使系统具有检错、纠错能力，以提高系统的可靠性。

　　信源译码与信源编码、信道译码与信道编码是通信系统中的匹配对，其作用是相反的。

　　调制器、解调器的作用与在模拟通信系统中的相同，差别在于这里的调制和解调是数字的。但调制器和解调器在数字通信系统中不是必须的。没有调制器和解调器的数字通信系统称为数字基带传输系统。数字基带传输系统在实际生活和生产中有所应用。

　　除了以上变换匹配对以外，加密与解密也是数字通信系统中常用的匹配对，在其模型中一般位于信源编/译码和信道编/译码之间。加密与解密的目的是为了保证系统的安全性。加密是指人为地、用加密密钥去改变被传输数字序列（明文）的过程。而解密是指使用解密密钥将接收到的数字序列（密文）恢复成其原有形式（明文）的过程。只有被授权方才有正确的解密密钥，才能正确对数据进行解密。例如，发端原始数据为"10011010"，用密码"11101101"对其加密（进行模 2 加运算），得到数据"01110111"，将此数据送到信道中传输，只有知道密码的合法接收者才能进行正确解密（同样进行模 2 加运算），恢复出原始数据"10011010"。加密有时也被看成是一种编码，但不是为了提高系统的有效性（信源编码）或为了抵抗信道中的噪声（信道编码）。

　　近年来，加扰和解扰技术越来越多地应用于数字通信系统中。加扰是指用具有伪随机性的扰码去"扰乱"待传输数据，使其具有随机性的过程。解扰是利用同样的扰码恢复原始数据的过程。在数字基带传输系统中，加扰这种使数据随机化的处理有利于提取位同步信号。在移动通信系统中，不同的数据可以使用不同的扰码（例如 4G 移动通信系统中，相邻小区采用不同的扰码以克服邻区干扰），因此加扰还具有区分数据的作用。由于只有具有正确的扰码才能正确恢复出原始数据，因此加扰也可以看成是一种加密。

　　相比于模拟通信系统，同步技术对数字通信系统尤为重要，它是保证数字通信系统有序、准确、可靠工作的基础。简单来说，同步就是使收、发两端的信号在时间上保持一致，同节拍，同步调。数字通信系统中的基本数据形式是数字脉冲序列，起止时间不一致就会导致脉冲错位，其对应的数据含义就会模糊不清，甚至发生改变，如图 1-10 所示。

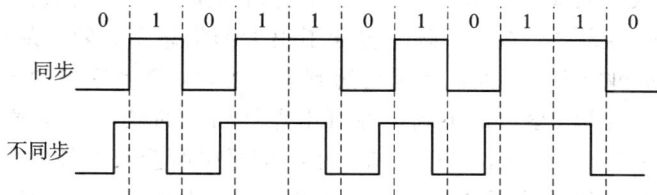

图 1-10　数字通信系统中的同步与不同步

┌─ **案例分析** ─┐

列举出我国具有自主知识产权的 TD - SCDMA 系统中的基本技术名称。

答：（1）信源编码：AMR 语音压缩；

（2）信道编码：Turbo 码和卷积码；

（3）调制方式：QPSK、8PSK 和 16QAM；

（4）加密算法：数据加密算法 F8，完整性保护算法 F9；

（5）加扰方法：下行使用 Gold 序列加扰，以区分小区；

（6）同步技术：包括网络同步、节点同步、初始化同步、传输信道同步、无线接口同步、lu 接口时间校准、上行同步等。

┌─ **思考应答** ─┐

试列举 GSM 移动通信系统中的基本技术名称。

任务 1.3　计 算 信 息 量

任务要求：如前所述，通信的目的是有效而可靠地传输信息。为了衡量传输的有效性，有必要引入一个量纲，以计算传输信息的多少，这就是信息量。信息量是度量信息内容多少的量纲。本节的任务是学会单个符号的信息量、信源的平均信息量和消息序列的总信息量的计算方法。

子任务 1.3.1　学会计算单个符号的信息量

┌─ **必备知识** ─┐

信息量如何定义呢？由于信息是不确定的、未知的消息，因此，信息的不确定性越强、越不可预测，其包含的内容就越丰富，信息量就越大。例如，有以下三条消息：

（1）我国将继续实行高考制度；

（2）我国在近五年内可能取消高考制度；

（3）我国自明年起将取消高考制度。

第一条消息为众所周知的事情，所以几乎不含信息量；第二条消息，听到的人，尤其是高中生和家长，精神会为之一振，因此它包含了很大的信息量；第三条消息会带来更大的震撼，因为它几乎不可能发生，人们听了会感到十分惊奇，因此它包含了更多的信息量。

由概率论的知识可知，事件的不确定性可用事件出现的概率来描述。可能性越小，概率越小；反之，概率越大。因此，信息量的大小与信息中所涉及事件发生的概率密切相关。假设 x 代表某信息中所涉及的事件，$P(x)$ 是这个事件发生的概率，I 表示从这个信息中获悉的信息量，我们将信息量的公式定义如下：

$$I(x) = \log_a \frac{1}{P(x)} = -\log_a P(x) \tag{1-2}$$

其中，对数的底数 a 可有三种取值：2、10 或 e。a 取值不同，信息量 I 的单位也不同。区别详见表 1-3 所示。其中单位比特（bit）最为常用。

考虑两种极限的情况：当事件出现的概率为 1 时，即事件必然发生，则信息量为 0；当事件出现的概率为 0 时，即事件根本不可能发生，则信息量为无穷大。可见，这个公式能够准确地表达出信息量的含义。

表 1-3　信息量 I 的单位

a 的取值	I 的单位	I 的单位表示符号
2	比特	bit（简称 b）
10	奈特	nit
e	哈特莱	Hartley

例如：在二进制通信系统中，有两种符号 0 和 1。在等概率的情况下，有

$$I(0) = -\text{lb}P(0) = -\text{lb}\frac{1}{2} = -\text{lb}P(1) = I(1) = 1 \text{ bit} \tag{1-3}$$

即，在等概二进制系统中，每个二进制符号都携带 1 bit 的信息量。

一般地，在 M 进制通信系统中，M 个符号等概出现，则每个符号所携带的信息量均为

$$I = -\text{lb}\frac{1}{M} = \text{lb}M \text{ bit} \tag{1-4}$$

当 M 为 2 的 k 次方，即 M 为 2 的整数次幂时，有

$$I = -\text{lb}\frac{1}{M} = \text{lb}M = \text{lb}2^k = k \text{ bit} \tag{1-5}$$

【思考应答】

分别计算等概十六进制系统和六十四进制系统中每个符号所携带的信息量，并进行对比分析。

子任务 1.3.2　学会计算平均信息量（信源的熵）

【必备知识】

一般情况下，设系统中共有 n 种符号 $x_1, x_2, \cdots, x_n$，它们出现的概率分别为 $P(x_1)$，$P(x_2), \cdots, P(x_n)$，且有 $\sum_{i=1}^{n} P(x_i) = 1$，则各符号所含信息量分别为 $-\text{lb}P(x_1)$，$-\text{lb}P(x_2)$，$\cdots$，$-\text{lb}P(x_n)$。可定义一个平均信息量 $H(x)$，用来衡量每个符号所含信息量的统计平均值，其定义公式为

$$H(x) = P(x_1)[-\mathrm{lb}P(x_1)] + P(x_2)[-\mathrm{lb}P(x_2)] + \cdots + P(x_n)[-\mathrm{lb}P(x_n)]$$

$$= \sum_{i=1}^{n} P(x_i)[-\mathrm{lb}P(x_i)] \text{ 比特/符号} \tag{1-6}$$

平均信息量 $H(x)$ 又称为信源的熵,其单位为比特/符号(或 bit/symbol)。可以证明,在等概的情况下,式(1-6)即成为式(1-4)(即平均信息量的值就等于每个符号携带的信息量),且信息源的熵有最大值。

【思考应答】

设某八进制系统(由 0, 1, 2, …, 6, 7 八种符号构成),试计算以下两种情况下信息源的熵,并进行对比。

(1) 各符号等概;

(2) $P(0) = P(1) = 1/8$, $P(2) = P(3) = 1/4$, $P(4) = P(5) = P(6) = P(7) = 1/16$。

子任务 1.3.3　学会计算消息序列的总信息量

【必备知识】

由于信息具有相加性,即多个相互独立的消息所携带的总信息量等于每个消息所含信息量的线性叠加,用公式可表示为

$$I(x_1, x_2, \cdots, x_n) = I(x_1) + I(x_2) + \cdots + I(x_n) \tag{1-7}$$

因此,可以利用这个特性来求解消息序列的总信息量。

以上讨论的都是离散信息所含信息量的问题。根据抽样定理,上述方法同样适用于连续信息所含信息量的求解。

【案例分析】

已知一个离散信息源由 0、1、2、3 四个符号组成,它们出现的概率分别为 3/8、1/4、1/4 和 1/8,且每个符号的出现都是独立的。试求消息序列"0022100213021300120310100321010023102002010312032100120021"的总信息量。

解　首先求出各符号的信息量:

$$I(0) = -\mathrm{lb}\left(\frac{3}{8}\right) = 1.415 \text{ bit} \qquad\qquad I(1) = -\mathrm{lb}\left(\frac{1}{4}\right) = 2 \text{ bit}$$

$$I(2) = -\mathrm{lb}\left(\frac{1}{4}\right) = 2 \text{ bit} \qquad\qquad I(3) = -\mathrm{lb}\left(\frac{1}{8}\right) = 3 \text{ bit}$$

第一种解法:利用信息的相加性来求。

首先统计出各符号出现的次数:0 出现 23 次,1 出现 14 次,2 出现 13 次,3 出现 7 次。然后,利用公式(1-7)来计算总信息量为

$$I = I(0) + I(0) + I(2) + I(2) + I(1) + \cdots + I(2) + I(1)$$

$$= 23 \times I(0) + 14 \times I(1) + 13 \times I(2) + 7 \times I(3)$$

$$= 23 \times 1.415 + 14 \times 2 + 13 \times 2 + 7 \times 3$$

$$= 107.545 \text{ bit}$$

第二种解法：利用平均信息量来求。

$$H(x) = \sum_{i=1}^{4} P(x_i)[-\operatorname{lb}P(x_i)]$$
$$= \frac{3}{8}I(0) + \frac{1}{4}I(1) + \frac{1}{4}I(2) + \frac{1}{8}I(3)$$
$$= 0.531 + 0.5 + 0.5 + 0.375$$
$$= 1.906 \text{ bit/symbol}$$

由于序列中总符号数为 57，则总信息量亦可表示为

$$I = H(x) \times 57 = 1.906 \times 57 = 108.642 \text{ bit}$$

上述两种解法的结果存在一定误差，其中第一种解法的结果更准确，这是因为平均信息量体现的是统计平均值，而每个具体消息序列中符号出现的比例并不一定与其出现概率完全一致。因此，消息序列越长，利用平均信息量进行计算的结果越准确。当消息序列趋于无穷时，两种解法的计算误差将趋于零。

思考应答

已知一个离散信息源由 a、b、c、d 和 e 五个符号组成，它们出现的概率分别为 1/2、1/4、1/8、1/16 和 1/16，且每个符号的出现都是独立的。试用两种方法求消息序列"$abbddaacbbbababababaaacaabaeaaaaaecc$"的总信息量并进行对比。

任务 1.4　评价通信系统的优劣

任务要求：通信系统多种多样，如何评价一个通信系统的优劣，设计和使用一个通信系统又有什么依据标准呢？这就需要确定反映通信系统性能的各种技术指标，如有效性、可靠性、标准化程度、便捷性、经济性及实用性等。其中，有效性和可靠性是评价通信系统性能的最主要的指标。有效性主要涉及信息传输的"速度"问题，而可靠性主要涉及信息传输的"质量"问题。二者相互联系又相互制约，在实际应用时必须统筹兼顾。本节的任务是熟悉通信系统中各种可靠性和有效性的指标，掌握相关计算，并学会利用这些指标来评价通信系统的优劣。

子任务 1.4.1　学会评价模拟通信系统的优劣

必备知识

在模拟通信系统中，有效性常用系统的有效传输频带宽度来衡量。由于带宽是一种资源，传输同样的信息，占用带宽越小，有效性就越高。而信号的有效传输带宽与调制方式有关。如传输一路模拟话音，采用常规调幅（AM）需要占用 8 kHz 带宽，而采用单边带调幅（SSB）4 kHz 带宽就够了，因此，SSB 比 AM 的有效性高。

模拟通信系统的可靠性通常用接收机最终输出的信噪比 S/N 来评价，如图 1-11 所示。因此，可靠性代表着系统的抗噪声性能。

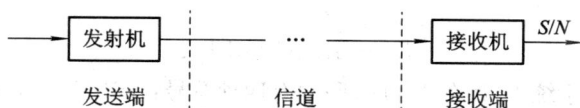

图 1-11　模拟通信系统的可靠性

信噪比即信号的平均功率与噪声的平均功率之比。显然，信噪比越大，即信号功率与噪声功率的比值越大，系统的可靠性就越好。如无线广播，调频（FM）信号比调幅（AM）信号的抗噪声性能要好。但调频信号占用的频带宽度更宽，即有效性要差，这是通信系统两个主要性能指标相互制约的具体表现。

┌──────────┐
│ 案例分析 │
└──────────┘

S/N 本没有单位，在实际工程中，为了计算方便，信噪比往往用功率增益的单位 dB 来表示，定义 $10 \lg(S/N)$ 的单位即为 dB。已知某模拟通信系统接收机输出信噪比为 20 dB，输出信号功率为 200 W，求输出的噪声功率值。

解　由 $10 \lg(S/N) = 20$，推导出 $S/N = 100$，因此输出的噪声功率为 2 W。

┌──────────┐
│ 思考应答 │
└──────────┘

已知两个模拟通信系统接收机输出信噪比分别为 33 dB 和 30 dB，求两个接收机输出信噪比之比。

子任务 1.4.2　学会评价数字通信系统的优劣

┌──────────┐
│ 必备知识 │
└──────────┘

一、数字通信系统的有效性

在数字通信系统中，有效性习惯上采用码元速率、信息速率和系统频带利用率三个性能指标来衡量。需要指出的是，码元速率和信息速率与有效性并无直接决定关系，而系统频带利用率的大小则直接反映了系统有效性的高低。

1. 码元速率 R_B

码元速率 R_B 定义为每秒钟传输码元的个数，又称码元传输速率或传码率，单位为波特（Baud）。

2. 信息速率 R_b

信息速率 R_b 定义为每秒钟所传输的信息量，又称信息传输速率或传信率，单位为比特/秒（bit/s 或 b/s 或 bps）。

由任务 1.3 可知，在等概情况下，一个二进制码元携带 1 bit 的信息量。因此，在二进制系统中，码元速率与信息速率在数值上相等。在 M 进制系统中，每个码元携带 lbM bit 的信息量，或者说每个码元可以用 lbM 个二进制码元来表示，因此，信息速率与码元速率

的关系为

$$R_b = R_B \times \mathrm{lb}M \ \mathrm{b/s} \tag{1-8}$$

例如，在某四进制系统中(如图 1-12 所示)有四种符号：-3 V、-1 V、1 V 和 3 V，分别用二进制组合 10、01、00 和 11 表示。若系统传码率 R_B 为 300 Baud，则传信率 R_b 为 600 b/s。

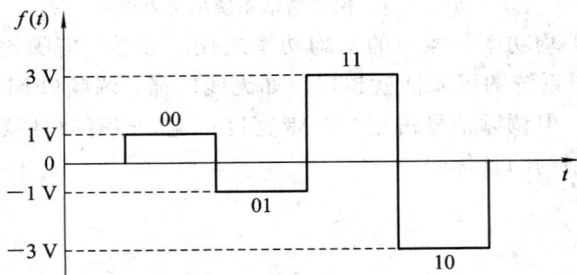

图 1-12 四进制系统示意图

不同进制系统的码元速率不能直接比较，必须先都转换成信息速率，以信息速率为基础，才能比较出大小。

3. 系统频带利用率 η_b 或 η_B

系统信息量频带利用率 η_b 定义为单位频带内的信息传输速率，即

$$\eta_b = \frac{R_b}{B} \ (\mathrm{b/s})/\mathrm{Hz} \tag{1-9}$$

系统码元频带利用率 η_B 定义为单位频带内的码元传输速率，即

$$\eta_B = \frac{R_B}{B} \ \mathrm{Baud/Hz} \tag{1-10}$$

式中，B 为系统带宽，单位为 Hz。

在比较不同通信系统的有效性时，不能只看其传输速率，还应看在传输速率下所占的信道的频带宽度，即要看系统的频带利用率。如系统 A 传信率为 1000 b/s，占用带宽 1 kHz；系统 B 传信率为 2000 b/s，占用带宽 3 kHz，尽管系统 B 比系统 A 的传信率高，但系统 A 比系统 B 的频带利用率高，因此，还是系统 A 的有效性高。一般在无特殊说明时，频带利用率指的是 η_b。

二、数字通信系统的可靠性

在数字通信系统中，由于信道中的噪声会使传输的码元产生错误，从而影响系统的可靠性，因此，数字通信系统的可靠性主要用误码率 P_e 和误信率 P_b 来衡量。

1. 误码率 P_e

误码率定义为信息在传输过程中，发生差错的码元的个数与传输的总码元个数的比值，即

$$P_e = \frac{错误的码元数}{传输的总码元数} \tag{1-11}$$

2. 误信率 P_b

误信率又称误比特率，定义为信息在传输过程中，发生差错的信息量(错误的比特数)与传输的总信息量(传输的总比特数)的比值，即

$$P_{\mathrm{b}} = \frac{\text{错误的比特数}}{\text{传输的总比特数}} \qquad (1-12)$$

显然，二进制系统的 $P_{\mathrm{b}} = P_{\mathrm{e}}$，而多进制系统的 $P_{\mathrm{b}} \leqslant P_{\mathrm{e}}$。不同的通信系统对可靠性的要求是不一样的，如数字电话系统中误信率在 $10^{-3} \sim 10^{-6}$ 之间即可满足正常通话的要求，而计算机通信对误信率要求更高，一般必须小于 10^{-9}。

案例分析

1. 已知某带宽为 1 kHz 信道的传信率为 3000 b/s，若采用八进制传输，求其系统频带利用率 η_{B}。

解　依据公式 $R_{\mathrm{b}} = R_{\mathrm{B}} \times \mathrm{lb}8$，可求出传码率 $R_{\mathrm{B}} = 1000$ Baud，则系统频带利用率 $\eta_{\mathrm{B}} = R_{\mathrm{B}}/B = 1$ Baud/Hz。

2. 已知某次传输共发送 1000 个 bit，其中 5 个 bit 发生差错，求此次传输的误信率；若此次传输为十六进制形式，其中一个十六进制数发生 2 个 bit 错误，另一个十六进制数发生 3 个 bit 错误，如图 1-13 所示，求对应的误码率。

图 1-13　子任务 1.4.2 案例分析第 2 题图

解　(1) 误信率 $P_{\mathrm{b}} = 5/1000 = 0.005$；

(2) 1000 个 bit 对应 250 个十六进制码元，其中 2 个十六进制码元发生差错，因此误码率 $P_{\mathrm{B}} = 2/250 = 0.008$。证实多进制系统的 $P_{\mathrm{b}} \leqslant P_{\mathrm{e}}$。

3. 已知电视机的图像显示是逐行扫描的，如图 1-14 所示。电视机的图像每秒传输 25 帧，每帧有 621 行；屏幕的宽度与高度之比为 4:3。设图像每一个像素的亮度有 16 个电平，各像素的亮度相互独立，且等概率出现。试求电视图像给观众的平均信息速率。

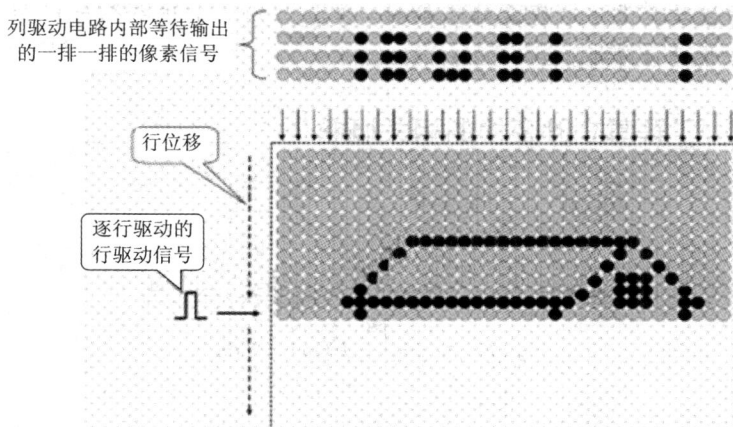

图 1-14　子任务 1.4.2 案例分析第 3 题图

解　（1）屏幕的宽高比即为列数与行数之比，每帧有 621 行，因此，每帧有 $621 \times 4/3 = 828$ 列，可求出每帧有 $621 \times 828 = 514188$ 个像素；

（2）电视机每秒传输 25 帧，即每秒传输 $514188 \times 25 = 12854700$ 个像素；

（3）每个像素的每个亮度出现的概率为 1/16，因此每个像素携带的信息量 $I = -\mathrm{lb}(1/16) = 4$ bit；

（4）平均信息速率等于每个像素携带的信息量乘以每秒传输的像素数，即 $R_\mathrm{b} = 4 \times 12854700 = 51418800 \approx 5.14 \times 10^7$ b/s。

■ 思考应答

1．设一个二进制数字传输系统的码元速率为 1200 Baud；另一个十六进制系统，5 s 传输了 2000 个码元，试比较两个系统哪个传输更快？

2．已知某带宽为 1 kHz 信道的十六进制传码率为 2000 Baud，试求其系统频带利用率 η_b。

3．已知某四进制数字传输系统的信息速率为 2400 b/s，接收端半小时共收到 216 个错误码元，试计算该系统的 P_e。

4．电视机的图像每秒传输 25 帧，每帧有 625 行；屏幕的宽度与高度之比为 4∶3。设图像每一个像素的亮度有 10 个电平，各像素的亮度相互独立，且等概率出现。试求电视图像给观众的平均信息速率。（已知 $\mathrm{lb}x \approx 3.32 \lg x$）

任务 1.5　对信号进行时频域变换

任务要求：通信系统中实际传输的形式是信号。人们容易掌握信号的时域特性，但信号不只随时间变化，还具有频率方面的特性，要知道信号随着频率的变化是怎么变化的，就要对信号进行频域研究。有时，信号的频域形式能够更直观地体现出信号的特性。而且，人们发现时域信号的计算往往要用微分方程，而频域信号的计算就变成了代数方程，求解起来更方便。本节的任务是学习时频域变换的最常用方法——傅立叶变换。要熟记常用傅立叶变换的性质和常用的傅立叶变换对，掌握利用它们进行信号时频域变换的方法，并学会对频域信号进行分析。

子任务 1.5.1　了解傅立叶变换的相关概念

■ 必备知识

信号时频域变换时，通用傅立叶变换（也称傅氏变换）公式为

$$f(t) = \frac{1}{2\pi} \int_{-\infty}^{\infty} F(\omega) \mathrm{e}^{-\mathrm{j}\omega t} \, \mathrm{d}\omega \qquad (1-13)$$

其中

$$F(\omega) = \int_{-\infty}^{\infty} f(t) \mathrm{e}^{-\mathrm{j}\omega t} \, \mathrm{d}t \qquad (1-14)$$

通常把 $F(\omega)$ 叫做信号 $f(t)$ 的频谱密度，简称频谱。信号及其频谱具有一一对应的关系，故一个信号既可以用时间函数 $f(t)$ 表示，也可以用它的频谱 $F(\omega)$ 表示。傅立叶变换反映了信号的时间域和频率域之间的这种对应关系。通常把由 $f(t)$ 求 $F(\omega)$ 的过程称为傅氏正变换；相反地，把由 $F(\omega)$ 求 $f(t)$ 的过程称为傅氏反变换或逆变换。$f(t)$ 和 $F(\omega)$ 是一对傅氏变换对，记作

$$f(t) \leftrightarrow F(\omega) \qquad (1-15)$$

由式(1-14)可知，若积分 $\int_{-\infty}^{\infty} f(t)e^{-j\omega t}dt$ 是一个有限值，则傅立叶变换存在。因此，傅立叶变换的充分条件为

$$\int_{-\infty}^{\infty} |f(t)|\,dt < \infty \qquad (1-16)$$

但这并不是必要条件。因为有些信号虽然不满足该条件，但其傅立叶变换也存在，例如冲激函数 $\delta(t)$。

傅氏变换对于实信号和复信号同样有效，而且一般 $F(\omega)$ 都为复函数。习惯上将 $F(\omega) \sim \omega$ 的关系曲线称为 $f(t)$ 的幅度频谱图，简称频谱图。在区间 $(-\infty, +\infty)$ 上，信号的频谱图都是正负频率对称的，称为双边谱。其中负频率是正频率的镜像，没有物理意义，因此，有时也把频谱全部画在正频谱轴上，称为单边谱，此时的振幅比双边谱的振幅要增加一倍。同一信号的双边谱和单边谱如图 1-15 所示。

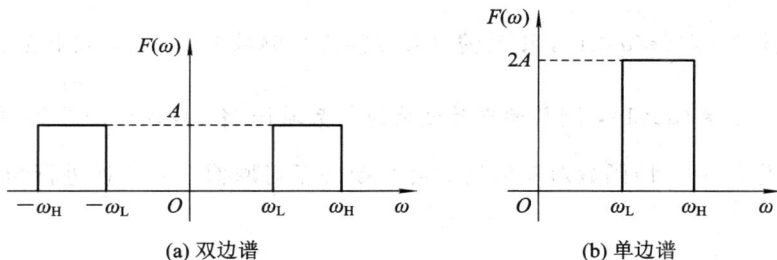

(a) 双边谱   (b) 单边谱

图 1-15 信号的频谱

思考应答

画出图 1-16 中双边谱信号对应的单边频谱图。

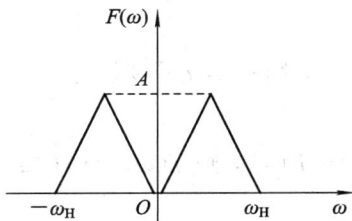

图 1-16 子任务 1.5.1 思考应答题图

子任务 1.5.2　利用傅立叶变换的性质对信号进行时频域变换及分析

必备知识

傅立叶变换具有唯一性，其性质揭示了信号的时域特性和频域特性之间确定的内在联系。傅立叶变换的基本性质有如下 9 条(其中带　为最常用的性质)。

1. 线性特性[*]

函数线性组合的傅立叶变换等于各函数傅立叶变换的线性组合，用公式表示为

$$若 f_i(t) \leftrightarrow F_i(\omega)，则 \sum_{i=1}^{n} a_i f_i(t) \leftrightarrow \sum_{i=1}^{n} a_i F_i(\omega) \tag{1-17}$$

2. 对称性

若 $F(t)$ 的形状与 $F(\omega)$ 相同，则 $F(t)$ 的傅立叶变换形状与 $f(t)$ 的水平镜像的形状相同，幅度差 2π，用公式表示为

$$\begin{cases} 若 f(t) \leftrightarrow F(\omega)，则 F(t) \leftrightarrow 2\pi f(-\omega) \\ 若 f(t) 为偶函数，则 F(t) \leftrightarrow 2\pi f(\omega) \end{cases} \tag{1-18}$$

3. 尺度变换特性

若 $f(t)$ 进行压缩$(0<a<1)$，则其傅立叶变换进行频域扩展，且幅度扩展为原来的 $\dfrac{1}{|a|}$ 倍；若 $f(t)$ 进行扩展$(a>1)$，则其傅立叶变换进行频域压缩，且幅度压缩为原来的 $\dfrac{1}{|a|}$ 倍；$f(t)$ 的水平镜像$(a=-1)$函数对应的傅立叶变换等于对原傅立叶变换进行频域水平镜像。用公式表示为

$$若 f(t) \leftrightarrow F(\omega)，则 f(at) \leftrightarrow \frac{1}{|a|} F\left(\frac{\omega}{a}\right) \tag{1-19}$$

4. 时移特性

若时间函数 $f(t)$ 沿 t 轴向右平移 t_0，则其傅立叶变换等于 $f(t)$ 的傅立叶变换乘以因子 $e^{-j\omega t_0}$，用公式表示为

$$若 f(t) \leftrightarrow F(\omega)，则 f(t-t_0) \leftrightarrow F(\omega) e^{-j\omega t_0} \tag{1-20}$$

5. 频移特性

若时间函数 $f(t)$ 乘上因子 $e^{j\omega_c t}$，则其傅立叶变换等于 $f(t)$ 的傅立叶变换沿 ω 轴向右平移 ω_c，用公式表示为

$$若 f(t) \leftrightarrow F(\omega)，则 f(t) e^{j\omega_c t} \leftrightarrow F(\omega - \omega_c) \tag{1-21}$$

6. 微分特性

1) 时间微分

时间函数 $f(t)$ 导数的傅立叶变换等于这个函数的傅立叶变换乘以因子 $j\omega$，用公式表示为

$$若\ f(t) \leftrightarrow F(\omega),\ 则 \begin{cases} \dfrac{\mathrm{d}f(t)}{\mathrm{d}t} \leftrightarrow \mathrm{j}\omega F(\omega) \\[3mm] \dfrac{\mathrm{d}^n f(t)}{\mathrm{d}t^n} \leftrightarrow (\mathrm{j}\omega)^n F(\omega) \end{cases} \tag{1-22}$$

2）频率微分

若对时间函数 $f(t)$ 的傅立叶变换求导，则其傅立叶逆变换等于这个函数乘以因子 $-\mathrm{j}t$，用公式表示为

$$若\ f(t) \leftrightarrow F(\omega),\ 则 \begin{cases} \dfrac{\mathrm{d}F(\omega)}{\mathrm{d}\omega} \leftrightarrow (-\mathrm{j}t)f(t) \\[3mm] \dfrac{\mathrm{d}^n F(\omega)}{\mathrm{d}\omega^n} \leftrightarrow (-\mathrm{j}t)^n f(t) \end{cases} \tag{1-23}$$

7．积分特性

1）时间积分

时间函数 $f(t)$ 积分后的傅立叶变换等于这个函数的傅立叶变换除以因子 $\mathrm{j}\omega$，用公式表示为

$$若\ f(t) \leftrightarrow F(\omega),\ 则 \int_{-\infty}^{t} f(\tau)\mathrm{d}\tau \leftrightarrow \frac{1}{\mathrm{j}\omega}F(\omega) \tag{1-24}$$

2）频率积分

若对时间函数 $f(t)$ 的傅立叶变换求积分，则其傅立叶逆变换等于这个函数除以因子 $-\mathrm{j}t$，用公式表示为

$$若\ f(t) \leftrightarrow F(\omega),\ 则 \frac{f(t)}{-\mathrm{j}t} \leftrightarrow \int_{-\infty}^{\omega} F(\omega)\mathrm{d}\omega \tag{1-25}$$

8．卷积特性*

1）时域卷积

若两个时间函数在时域进行卷积，则其傅立叶变换为原傅立叶变换在频域相乘，用公式表示为

$$若 \begin{cases} f_1(t) \leftrightarrow F_1(\omega) \\ f_2(t) \leftrightarrow F_2(\omega) \end{cases},\ 则\ f_1(t) * f_2(t) \leftrightarrow F_1(\omega)F_2(\omega) \tag{1-26}$$

2）频域卷积

若两个时间函数在时域相乘，则其傅立叶变换为原傅立叶变换在频域相卷积，且幅度要除以 2π，用公式表示为

$$若 \begin{cases} f_1(t) \leftrightarrow F_1(\omega) \\ f_2(t) \leftrightarrow F_2(\omega) \end{cases},\ 则\ f_1(t)f_2(t) \leftrightarrow \frac{1}{2\pi}F_1(\omega) * F_2(\omega) \tag{1-27}$$

9．调制特性*

若时间函数 $f(t)$ 在时域与角频率为 ω_0 的余弦相乘，则其频谱为原频谱分别平移到 ω_0 和 $-\omega_0$ 处的频谱之和，且幅度减半，用公式表示为

$$若\ f(t) \leftrightarrow F(\omega),\ 则\ f(t)\cos\omega_0 t \leftrightarrow \frac{1}{2}\big[F(\omega+\omega_0) + F(\omega-\omega_0)\big] \tag{1-28}$$

此公式为通信系统中信号进行调制前后信号频谱特性分析的基础。

┌ **案例分析** ┐

1. 已知两对傅立叶变换对：$f_1(t) \leftrightarrow F_1(\omega)$ 和 $f_2(t) \leftrightarrow F_2(\omega)$，若信号 $f_3(t) = 3f_1(t)$，$f_4(t) = f_1(t) + 2f_2(t)$，分别求信号 $f_3(t)$ 和 $f_4(t)$ 的傅立叶变换。

解 根据傅立叶变换的线性特性，有

$$F_3(\omega) = 3F_1(\omega), \quad F_4(\omega) = F_1(\omega) + 2F_2(\omega)$$

2. 已知 $f_1(t) = \sin(\omega_0 t)$，其傅立叶变换 $F_1(\omega) = j\pi[\delta(\omega + \omega_0) - \delta(\omega - \omega_0)]$，求 $f_2(t) = \cos(\omega_0 t)$ 的傅立叶变换 $F_2(\omega)$。

解 （1）由三角函数性质，可知

$$\frac{df_1(t)}{dt} = \frac{d\sin(\omega_0 t)}{dt} = \omega_0 \times \cos(\omega_0 t)$$

因此

$$f_2(t) = \cos(\omega_0 t) = \frac{df_1(t)/dt}{\omega_0}$$

（2）根据傅立叶变换的时间微分特性和公式 $j \times j = -1$，$\frac{df_1(t)}{dt}$ 的傅立叶变换为

$$j\omega \times F_1(\omega) = j\omega \times j\pi[\delta(\omega + \omega_0) - \delta(\omega - \omega_0)] = -\pi\omega[\delta(\omega + \omega_0) - \delta(\omega - \omega_0)]$$

（3）根据冲激函数特性

$$\delta(\omega - \omega_0) = \begin{cases} 1, & \omega = \omega_0 \\ 0, & \omega \neq \omega_0 \end{cases}$$

可知

$$\omega\delta(\omega - \omega_0) = \begin{cases} \omega_0, & \omega = \omega_0 \\ 0, & \omega \neq \omega_0 \end{cases} = \omega_0\delta(\omega - \omega_0)$$

同理可知

$$\omega\delta(\omega + \omega_0) = -\omega_0\delta(\omega + \omega_0)$$

因此第（2）步中的 $\frac{df_1(t)}{dt}$ 的傅立叶变换等于 $\pi\omega_0[\delta(\omega + \omega_0) + \delta(\omega - \omega_0)]$。

（4）结合第（1）步和第（3）步可得

$$F_2(\omega) = \frac{\pi\omega_0[\delta(\omega + \omega_0) + \delta(\omega - \omega_0)]}{\omega_0} = \pi[\delta(\omega + \omega_0) + \delta(\omega - \omega_0)]$$

3. 已知两对傅立叶变换对：$f_1(t) \leftrightarrow F_1(\omega)$ 和 $f_2(t) \leftrightarrow F_2(\omega)$，且 $F_1(\omega)$ 如图 1-17 所示，$F_2(\omega) = 2\delta(\omega) + \delta(\omega - \omega_c) + \delta(\omega + \omega_c)$，试画出信号 $f_3(t) = f_1(t) \times f_2(t)$ 对应的频谱图。

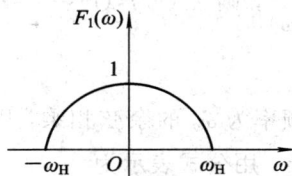

图 1-17 子任务 1.5.2 案例分析第 3 题图 1

解 （1）根据傅立叶变换的频域卷积特性，有

$$F_3(\omega) = \frac{1}{2\pi} F_1(\omega) * F_2(\omega)$$

$$= \frac{1}{2\pi} F_1(\omega) * [2\delta(\omega) + \delta(\omega - \omega_c) + \delta(\omega + \omega_c)]$$

$$= \frac{1}{2\pi} [F_1(\omega) * 2\delta(\omega) + F_1(\omega) * \delta(\omega - \omega_c) + F_1(\omega) * \delta(\omega + \omega_c)]$$

（2）根据卷积计算的特性：任何一个函数与单位冲激函数做卷积，其结果等于将这个函数线性搬移到这个冲激函数处，因此第（1）步中的 $F_3(\omega)$ 为

$$F_3(\omega) = \frac{1}{2\pi} [2F_1(\omega) + F_1(\omega - \omega_c) + F_1(\omega + \omega_c)]$$

（3）信号 $F_2(\omega)$ 和 $F_3(\omega)$ 如图 1-18 所示。

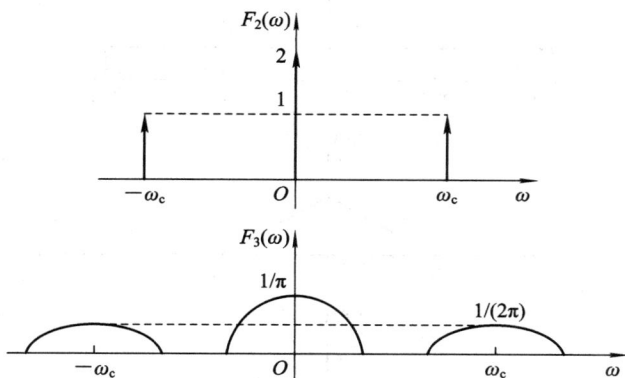

图 1-18 子任务 1.5.2 案例分析第 3 题图 2

4. 已知 $f(t)$ 的频谱图如图 1-19 所示，试画出 $f(t) \times \cos\omega_c t$ 的频谱图（已知 $\omega_c \gg \omega_H$），并体会调制的作用。

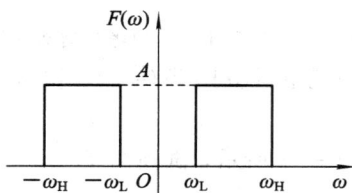

图 1-19 子任务 1.5.2 案例分析第 4 题图 1

解 根据傅立叶变换的调制特性，$f(t) \times \cos\omega_c t$ 的频谱函数为 $\frac{1}{2} [F(\omega + \omega_c) + F(\omega - \omega_c)]$，因此其对应的频谱图如图 1-20 所示。

调制前，$f(t)$ 的频谱图以 $\omega = 0$ 处为中心左右对称（镜像）；调制后，$f(t)$ 的频谱被搬移到高频处，分别以 $\omega = \pm\omega_c$ 为中心左右对称且幅度减半。

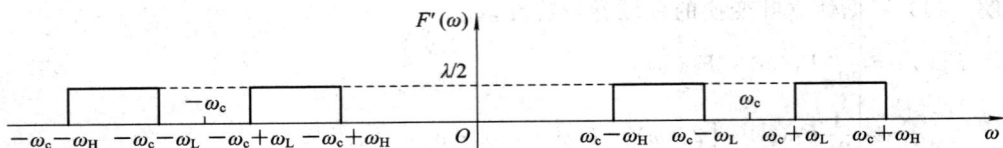

图 1-20　子任务 1.5.2 案例分析第 4 题图 2

┌┈┈┈┈┈┈┈┈┈┐
┊ 思考应答 ┊
└┈┈┈┈┈┈┈┈┈┘

1. 已知三对傅立叶变换对：$f_1(t) \leftrightarrow F_1(\omega)$，$f_2(t) \leftrightarrow F_2(\omega)$ 和 $f_3(t) \leftrightarrow F_3(\omega)$，且三个信号的时域波形图如图 1-21 所示，试画出信号 $f_4(t) = 4f_1(t) + 2f_2(t) \times f_3(t)$ 的频谱图。

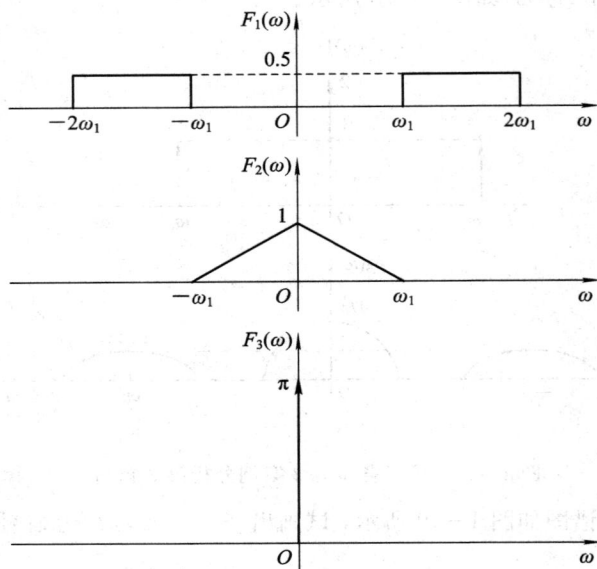

图 1-21　子任务 1.5.2 思考应答第 1 题图

2. 已知 $f_1(t) = \cos(\omega_0 t)$，其傅立叶变换 $F_1(\omega) = \pi[\delta(\omega + \omega_0) + \delta(\omega - \omega_0)]$，求 $f_2(t) = \sin(\omega_0 t)$ 的傅立叶变换 $F_2(\omega)$。

3. 已知 $f(t)$ 的频谱图如图 1-22 所示，试画出 $f(t) \times \cos\omega_c t$ 的频谱图（已知 $\omega_c \gg \omega_H$），并体会调制的作用。

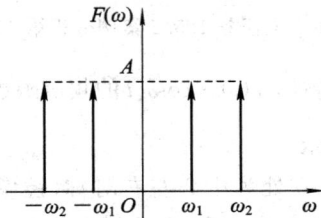

图 1-22　子任务 1.5.2 思考应答第 3 题图

子任务 1.5.3　利用常用傅立叶变换对实现信号的时频域变换及分析

必备知识

常用傅立叶变换对如表 1-4 所示(其中,带 * 为最常用的傅立叶变换对)。

表 1-4　常用傅立叶变换对

序号	名称	时间信号 $f(t)$	时域波形	频谱函数 $F(\omega)$
1	单边指数脉冲	$\begin{cases} Ae^{-at}u(t) & t \geqslant 0 \\ 0 & t < 0 \end{cases}$ $(a>0)$		$\dfrac{A}{a+\mathrm{j}\omega}$
2*	矩形脉冲	$\begin{cases} A & \|t\| < \dfrac{\tau}{2} \\ 0 & \|t\| \geqslant \dfrac{\tau}{2} \end{cases}$		$A\tau \mathrm{Sa}\left(\dfrac{\omega\tau}{2}\right)$
3	三角脉冲	$\begin{cases} A\left(1-\dfrac{2\|t\|}{\tau}\right) & \|t\| < \dfrac{\tau}{2} \\ 0 & \|t\| \geqslant \dfrac{\tau}{2} \end{cases}$		$\dfrac{A\tau}{2}\mathrm{Sa}^2\left(\dfrac{\omega\tau}{4}\right)$
4	单个余弦脉冲	$\begin{cases} A\cos\dfrac{\pi t}{\tau} & \|t\| < \dfrac{\tau}{2} \\ 0 & \|t\| \geqslant \dfrac{\tau}{2} \end{cases}$		$\dfrac{2A\tau\cos\dfrac{\omega\tau}{2}}{\pi\left[1-\left(\dfrac{\omega\tau}{\pi}\right)^2\right]}$
5	抽样脉冲	$\mathrm{Sa}(\omega_c t)=\dfrac{\sin\omega_c t}{\omega_c t}$		$\begin{cases} \dfrac{\pi}{\omega_c} & \|\omega\| \leqslant \omega_c \\ 0 & \|\omega\| > \omega_c \end{cases}$
6	冲激函数	$A\delta(t)$		A

序号	名称	时间信号 $f(t)$	载域波形	频谱函数 $F(\omega)$
7	阶跃函数	$\begin{cases} A & t\geq0 \\ 0 & t<0 \end{cases}$		$\dfrac{A}{\mathrm{j}\omega}+A\pi\delta(\omega)$
8	斜变函数	$\begin{cases} t & t\geq0 \\ 0 & t<0 \end{cases}$		$\mathrm{j}\pi\delta'(\omega)-\dfrac{1}{\omega^2}$
9	符号函数	$A\mathrm{sgn}(t)$		$\dfrac{2A}{\mathrm{j}\omega}$
10*	直流	A		$2\pi A\delta(\omega)$
11*	冲激序列	$\delta_T(t)=\displaystyle\sum_{n=-\infty}^{\infty}\delta(t-nT)$		$\omega_1\displaystyle\sum_{n=-\infty}^{\infty}\delta(\omega-n\omega_1)$ $\left(\omega_1=\dfrac{2\pi}{T}\right)$
12*	余弦函数	$A\cos(\omega_0 t)$		$A\pi[\delta(\omega+\omega_0)+\delta(\omega-\omega_0)]$
13	正弦函数	$A\sin(\omega_0 t)$		$\mathrm{j}A\pi[\delta(\omega+\omega_0)-\delta(\omega-\omega_0)]$

案例分析

1. 已知时域信号 $f(t) = \begin{cases} 1 & |t| < 1 \\ 0 & |t| \geqslant 1 \end{cases}$，试画出 $f(t)$ 的时域波形图和对应的频谱图。

解　函数 $f(t)$ 为矩形脉冲，对照表 1-4，得出 $A=1$，$\tau=2$，频谱函数

$$F(\omega) = 2\text{Sa}(\omega) = \frac{2\sin\omega}{\omega}$$

$f(t)$ 的时域波形图和对应的频谱图如图 1-23 所示。

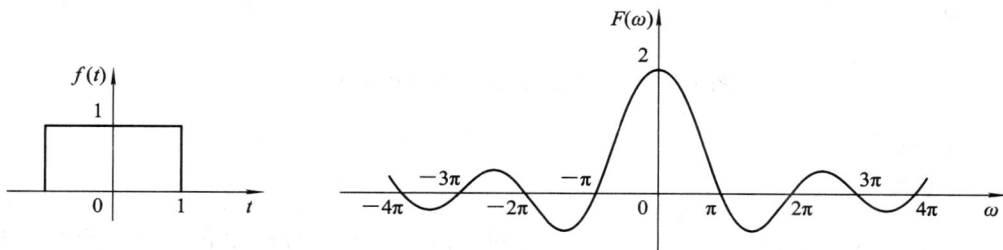

图 1-23　子任务 1.5.3 案例分析第 1 题图

2. 已知时域信号 $f(t) = A + A\cos\omega_c t$，求其频谱函数 $F(\omega)$。

解　根据傅立叶变换的线性特性，$F(\omega)$ 等于 A 的频谱函数和 $A\cos\omega_c t$ 的频谱函数之和，根据表 1-4，直流 A 的频谱函数为 $2\pi A\delta(\omega)$，余弦函数 $A\cos\omega_c t$ 的频谱函数为 $A\pi[\delta(\omega+\omega_c)+\delta(\omega-\omega_c)]$，因此

$$F(\omega) = 2\pi A\delta(\omega) + A\pi[\delta(\omega+\omega_c)+\delta(\omega-\omega_c)]$$

3. 根据正余弦函数相差 90°的特性和频域的 j 轴，试画出正弦函数 $A\sin(\omega_c t)$ 的频谱图并将正余弦信号频谱进行对比和简要分析。

解　正余弦信号频谱如图 1-24 所示。正弦函数的频谱函数为 $j A\pi[\delta(\omega+\omega_c)-\delta(\omega-\omega_c)]$，余弦函数的频谱函数为 $A\pi[\delta(\omega+\omega_c)+\delta(\omega-\omega_c)]$，频域的 j 轴与 ω 轴和幅度轴都相差 90°，因此，可以认为正弦函数的频谱函数是余弦函数正半轴频谱函数逆时针旋转 90°、负半轴频谱函数顺时针旋转 90°后得到的。

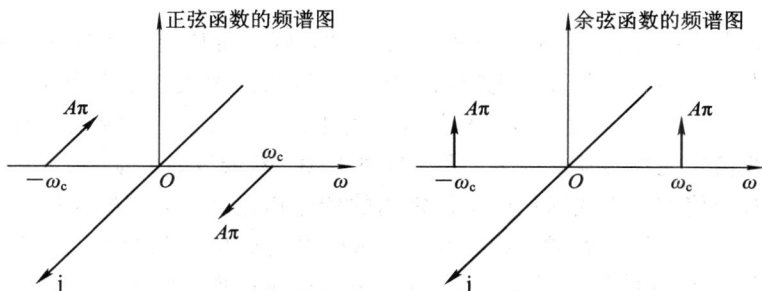

图 1-24　子任务 1.5.3 案例分析第 3 题图

4. 试画出冲激序列的时域波形图和对应的频谱图。

解　根据表 1-4 中的表达式，可画出冲激序列的时域波形图和对应的频谱图如图 1-25 所示。图中 $\omega_1 = \dfrac{2\pi}{T}$。

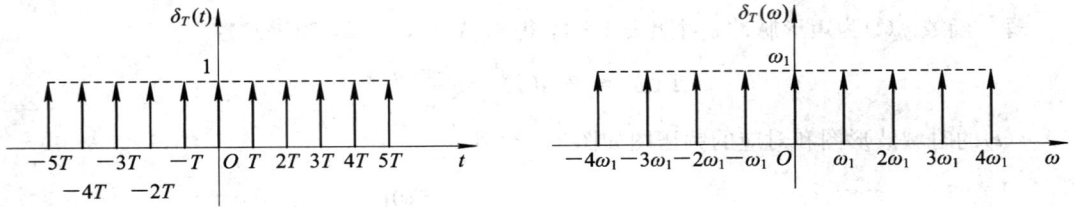

图 1-25　子任务 1.5.3 案例分析第 4 题图

┌─────────────┐
│ **思考应答** │
└─────────────┘

1. 已知时域信号 $f(t) = \begin{cases} 4 & |t| < 2 \\ 0 & |t| \geqslant 2 \end{cases}$，试画出 $f_1(t) = f(t) + 2$ 的时域波形图和对应的频谱图。

2. 已知时域信号 $f(t) = 2\sin 3t \times \sin 5t$，试画出频谱图 $F(\omega)$。

3. 已知某冲激序列幅度 $A = 10$，周期 $T = 10$，求其时频域信号的表达式。

任务 1.6　掌握信道的相关概念和计算

任务要求：在通信系统中，信道特性和信道中的噪声直接影响着通信的速率和质量。本节的任务是要对信道和噪声的定义和分类有所了解，学习与信道及噪声紧密相关的香农公式，学会利用香农公式正确解释现代通信中的各种现象和问题。

子任务 1.6.1　了解信道的定义和分类

┌─────────────┐
│ **必备知识** │
└─────────────┘

简单来说，信道就是信号的传输媒介。详细地，可以将信道分为狭义信道和广义信道两种。我们把发送设备和接收设备之间用以传输信号的传输媒介定义为狭义信道，如架空明线、电缆、光纤、波导、电磁波等。根据媒介的不同，狭义信道通常可以分为有线信道和无线信道。有线信道是指传输媒介为明线、同轴电缆、双绞线、光缆、波导等能够看得见的媒介的信道。有线信道是现代通信网中最常用的传输信道之一，它的优越性主要体现在可靠性和稳定性上。日常用的电话线缆、用于计算机网络通信的双绞线、用于传输有线电视信号的同轴电缆、电力线通信中的电力电缆都属于有线信道，如图 1-26 所示。所谓无线信道，是指利用大气作为传输媒介的信道。也可以这样理解，凡不属于有线信道的均属于无线信道。目前无线信道主要有微波、红外和激光三种无线传输形式。无线信道的可靠性和稳定性低于有线信道，但是无线信道具有灵活、方便、可实现移动通信等优点。

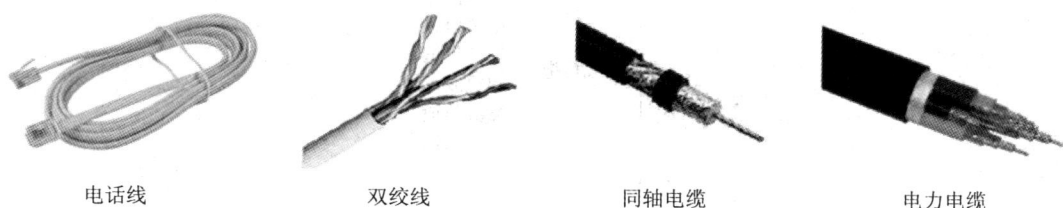

电话线　　　　双绞线　　　　同轴电缆　　　　电力电缆

图 1 - 26　常用的有线信道

　　狭义信道的定义非常直观且容易理解，但是在通信理论的分析中，为了简化系统模型、突出研究问题，往往将信道的范围扩大，即将传输媒介以外相关的部件和电路也包括进去，比如馈线、天线、调制解调器、功率放大器、滤波器等。我们将这种扩大了范围的信道称为广义信道。广义信道通常分为调制信道和编码信道两种。调制信道的范围是从调制器的输出端至解调器的输入端，如图 1 - 27 所示。调制信道是从研究调制与解调的基本问题出发而定义的，可以看成是已调信号的一个传输整体，因此，只需研究如何利用调制器输出已调信号，以及如何利用解调器将接收到的已调信号恢复成调制信号即可，对信号在调制器与解调器之间如何进行传输无需考虑。调制信道多用于研究模拟通信系统中信号的调制、解调问题。编码信道的范围是从编码器的输出端一直到译码器的输入端，即在调制信道的基础上再加上调制器和解调器，如图 1 - 27 所示。编码信道多用于数字通信系统中研究信号的编、解码问题，此时只需研究如何利用编码器输出数字信号，以及如何利用译码器将接收到的数字信号进行正确译码即可，对于其间数字信号的各种转换及传输无需考虑。

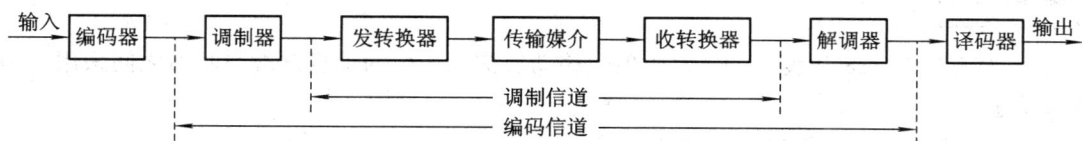

图 1 - 27　调制信道与编码信道

　　由上可见，狭义信道是广义信道的重要组成部分，二者都有明确的定义和各自的适用范围。在研究一般的信道特性时，传输媒介是研究重点，采用狭义信道比较适宜，而在讨论通信的一般原理时，通常采用广义信道。

　　信道的分类可以进一步细化，如图 1 - 28 所示。调制信道可分为恒参信道和变参信道，其中，信道的传输特性基本不随时间变化，即信道对信号的影响是固定的或变化极为缓慢的信道称为恒定参量信道，简称恒参信道；信道的传输特性随时间变化的信道称为变参信道，亦可称为随参信道。变参信道的传输特性比恒参信道要复杂得多，对信号的影响比恒参信道也要严重得多。编码信道通常又分为无记忆信道和有记忆信道，其中，无记忆信道是指信道的输出仅与当前输入有关，而与前后的输入无关；有记忆信道是指信道的输出不仅与当前时刻的输入有关，且与前后时刻的输入都可能有关。

```
                                                  ┌ 长波信道
                                                  │ 中波信道
                                      ┌ 无线信道 ┤ 短波信道
                                      │           │ 超短波信道
                                      │           │ 微波信道
                                      │           └ 红外信道
                                      │
                          ┌ 狭义信道 ┤           ┌ 波导
                          │           │           │ 光纤/光缆 ┤ 多模光纤/光缆
                          │           │           │            └ 单模光纤/光缆
                          │           │           │            ┌ 粗同轴电缆
                          │           │           │ 同轴电缆 ┤ 细同轴电缆
                          │           └ 有线信道 ┤            └ 电视电缆
                          │                       │            ┌ 3类双绞线
     信道 ┤                                       │ 双绞线   ┤ 5类双绞线
                          │                       │            │ 6类双绞线
                          │                       │            └ 7类双绞线
                          │                       │ 普通电话电缆
                          │                       └ 普通电话线
                          │
                          │           ┌ 调制信道 ┤ 恒参信道
                          └ 广义信道 ┤            └ 变参信道
                                      └ 编码信道 ┤ 无记忆信道
                                                  └ 有记忆信道
```

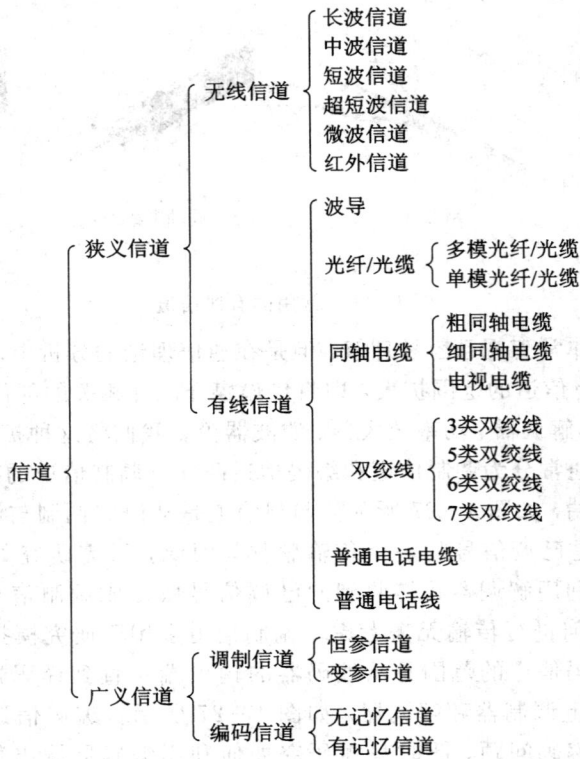

图 1-28　信道总分类图

案例分析

1. 对照图 1-28 和表 1-1，说明现代移动通信系统中的手机终端与基站之间采用的是何种信道？

答：狭义信道→无线信道→微波信道。

2. 对照图 1-28 和表 1-1，说明我国调幅广播和调频广播分别采用的是何种信道？

答：我国标准规定 531～1602 kHz 为中波调幅波段，2.2～26 MHz 为短波调幅波段，87～108 MHz 为调频波段。

调幅广播：狭义信道→无线信道→中波信道及短波信道。

调频广播：狭义信道→无线信道→超短波信道。

思考应答

1. 对照图 1-28 和表 1-1，说明现代雷达通信采用的是何种信道？

2. 对照图 1-28 和表 1-1，说明电力线通信采用的是何种信道？

3. 对照图 1-28 和表 1-1，说明我国业余无线电爱好者使用的[430 MHz，440 MHz]频段属于何种信道？

子任务 1.6.2　了解噪声的来源和分类，掌握高斯白噪声的特性

必备知识

从广义上讲，噪声包括通信系统传输的有用信号以外的所有有害干扰信号。严格地讲，我们常把周期性的、有规律的有害信号称作干扰，而把其他有害信号称作噪声。在大多数情况下，我们不对二者进行严格区分，本书将二者统一称之为噪声。噪声在通信系统中是不可避免的，信道中的噪声会使信号的质量在传输过程中下降，使信号产生失真甚至错误，因此，噪声的大小直接影响到整个通信系统的性能。

根据信道的特性，调制信道可以用一个带有时变线性网络的模型来表示，如图 1 - 29 所示。

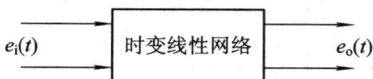

$e_i(t)$ —— 时变线性网络 —— $e_o(t)$

图 1 - 29　调制信道模型

图中时变线性网络输入与输出之间的关系可以用下式表示：

$$e_o(t) = k(t)e_i(t) + n(t) \tag{1-29}$$

式中，$e_i(t)$ 是信道输入信号；$e_o(t)$ 是信道输出信号；$k(t)$ 与输入信号是相乘的关系，称为乘性噪声；$n(t)$ 与输入信号是相加的关系，称为加性噪声。

乘性噪声是由于通信系统的非理想传输特性而引起的，通常随着信号的消失而消失，它的存在可能使信号产生畸变。乘性噪声出现的主要范围是在调制信道当中。加性噪声是独立于信号而单独存在的，由傅立叶变换的线性特性可知，输出信号的频谱是输入信号频谱与噪声信号频谱的叠加，故由加性噪声不会产生新的频率分量，而且信号中所含的频率分量的振幅、相位关系不会发生变化。但是信号中的加性噪声会使信息系统输出端的信号噪声功率比下降，严重时甚至使信号淹没于噪声中而无法获取有用信号。通信系统中主要研究的是加性噪声。

信道中的加性噪声主要来源于三个方面：人为噪声、自然噪声和内部噪声。

（1）人为噪声主要来源于无关的信号源，包括各种电气设备所产生的工业干扰和邻道干扰，如外台信号、开关接触、工业点火等。这些干扰一般是可以消除的。

（2）自然噪声主要来源于自然界存在的各种电磁波源，如雷电、磁暴、太阳黑子、银河系噪声及其他宇宙噪声等。这些噪声频率范围很宽且不固定，故难以消除。

（3）内部噪声是系统内部产生的各种噪声，如电源噪声、电阻等导体中自由电子热运动产生的热噪声、真空电子管中电子的起伏发射和半导体载流子的起伏变化产生的散弹噪声等。这种噪声来源于系统内部，也很难消除，在系统性能分析时主要考虑的就是这一类噪声。

按照可消除性，加性噪声可分为两大类：一类是不能预测波形的随机噪声，不易消除，因此是需要研究的主要对象；另一类是非随机噪声，如自激振荡、各种内部的谐波干扰等，从原理上是可以消除或基本可以消除的。其中，随机噪声按照噪声的特性不同又可分为单

频噪声、脉冲噪声和起伏噪声。单频噪声(如图 1-30 所示)是一种连续波的干扰(如外台信号)，它占有极窄的带宽，但其幅度、频率或相位是事先不能预知的。这种噪声的主要特点是占有极窄的频带，但在频率轴上的位置可以实测。单频噪声不是在所有通信系统中都存在，而且比较容易消除。脉冲噪声(如图 1-31 所示)是在时间上无规则的突发的短促噪声，其特点是非连续，由持续时间短和幅度大的不规则脉冲或噪声尖峰组成，如闪电、电气开关通断等产生的噪声。脉冲噪声对模拟话音的影响不大，在数字通信中会产生连续误码，通常使用纠错编码技术以减轻危害。起伏噪声(如图 1-31 所示)以热噪声、散弹噪声、宇宙噪声为代表，它们在时域、频域内都是普遍存在且不可避免的，所以起伏噪声是我们研究噪声对通信系统影响的重点。

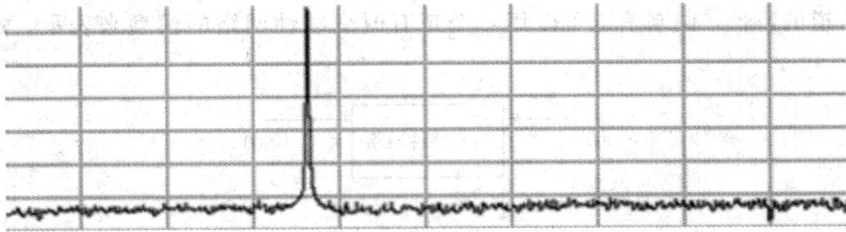

图 1-30 单频噪声

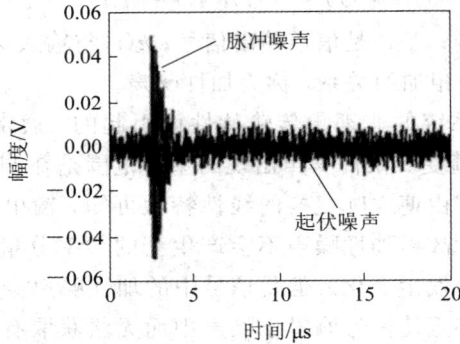

图 1-31 脉冲噪声和起伏噪声

上述噪声的分类如图 1-32 所示。

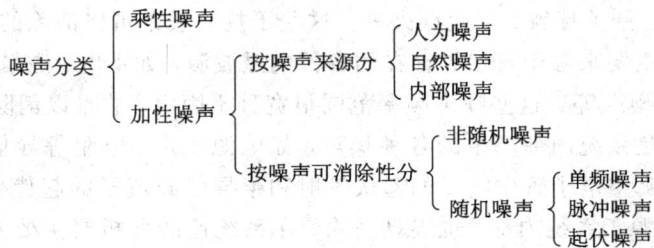

图 1-32 噪声分类图

通信系统中最主要、最具典型性的起伏噪声是高斯白噪声。高斯白噪声兼具高斯噪声和白噪声的性质。所谓高斯噪声，指的是概率分布服从高斯分布的噪声，如图 1-33 所示。

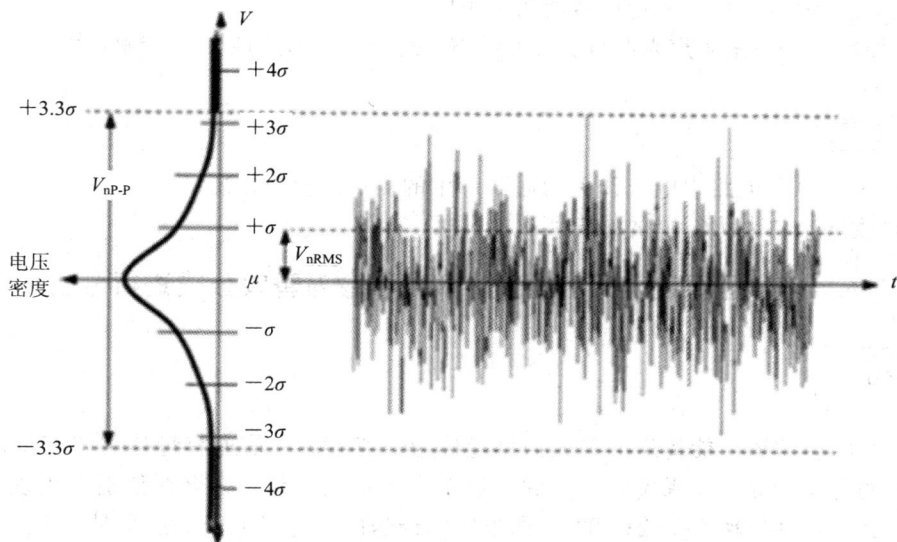

图 1-33　高斯噪声

所谓白噪声,指的是功率谱密度在整个频率范围内(−∞～+∞)都是均匀分布(常数)的噪声。白光具有在全部可见光的频谱范围内是连续、均匀的频谱特性的特点,白噪声因频谱特性与白光类似而得名。白噪声的功率谱密度为

$$
\begin{cases}
双边: S_f(\omega) = S_n = \dfrac{n_0}{2} & -\infty < \omega < +\infty \\
单边: S_f(\omega) = S_n = n_0 & 0 \leqslant \omega < +\infty
\end{cases}
\tag{1-30}
$$

其相应的图形如图 1-34 所示。

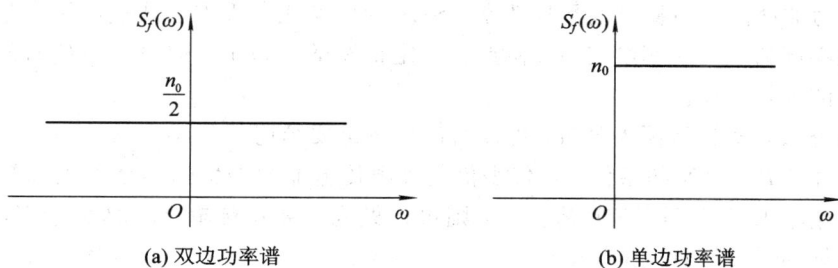

(a) 双边功率谱　　　　　(b) 单边功率谱

图 1-34　白噪声的功率谱密度

严格来说,白噪声只是一种理想的模型,在实际中不存在白噪声,但是只要噪声频谱比所研究的通信系统带宽宽很多,并且它的功率谱密度在该通信系统所占带宽内接近常数,我们就可以把它视为白噪声。

┌╌╌╌╌╌╌╌┐
╎ **案例分析** ╎
└╌╌╌╌╌╌╌┘

1. 试说明电子电路中电阻元件产生的热噪声的分类。

答:加性噪声→按噪声来源分:内部噪声;按噪声可消除性分:起伏噪声。

2. 试说明无线广播的邻台信号所属噪声的分类。

答：加性噪声→按噪声来源分：人为噪声；按噪声可消除性分：单频噪声。

思考应答

1. 试说明电子电路中电气开关的通断产生的噪声的分类。
2. 试说明来自九大行星的噪声所属的分类。

子任务 1.6.3　掌握香农公式的相关计算，学会对香农公式进行分析

必备知识

单位时间内信道所能传送的最大信息量称为信道容量。信道容量是用来度量信道传输信息能力的重要指标。如果实际传送的信息量小于信道容量，就会在信道上出现空闲，造成浪费，使信道的有效性降低；相反，如果实际传送的信息量大于信道容量，就会出现信息溢出，造成信息的失真或丢失，使信道的可靠性降低。实际信道中总是存在干扰的，在有干扰的情况下如何计算信道容量，是我们讨论的重点。

信道容量是信道最主要的性能指标，对通信系统的可靠性和有效性都可能产生影响。

在传输信号的功率和带宽都受限，而且信道受到加性高斯白噪声干扰的情况下，对于信道的传输能力问题，美国著名数学家香农（Shannon）在其《信息论》中给出了解释，这就是著名的香农公式：

$$C = B \ \text{lb} \left(1 + \frac{S}{N}\right) \qquad (1-31)$$

式中，C 为信道容量，单位为比特/秒（bit/s，b/s）；B 为信道带宽；S 为信道所传信号的平均功率；N 为加性高斯白噪声的平均功率；S/N 为信噪比。香农公式表明了当信号和作用在信道上的噪声的平均功率给定时，在具有一定带宽的信道上，理论上单位时间内可以传输的信息量的极限数值。

通过对香农公式进行深入分析，可以得出以下重要结论：

（1）在给定 B、S/N 的条件下，代表信道极限传输能力的信道容量 C 是确定的。此时若信道传输速率 R 小于等于信道容量 C，则可以做到无差错传输；若 R 大于 C，则从理论上讲是无法做到无差错传输的。

（2）可以通过信噪比 S/N 和带宽 B 的互换保持信道容量 C 的不变。对于一定的 C，可以有不同的 S/N 和 B 的组合。若减小带宽，则必须发送较大功率，即增加 S/N；若具有较大传输带宽，则在具有同样的信道容量 C 的条件下能够以较小的功率传输信号。由此可见，宽带传输系统具有较好的抗干扰能力。因此，当信号功率较小不能保证通信质量时，可以采用牺牲带宽以换得功率的方法，即增大带宽，采用宽带系统传输，以保证通信质量。而带宽和信噪比的互换是通过各种调制和编码来实现的。

（3）由于信道容量 C 是信息传送的极限速率，即有 $C = I/T$，其中 I 为信息量，T 为传输时间。将其带入式（1-31），得到

$$I = BT \ \text{lb} \left(1 + \frac{S}{N}\right) \qquad (1-32)$$

由上式可见，在信噪比 S/N 一定的情况下，一定的信息量 I 可以用不同的带宽 B 和时间 T 的组合来实现传输。

（4）当信道噪声为高斯白噪声时，式（1-31）中的噪声功率是一个常数。由于高斯白噪声的单边功率谱密度为 n_0（单位是 W/Hz），故噪声功率为 $N=n_0B$，将其带入式（1-31）可得

$$C = B\,\mathrm{lb}\left(1+\frac{S}{n_0B}\right) \tag{1-33}$$

当带宽 B 增加时，信道容量 C 就会有所增加，但在极限情况下，信道容量 C 将满足下式：

$$\lim_{B\to\infty}C = \lim_{B\to\infty}B\,\mathrm{lb}\left(1+\frac{S}{n_0B}\right) \approx 1.44\frac{S}{n_0} \tag{1-34}$$

即，当 S 和 n_0 一定时，在 B 趋于 ∞ 的情况下，信道容量 C 不是无穷大，而是趋于常数。

香农公式主要描述的是信道容量、信道带宽和信噪比三者之间的关系，它是信息传输中非常重要的公式，也是通信系统设计、性能分析和扩频技术的理论基础。虽然香农公式是在一定条件下获得的，但是对于其他情况也可以作为近似公式来应用。目前，各种信号编码和调制方法都是围绕这一极限理论得到的。

香农公式中的信噪比 S/N 本来没有单位，在实际工程中为了便于计算，人为地给信噪比定义了一个单位，记为 dB。定义 $10\,\lg\dfrac{S}{N}$ 的单位就是 dB。有了 dB 这个单位，当需要计算信噪比之比时（如为了衡量某系统的抗噪声性能，需要计算系统中接收机的输出信噪比与输入信噪比之比），对数运算使得除法变成了减法，从而简化了计算。

案例分析

1. 已知某标准音频线路带宽为 3.4 kHz。（注：$\mathrm{lb}x=3.32\lg x$）

（1）设要求信道的 S/N 为 30 dB，试求这时的信道容量是多少？

（2）设线路上的最大信息传输速率为 4800 b/s，试求所需的最小信噪比为多少？

解　（1）由 $10\,\lg\dfrac{S}{N}=30$ 可得 $\lg\dfrac{S}{N}=3$，根据香农公式（1-31），可得

$$C = 3.4\times10^3\times\mathrm{lb}\left(1+\frac{S}{N}\right)$$

再根据 $\mathrm{lb}x=3.32\lg x$ 可得

$$C = 3.4\times10^3\times3.32\times\lg\left(1+\frac{S}{N}\right)\approx 3.4\times10^3\times3.32\times\lg\frac{S}{N}$$
$$= 3.4\times10^3\times3.32\times3 = 33.86\times10^3$$

所以这时的信道容量是 33.86×10^3 b/s。

（2）由题目可知信道容量 $C=4800$ b/s，根据香农公式（1-31），可得

$$4800 = 3.4\times10^3\times\mathrm{lb}\left(1+\frac{S}{N}\right)$$

进而推导出 $\mathrm{lb}\left(1+\dfrac{S}{N}\right)=\dfrac{24}{17}$，利用计算器可求出 $\dfrac{S}{N}\approx1.66$ 或 2.2 dB。所以所需最小信噪比

为 1.66 或 2.2 dB。

2. 有一信息量为 1 Mbit 的消息，需在某带宽为 4 kHz 的信道传输，接收端要求信噪比为 30 dB，问传输这一信息需用多少时间？

解 由已知条件可得 $\lg\dfrac{S}{N}=3$，根据公式（1−32），可得

$$1\times10^6=4\times10^3\times T\times\text{lb}\left(1+\frac{S}{N}\right)\approx4\times10^3\times T\times3.32\times\lg\frac{S}{N}=4\times10^3\times T\times3.32\times3$$

进而可求出 $T\approx25$，所以传输这一信息需用 25 秒。

3. 3G 移动通信打出的口号是"绿色系统""绿色手机"，试利用香农公式加以解释。

答：所谓"绿色系统""绿色手机"，是指相比于 2G 系统，3G 系统的基站和手机的发射功率要低很多。根据香农公式（1−31）可知，在信道容量一定的情况下，可以用牺牲带宽的方法来换取小的发射功率。3G 系统的基础是扩频通信，即用很宽的带宽来传输原本频谱比较窄的信号。其实质就是在保证通信质量的前提下，用大带宽来换取相对低的发射功率和相对高的传输速率。

4. 已知 GSM 移动通信系统的用户带宽为 200 kHz，TD−SCDMA 系统的用户带宽为 1.6 MHz，LTE 系统的用户带宽最高为 20 MHz，试用香农公式解释这种现象。

答：GSM 是 2G 移动通信系统，TD−SCDMA 属于 3G，LTE 是 3.9G。这些移动通信系统的升级换代都是为了提高用户的数据业务（如下载视频、浏览 Web 网页等）传输速率。根据香农公式可知，在信噪比一定的情况下，带宽越宽，信道容量就越大，该信道允许的最高传输速率就越高。因此，移动通信系统总的发展趋势是在用大带宽来换取高的传输速率。

但是根据公式（1−33）和式（1−34）可知，用大带宽来换取高的传输速率不是没有限制的，而且频谱是一种资源，因此移动通信的未来必须要考虑新的技术和方法来获得更高的传输速率。

┄┄ 思考应答 ┄┄

1. 具有 4 kHz 带宽的某高斯信道，若信道中信号功率与噪声功率之比为 63，试计算其信道容量。

2. 已知某信道中高斯白噪声的双边功率谱密度为 0.5×10^{-3} W/Hz，信道带宽为 10 kHz，信道容量为 2×10^4 b/s，求该信道中信号的平均功率。

思考应答参考答案

项目 2　构建模拟调制通信系统

任务 2.1　构建调幅广播系统

任务要求：广播是人们日常生活中的娱乐方式之一，有调幅（AM）广播和调频（FM）广播等多种形式。本节的任务是首先在头脑中建立调制的概念，然后在掌握 AM 调制和解调技术原理的前提下，了解 AM 广播系统的结构组成，并与 SC - DSB 立体声广播进行对比。

子任务 2.1.1　了解调幅广播系统的结构组成，掌握 AM 调制的技术原理

╔══════════╗
║ **必备知识** ║
╚══════════╝

AM 属于模拟幅度调制。模拟幅度调制是指用模拟基带信号去改变正弦型载波的幅度，使载波的幅度随着基带信号的变化而变化。根据频谱特性的不同，通常把模拟幅度调制分为标准调幅（AM）、抑制载波双边带（SC - DSB）调幅、单边带（SSB）调幅和残留边带（VSB）调幅四种。这四种模拟调幅技术各有各的特点，各有各的用途。

语音信号的频谱范围主要在 300～3400 Hz，属于长波（甚低频）波段，这样的无线电波直接在空气中传播必然受到很多的外界干扰，采用这样频段的无线电台信号之间更是会相互干扰。普通的 AM 广播，是通过 AM 调制的方法将语音信号搬移到高频频段，不同的电台占用不同的频段，以避免干扰。AM 广播系统的结构组成如图 2 - 1 所示。

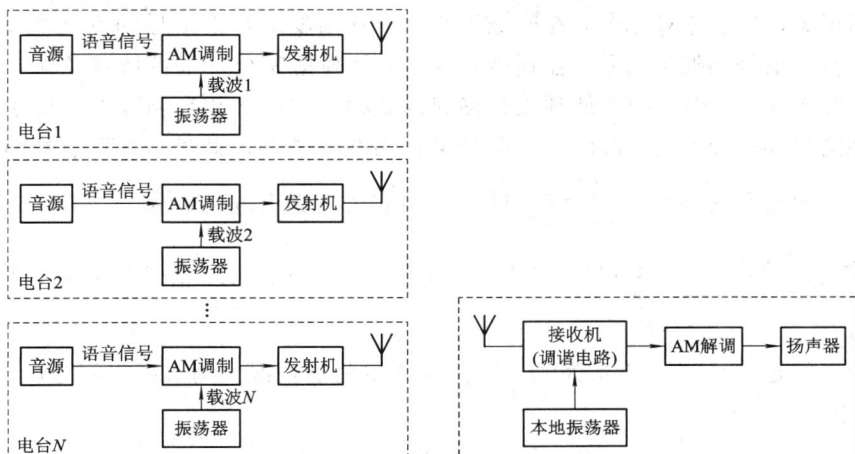

图 2 - 1　AM 广播系统的结构组成

目前，国内的 AM 广播采用中波波段（对应收音机上标示的 MW），其信号主要沿地面传播，绕射能力强，传播距离相对较远，因此用于中央电台的广播，全国各地接收到的 AM 电台都是一样的。AM 广播还可以采用短波波段（对应收音机上标示的 SW），其信号具有较强的电离层反射能力，传播距离相对更远，因此用于国际电台的广播。

下面我们来学习 AM 调制。

一、AM 的时、频域计算

AM 的求解可以分为如下两步：

(1) 基带信号与一个直流分量（通常为载波的振幅）相叠加；

(2) 叠加之和与载波（单位振幅）相乘。

设基带信号为 $f(t)$，载波 $c(t) = A\cos\omega_c t$，则 AM 信号的时域表达式为

$$s_{AM}(t) = [f(t) + A]\cos\omega_c t \tag{2-1}$$

设 $F(\omega)$ 为 $f(t)$ 的傅立叶变换，即 $f(t) \leftrightarrow F(\omega)$。通过查询表 1-4，可求得单位载波 $c(t)$ 的频谱函数 $C(\omega) = \pi[\delta(\omega+\omega_c) + \delta(\omega-\omega_c)]$。再根据傅立叶变换的频域卷积特性，可得 AM 信号的频谱函数为

$$S_{AM}(\omega) = \frac{1}{2\pi}\{[2\pi A\delta(\omega) + F(\omega)] * C(\omega)\}$$

$$= \frac{1}{2\pi}\{[2\pi A\delta(\omega) + F(\omega)] * \pi[\delta(\omega+\omega_c) + \delta(\omega-\omega_c)]\}$$

$$= \frac{1}{2}\{[2\pi A\delta(\omega) + F(\omega)] * [\delta(\omega+\omega_c) + \delta(\omega-\omega_c)]\}$$

$$= \frac{1}{2}[2\pi A\delta(\omega+\omega_c) + F(\omega+\omega_c) + 2\pi A\delta(\omega-\omega_c) + F(\omega-\omega_c)]$$

$$= \pi A[\delta(\omega+\omega_c) + \delta(\omega-\omega_c)] + \frac{1}{2}[F(\omega+\omega_c) + F(\omega-\omega_c)] \tag{2-2}$$

二、AM 的波形及频谱

根据式(2-1)和式(2-2)，可以画出 AM 信号的时域波形及对应的频谱图，如图 2-2 所示。由图可见，对于 AM 信号，在时域波形上，其幅度随基带信号的变化而变化，其包络形状即为基带信号的波形形状；在频谱结构上，其频谱完全是基带信号频谱在频域内的简单搬移，由以零频为中心的较低频段搬移到以载频为中心的较高频段上。由于各种幅度调制的这种搬移都是线性的，因此幅度调制又称为线性调制。此外，基带信号的频谱范围是 $[0, \omega_m]$，因此其带宽 $B = \frac{\omega_m - 0}{2\pi} = \frac{\omega_m}{2\pi}$(Hz)；AM 信号的频谱范围是 $[\omega_c - \omega_m, \omega_c + \omega_m]$，带宽 $B = \frac{(\omega_c + \omega_m) - (\omega_c - \omega_m)}{2\pi} = \frac{\omega_m}{\pi}$(Hz)。从带宽角度来看，显然 AM 信号的带宽变为基带信号带宽的两倍。

需要指出的是，图 2-2 所示为 $|f(t)|_{max} < A$ 的特殊情况。为了说明问题，给出调幅指数 β_{AM} 的概念：

$$\beta_{AM} = \frac{|f(t)|_{max}}{A} \tag{2-3}$$

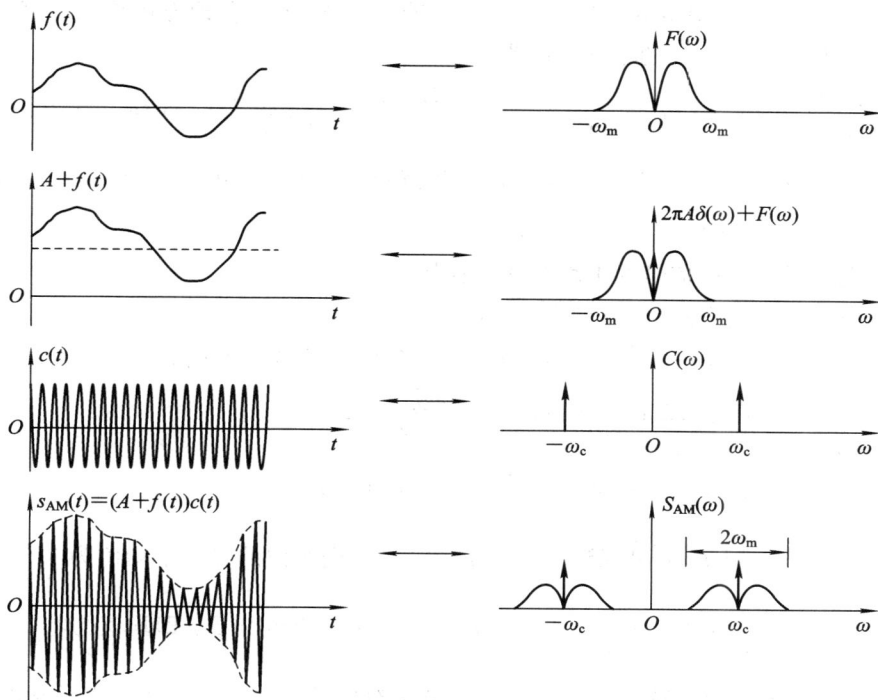

图 2-2   AM 的时域波形及对应的频谱图

当 $\beta_{AM} < 1$ 时，称为正常调幅，AM 信号的包络即为基带信号；当 $\beta_{AM} = 1$ 时，称为满调幅，AM 信号的包络刚好为基带信号；当 $\beta_{AM} > 1$ 时，称为过调幅，AM 信号的包络不再与基带信号直接对应。基带信号为单频正弦波，β_{AM} 取三种不同值时 AM 的情况如图 2-3 所示。

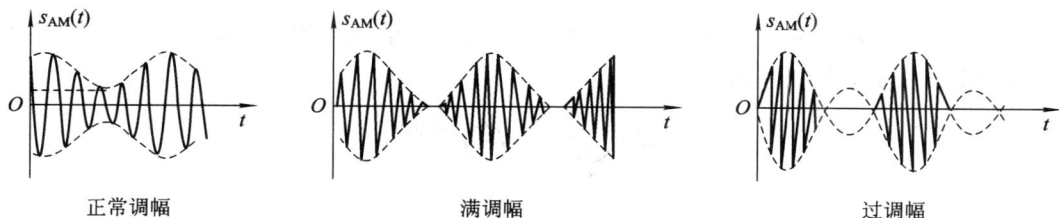

| 正常调幅 | 满调幅 | 过调幅 |

图 2-3   三种 AM 情况

三、AM 的平均功率

信号可以分为能量信号和功率信号两种。所谓功率信号，指的是具有无限能量，但平均功率为有限值的信号。周期信号都属于功率信号，某些非周期信号也可能属于功率信号。

通常把单位电阻上所消耗的平均功率定义为周期信号的归一化平均功率，简称功率。一个周期为 T 的周期信号 $f(t)$，其瞬时功率为 $|f(t)|^2$。在周期 T 内的平均功率为

$$P = \frac{1}{T} \int_{-T/2}^{T/2} |f(t)|^2 \mathrm{d}t = \overline{f^2(t)} \tag{2-4}$$

也就是说，信号的平均功率等于其均方值，而确知信号的均方值即为其平方的时间平均值。例如，余弦信号 $\cos\omega_c t$ 的平均功率为

$$P = \frac{1}{2\pi}\int_{-\pi}^{\pi}\cos^2\omega_c t \cdot \mathrm{d}t = \frac{1}{2\pi}\int_{-\pi}^{\pi}\frac{1+\cos 2\omega_c t}{2}\mathrm{d}t = \frac{1}{4\pi}\left(2\pi + \int_{-\pi}^{\pi}\cos 2\omega_c t \cdot \mathrm{d}t\right) = \frac{1}{2}$$

式中，$\int_{-\pi}^{\pi}\cos 2\omega_c t \cdot \mathrm{d}t = 0$，这是因为任何正余弦信号在一个周期内的积分都为零，也就是正余弦波的时间均值都为零。

根据上述内容，AM 信号的平均功率计算如下：

$$\begin{aligned}
P_{AM} &= \overline{s_{AM}^2(t)} = \overline{[f(t)+A]^2\cos^2\omega_c t} \\
&= \overline{[f(t)+A]^2}\cdot\overline{\cos^2\omega_c t} \quad\text{——}f(t)\text{ 与载波互不相关} \\
&= \overline{f^2(t)+A^2+2Af(t)}\cdot\overline{\frac{\cos 2\omega_c t+1}{2}} \\
&= \frac{1}{2}\big[\overline{f^2(t)}+\overline{A^2}+\overline{2Af(t)}\big]\cdot(\overline{\cos 2\omega_c t}+1) \\
&= \frac{1}{2}\big[\overline{f^2(t)}+A^2+2A\,\overline{f(t)}\big] \quad\text{—— 余弦波的时间平均值为 0} \\
&= \frac{1}{2}\overline{f^2(t)}+\frac{A^2}{2} \quad\text{—— 假设 }f(t)\text{ 中无直流分量，即均值为零} \quad (2-5)
\end{aligned}$$

设 $P_f=\frac{1}{2}\overline{f^2(t)}$，为 AM 信号中基带信号分量对应的平均功率；由于 A 是载波的振幅，因此，设 $P_c=\frac{A^2}{2}$ 为 AM 信号中载波分量对应的平均功率，则有 $P_{AM}=P_f+P_c$，即 AM 的平均功率中既包含有用的基带信号成分，又包含纯载波成分。

四、AM 的实现

图 2-4 所示为 AM 调制器的数学模型。在该模型中只使用加法器和乘法器，可见，AM 的产生方法是非常简单的。

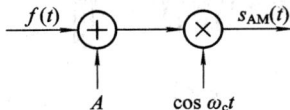

图 2-4　产生 AM 的数学模型

案例分析

1. 已知基带信号频谱范围是 [0，400 Hz]，载频 $f_c=8$ kHz。

（1）求基带信号带宽和相应的 AM 调幅波的带宽；

（2）求 AM 波的频谱范围。

解　（1）$B_{f(t)}=400$ Hz，$B_{AM}=800$ Hz；

（2）AM 波的频谱范围是 [7600 Hz，8400 Hz]。

2. 设基带信号频谱如图 2-5 所示，载频 $\omega_c=4\omega_m$，试大致画出相应的 AM 波的频谱。

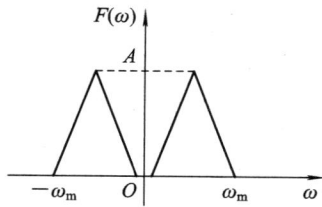

图 2-5 子任务 2.1.1 案例分析第 2 题图 1

解 画 AM 波对应的频谱，其如下特点应该体现出来（如图 2-6 所示）：

（1）基带信号频谱由以 0 频为中心处线性搬移到以 $\pm\omega_c$ 为中心处；

（2）搬移后信号振幅减半；

（3）搬移后带宽加倍；

（4）含有与载波相对应的冲激成分。

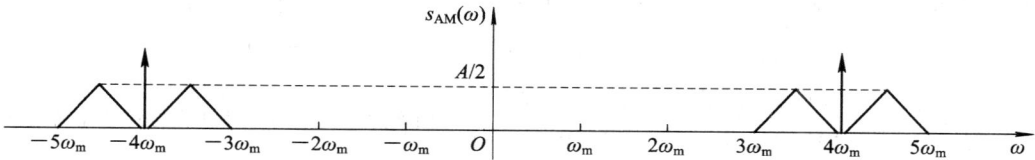

图 2-6 子任务 2.1.1 案例分析第 2 题图 2

3. 已知基带信号 $f(t)=2\sin\pi t$，载波 $c(t)=2\cos20\pi t$，试画出对应的 AM 波的时域波形。

　　解 由题目可知 $|f(t)|_{\max}=2$，$A=2$，因此该 AM 波为满调幅的情况；由题目还可知，载频为基带信号频率的 20 倍，即对应基带信号的一个周期波形内要画 20 个完整的载波波形。该 AM 波的时域波形如图 2-7 所示。

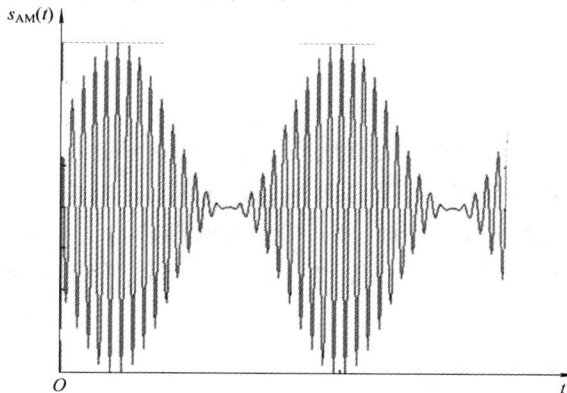

图 2-7 子任务 2.1.1 案例分析第 3 题图

4. 已知基带信号的平均功率为 10 W，载波 $c(t)=4\cos\omega_c t$，试求解相应的 AM 波中基带信号分量所占的百分比。

　　解 由公式（2-5）可知：

$$P_{AM} = \frac{1}{2}\overline{f^2(t)} + \frac{A^2}{2} = \frac{10}{2} + \frac{4^2}{2} = 5 + 8 = 13 \text{ W}$$

其中基带信号分量功率值为

$$P_f = \frac{1}{2}\overline{f^2(t)} = 5 \text{ W}$$

所占百分比约为 38.5%。

┌─ **思考应答** ─┐

1. 已知基带信号频谱范围是 $[20, 500 \text{ Hz}]$，载频 $f_c = 10 \text{ kHz}$。

（1）求基带信号带宽和相应的 AM 波的带宽；

（2）求 AM 波的频谱范围。

2. 设基带信号频谱如图 2-8 所示，已知载频 $c(t) = \frac{1}{\pi}\cos 2\omega_m t$，试画出相应的 AM 波的频谱。

3. 已知基带信号 $f(t) = 4\sin\pi t$，载波 $c(t) = 2\cos 50\pi t$，试画出对应的 AM 调幅波的时域波形。

4. 已知基带信号的平均功率为 20 W，进行 AM 调制，功率占比约为 52.6%，试求使用载波振幅 A 的大小。

图 2-8　子任务 2.1.1 思考应答第 2 题图

5. 已知某标准调幅波的时域表达式为 $s(t) = 0.125\cos(2\pi \times 10^4 t) + 4\cos(2\pi \times 1.1 \times 10^4 t) + 0.125\cos(2\pi \times 1.2 \times 10^4 t)$，试求：

（1）载频是什么？

（2）调幅指数是多少？

（3）调制信号频率是多少？

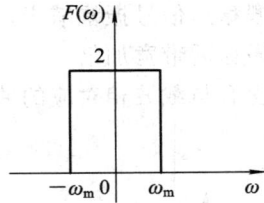

子任务 2.1.2　掌握 AM 的非相干解调方法，了解其抗噪声性能

┌─ **必备知识** ─┐

所谓解调，就是从已调信号中无失真地恢复出基带信号的过程。解调是与调制相对应的过程。调制是将基带信号频谱搬移到载频附近，解调则是把位于载频附近的基带信号搬移回低频段上。解调的方法通常分为两种：相干解调与非相干解调。在模拟调幅系统中，相干解调适用于所有线性调制方式（AM、SC-DSB、SSB、VSB），非相干解调只适用于标准调幅（AM）信号。

一、AM 信号的非相干解调

在 $\beta_{AM} \leqslant 1$ 的条件下，AM 信号时域波形的包络形状与基带信号的波形形状完全相同，因此，只要能够提取出 AM 信号的包络信息，就能无失真地恢复出基带信号。AM 信号的非相干解调法正是基于这一思想，因此，亦称为包络检波法。AM 信号的包络检波包括半波检波、倍压检波和全波检波等几种方法，半波检波法又包括串联型和并联型两种实现电路。本书介绍的是超外差式收音机常用的串联型半波检波法。

串联型包络检波电路及其相关时域波形如图 2-9 所示。其解调原理是：利用二极管 V_D 的单向性将 AM 信号的负值部分去掉，得到信号 $s_D(t)$；利用电容 C 的充放电，在电容两端获得基本随 AM 信号包络变化的电压信号，此电压信号即为解调出来的基带信号。

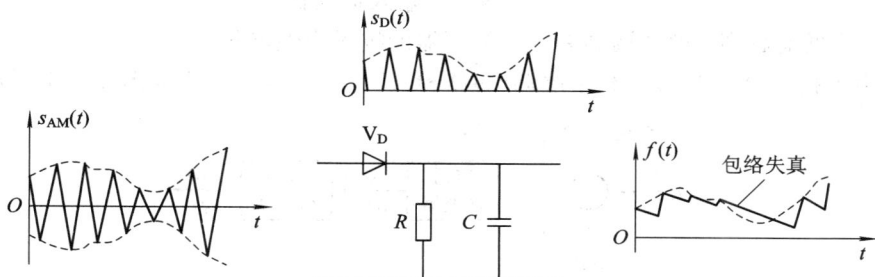

图 2-9　串联型包络检波器

应用此包络检波器需要注意选取合适的参数，以保证电容的放电时间比充电时间慢得多，即电容的放电时常数 $(\tau=RC)$ 比充电时常数要大得多；但放电时常数又不能太大，否则输出波形不能紧跟包络线的下降而下降，就会产生包络失真（如图 2-9 所示）。通常要求：

$$\frac{2\pi}{\omega_c} < \tau < \frac{2\pi}{\omega_m} \tag{2-6}$$

式中，ω_c 为载频，ω_m 为基带信号的最高频率。如 AM 广播，中频（载频）为 65 kHz，音频信号最高频率取 5 kHz，则大致有 2 μs < τ < 200 μs，通常取 $\tau=50$ μs，那么 R 取 5 kΩ 左右，C 取 0.01 μF 左右。

二、AM 非相干解调的抗噪声性能

在通信系统中噪声是不可避免的，而噪声是影响通信系统可靠性的最主要因素，因此，研究系统的抗噪声性能（即可靠性）是十分重要的。不同的调制方式，其抗噪声性能是不同的。同样的调制方式，采用不同的解调方法，其抗噪声性能也是不相同的。

各种解调系统统一的数学模型如图 2-10 所示。为了说明问题，该模型将信号 $s(t)$ 在信道中受噪声 $n(t)$ 干扰的情况也包含在内。由子任务 1.6.2 可知，噪声主要为加性、平稳、高斯白噪声。带通滤波器的作用是滤除已调信号频带以外的噪声。因此，带通滤波器的带宽与调制信号的带宽相同，通过带通滤波器后到达解调器输入端的信号仍为 $s(t)$ 和限带后的高斯白噪声 $n_i(t)$。解调器输出的有用信号为 $f_o(t)$，噪声为 $n_o(t)$。

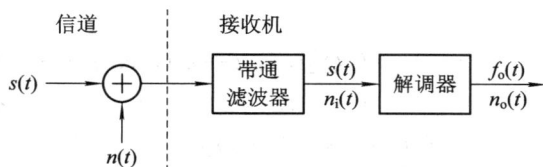

图 2-10　带噪声干扰的解调系统的数学模型

由子任务 1.4.1 可知，模拟调制系统的抗噪声性能是用解调器最终输出的信噪比来衡量的。

对于同一个解调器，输入信号形式不同，输入的信噪比不同，其输出信噪比就可能会

不相同。因此，为了准确衡量解调器的抗噪声性能，通常采用信噪比增益的概念。信噪比增益定义为

$$G = \frac{S_o/N_o}{S_i/N_i} = \frac{输出信噪比}{输入信噪比} \tag{2-7}$$

显然，信噪比增益越高，模拟调制系统中解调器的抗噪声性能越好。

带噪声干扰的 AM 信号非相干解调（包络检波）系统的数学模型如图 2-11 所示。

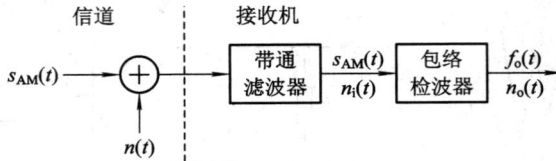

图 2-11　带噪声干扰的 AM 信号非相干解调系统的数学模型

1. 输入信噪比的计算

根据子任务 2.1.1 可知，包络检波器输入端 AM 信号的平均功率为

$$S_i = \frac{1}{2}\,\overline{f^2(t)} + \frac{A^2}{2}$$

根据子任务 1.6.2 可知，经接收机中的带通滤波器后，包络检波器输入端噪声的平均功率为 $N_i = n_0 B$。式中，n_0 为信道中高斯白噪声的单边功率谱密度，B 为已调信号带宽，也是带通滤波器的带宽。设基带信号的最高频率值为 f_m，则包络检波器输入端噪声的平均功率为

$$N_i = n_0 B = 2n_0 f_m \tag{2-8}$$

因此，包络检波器的输入信噪比为

$$\frac{S_i}{N_i} = \frac{\dfrac{1}{2}\,\overline{f^2(t)} + \dfrac{A^2}{2}}{2n_0 f_m} \tag{2-9}$$

2. 输出信噪比及信噪比增益的计算

设接收机中带通滤波器的中心频率为 ω_0，则包络检波器输入端的噪声 $n_i(t)$ 可表示为

$$n_i(t) = n_c(t)\cos\omega_0 t - n_s(t)\sin\omega_0 t \tag{2-10}$$

由于带通滤波器的中心频率 ω_0 与调制载频 ω_c 相同，因此，$n_i(t)$ 亦可表示为

$$n_i(t) = n_c(t)\cos\omega_c t - n_s(t)\sin\omega_c t \tag{2-11}$$

则经带通滤波器后，所得信号为

$$\begin{aligned}
s_{AM}(t) + n_i(t) &= [A + f(t)]\cos\omega_c t + n_c(t)\cos\omega_c t - n_s(t)\sin\omega_c t \\
&= [A + f(t) + n_c(t)]\cos\omega_c t - n_s(t)\sin\omega_c t \\
&= E(t)\cos[\omega_c t + \varphi(t)]
\end{aligned} \tag{2-12}$$

式中

$$E(t) = \sqrt{[A + f(t) + n_c(t)]^2 + n_s^2(t)}$$

$$\varphi(t) = \arctan\left[\frac{n_s(t)}{A + f(t) + n_c(t)}\right]$$

经包络检波器后，输出信号即为 $E(t)$。由其表达式可知，检波器输出信号中有用信号

与噪声很难完全分开。因此，计算输出信噪比是件困难的事。为简化问题，下面只讨论两种特殊情况。

1）输入为大信噪比的情况

所谓输入为大信噪比，是指输入信号幅度远远大于噪声幅度，即

$$A + f(t) \gg n_i(t) = \sqrt{n_c^2(t) + n_s^2(t)} \qquad (2-13)$$

则式（2-12）可变为

$$
\begin{aligned}
E(t) &= \sqrt{[A + f(t) + n_c(t)]^2 + n_s^2(t)} \\
&= \sqrt{[A + f(t)]^2 + 2[A + f(t)]n_c(t) + n_c^2(t) + n_s^2(t)} \\
&= \sqrt{[A + f(t)]^2 + 2[A + f(t)]n_c(t) + n_i^2(t)} \\
&\overset{A+f(t)\gg n_i(t)}{\approx} \sqrt{[A + f(t)]^2 + 2[A + f(t)]n_c(t)} \\
&\overset{\beta_{AM}=\frac{|f(t)|_{max}}{A}\leqslant 1}{=\!=\!=\!=} [A + f(t)]\sqrt{1 + \frac{2n_c(t)}{A + f(t)}} \\
&\overset{\sqrt{1+x}\approx 1+\frac{x}{2},\,|x|\ll 1}{\approx} [A + f(t)]\left[1 + \frac{n_c(t)}{A + f(t)}\right] \\
&= A + f(t) + n_c(t) \qquad (2-14)
\end{aligned}
$$

式（2-14）中，直流分量 A 可以很容易地被去除掉，有用信号 $f(t)$ 与噪声 $n_c(t)$ 独立地分成两项，因而可以分别计算出输出有用信号平均功率为

$$S_o = \overline{f^2(t)}$$

噪声平均功率为

$$N_o = \overline{n_c^2(t)}$$

根据式（2-11），可知

$$N_i = \overline{n_i^2(t)} = \frac{1}{2}\overline{n_c^2(t)} + \frac{1}{2}\overline{n_s^2(t)} = \overline{n_c^2(t)} = \overline{n_s^2(t)}$$

因此有

$$N_o = N_i = n_0 B = 2n_0 f_m \qquad (2-15)$$

所以输出信噪比为

$$\frac{S_o}{N_o} = \frac{\overline{f^2(t)}}{2n_0 f_m} \qquad (2-16)$$

可求出输入为大信噪比情况下的信噪比增益为

$$G = \frac{2\overline{f^2(t)}}{A^2 + \overline{f^2(t)}} \qquad (2-17)$$

由于 $\beta_{AM} = \dfrac{|f(t)|_{max}}{A} \leqslant 1$，即 $\overline{f^2(t)} \leqslant A^2$，因此式（2-17）所得增益值必小于 1。这就说明，此种情况下解调器对于信噪比并不是改善，反而是恶化了。

2）输入为小信噪比的情况

所谓输入为小信噪比，是指解调器输入的噪声幅度远大于信号幅度，有用信号完全被噪声所"淹没"。此种情况下，包络检波器输出信噪比的计算非常复杂，在此，直接给出其

近似公式：

$$\frac{S_o}{N_o} = \left(\frac{S_i}{N_i}\right)^2 \tag{2-18}$$

式(2-18)说明，输入为小信噪比情况下解调器同样不能对信噪比加以改善，反而是恶化了。

3) 门限效应

综合分析可知，当输入为大信噪比时，包络检波器能够正常解调。随着输入信噪比的下降，输出信噪比随之线性下降。但当输入信噪比下降到某一值时，输出信噪比会随输入信噪比的下降而快速下降。这一现象称为门限效应，如图2-12所示。这个出现门限效应时的输入信噪比称为门限值。由于相干解调不存在门限效应，因此，在噪声条件恶劣的情况下应尽量采用相干解调。

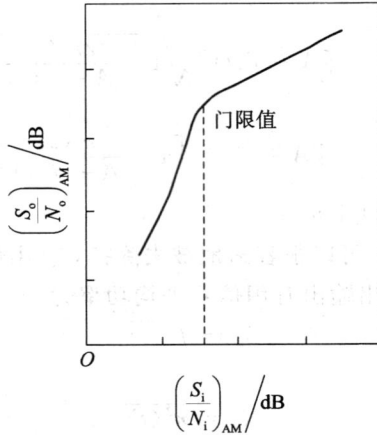

图2-12　AM包络检波的门限效应现象

案例分析

1. 图2-13所示为某AM发射机与接收机的组成结构图，试分别说明各组成部分的作用。

答：(1) 发射机部分：

① 高频振荡器：生成高频载波。

② 高放(或倍频)器：生成符合调幅器幅度范围和频率范围要求的载波。

③ 话筒或其他声源：生成基带语音信号。

④ 低放：即低频放大电路，将低频的基带语音信号进行幅度放大。

⑤ 功放：即功率放大器，将语音信号进一步放大，使其符合调幅器幅度范围要求。

⑥ 调幅器：实现调幅。

(2) 接收机部分：

① 电台选择电路：调谐至某一频率，以与想要接收的电台频率相匹配。

② 高频放大器：对接收到的高频信号进行放大。

③ 混频器：输入的高频信号通过与本振进行混频(差频)后变为中频信号输出。

(a) AM发射机

(b) AM接收机

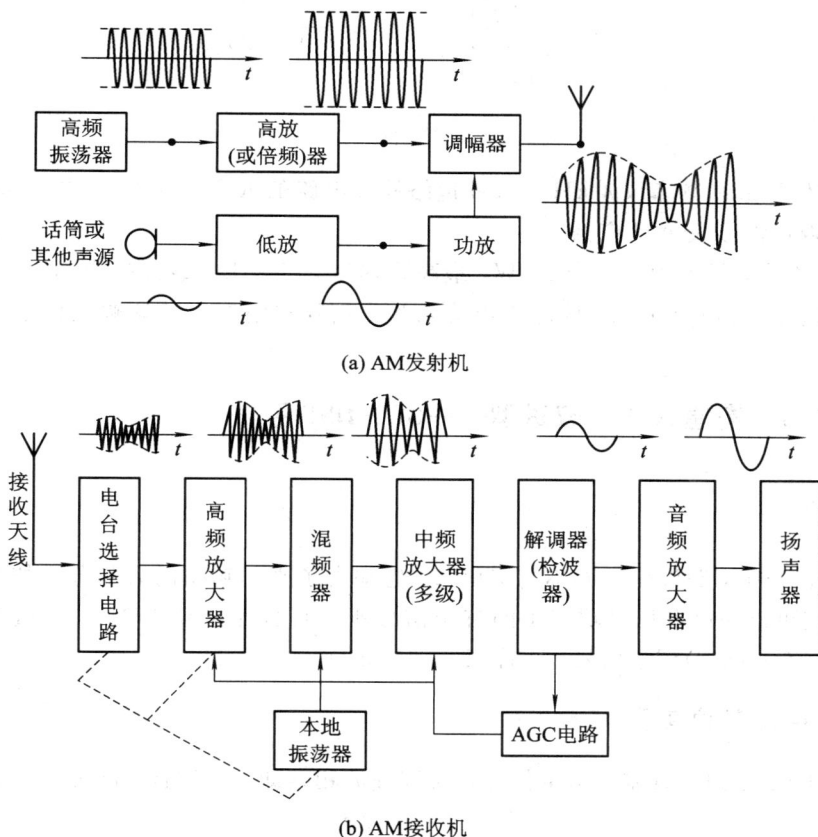

图 2-13　AM发射机与接收机的组成结构

④ 本机振荡器：产生混频所需的本振频率。

⑤ 中频放大器：对输入的中频信号进行放大。

⑥ AGC 电路：AGC 是 Automatic Gain Control(自动增益控制)的英文缩写，AGC 电路是一种在输入信号幅度变化很大的情况下，使输出信号幅度保持恒定或仅在较小范围内变化的自动控制电路。

⑦ 解调器(检波器)：将输入的中频信号通过解调，恢复成基本音频信号。

⑧ 音频放大器：对输入的音频信号进行放大。

⑨ 扬声器：将音频电信号转换成为声音信号，发送出去。

2. 为了接收 300 kHz 的 AM 广播，音频信号最高频率取 4 kHz，AM 包络检波电路的 R 取 10 kΩ，C 取 0.02 μF，问是否可行？

解　根据已知条件，电容放电时常数取值范围应为 3.3 μs < τ < 250 μs；由已知 R 和 C 求得的电容放电时常数 τ = 200 μs，处于前述取值范围内，因此取值可行。

3. 已知基带信号平均功率为 9 W，载波振幅 A = 4 V，调幅波包络检波器的输入噪声平均功率为 0.1 W，试求包络检波器的信噪比增益。

解　由已知条件可以判定，调幅波包络检波器的输入信号幅度远远大于输入噪声幅度，因此属于输入为大信噪比的情况，再由式(2-17)可求出包络检波器的信噪比增益为

$$G = \frac{2\,\overline{f^2(t)}}{A^2 + \overline{f^2(t)}} = \frac{2 \times 9}{4^2 + 9} = \frac{18}{25}$$

思考应答

1. 音频信号最高频率取 4 kHz，AM 包络检波电路的 R 取 8 kΩ，C 取 0.05 μF，试问这个电路能否正常接收 AM 广播？

2. 已知基带信号平均功率为 10 W，最高频率为 3.5 kHz，载波振幅 $A = 3$ V，高斯白噪声的功率谱密度为 0.002 W/Hz，求当输入为小信噪比情况下的调幅波包络检波器的信噪比增益。

子任务 2.1.3　构建 AM 的改进型——SC‑DSB 系统

必备知识

在 AM 信号中，载波分量并不携带信息，但却占了平均功率的大部分。如果将载波分量去除掉，就可以使已调信号功率中的有用信号所占百分比达到 100%，这就产生了抑制载波双边带（SC‑DSB）调幅信号，简称双边带（DSB）调幅。

一、DSB 调制的实现

要获得 DSB 信号，只需将基带信号直接同载波相乘即可。因此，DSB 信号的时域表达式为

$$s_{DSB}(t) = f(t)c(t) = f(t)A\cos\omega_c t \tag{2-19}$$

DSB 信号的频谱函数为

$$S_{DSB}(\omega) = \frac{A}{2}[F(\omega + \omega_c) + F(\omega - \omega_c)] \tag{2-20}$$

DSB 信号的时域波形及对应的频谱图，如图 2‑14 所示。

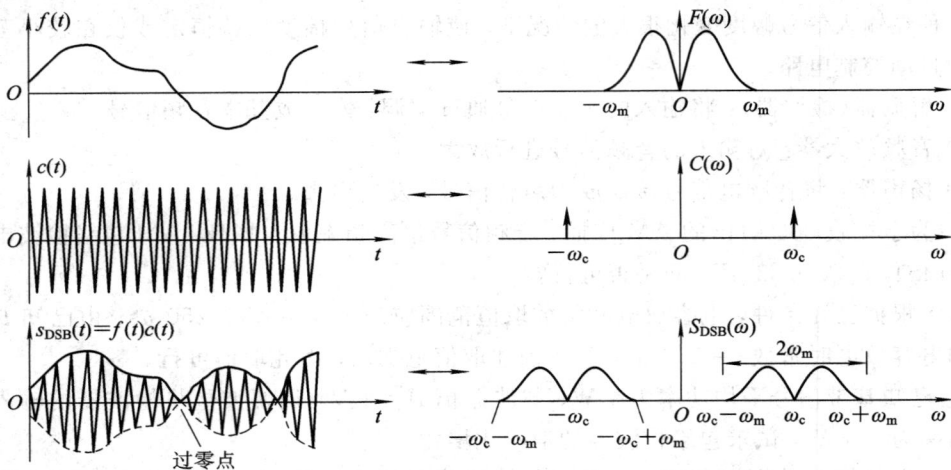

图 2‑14　DSB 信号的时域波形及对应的频谱图

　　由图可见，对于 DSB 信号，在时域波形上，其包络形状不再与基带信号的波形形状相一致，因而不能像 AM 信号那样利用简单的包络检波来恢复基带信号。此外，在 DSB 的过零点处，高频载波的相位容易产生 180°的突变（这样的过零点称为反相点）。在频谱结构上，DSB 信号中已不包含有载波频谱对应的冲激分量，功率利用率得到有效提高。DSB 信号的带宽仍为基带信号带宽的两倍。

　　DSB 信号的产生方法更为简单，其调制器数学模型如图 2-15 所示。

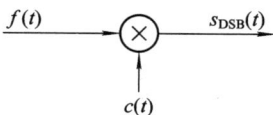

图 2-15　产生 DSB 信号的数学模型

二、DSB 信号的相干解调

　　由于 DSB 信号的包络不能直接反映调制信号的变化，因此只能采用相干解调。所谓相干解调，指的是在接收端利用与发送端载波同频、同相的相干载波进行解调的方法。由前述 AM 调制方法可以看出，当信号与载波相乘时能够起到频谱搬移的作用，相干解调正是利用这一方法，把基带信号由载频附近搬移回到低频频段的。DSB 信号相干解调的实现原理如图 2-16 所示。

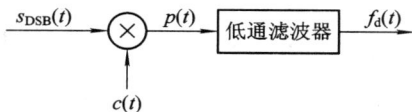

图 2-16　DSB 信号相干解调的实现原理

　　由图可知，经过乘法器后可得信号：

$$
\begin{aligned}
p(t) &= s_{\text{DSB}}(t) \cdot c(t) \\
&= f(t) \cdot A\cos\omega_c t \cdot A\cos\omega_c t \\
&= A^2 f(t)\cos^2\omega_c t \\
&= f(t) \cdot \frac{A^2}{2}(1 + \cos2\omega_c t) \\
&= \frac{A^2}{2} f(t) + \frac{A^2}{2}\cos2\omega_c t \quad\quad\quad (2-21)
\end{aligned}
$$

　　由式（2-21）可知，该信号由两部分组成：低频的基带信号部分 $\frac{A^2}{2} f(t)$ 和频率为载频二倍的高频信号部分 $\frac{A^2}{2}\cos2\omega_c t$。这样的信号，通过低通滤波器很容易将高频部分滤除掉，从而恢复出基带信号。事实上，当信号与载波相乘时，信号的频率与载频分别进行了相减和相加操作，从而获得"差频"与"和频"两个成分。做调制时，"差频"就是下边带部分，"和频"就是上边带部分；做解调时，"差频"就是基带信号部分，"和频"就是高频部分。

　　DSB 信号相干解调过程中的波形及其频谱如图 2-17 所示。

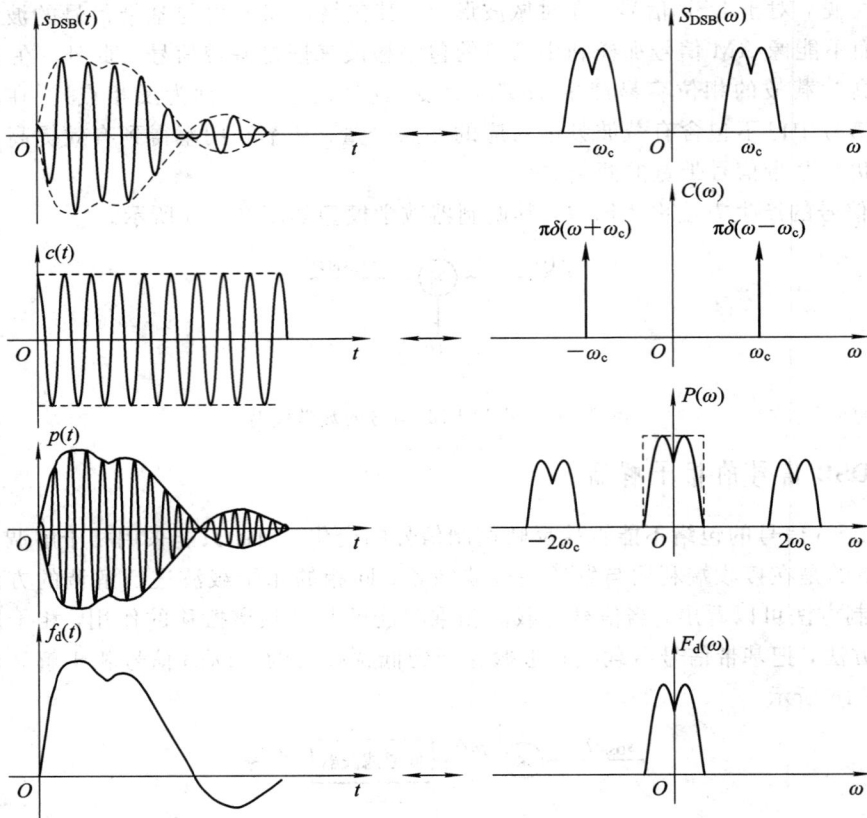

图 2 - 17　DSB 信号相干解调过程中的波形及其频谱

三、DSB 系 统 的 载 波 同 步 技 术

DSB 信号只能采用相干解调，这样接收端就必须提供一个与发送载波同频同相的相干载波，这就叫载波同步。可见，凡是采用相干解调的系统，无论数字的或模拟的，都需要载波同步。相干载波通常是从接收到的信号中提取的。若已调信号本身存在载波分量，就可以从接收信号中直接提取载波同步信息，如 AM 波；若已调信号中不存在载波分量（如 DSB 调制）或者含有载波分量但很难分离出来，就需要采用在发送端插入导频的方法（称为插入导频法，又称外同步法），或者在接收端对信号进行适当的波形变换，以取得载波同步信息的方法（称为自同步法，又称内同步法）。本节将学习 DSB 信号的插入导频载波同步法和载波自同步法。

1. 插入导频载波同步法

插入导频法指的是在发送端发送有用信号的同时，在适当的频率位置上插入导频，接收端由导频提取载波分量的方法。

DSB 信号的导频插入频谱示意图如图 2 - 18 所示。由图可见，为了便于接收时提取导频信息，应使插入的导频与已调信号的频谱成分尽量分离，为此，可以将导频的插入位置选取在已调信号频谱为零的地方，而且导频信号不是直接地调制载波，而是采用与调制载波正交的形式（相差 90°）。

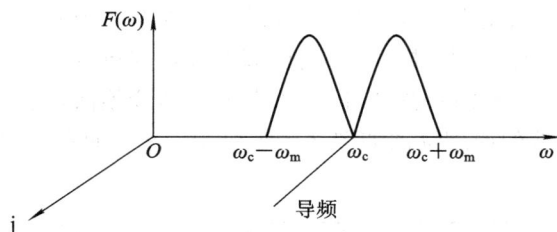

图 2-18　DSB 信号的导频插入

DSB 插入导频法在发送端的实现原理框图如图 2-19 所示。

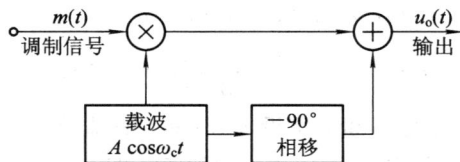

图 2-19　DSB 插入导频法在发送端的原理框图

图中，调制信号为 $m(t)$，载波为 $A\cos\omega_c t$，则发送端输出的信号为

$$u_o(t) = Am(t)\cos\omega_c t + A\sin\omega_c t \qquad (2-22)$$

这里如果发送端导频不是正交插入，而是同相插入，则发送端信号 $u_o(t)$ 就相当于本身含有载波分量的 AM 调制信号。

DSB 插入导频法在接收端的实现原理框图如图 2-20 所示。

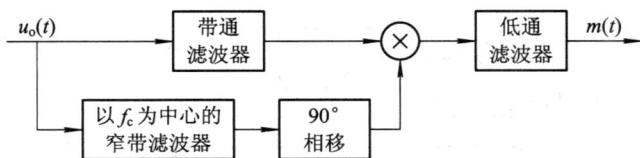

图 2-20　DSB 插入导频法在接收端的原理框图

如果不考虑信道失真及噪声干扰，则接收端收到的信号与发送端发送的信号完全相同。此信号 $u_o(t)$ 分为两路：上支路通过带通滤波器滤除带外噪声；下支路通过中心频率为 f_c 的窄带滤波器，获得导频 $A\sin\omega_c t$，再将其进行 90°$(\pi/2)$ 相移，就能得到与调制载波同频同相的相干载波 $A\cos\omega_c t$。上下两路信号相乘后再通过低通滤波器即可恢复原始调制信号 $m(t)$。

接收端解调过程用公式表示为

$$u_o(t) \cdot A\cos\omega_c t = [Am(t)\cos\omega_c t + A\sin\omega_c t] \cdot A\cos\omega_c t$$

$$= \frac{A^2}{2}m(t) + \frac{A^2}{2}m(t)\cos2\omega_c t + \frac{A^2}{2}\sin2\omega_c t \qquad (2-23)$$

上式中，信号通过截频为 ω_c 的低通滤波器后，即可得到调制信号 $\frac{A^2}{2}m(t)$。

2. 载波自同步法

DSB 信号本身虽然不直接含有载波分量，但在接收端经过某种非线性变换后，能够获得载波的谐波分量，进而实现载波同步。这种对已调波进行变换后获取同步载波的方法就是载波同步的自同步法。DSB 信号的载波自同步可以采用平方变换法，也可以采用同相正交法。

平方变换法提取载波的原理框图如图 2-21 所示，这里的平方律器件的作用就是实现非线性变换。

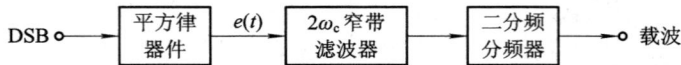

图 2-21　平方变换法提取载波的原理框图

设基带信号为 $m(t)$，载波为 $\cos\omega_c t$，则 DSB 信号 $m(t)\cos\omega_c t$ 经过平方律器件后，得到：

$$e(t) = [m(t)\cos\omega_c t]^2 = \frac{1}{2}m^2(t) + \frac{1}{2}m^2(t)\cos2\omega_c t \qquad (2-24)$$

上式第二项中包含有载波的倍频分量，又设 $m(t)$ 没有直流分量，因此信号 $e(t)$ 通过中心频率为 $2\omega_c$、带宽足够窄的滤波器和二分频的分频器后，即可获得所需的相干载波。

载波同步的同相正交法也称科斯塔斯（Costas）环法，其基本组成结构是一个带有同相支路和正交支路的锁相环，如图 2-22 所示。由图可见，输入已调信号分为上下两路，上支路称为同相支路，下支路称为正交支路。这两路信号分别同两个正交的本地载波信号相乘，各自的乘积再通过低通滤波器，而后输入到同一个乘法器中。乘法器的输出通过环路滤波器，去控制压控振荡器（VCO），VCO 的输出即为本地载波。如此形成锁相环路，使本地载波自动跟踪发送端调制载波的相位。在锁相环锁定时，正交支路的输出为 0，同相支路的输出即为所需的解调信号。即同一个电路既实现了载波同步，又实现了信号解调。

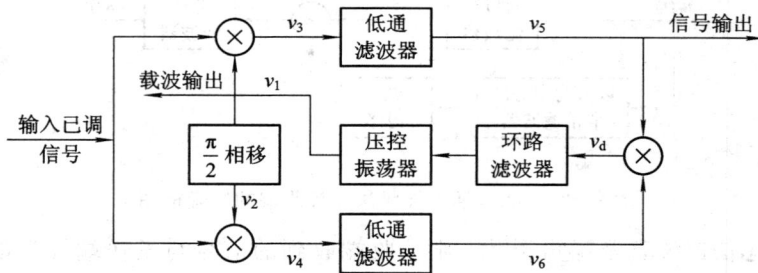

图 2-22　Costas 环法提取载波的原理框图

与平方变换法相比，Costas 环虽然在电路上要复杂一些，但它的工作频率即为载波频率，而平方变换法的工作频率是载波频率的两倍，因此，Costas 环更易于实现；其次，当环路正常锁定后，Costas 环可直接获得解调输出，而平方变换法则没有这种功能。

下面分析 DSB 信号通过 Costas 环提取载波的过程。对于 $m(t)\cos\omega_c t$ 形式的 DSB 信号，设压控振荡器输出载波为 $\cos(\omega_c t+\theta)$，则有

$$v_1 = \cos(\omega_c t + \theta) \qquad (2-25)$$
$$v_2 = \sin(\omega_c t + \theta) \qquad (2-26)$$

因此

$$v_3 = m(t)\cos\omega_c t \cos(\omega_c t + \theta) = \frac{1}{2}m(t)\big[\cos\theta + \cos(2\omega_c t + \theta)\big] \tag{2-27}$$

$$v_4 = m(t)\cos\omega_c t \sin(\omega_c t + \theta) = \frac{1}{2}m(t)\big[\sin\theta + \sin(2\omega_c t + \theta)\big] \tag{2-28}$$

经低通滤波后有

$$v_5 = \frac{1}{2}m(t)\cos\theta \tag{2-29}$$

$$v_6 = \frac{1}{2}m(t)\sin\theta \tag{2-30}$$

v_5、v_6 通过乘法器相乘，输出误差信号为

$$v_d = \frac{1}{8}m^2(t)\sin 2\theta \tag{2-31}$$

当锁相环趋于锁定时，θ 会很小，有 $\sin 2\theta \approx 2\theta$，则误差信号近似为

$$v_d \approx \frac{\theta}{4}m^2(t) \tag{2-32}$$

$m^2(t)$ 可以分解为直流分量和交流分量两部分。当环路滤波器带宽很窄时，只允许直流分量通过，因此，通过环路滤波器后所得信号与 θ 成正比，且比例系数就是 $m^2(t)$ 的直流分量部分。用此信号去控制 VCO 的相位和频率，通过不断地反馈和调整，最终使稳态相位误差减小到很小的数值，几乎没有剩余频差(即频率与 ω_c 同频)。此时，VCO 的输出即为所需的同步载波，而 v_5 就是解调输出。

┌┄┄┄┄┄┄┄┐
┆ **案例分析** ┆
└┄┄┄┄┄┄┄┘

1. 将子任务 2.1.1 案例分析第 2 题中的 AM 改为 DSB 重做一遍，并将 DSB 与 AM 信号的频谱进行比较。

解　DSB 信号频谱如图 2-23 所示。

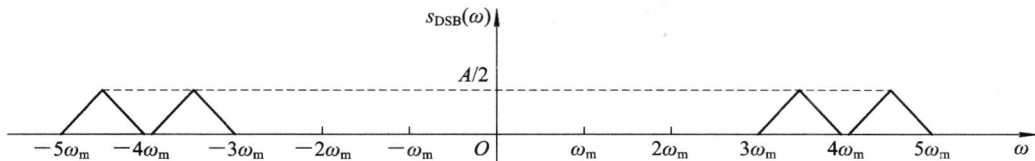

图 2-23　子任务 2.1.3 案例分析第 1 题图

在基带信号和载波都相同的情况下，DSB 信号与 AM 信号频谱相比少了代表载波成分的冲激信号。

2. 将子任务 2.1.1 案例分析第 3 题中的 AM 改为 DSB 重做一遍，并将 DSB 与 AM 信号的时域波形进行比较。

解　DSB 信号的时域波形如图 2-24 所示。在基带信号和载波都相同的情况下，满调幅 AM 信号的时域波形的包络刚好为调制信号形状，而 DSB 信号时域波形的包络不能携带调制信号的完整信息。

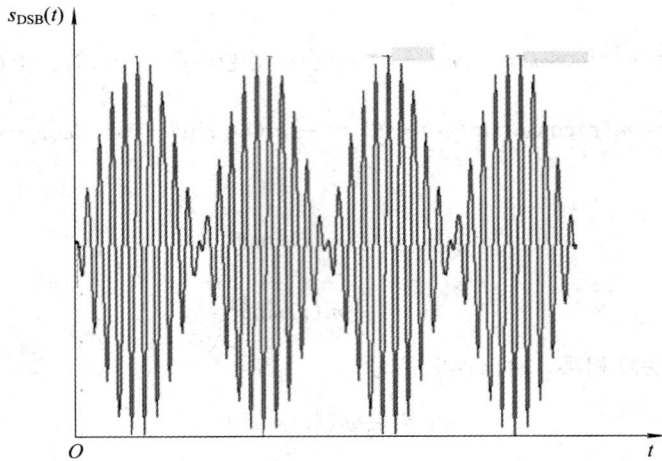

图 2-24 子任务 2.1.3 案例分析第 2 题图

3. 仿照 DSB 信号的相干解调，设计实现 AM 信号的相干解调系统。

解 AM 信号经相干解调器后，得到：

$$p(t) = s_{AM}(t) \cdot c(t) = [f(t) + A]\cos\omega_c t \cdot A\cos\omega_c t = A[f(t) + A]\cos^2\omega_c t$$

$$= [f(t) + A] \cdot \frac{A}{2}(1 + \cos 2\omega_c t)$$

$$= \frac{A}{2}f(t) + \frac{A^2}{2} + \left[\frac{A}{2}f(t) + \frac{A^2}{2}\right]\cos 2\omega_c t \qquad (2-33)$$

该信号中包括三种频谱成分：基带信号 $\frac{A}{2}f(t)$、直流信号 $\frac{A^2}{2}$ 和高频信号 $\left[\frac{A}{2}f(t) + \frac{A^2}{2}\right]\cos 2\omega_c t$，经低通滤波器后，输出基带信号和直流成分。用减法器去除直流，就恢复出了基带信号。AM 信号相干解调的数学模型如图 2-25 所示。

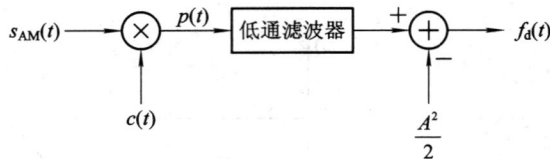

图 2-25 子任务 2.1.3 案例分析第 3 题图

4. 试画出采用插入导频法进行载波同步的完整的 DSB 调制/解调系统结构图。

解 所求结构图如图 2-26 所示。

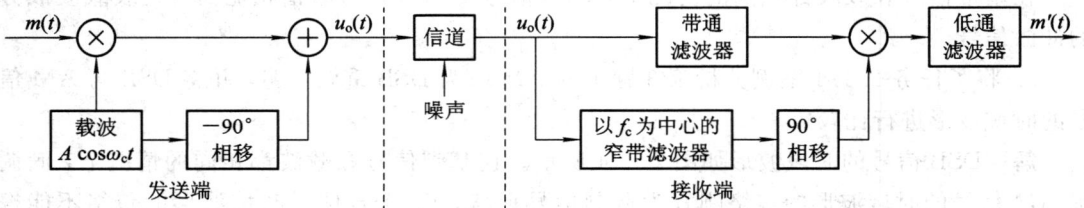

图 2-26 子任务 2.1.3 案例分析第 4 题图

思考应答

1. 将子任务 2.1.1 思考应答第 2 题中的 AM 改为 DSB 重做一遍。
2. 将子任务 2.1.1 思考应答第 3 题中的 AM 改为 DSB 重做一遍。
3. 试画出采用平方变换法进行载波同步的完整的 DSB 调制/解调系统结构图。

任务 2.2　构建 SSB 频分复用系统

　　任务要求：相比于 AM 和 DSB 调制，单边带（SSB）调幅和残留边带（VSB）调幅在节省带宽上具有明显优势。本节的任务是在掌握 SSB 调制和解调方法的基础上，熟悉 SSB 频分复用系统的构成，并在学习无线电视所采用的 VSB 调制技术之后，将 AM、DSB、SSB 和 VSB 四种模拟调幅技术在相干解调方式下的抗噪声性能进行对比分析。

子任务 2.2.1　掌握 SSB 调制及解调方法

必备知识

　　由 AM 和 DSB 的频谱图可知，双边带调幅信号的上下两个边带是完全对称的，即两个边带所包含的信息完全相同。显然，双边带传输浪费了一个边带所占用的带宽，降低了频带利用率。而对于通信而言，频率或频带是非常宝贵的资源。因此，在实际传输时只传输一个边带就可以了。为了克服 AM 和 DSB 这种双边带调幅的缺点，人们又提出了单边带（SSB）调幅的概念。SSB 调幅的实现方法主要有滤波法和相移法两种。

一、滤波法

　　产生单边带信号最直接的方法就是让 DSB 信号通过一个单边带滤波器，保留所需边带，滤除另外一个边带，即可生成单边带信号，这种方法就称为滤波法。滤波法实现 SSB 调制的数学模型如图 2-27 所示。

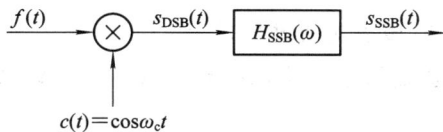

图 2-27　滤波法实现 SSB 调制的数学模型

　　图中，$H_{SSB}(\omega)$ 是单边带滤波器的传输函数，可取两种形式：高通或低通。取高通形式时，可保留上边带，滤除下边带，习惯上用 $H_{USB}(\omega)$ 表示；取低通形式时，可保留下边带，滤除上边带，习惯上用 $H_{LSB}(\omega)$ 表示。两种单边带滤波器传输函数的表达式分别如下：

$$H_{USB}(\omega) = \begin{cases} 1 & |\omega| > \omega_c \\ 0 & |\omega| \leqslant \omega_c \end{cases} \tag{2-34}$$

$$H_{LSB}(\omega) = \begin{cases} 1 & |\omega| < \omega_c \\ 0 & |\omega| \geqslant \omega_c \end{cases} \tag{2-35}$$

采用滤波法由 DSB 信号生成 SSB 信号的频谱图如图 2-28 所示。

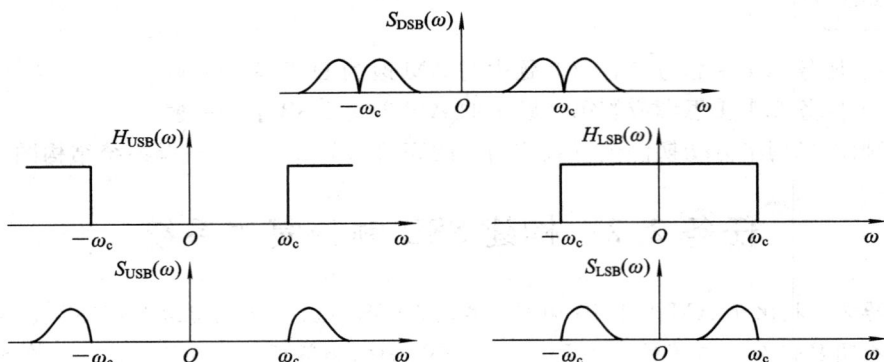

图 2-28 滤波法由 DSB 信号生成 SSB 信号的频谱图

由图 2-27 和图 2-28 可以得出，以 DSB 信号频谱为参考的滤波法实现 SSB 信号的频谱函数表达式为

$$S_{SSB}(\omega) = S_{DSB}(\omega) \cdot H_{SSB}(\omega) \tag{2-36}$$

滤波法是实现 SSB 调制最简单、最常用的方法，但是滤波法对于滤波器的过渡带提出了较高的要求：滤波器的过渡带必须非常窄，即滤波器的边缘必须很陡峭，理想状态是一根垂直线，但这在实际工程中很难做到。其改进方法是采用多级调制滤波的方法，即在低载频上形成单边带信号，然后通过变频将频谱搬移到更高的载频处，以降低每一级调制对滤波器过渡带的要求，从而完成 SSB 信号的产生，如图 2-29 所示。

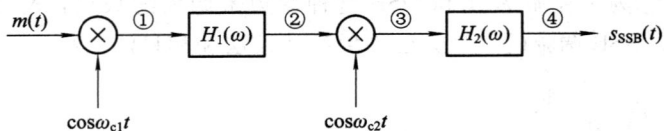

图 2-29 多级调制滤波法实现 SSB 调制的数学模型

二、相移法（亦称希尔伯特变换法）

相移法实现 SSB 信号的时域表达式推导过程如下：

（1）设基带信号为单频余弦信号，即 $f(t) = A_m\cos\omega_m t$，设载波为单位振幅，则 DSB 信号表达式为

$$
\begin{aligned}
s_{DSB}(t) &= A_m\cos\omega_m t \cdot \cos\omega_c t \\
&= \frac{1}{2}A_m\cos(\omega_c + \omega_m)t + \frac{1}{2}A_m\cos(\omega_c - \omega_m)t
\end{aligned} \tag{2-37}
$$

（2）若通过 $H_{USB}(\omega)$ 滤波器，则所得上边带信号为

$$
\begin{aligned}
s_{USB}(t) &= \frac{1}{2}A_m\cos(\omega_c + \omega_m)t \\
&= \frac{1}{2}A_m\cos\omega_m t\cos\omega_c t - \frac{1}{2}A_m\sin\omega_m t\sin\omega_c t
\end{aligned} \tag{2-38}
$$

若通过 $H_{LSB}(\omega)$ 滤波器，则所得下边带信号为

$$s_{\mathrm{LSB}}(t) = \frac{1}{2}A_{\mathrm{m}}\cos(\omega_{\mathrm{c}} - \omega_{\mathrm{m}})t$$

$$= \frac{1}{2}A_{\mathrm{m}}\cos\omega_{\mathrm{m}}t\cos\omega_{\mathrm{c}}t + \frac{1}{2}A_{\mathrm{m}}\sin\omega_{\mathrm{m}}t\sin\omega_{\mathrm{c}}t \qquad (2-39)$$

（3）将上、下边带表达式合并，可得

$$s_{\mathrm{SSB}}(t) = \frac{1}{2}A_{\mathrm{m}}\cos(\omega_{\mathrm{c}} \pm \omega_{\mathrm{m}})t$$

$$= \frac{1}{2}A_{\mathrm{m}}\cos\omega_{\mathrm{m}}t\cos\omega_{\mathrm{c}}t \mp \frac{1}{2}A_{\mathrm{m}}\sin\omega_{\mathrm{m}}t\sin\omega_{\mathrm{c}}t \qquad (2-40)$$

这里要注意正、负符号与上、下边带的对应关系：两部分信号相减的形式对应上边带，两部分信号相加的形式对应下边带。

式（2-40）中，$A_{\mathrm{m}}\sin\omega_{\mathrm{m}}t$ 和 $\sin\omega_{\mathrm{c}}t$ 可以看成是分别由 $A_{\mathrm{m}}\cos\omega_{\mathrm{m}}t$ 和 $\cos\omega_{\mathrm{c}}t$ 相移 $-\pi/2$ 后得到的。信号进行 $-\pi/2$ 相移的这种变换称为希尔伯特变换。

上述推导过程虽然是由单频余弦信号求得的，但是可以推广到任意基带信号形式。仿照式（2-40），可以得到 SSB 信号时域表达式的一般形式为

$$s_{\mathrm{SSB}}(t) = f(t)\cos\omega_{\mathrm{c}}t \mp \hat{f}(t)\sin\omega_{\mathrm{c}}t \qquad (2-41)$$

式中，$\hat{f}(t)$ 是 $f(t)$ 的希尔伯特变换。系数由 $1/2$ 变为 1 是为了书写方便，这样只是信号幅度的变化，并不影响频谱结构。

由式（2-41）可以得到以基带信号频谱为参考的 SSB 信号的频谱函数通用表达式为

$$S_{\mathrm{SSB}}(\omega) = \frac{1}{2}[F(\omega + \omega_{\mathrm{c}}) + F(\omega - \omega_{\mathrm{c}})] \mp \frac{\mathrm{j}}{2}[\hat{F}(\omega + \omega_{\mathrm{c}}) - \hat{F}(\omega - \omega_{\mathrm{c}})] \quad (2-42)$$

相移法实现 SSB 调制的数学模型如图 2-30 所示。由图 2-30 和式（2-41）可见，SSB 数学模型与 SSB 时域信号表达式有直接对应关系：模型中的上支路对应表达式中的前一部分，下支路对应表达式中的后一部分，最后上下支路通过加法器进行相加或相减，从而输出下边带信号或上边带信号。

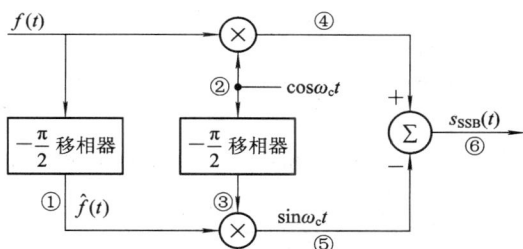

图 2-30　相移法实现 SSB 调制的数学模型

SSB 信号的解调同 DSB 信号一样，不能采用简单的包络检波法，因为 SSB 信号也是抑制载波已调信号，它的包络不能直接反映调制信号的变化，所以仍需采用相干解调。

单边带信号具有频带利用率高、受频率选择性衰落的影响小、保密性强等优点。其缺点是对接收机的复杂度和精度要求高。

┌┈┈┈┈┈┈┈┈┐
┊ **案例分析** ┊
└┈┈┈┈┈┈┈┈┘

1. 设基带信号频谱如图 2-31 所示，针对产生 SSB 信号的多级调制滤波法，试分别画出图 2-29 所示数学模型中各步骤产生信号的频谱图。

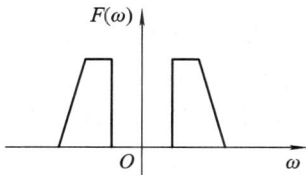

图 2-31　子任务 2.2.1 案例分析第 1 题图 1

解　图 2-29 所示数学模型中各步骤产生信号

的频谱图如图 2-32 所示。

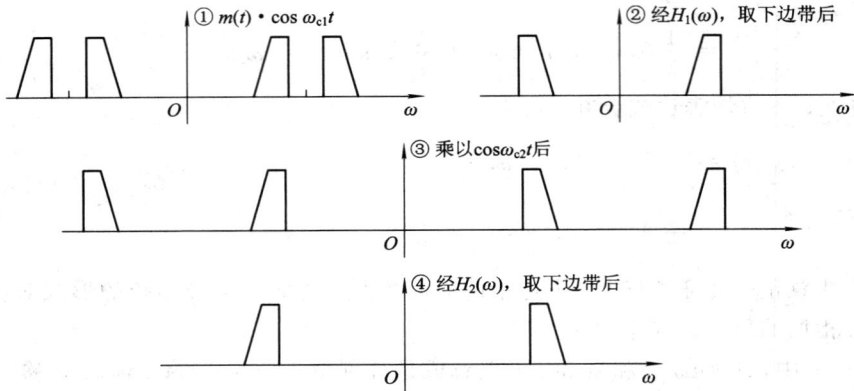

图 2-32　子任务 2.2.1 案例分析第 1 题图 2

2. 设基带信号频谱如图 2-31 所示，针对产生 SSB 信号的相移法，试分别画出图 2-30 所示数学模型中各步骤产生信号的频谱图。

解　图 2-30 所示数学模型中各步骤产生信号的频谱图如图 2-33 所示。

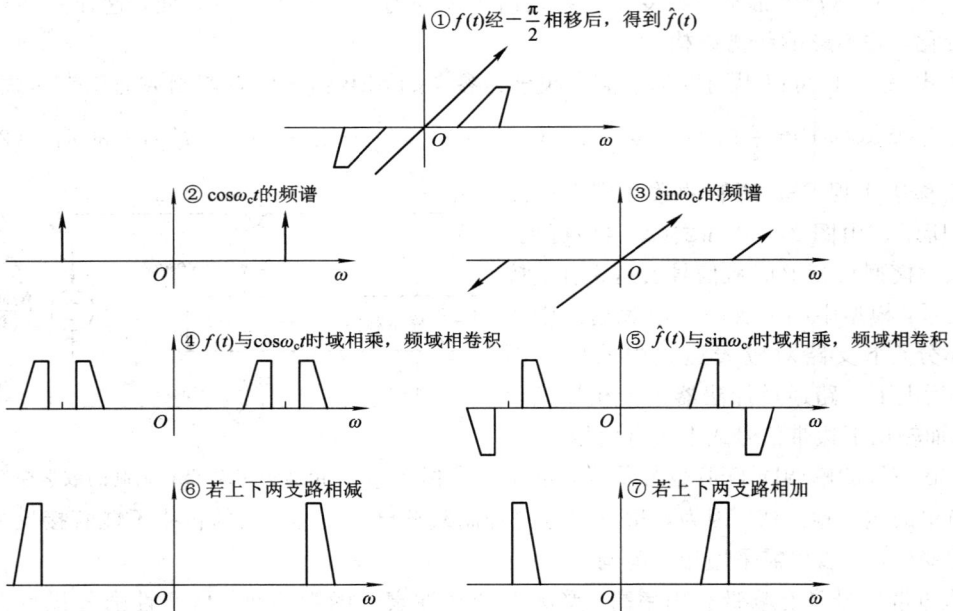

图 2-33　子任务 2.2.1 案例分析第 2 题图

3. 已知单边带信号 $s_{SSB}(t) = f(t)\cos\omega_0 t + \hat{f}(t)\sin\omega_0 t$，试证明它不能用平方变换法提取同步载波。

解　将题目中的 SSB 信号输入图 2-21 所示的平方变换载波提取电路中，可得

$$e(t) = s_{SSB}^2(t) = [f(t)\cos\omega_0 t + \hat{f}(t)\sin\omega_0 t]^2$$

$$= f^2(t)\cos^2\omega_0 t + \hat{f}^2(t)\sin^2\omega_0 t + 2f(t)\hat{f}(t)\cos\omega_0 t\sin\omega_0 t$$

$$= \frac{f^2(t)}{2} + \frac{1}{2}f^2(t)\cos2\omega_0 t + \frac{\hat{f}(t)}{2} - \frac{1}{2}\hat{f}^2(t)\cos2\omega_0 t + f(t)\hat{f}(t)\sin2\omega_0 t$$

经 $2\omega_0$ 窄带滤波后为

$$\frac{1}{2}f^2(t)\cos2\omega_0 t - \frac{1}{2}\hat{f}^2(t)\cos2\omega_0 t + f(t)\hat{f}(t)\sin2\omega_0 t$$

上式经二分频后得到的载波相位有两种，故不能提取与载波同频同相的同步信号。

┌─ **思考应答** ─┐

1. 已知基带信号的频谱图如图 2-34 所示，载波 $c(t)=10\cos(2\pi\times1000t)$，试分别画出 DSB 和 USB 信号的频谱图（要求：标明各处频点值）。

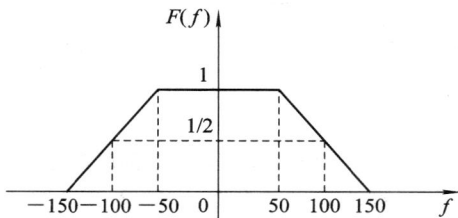

图 2-34　子任务 2.2.1 思考应答第 1 题图

2. 已知调制信号 $m(t)=\cos(2000\pi t)+\cos(4000\pi t)$，载波 $c(t)=\cos10^4\pi t$，进行单边带调制，试确定该单边带信号的时域表达式，并画出其频谱图。

3. 仿照子任务 2.1.3 中 DSB 信号的相干解调过程，设计实现 SSB 信号的相干解调系统。

4. 已知单边带信号 $s_{\text{SSB}}(t) = f(t)\cos\omega_0 t + \hat{f}(t)\sin\omega_0 t$。

（1）若采用与 DSB 导频插入载波同步相同的方法（正交插入），试证明接收端可正确解调；

（2）若发送端插入的导频是调制载波（同相插入），试证明解调输出中也含有直流分量。

子任务 2.2.2　构建 SSB 频分复用系统

┌─ **必备知识** ─┐

随着信息时代的到来，通信用户的数量急剧增加，日益增长的用户数量与有限的频带资源之间不可避免地形成了矛盾。为了解决这一矛盾，信道复用技术应运而生。信道复用技术就是利用一条信道同时传输多路信号的技术，其关键在于如何区分这些信号，使信号之间互不干扰。显然，信道复用技术能够有效利用频带资源、提高通信效率、降低通信成本，因此，被广泛地应用于各个通信领域的各类通信线路上。根据复用方法的不同，可以将信道复用分为频分复用（FDM）、时分复用（TDM）、码分复用（CDM）、空分复用（SDM）、波分复用（WDM）等。本任务是要学习基于 SSB 调制的频分复用技术。

在通信系统中，信道所能提供的带宽往往要比传送一路信号所需的带宽宽得多。因此，一个信道只传输一路信号是非常浪费的。为了充分利用信道的带宽，就要采用频分复用技术。频分复用主要应用于模拟信道。

　　频分复用是将整个物理信道的可用带宽分割成若干个互不交叠的频段，让一路信号占用其中的一个频段，从而允许多路信号同时共用同一信道。由于被复用的信号都属于同一性质的信号，有着相同的频谱范围，因此为了实现复用，需要采用调制技术，对信号频谱进行合理搬移，以防止发生频谱混叠。此外，为了防止因信道特性不理想而造成的各路信号之间的相互干扰，还要在各路信号频带之间保留出一定的频段间隔，即保护带。基于 SSB 调制的频分复用系统的实现原理框图如图 2-35 所示。

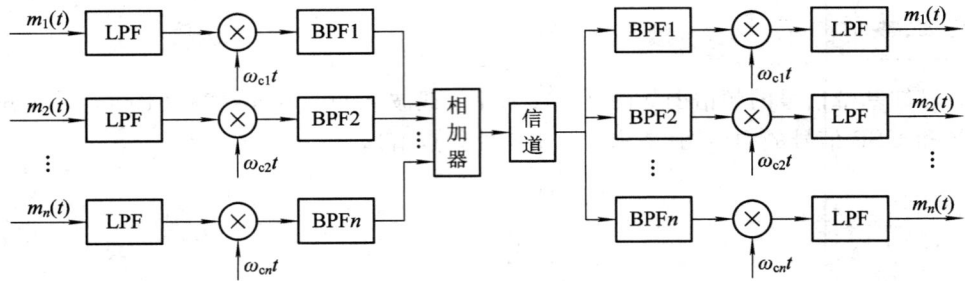

图 2-35　SSB 频分复用系统的原理框图

　　图 2-35 中，发送端共有 n 路信号进行复用。各路信号首先通过低通滤波器（LPF）进行限带。因为是同种性质的信号，所以各路 LPF 完全相同。然后通过乘法器进行调制。由于要将各路信号的频谱搬移到不同的频段上，因此各路所采用的载频 ω_c 不同。在选择载频时，既要考虑信号边带频谱的宽度，还应留有一定的防护频带 f_g，以防止邻路信号间的相互干扰。防护频带 f_g 的选取要适当：取值太小，就会无形中提高对边带滤波器的技术要求；取值太大，就会使总频带宽度加大，不利于提高频带利用率。要获得 SSB 调制信号，还要在经乘法器后，再经过带通滤波器滤除掉一个边带。最后，将各路 SSB 信号通过相加器合并成一路信号，发送到信道中。这就实现了 SSB 频分复用。

　　在接收端，首先通过载频不同的带通滤波器（BPF）将各路已调信号分离出来，同时滤除带外噪声。然后分别进行解调（显然，这里采用的是相干解调：先经乘法器与本地相干载波相乘，再通过低通滤波器），即可恢复出各路原始信号。

　　为简单起见，设各路基带信号经过低通限带后的频谱范围为 $0\sim f_m$，则 n 路基于 SSB 调制的频分复用系统发送端各节点的信号频谱图如图 2-36 所示。由图可见，其总的频分复用信号的带宽为

$$B = nf_m + (n-1)f_g \text{ Hz} \tag{2-43}$$

　　发送端合并后的复用信号，原则上可以直接送到信道中传输，但有时为了更好地适应信道的传输特性，还可以在实际传输前再进行一次调制，这样的系统称为复合调制系统。频分复用系统中常用的是 SSB/FM 复合调制系统。所谓 SSB/FM 复合调制系统，指的是信号合并前采用 SSB 调制，合并后采用 FM 调制。该系统发送端的实现原理框图如图 2-37 所示。复合调制系统的总带宽可按级计算。

　　SSB 频分复用系统的最大优点是信道复用率高，允许复用的路数多，分路也很方便。因此，它成为模拟通信中最主要的一种复用方式，特别是在有线和微波通信系统中应用十分广泛。频分复用系统的主要缺点是设备复杂度比较高，且会因滤波器件特性不够理想和信道的非线性特性而产生路间干扰。

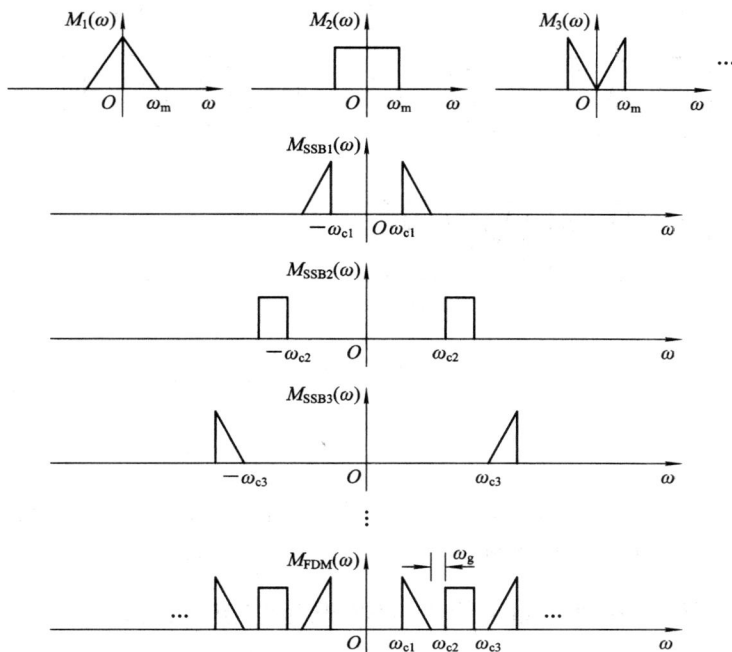

图 2-36 频分复用信号的频谱结构

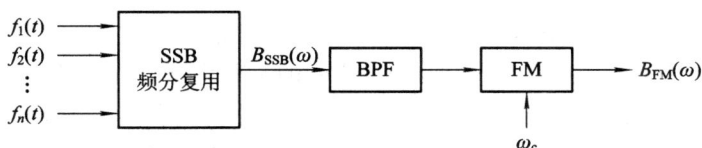

图 2-37 SSB/FM 复合调制系统发送端的原理框图

案例分析

1. 将十路频率范围为 0~5 kHz 的信号进行频分复用传输,邻路间防护频带为 300 Hz,试求采用下列调制方式时的最小传输带宽。

(1) 调幅(AM);

(2) 双边带(DSB)调幅;

(3) 单边带(SSB)调幅。

解 AM 信号和 DSB 信号带宽相同,都是基带信号带宽的 2 倍,因此频分复用系统带宽为

$$B = 10 \times 5 \times 2 + (10-1) \times 0.3 = 102.7 \text{ kHz}$$

SSB 信号带宽与基带信号带宽相同,相应的频分复用系统带宽为

$$B = 10 \times 5 + (10-1) \times 0.3 = 52.7 \text{ kHz}$$

2. 试分别画出上题中 DSB 频分复用信号和 SSB 频分复用信号的频谱图(要求用不同形状的图形代表不同的信号)。

解 DSB 和 SSB(取上边带)频分复用信号的频谱图分别如图 2-38(a)和(b)所示。相

比之下，SSB 频分复用系统比 DSB 频分复用系统占用带宽要少近一半。

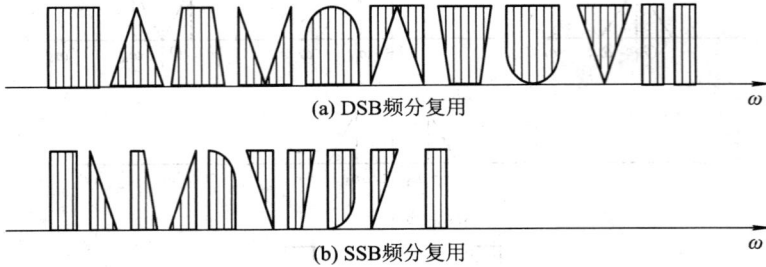

(a) DSB频分复用

(b) SSB频分复用

图 2-38　子任务 2.2.2 案例分析第 2 题图

思考应答

已知某信道总带宽为 100 kHz，基带信号最高频率为 4 kHz，防护频带为 0.4 kHz，试求出分别采用 DSB 调制和 SSB 调制的频分复用系统时，各自最多能传输多少路？

子任务 2.2.3　了解电视广播采用的 VSB 调制的技术原理

必备知识

当基带信号的频谱具有丰富的低频分量时，上下边带很难分离，不宜采用 SSB 调制传输。残留边带（VSB）调制是介于 SSB 与 DSB 之间的一种调制方式。其含义是：已调信号的传输频带既包含一个完整的边带（上边带或下边带），又包含另一个边带的一部分。VSB 调制既克服了 DSB 信号占用频带宽的缺点，又解决了 SSB 信号实现上的难题。所以，曾经一度在模拟的无线电视广播中得到广泛的应用。自从我国开始普及数字有线电视，信号的调制方式才改用数字调制。

VSB 调制在实现原理上既可以采用相移法又可以采用滤波法，由于后者实现简单，故采用较多。滤波法实现 VSB 调制的数学模型如图 2-39 所示。

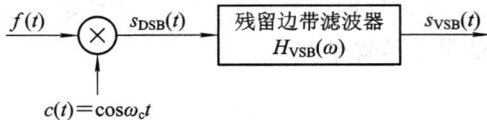

图 2-39　滤波法实现 VSB 调制的数学模型

图中，$H_{VSB}(\omega)$ 是残留边带滤波器的传输函数。对比图 2-27 和图 2-39 可知，滤波法实现 SSB 和 VSB 在原理上很相似，都是先由调制信号生成一个 DSB 信号，再通过一个滤波器，只是滤波器的通频带不同。实际上，为了接收端能够无失真地恢复出调制信号，对残留边带滤波器有一个基本要求，即残留边带滤波器的传输函数在载频附近必须具有互补对称特性。残留边带滤波器的频谱特性如图 2-40 所示。由图可见，在 $H_{VSB}(\omega+\omega_c)$ 与 $H_{VSB}(\omega-\omega_c)$ 的交界处，两条曲线叠加后可成一条水平直线，即有

$$[H_{VSB}(\omega+\omega_c)+H_{VSB}(\omega-\omega_c)]=C \tag{2-44}$$

式中，C 为常数。这就是残留边带滤波器互补对称特性的具体体现。

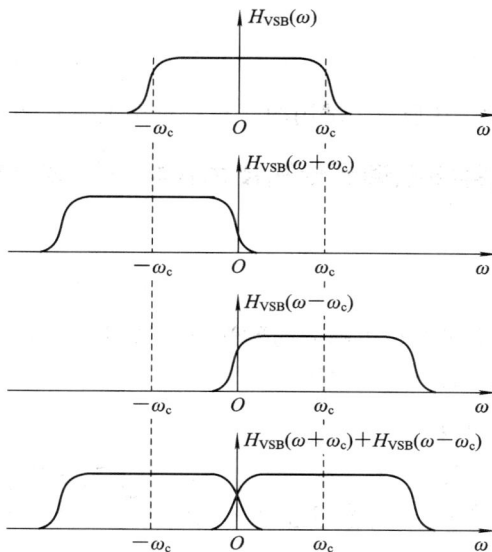

图 2 - 40　残留边带滤波器的频谱特性

案例分析

试通过公式推导，证明 VSB 信号相干解调后能够无失真地恢复出原始基带信号。

解　设基带信号为 $f(t)$，载波为 $c(t)$，生成的 DSB 信号 $s_{DSB}(t) = f(t) \cdot c(t)$，根据傅立叶变换的调制特性，得到相应的频谱函数为

$$S_{DSB}(\omega) = \frac{A}{2}[F(\omega + \omega_c) + F(\omega - \omega_c)]$$

经残留边带滤波器后得到

$$S_{VSB}(\omega) = S_{DSB}(\omega) \cdot H_{VSB}(\omega)$$
$$= \frac{A}{2}[F(\omega + \omega_c) \cdot H_{VSB}(\omega) + F(\omega - \omega_c) \cdot H_{VSB}(\omega)]$$

在接收端，与相干载波相乘后，得到信号频谱为

$$\frac{1}{2\pi}[S_{VSB}(\omega) * C(\omega)]$$

$$= \frac{1}{2\pi}[S_{DSB}(\omega) \cdot H_{VSB}(\omega)] * A\pi[\delta(\omega + \omega_c) + \delta(\omega - \omega_c)]$$

$$= \frac{A^2}{4}[F(\omega + \omega_c) \cdot H_{VSB}(\omega) + F(\omega - \omega_c) \cdot H_{VSB}(\omega)] * [\delta(\omega + \omega_c) + \delta(\omega - \omega_c)]$$

$$= \frac{A^2}{4}[F(\omega + 2\omega_c) \cdot H_{VSB}(\omega + \omega_c) + F(\omega) \cdot H_{VSB}(\omega + \omega_c) +$$
$$F(\omega) \cdot H_{VSB}(\omega - \omega_c) + F(\omega - 2\omega_c) \cdot H_{VSB}(\omega - \omega_c)]$$

根据式(2 - 44)，上式变为

$$\frac{A^2}{4}[F(\omega + 2\omega_c) \cdot H_{VSB}(\omega + \omega_c) + C \cdot F(\omega) + F(\omega - 2\omega_c) \cdot H_{VSB}(\omega - \omega_c)]$$

通过低通滤波器后，获得低频成分 $C \cdot F(\omega)$，恢复出原始基带信号。

┌─────────┐
│ **思考应答** │
└─────────┘

设基带信号频谱如图 2-8 所示，试用图解形式重做上述案例分析。

子任务 2.2.4　对比几种模拟调制传输技术在相干解调方式下的抗噪声性能

┌─────────┐
│ **必备知识** │
└─────────┘

四种调幅系统带噪声干扰的相干解调的数学模型如图 2-41 所示。图中 $s(t)$ 可以是各种调幅信号，包括 AM、DSB、SSB 和 VSB。

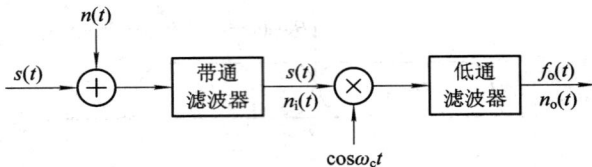

图 2-41　带噪声干扰的相干解调系统的数学模型

一、输入信号的平均功率

由前面的论述可知，各调幅信号的时域表达式分别为

$$s_{AM}(t) = [f(t) + A]\cos\omega_c t \tag{2-45}$$

$$s_{DSB}(t) = f(t)c(t) = f(t)\cos\omega_c t \tag{2-46}$$

$$s_{SSB}(t) = f(t)\cos\omega_c t \mp \hat{f}(t)\sin\omega_c t \tag{2-47}$$

$$s_{VSB}(t) \approx s_{SSB}(t) \tag{2-48}$$

为了简化问题，式(2-48)描述的仅是在残留边带滤波器滚降范围不大时，VSB 信号与 SSB 信号近似相等的情况。

由上面各式，可以求出在四种调幅方式下，解调器输入信号的平均功率

$$(S_i)_{AM} = \overline{s_{AM}^2(t)} = \overline{[f(t)+A]^2 \cos^2\omega_c t} = \frac{1}{2}[A^2 + \overline{f^2(t)}] \tag{2-49}$$

$$(S_i)_{DSB} = \overline{s_{DSB}^2(t)} = \overline{f^2(t)\cos^2\omega_c t} = \frac{1}{2}\overline{f^2(t)} \tag{2-50}$$

$$\begin{aligned}
(S_i)_{VSB} \approx (S_i)_{SSB} &= \overline{s_{SSB}^2(t)} = \overline{[f(t)\cos\omega_c t \mp \hat{f}(t)\sin\omega_c t]^2} \\
&= \frac{1}{2}\overline{f^2(t)} + \frac{1}{2}\overline{[\hat{f}(t)]^2} \mp \overline{f(t)\hat{f}(t)\sin(2\omega_c t)} \\
&= \frac{1}{2}\overline{f^2(t)} + \frac{1}{2}\overline{[\hat{f}(t)]^2} \\
&= \overline{f^2(t)}
\end{aligned} \tag{2-51}$$

二、输入噪声的平均功率

对于四种调幅方式，其解调器输入端噪声 $n_i(t)$ 都是由叠加的高斯白噪声经过带通滤波

器后得到的，因此，其形式是相同的，其平均功率可以用 $N_i = n_0 B$ 统一求解。式中，n_0 为白噪声的单边功率谱密度，B 为已调信号带宽，亦为带通滤波器的带宽。对于各种调幅方式，其相干解调器输入噪声的平均功率分别为

$$(N_i)_{\text{AM, DSB}} = n_0 B_{\text{AM, DSB}} = 2n_0 f_m \qquad (2-52)$$

$$(N_i)_{\text{SSB, VSB}} = n_0 B_{\text{SSB, VSB}} = n_0 f_m \qquad (2-53)$$

三、输出信号的平均功率

通过前面关于相干解调的讲述，可以分析得出四种调幅信号经过相干解调器后所得信号均为

$$f_o(t) = \frac{1}{2} f(t) \qquad (2-54)$$

则相应的平均功率为

$$S_o = \overline{f_o^2(t)} = \frac{1}{4} \overline{f^2(t)} \qquad (2-55)$$

四、输出噪声的平均功率

设接收机中带通滤波器的中心频率为 ω_0，则解调器输入端的噪声 $n_i(t)$ 可表示为

$$n_i(t) = n_c(t)\cos\omega_0 t - n_s(t)\sin\omega_0 t \qquad (2-56)$$

由于带通滤波器的中心频率 ω_0 与调制载频 ω_c 相同，因此，$n_i(t)$ 亦可表示为

$$n_i(t) = n_c(t)\cos\omega_c t - n_s(t)\sin\omega_c t \qquad (2-57)$$

经乘法器后，输出噪声为

$$\begin{aligned} n_o(t) &= [n_c(t)\cos\omega_c t - n_s(t)\sin\omega_c t] \cdot \cos\omega_c t \\ &= \frac{1}{2} n_c(t) + \frac{1}{2} n_c(t)\cos 2\omega_c t - \frac{1}{2} n_s(t)\sin 2\omega_c t \end{aligned} \qquad (2-58)$$

经低通滤波器后，输出噪声为

$$n_o(t) = \frac{1}{2} n_c(t) \qquad (2-59)$$

因此，解调器输出噪声的平均功率为

$$N_o = \overline{n_o^2(t)} = \frac{1}{4} \overline{n_c^2(t)} = \frac{1}{4} \overline{n_i^2(t)} = \frac{1}{4} N_i \qquad (2-60)$$

参照式(2-52)和式(2-53)，可得各种调幅方式相干解调后输出噪声的平均功率为

$$(N_o)_{\text{AM, DSB}} = \frac{1}{2} n_0 f_m \qquad (2-61)$$

$$(N_o)_{\text{SSB, VSB}} = \frac{1}{4} n_0 f_m \qquad (2-62)$$

五、四种调幅系统的抗噪声性能及其比较

根据前面的计算结果，可以得出四种调幅系统的输入信噪比、输出信噪比及信噪比增益如表 2-1 所示。

表 2 - 1　四种调幅系统的抗噪声性能

调幅方式	输入信噪比 S_i/N_i	输出信噪比 S_o/N_o	信噪比增益 G
AM	$\dfrac{A^2+\overline{f^2(t)}}{4n_0 f_m}$	$\dfrac{\overline{f^2(t)}}{2n_0 f_m}$	$\dfrac{2\,\overline{f^2(t)}}{A^2+\overline{f^2(t)}}$
DSB	$\dfrac{\overline{f^2(t)}}{4n_0 f_m}$	$\dfrac{\overline{f^2(t)}}{2n_0 f_m}$	2
SSB，VSB	$\dfrac{\overline{f^2(t)}}{n_0 f_m}$	$\dfrac{\overline{f^2(t)}}{n_0 f_m}$	1

由表 2 - 1 可见，AM 信号通过相干解调器后输入信噪比可能增加，可能减少，也可能不变，这要取决于 A^2 与 $\overline{f^2(t)}$ 的比值关系。DSB 信号通过相干解调器后输出信噪比是输入信噪比的 2 倍，即 DSB 系统的信噪比改善了 2 倍。SSB 和 VSB 信号通过相干解调器后信噪比保持不变。

需要强调的是：信噪比增益只能用来衡量解调器对输入信噪比的改善情况，而不能作为不同调幅方式抗噪声性能比较的依据。事实上，在保证解调器输入信号功率相同的情况下，除了 AM 系统较差以外，其他系统的抗噪声性能是相同的。

案例分析

1. 设某信道具有均匀的双边噪声功率谱密度 $P_n(f)=0.5\times10^{-3}$ W/Hz，在该信道中传输抑制载波的双边带信号，并设调制信号 $m(t)$ 的频带限制在 5 kHz，而载波为 100 kHz，已调信号的功率为 10 kW，若接收机的输入信号在加至解调器之前，先经过一理想带通滤波器滤波，试问：

（1）该理想带通滤波器应具有怎样的传输特性？

（2）解调器输入端的信噪功率比为多少？

（3）解调器输出端的信噪功率比为多少？

（4）求出解调器输出端的噪声功率谱密度，并用图形表示出来。

解　（1）调制信号频带限制在 5 kHz，对 100 kHz 载波进行 DSB 调制后，信号频谱应该以 100 kHz 为中心，频谱范围是 [95 kHz，105 kHz]，理想带通滤波器的通带范围可选取与已调信号的频谱范围相同，以保证已调信号全部通过且滤除更多的带外噪声。

（2）因为

$$S_i = 10 \text{ kW}$$

$$N_i = 2\times B\times P_n(f) = 2\times(105-95)\times10^3\times0.5\times10^{-3} = 10 \text{ W}$$

所以解调器输入端的信噪功率比为

$$\frac{S_i}{N_i} = 1000$$

（3）根据表 2 - 1 可知，DSB 相干解调的信噪比增益 $G=2$，所以解调器输出端的信噪功率比为

$$\frac{S_o}{N_o} = \frac{S_i}{N_i}\cdot G = 2000$$

（4）根据式（2-60）可知，$N_o = \frac{1}{4} N_i = 2.5$ W，

又 $N_o = 2 \times P_{no}(f) \times f_m$，所以 $P_{no} = 0.25$ mW/Hz，$|f| \leqslant 5$ kHz。解调器输出端的噪声功率谱密度函数如图 2-42 所示。

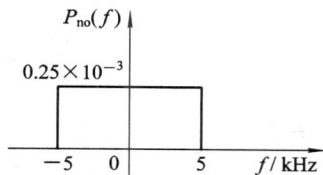

图 2-42　子任务 2.2.4 案例分析第 1 题图

2. 某接收机的输出功率为 10^{-9} W，输出信噪比为 20 dB，由发射机到接收机之间总传输损耗为 100 dB。

（1）试求用 DSB 调制时发射功率为多少？

（2）若改用 SSB 调制，则发射功率为多少？

解　由已知条件可知 $10 \lg \frac{S_o}{N_o} = 20$，所以 $\frac{S_o}{N_o} = 100$，又 $S_o = 10^{-9}$ W，所以 $N_o = 10^{-11}$ W。

（1）采用 DSB 调制。

因为 $G_{DSB} = 2$，所以接收机输入信噪比为

$$\frac{S_i}{N_i} = \frac{S_o/N_o}{G} = 50$$

根据式（2-60）可知 $N_i = 4N_o = 4 \times 10^{-11}$ W，因此，$S_i = 2 \times 10^{-9}$ W。

由 $10 \lg \frac{S_发}{S_i} = 100$，可得 $S_发 = 20$ W。

（2）采用 SSB 调制。

因为 $G_{SSB} = 1$，所以接收机输入信噪比为

$$\frac{S_i}{N_i} = \frac{S_o/N_o}{G} = 100$$

根据式（2-60）可知：

$$N_i = 4N_o = 4 \times 10^{-11} \text{ W}$$

因此，$S_i = 4 \times 10^{-9}$ W。

由 $10 \lg \frac{S_发}{S_i} = 100$，可得 $S_发 = 40$ W。

思考应答

1. 设某信道具有均匀的双边噪声功率谱密度 $P_n(f) = 0.5 \times 10^{-3}$ W/Hz，在该信道中传输抑制载波的单边带（上边带）信号，并设调制信号 $m(t)$ 的频带限制在 5 kHz，而载频是 100 kHz，已调信号功率是 10 kW。若接收机的输入信号在加至解调器之前，先经过一个带宽为 5 kHz 的理想带通滤波器，试问：

（1）该理想带通滤波器的中心频率为多大？

（2）解调器输入端的信噪功率比为多大？

（3）解调器输出端的信噪功率比为多大？

2. 某 AM 相干解调接收机的输出噪声功率为 2×10^{-5} W，输出信噪比为 10 dB，由发射机到接收机之间总传输损耗为 50 dB。AM 调制的载波振幅 $A = 10$。假设发射机发射信号就是调制后的 AM 信号本身，求发射机中的发射功率为多大？

任务 2.3 构建调频广播系统

任务要求：相比于任务 2.1 和任务 2.2 学习的模拟线性调幅技术，本节的任务是学习模拟非线性角度调制技术——调频（FM）和调相（PM）。首先了解角度调制的基本概念和 FM 与 PM 的相互关系，然后重点掌握 FM 调制和解调技术，构建 FM 调频广播系统，最后将 FM 与其他模拟调制系统的抗噪声性能进行对比分析。

子任务 2.3.1 了解模拟角度调制的基本概念

必备知识

正弦型载波是由幅度、频率和相位（初相）三要素构成的，幅度调制属于线性调制，频率调制（FM）和相位调制（PM）都属于非线性调制，即调制后的频谱相比于基带信号频谱是一种非线性的搬移，很可能会发生频谱形状的改变。由于频率和相位的变化都会影响载波的相角，因此，FM 和 PM 这两种调制方式又统称为角度调制。

对于载波的一般表达式：

$$c(t) = A\cos(\omega_c t + \varphi) = A\cos\theta(t) \tag{2-63}$$

式中，φ 是载波的初始相位，$\theta(t)$ 为瞬时相位（角）。把 $\theta(t)$ 对时间求导，可得瞬时角频率：

$$\omega(t) = \frac{\mathrm{d}\theta(t)}{\mathrm{d}t} = \omega_c \tag{2-64}$$

也就是说，正弦型信号的瞬时相位与瞬时角频率是微积分关系。

若初相 φ 不是常数，而是 t 的函数，则 $\varphi(t)$ 称为瞬时相位偏移（简称瞬时相偏）。相应地，$\dfrac{\mathrm{d}\varphi(t)}{\mathrm{d}t}$ 称为瞬时角频率偏移（简称瞬时角频偏）。此时应有

$$\theta(t) = \omega_c t + \varphi(t) \tag{2-65}$$

$$\omega(t) = \omega_c + \frac{\mathrm{d}\varphi(t)}{\mathrm{d}t} \tag{2-66}$$

若使基带信号去直接改变瞬时相偏 $\varphi(t)$，也就是使已调信号的瞬时相偏随着基带信号的变化而变化，就称为相位调制。对于基带信号 $f(t)$，为了控制调相程度，给其加一个系数 K_p（称为相移常数，单位为弧度/伏）来构成瞬时相偏，即有

$$\varphi(t) = K_p f(t) \tag{2-67}$$

则，调相信号的时域表达式为

$$s_{\mathrm{PM}}(t) = A\cos[\omega_c t + \varphi(t)] = A\cos[\omega_c t + K_p f(t)] \tag{2-68}$$

若使基带信号去直接改变瞬时角频偏 $\dfrac{\mathrm{d}\varphi(t)}{\mathrm{d}t}$，也就是使已调信号的瞬时角频偏随着基带信号的变化而变化，就称为频率调制。对于基带信号 $f(t)$，为了控制调频程度，给其加一个系数 K_f（称为频偏常数，单位为弧度/（伏·秒））来构成瞬时角频偏，即有

$$\frac{\mathrm{d}\varphi(t)}{\mathrm{d}t} = K_f f(t) \tag{2-69}$$

则，调频信号的时域表达式为

$$s_{\mathrm{FM}}(t) = A\cos[\omega_{\mathrm{c}}t + \varphi(t)] = A\cos\Big[\omega_{\mathrm{c}}t + K_{\mathrm{f}}\int_{-\infty}^{t} f(\tau)\mathrm{d}\tau\Big] \qquad (2-70)$$

从式(2-68)和式(2-70)可知，无论是调相还是调频，调制信号的变化最终都反映在瞬时相位 $\varphi(t)$ 的变化上。因此，在 $f(t)$ 未知的情况下，从已调信号的表达式及波形上是分不出到底是调相信号还是调频信号的。

图 2-43 所示为基带信号是单频余弦情况下，相应的调相信号和调频信号的时域波形图。从图中能够看出，调相信号的瞬时角频率 $\omega(t)$ 与基带信号的斜率成正比，即调相信号波形最密之时，就是其瞬时角频率 $\omega(t)$ 取最大值之时，也是基带信号斜率（正值）为最大值之时。而调频信号的瞬时角频率 $\omega(t)$ 与基带信号本身的取值成正比，即调频信号波形最密之时，就是其瞬时角频率 $\omega(t)$ 取最大值之时，也是基带信号取最大值之时。

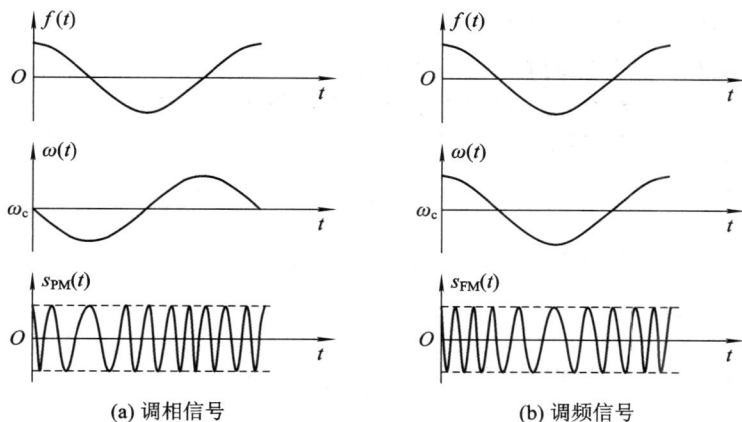

(a) 调相信号　　　　　　　　　　(b) 调频信号

图 2-43　角度调制信号示意图

由上分析可知，与瞬时相偏和瞬时角频偏的关系相同，调相信号与调频信号也是微积分的关系，即

$$调相信号 \frac{微分}{积分} 调频信号$$

因此，若对基带信号 $f(t)$ 先进行一次积分运算，再进行调相，则调相器的输出就变成了调频信号；反之，若对 $f(t)$ 进行先微分再调频，则调频器的输出就变成了调相信号。调相与调频这种互相转化的关系如图 2-44 所示。

(a) 用调相器产生调频信号　　　　　　　(b) 用调频器产生调相信号

图 2-44　调频与调相的转化关系

设基带信号 $f(t) = A_{\mathrm{m}}\cos\omega_{\mathrm{m}}t$，则有

$$s_{\mathrm{PM}}(t) = A\cos(\omega_{\mathrm{c}}t + K_{\mathrm{p}}A_{\mathrm{m}}\cos\omega_{\mathrm{m}}t) = A\cos(\omega_{\mathrm{c}}t + \beta_{\mathrm{p}}\cos\omega_{\mathrm{m}}t) \qquad (2-71)$$

$$s_{\mathrm{FM}}(t) = A\cos\Big(\omega_{\mathrm{c}}t + K_{\mathrm{f}}A_{\mathrm{m}}\int_{-\infty}^{t}\cos\omega_{\mathrm{m}}t \cdot \mathrm{d}t\Big) = A\cos(\omega_{\mathrm{c}}t + \beta_{\mathrm{f}}\sin\omega_{\mathrm{m}}t) \qquad (2-72)$$

式(2-71)中，β_{p} 称为调相指数，单位为弧度，其计算公式为

$$\beta_{\mathrm{p}} = K_{\mathrm{p}}A_{\mathrm{m}} \qquad (2-73)$$

式(2-72)中，β_f 称为调频指数，没有单位，其计算公式为

$$\beta_f = \frac{K_f A_m}{\omega_m} \quad\quad\quad (2-74)$$

式(2-74)中，$K_f A_m$ 实际上就是调频信号的最大角频偏 $\Delta\omega_{max}$，即有

$$\Delta\omega_{max} = K_f A_m \quad\quad\quad (2-75)$$

式(2-74)也即

$$\beta_f = \frac{K_f A_m}{\omega_m} = \frac{\Delta\omega_{max}}{\omega_m} = \frac{\Delta f_{max}}{f_m} \quad\quad\quad (2-76)$$

【案例分析】

1. 用列表形式归纳对比调频和调相两种角度调制的不同。

答：调频和调相两种角度调制的不同如表 2-2 所示。

表 2-2　子任务 2.3.1 案例分析第 1 题表

角度调制	调制的要素	直接调制的参量	控制调制程度的系数	调制指数	转化关系
调频	频率	瞬时频偏	频偏常数 K_f(弧度/(伏·秒))	调频指数 $\beta_f = \dfrac{K_f A_m}{\omega_m}$	积分后转化为调相
调相	相位	瞬时相偏	相移常数 K_p(弧度/伏)	调相指数 $\beta_p = K_p A_m$	微分后转化为调频

2. 已知某调频器的输出为 $s_{FM}(t) = 10\cos(10^6\pi t + 8\sin10^3\pi t)$，频偏常数 $K_f = 2 \text{ rad}/(\text{V}\cdot\text{s})$，求：

(1) 载频 f_c；

(2) 调频指数；

(3) 最大频偏；

(4) 调制信号 $f(t)$。

解　(1) 载频 f_c 为

$$f_c = \frac{10^6\pi}{2\pi} = 500 \text{ kHz}$$

(2) 根据式(2-74)，调频指数 $\beta_f = 8$。

(3) 根据式(2-75)和式(2-76)，最大角频偏为

$$\Delta\omega_{max} = K_f A_m = \beta_f \omega_m = 8 \times 10^3\pi \text{ rad/s}$$

所以最大频偏为

$$\Delta f_{max} = \frac{\Delta\omega_{max}}{2\pi} = 4 \text{ kHz}$$

(4) 根据式(2-75)，有

$$A_m = \frac{\Delta\omega_{max}}{K_f} = \frac{8 \times 10^3\pi}{2} = 4 \times 10^3\pi$$

所以

$$f(t) = A_m\cos\omega_m t = 4 \times 10^3\pi \cdot \cos(10^3\pi t)$$

3. 已知某已调信号 $s(t) = A\cos(\omega_0 t + 100\cos\omega_m t)$。

(1) 如果它是调相波，$K_p = 2 \text{ rad/V}$，求 $f(t)$；

(2) 如果它是调频波，$K_f = 2 \text{ rad/(V·s)}$，求 $f(t)$；

(3) 它们的最大频偏为多少？

解　(1) 将已调信号表达式与式(2-71)相对照，得到

$$K_p A_m = 100$$

又 $K_p = 2 \text{ rad/V}$，所以 $A_m = 50$，基带信号为

$$f(t) = A_m\cos\omega_m t = 50\cos\omega_m t$$

(2) 将已调信号表达式与式(2-72)相对照，得出

$$K_f \int_{-\infty}^{t} f(\tau)\mathrm{d}\tau = 100\cos\omega_m t$$

等式两边对时间求导，整理后得到

$$f(t) = -50\omega_m\sin\omega_m t$$

(3) 无论这个已调信号是调频波还是调相波，其最大频偏都是相同的。先对瞬时相移 $100\cos\omega_m t$ 求导，得出瞬时频偏为 $-100\omega_m\sin\omega_m t$，对其求最大值得到最大角频偏，进而求得最大频偏为

$$\Delta f_{\max} = \frac{50\omega_m}{\pi} \text{ Hz}$$

思考应答

1. 已知载频为 1 MHz，幅度为 3 V，用单频正弦信号来调频，调制信号频率为 2 kHz，产生的最大频偏为 4 kHz，试写出该调频信号的时域表达式。

2. 已知某单频调频波的振幅是 10 V，瞬时频率为 $10^6 + 10^4\cos(2\pi\times10^3 t)$ Hz，试求：

(1) 调频波的时域表达式；

(2) 调频波的频率偏移和调频指数。

子任务 2.3.2　掌握调频波时频域分析方法

必备知识

根据已调信号瞬时相偏的大小，可将角度调制分为窄带调制和宽带调制两种。通常把最大瞬时相偏远小于 $\frac{\pi}{6}$（调制指数远小于 1）的调制称为窄带调制；反之，称为宽带调制，即有

$$\begin{cases} \text{窄带调频：} \left| K_f \int f(t)\mathrm{d}t \right|_{\max} \ll \dfrac{\pi}{6} \\[3mm] \text{窄带调相：} \left| K_p f(t) \right|_{\max} \ll \dfrac{\pi}{6} \end{cases} \qquad (2-77)$$

一、窄带调频(NBFM)

调频信号的表达式可以分解为

$$s_{FM}(t) = A\cos\left(\omega_c t + K_f \int f(t)\,dt\right)$$

$$= A\cos\omega_c t \cos\left[K_f \int f(t)\,dt\right] - A\sin\omega_c t \sin\left[K_f \int f(t)\,dt\right] \qquad (2-78)$$

当满足窄带调频条件时，有如下近似公式：

$$\sin\left[K_f \int f(t)\,dt\right] \approx K_f \int f(t)\,dt \qquad (2-79)$$

$$\cos\left[K_f \int f(t)\,dt\right] \approx 1 \qquad (2-80)$$

则，NBFM 信号的时域近似表达式为

$$s_{NBFM}(t) \approx A\cos\omega_c t - AK_f \int f(t)\,dt \cdot \sin\omega_c t \qquad (2-81)$$

根据傅立叶变换的时间积分特性和常用傅立叶变换对，可得 NBFM 信号的频域表达式为

$$S_{NBFM}(\omega) \approx \pi A[\delta(\omega+\omega_c)+\delta(\omega-\omega_c)] + \frac{AK_f}{2}\left[\frac{F(\omega-\omega_c)}{\omega-\omega_c} - \frac{F(\omega+\omega_c)}{\omega+\omega_c}\right] \qquad (2-82)$$

对比 NBFM 信号与 AM 信号的时、频域表达式可以看出，两种已调信号有很多相似之处，也有不同点，具体如表 2-3 所示。

表 2-3 对比 NBFM 信号与 AM 信号的异同

	AM	NBFM
时域	$s_{AM}(t) = A\cos\omega_c t + f(t)\cos\omega_c t$	$s_{NBFM}(t) \approx A\cos\omega_c t - AK_f \int f(t)\,dt \cdot \sin\omega_c t$
频域	$S_{AM}(\omega) = \pi A[\delta(\omega+\omega_c)+\delta(\omega-\omega_c)]$ $+ \frac{1}{2}[F(\omega+\omega_c)+F(\omega-\omega_c)]$	$S_{NBFM}(\omega) \approx \pi A[\delta(\omega+\omega_c)+\delta(\omega-\omega_c)]$ $+ \frac{AK_f}{2}\left[\frac{F(\omega-\omega_c)}{\omega-\omega_c} - \frac{F(\omega+\omega_c)}{\omega+\omega_c}\right]$
相似点	① $\pm\omega_c$ 处都有载波分量，在 $\pm\omega_c$ 两侧都有对称的边带分量； ② 带宽相同，都是基带信号最高频率的 2 倍	
不同点	① NBFM 信号上下边频分量分别乘有因式 $1/(\omega-\omega_c)$ 和 $1/(\omega+\omega_c)$，这种非线性加权说明调制并不是基带信号的简单线性搬移，而是产生了频谱的变形； ② NBFM 信号上下边频符号相反，相位差 $180°$	

由于 NBFM 信号的频谱结构复杂，为了说明问题，下面分析当基带信号为单频余弦信号时的特例情况。

设基带信号为 $f(t) = A_m\cos\omega_m t$，则相应的 NBFM 信号为

$$s_{NBFM}(t) \approx A\cos\omega_c t - AK_f \int f(t)\,dt \cdot \sin\omega_c t$$

$$= A\cos\omega_c t - AK_f \frac{A_m}{\omega_m}\sin\omega_m t \sin\omega_c t$$

$$= A\cos\omega_c t + \frac{AA_m K_f}{2\omega_m}[\cos(\omega_c+\omega_m)t - \cos(\omega_c-\omega_m)t] \qquad (2-83)$$

相应的 AM 信号为

$$s_{AM}(t) = (A + A_m \cos\omega_m t)\cos\omega_c t$$
$$= A\cos\omega_c t + A_m \cos\omega_m t \cos\omega_c t$$
$$= A\cos\omega_c t + \frac{A_m}{2}\big[\cos(\omega_c + \omega_m)t + \cos(\omega_c - \omega_m)t\big] \qquad (2-84)$$

两种信号的频谱图如图 2-45 所示。需要说明的是，这里由于基带信号频谱成分只是一个频点值，经 NBFM 发生频谱搬移后，也只是在三个频点上取值，因此看不出频谱的变形。

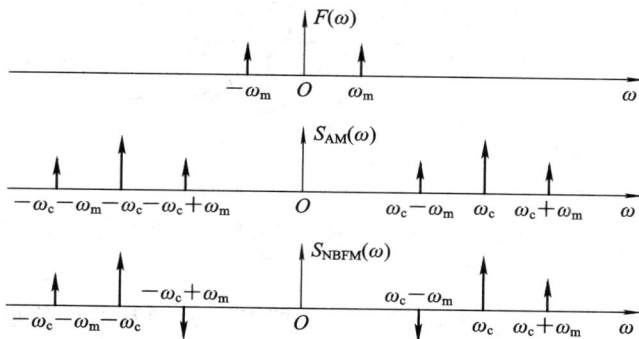

图 2-45　AM 信号与 NBFM 信号的频谱图

由于 NBFM 信号最大相偏较小，占据的带宽较窄，使得调频方式的抗干扰性能强的优点不能充分发挥，因此目前仅用于抗干扰性能要求不高的短距离通信中。在长距离高质量的通信系统中，如微波或卫星通信、调频立体声广播等多采用宽带调频。

二、宽带调频（WBFM）

当不满足窄带调制条件时，即属于宽带调频。由于 WBFM 的时域表达式不能简化，因而其频谱分析非常困难。为使问题简化，下面只讨论单频调制的情况，然后把分析的结论推广到多频情况。

设基带信号为 $f(t) = A_m \cos\omega_m t$，则 FM 信号的表达式为

$$s_{FM}(t) = A\cos(\omega_c t + \beta_f \sin\omega_m t) \qquad (2-85)$$

将上式按三角公式展开，有

$$s_{FM}(t) = A\cos\omega_c t \cos(\beta_f \sin\omega_m t) - A\sin\omega_c t \sin(\beta_f \sin\omega_m t) \qquad (2-86)$$

将上式中的两个因子分别展开成傅立叶级数形式，有

$$\cos(\beta_f \sin\omega_m t) = J_0(\beta_f) + 2\sum_{n=1}^{\infty} J_{2n}(\beta_f)\cos 2n\omega_m t \qquad (2-87)$$

$$\sin(\beta_f \sin\omega_m t) = 2\sum_{n=1}^{\infty} J_{2n-1}(\beta_f)\sin(2n-1)\omega_m t \qquad (2-88)$$

式中，$J_0(\beta_f)$、$J_{2n}(\beta_f)$ 和 $J_{2n-1}(\beta_f)$ 分别为第一类 n 阶贝塞尔（Bessel）函数 $J_n(\beta_f)$ 当 $n=0$、偶数和奇数时的形式。贝塞尔（Bessel）函数 $J_n(\beta_f)$ 是调频指数 β_f 的函数。图 2-46 给出了 $J_n(\beta_f)$ 随 β_f 变化的关系曲线，详细数据可参看本书附录 2 中的贝塞尔函数表。

Bessel 函数具有如下性质：

（1）当 n 为奇数时，有 $J_{-n}(\beta_f) = -J_n(\beta_f)$，即 Bessel 函数的取值以 $n=0$ 为中心呈

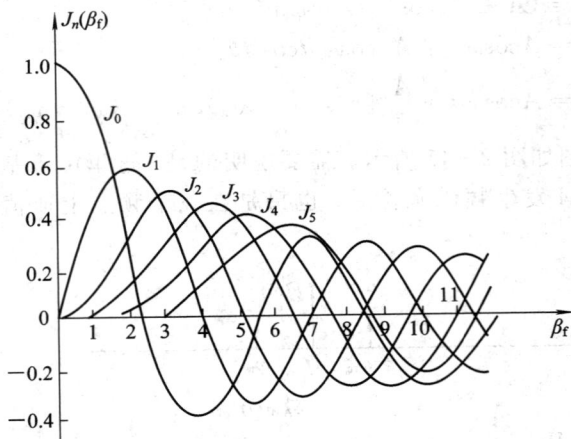

图 2-46　$J_n(\beta_f)$随β_f变化的关系曲线

奇对称；

（2）当 n 为偶数时，有 $J_{-n}(\beta_f)=J_n(\beta_f)$，即 Bessel 函数的取值以 $n=0$ 为中心呈偶对称。

将式（2-87）和式（2-88）代入式（2-86），并利用三角公式和上述 Bessel 函数的性质，可以得到调频信号的级数展开式：

$$s_{FM}(t)=J_0(\beta_f)\cos\omega_c t-J_1(\beta_f)[\cos(\omega_c-\omega_m)t-\cos(\omega_c+\omega_m)t]+$$
$$J_2(\beta_f)[\cos(\omega_c-2\omega_m)t+\cos(\omega_c+2\omega_m)t]-$$
$$J_3(\beta_f)[\cos(\omega_c-3\omega_m)t-\cos(\omega_c+3\omega_m)t]+\cdots$$
$$=\sum_{n=-\infty}^{\infty}J_n(\beta_f)\cos(\omega_c+n\omega_m)t \tag{2-89}$$

其对应的频谱函数为

$$S_{FM}(\omega)=\pi\sum_{n=-\infty}^{\infty}J_n(\beta_f)[\delta(\omega-\omega_c-n\omega_m)+\delta(\omega+\omega_c+n\omega_m)] \tag{2-90}$$

由式（2-89）和式（2-90）可见，调频波的频谱包含无穷多个分量。$n=0$ 时就是载波分量 ω_c，其幅度为 $J_0(\beta_f)$；当 $n\neq0$ 时，可有正负两种取值，从而在载频两侧对称地形成了上下边频分量 $\omega_c+n\omega_m$。n 取正数时，称为上边频；n 取负数时，称为下边频。当 $|n|$ 为奇数时，上下边频极性相反；当 $|n|$ 为偶数时，上下边频极性相同。相邻边频之间的间隔为 ω_m，每个边频的幅度为 $J_n(\beta_f)$。$n=1$ 时的边频分量，称为一次边频；$n=2$ 时的边频分量，称为二次边频；……依次类推。图 2-47 所示为某单音宽带调频信号的频谱图。图中，横坐标为归一化单位 $\dfrac{f-f_c}{f_m}=n$，对照此式，当 $n=0$，即 $f=f_c$ 时，对应载波分量；当 $n\neq0$ 时，f 与 f_c 相差整数倍的 f_m，对应不同的边频分量。

由于调频波的频谱包含无穷多个频率分量，因此，理论上调频波的频带宽度为无限宽。然而，实际上边频分量的幅度 $J_n(\beta_f)$ 会随着 n 的增大而逐渐减小，因此只要取适当的 n 值使边频分量小到可以忽略的程度，调频信号可近似认为具有有限频谱。

根据经验，一般取边频数 $n=\beta_f+1$ 即可。因为 $n>\beta_f+1$ 以上的边频幅度 $J_n(\beta_f)$ 均小

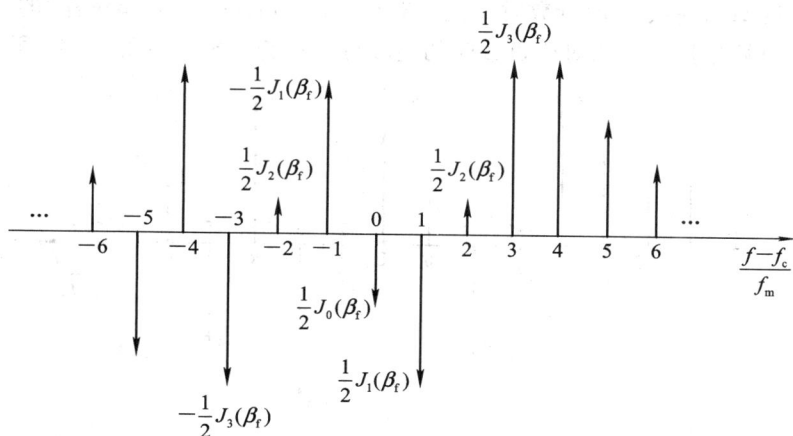

图 2-47　单音宽带调频信号的频谱($\beta_f = 5$)

于 0.1，相应产生的功率均在总功率的 2% 以下，可以忽略不计。根据这个原则，调频波的带宽计算公式为

$$B_{FM} = 2nf_m \approx 2(\beta_f + 1)f_m = 2(\Delta f_{max} + f_m) \tag{2-91}$$

式(2-91)称为卡森公式。该式说明调频信号的带宽取决于最大频偏和基带信号的频率。对上式讨论两种极端情况：若 $\beta_f \ll 1$，则 $B_{FM} \approx 2f_m$，这就是窄带调频波的带宽，与前面的分析一致；若 $\beta_f \gg 1$，则 $B_{FM} \approx 2\Delta f_{max}$，这说明大调频指数的宽带调频波的带宽主要由最大频偏决定。

以上讨论的是单音调频情况。对于多音或其他任意信号调制的调频波的频谱分析是很复杂的，但其频谱组成也符合上述基本规律，其带宽的计算可以根据经验将卡森公式加以推广，得到如下通用公式：

$$B_{FM} = 2(\Delta f_{max} + f_{max}) \tag{2-92}$$

式中，f_{max} 是基带信号的最高频率。

案例分析

1. 设基带信号为单频余弦，且已知由此基带信号生成的调频波的部分频谱图如图 2-48 所示，试根据调频波特性和贝塞尔函数的性质将此图中已标频点处补充完整。

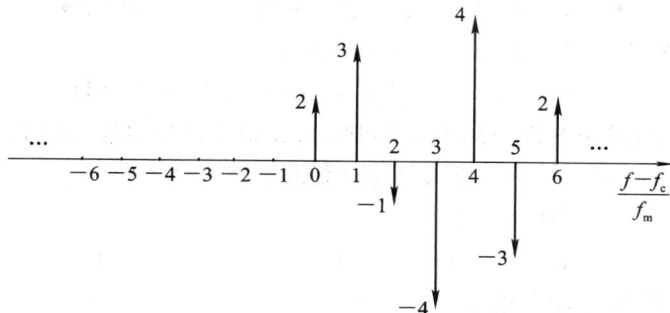

图 2-48　子任务 2.3.2 案例分析第 1 题图 1

解 依据贝塞尔函数"n 取奇数时取值奇对称，n 取偶数时取值偶对称"的特性，根据 n 取正数时的上边频分量将 n 取对应负数时的边频分量补充完整，如图 2-49 所示。

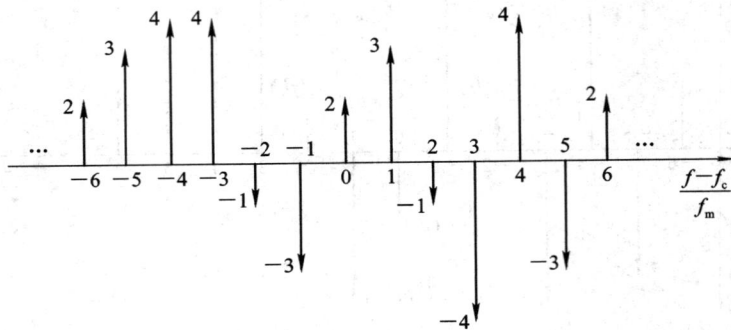

图 2-49　子任务 2.3.2案例分析第 1 题图 2

2. 设基带信号为单频余弦，已知调频波的调频指数为 2，求调频波的载波分量和一次、二次、三次上边频分量。

解 由 $\beta_f = 2$ 和 $n=0$、$n=1$、$n=2$、$n=3$ 查附录 2 中的贝塞尔函数表可知：载波分量 $J_0(2) = 0.2239$，一次边频分量 $J_1(2) = 0.5767$，二次边频分量 $J_2(2) = 0.3528$，三次边频分量 $J_3(2) = 0.1289$。

3. 有一个 10 kHz 的单频正弦信号进行调频，峰值频偏为 10 kHz，试求：

(1) 调频信号的频带带宽；

(2) 调制信号幅度加倍后调频信号的带宽；

(3) 调制信号频率加倍后调频信号的带宽。

解 (1) 根据题意有 $f_m = 10$ kHz，$\Delta f_{max} = 10$ kHz，则

$$B_{FM} = 2(\Delta f_{max} + f_m) = 2(10+10) = 40 \text{ kHz}$$

(2) 由题意可求

$$\beta_f = \frac{\Delta f_{max}}{f_m} = 1$$

又由于

$$\beta_f = \frac{K_f A_m}{\omega_m}$$

因此，调制信号幅度加倍意味着 β_f 加倍，即 $\beta_f = 2$。因此

$$B_{FM} = 2(\beta_f + 1)f_m = 2(2+1) \times 10 = 60 \text{ kHz}$$

(3) 调制信号频率加倍，即 $f_m = 20$ kHz，所以

$$B_{FM} = 2(\Delta f_{max} + f_m) = 2(10+20) = 60 \text{ kHz}$$

4. 八路语音信号采用 SSB/FM 复合调制，假设语音信号的最高频率为 4 kHz，防护频带为 0.5 kHz，调频指数 $\beta_{FM} = 5$，则其复合调制的总带宽是多少？

解 经第一级 SSB 调制后的带宽为

$$B_{SSB} = 8 \times 4 + (8-1) \times 0.5 = 35.5 \text{ kHz}$$

经第二级 FM 调制后的带宽为

$$B_{FM} = 2(\beta+1)B_{SSB} = 2 \times 6 \times 35.5 = 426 \text{ kHz}$$

所以复合调制的总带宽为 426 kHz。

思考应答

1. 已知基带信号最高频率为 5 kHz，调频波的调频指数为 10，试求调频波的带宽；若将调频指数改为 0.1，试求此时调频波的带宽。

2. 已知调频信号 $s_{FM}(t) = 100\cos[2 \times 10^6 \pi t + 5\cos(4000\pi t)]$，试求：

(1) 已调波信号的功率；

(2) 最大相移；

(3) 最大频偏 Δf_{max}；

(4) 信号带宽 B。

3. 已知某信道总带宽为 500 kHz，语音信号的最高频率为 4 kHz，防护频带为 0.5 kHz，调频指数 $\beta_{FM} = 7$，采用 SSB/FM 复合调制频分复用，求能够复用的信号路为多少？

子任务 2.3.3　掌握 FM 的调制方法

必备知识

产生调频波的方法通常有两种：直接法和间接法。

一、直接法

直接法就是用基带信号直接去控制振荡器的频率，使其按基带信号的规律进行线性变化的方法。振荡频率由外部电压控制的振荡器叫做压控振荡器(VCO)。每个压控振荡器自身就是一个 FM 调制器，因为它输出的振荡频率正比于输入控制电压，即

$$\omega(t) = \omega_0 + Kf(t) \qquad (2-93)$$

式中，$\omega(t)$ 为 VCO 输出的振荡频率，ω_0 为 VCO 的固有频率，$f(t)$ 为输入控制电压，K 为受控系数。ω_0 和 K 代表不同 VCO 的不同特性。VCO 的工作特性曲线如图 2-50 所示。

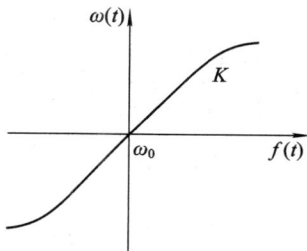

图 2-50　VCO 的工作特性曲线

实际压控振荡器输出的振荡频率往往不够稳定，为了获得稳定的信号，一般都采用由 VCO、环路滤波器(低通滤波器)、鉴相器等构成的锁相环(PLL)调频电路，如图 2-51 所示。图中，当载波信号的频率与锁相环的固有振荡频率 ω_0 相等时，压控振荡器输出信号的频率将保持 ω_0 不变。若压控振荡器的输入信号除了有锁相环低通滤波器输出的信号 u_c 外，还有调制信号 u_i 时，则压控振荡器输出信号的频率就是以 ω_0 为中心，随调制信号幅度的变化而变化的调频波信号。

实现调频波的直接法简单，易实现。其缺点是需要采用锁相环电路来稳定中心频率，而且，由于压控振荡器的线性变化范围小，因此，直接法得到的信号多为窄带调频信号。

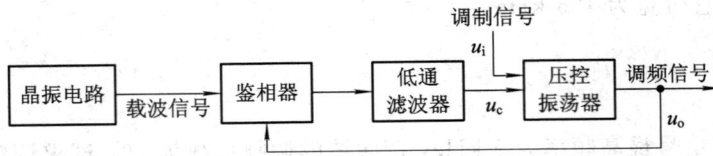

图 2-51　锁相环调频电路

二、间 接 法

不直接用基带信号去控制频率而实现调频波的方法都属于间接法。实现宽带调频波最常用的方法是在窄带调频波基础上的倍频法。

根据式(2-81)窄带调频信号的近似表达式，用间接法实现 NBFM 的方法如图 2-52所示。由于只需要积分器、移相器、乘法器和加法器，因此这种方法简单，易实现。

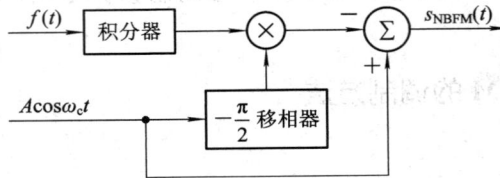

图 2-52　间接法实现 NBFM

实现 WBFM 的倍频法需要在实现 NBFM 的基础上采用倍频电路。倍频电路主要由倍频器和带通滤波器构成。倍频器的作用是提高调频指数 β_f，从而获得宽带调频，倍频器可以用非线性器件实现。带通滤波器的作用是滤除不需要的频率分量。

倍频法中最著名的是阿姆斯特朗(Armstrong)法，其实现原理框图如图 2-53 所示。

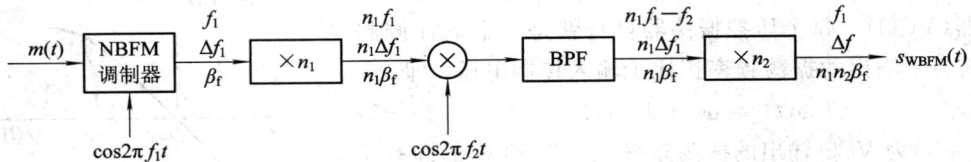

图 2-53　阿姆斯特朗法实现 WBFM 的原理框图

由图可见，阿姆斯特朗法主要包括如下步骤：

(1) 产生 NBFM 信号(载频为 f_1，最大频偏为 Δf_1，调频指数为 β_f)；

(2) 通过倍频器($\times n_1$)进行一次倍频(载频变为 $n_1 f_1$，最大频偏变为 $n_1 \Delta f_1$，调频指数变为 $n_1 \beta_f$)；

(3) 通过乘法器进行混频，得到"和频"和"差频"两种频率分量；

(4) 通过带通滤波器 BPF 滤除不需要的频率分量(滤除"和频"或"差频")；

(5) 通过倍频器($\times n_2$)进行二次倍频(载频变为 $n_2(n_1 f_1 - f_2)$ 或 $n_2(n_1 f_1 + f_2)$，最大频偏变为 $n_1 n_2 \Delta f_1$，调频指数变为 $n_1 n_2 \beta_f$)。

下面以理想平方律器件为例，分析其作为倍频器的作用。理想平方律器件的输入—输出关系为

$$s_o(t) = as_i^2(t) \tag{2-94}$$

式中，$s_i(t)$ 为输入信号，$s_o(t)$ 为输出信号，a 为常数。设输入调频信号为 $s_i(t) = A\cos[\omega_c t + \varphi(t)]$，则输出信号为

$$s_o(t) = aA^2\cos^2[\omega_c t + \varphi(t)] = \frac{1}{2}aA^2 + \frac{1}{2}aA^2\cos[2\omega_c t + 2\varphi(t)] \tag{2-95}$$

分析上式可知，滤除直流成分 $\frac{1}{2}aA^2$ 后可得到一个新的调频信号 $\frac{1}{2}aA^2\cos[2\omega_c t + 2\varphi(t)]$。对比输入的调频信号，其载频和瞬时相移都增为原来的 2 倍。由于瞬时相移增为 2 倍，因而调频指数也必然增为 2 倍，最大频偏也增为 2 倍。

案例分析

已知基带信号为单频余弦 $f(t) = 3\cos(10\pi t)$，$f_1 = 1000$ Hz，$f_2 = 5000$ Hz，$\beta_f = 0.5$，$n_1 = n_2 = 50$，混频取"和频"部分，试求用阿姆斯特朗法实现 WBFM 时输出信号的 f_c、Δf 和 β_f'。

解　由基带信号表达式可知，基带信号频率为

$$f_m = \frac{10\pi}{2\pi} = 5 \text{ Hz}$$

（1）生成 NBFM 后，有

$$f_1 = 1000 \text{ Hz}, \quad \beta_f = 0.5, \quad \Delta f_1 = 2(1 + \beta_f)f_m = 15 \text{ Hz}$$

（2）经一次倍频后，有

$$n_1 f_1 = 50 \text{ kHz}, \quad n_1\beta_f = 25, \quad n_1\Delta f_1 = 750 \text{ Hz}$$

（3）经混频和带通滤波后，有

$$n_1 f_1 + f_2 = 55 \text{ kHz}$$

（4）经二次倍频后，有

$$f_c = n_2(n_1 f_1 + f_2) = 2.75 \text{ MHz}$$

$$\beta_f' = n_2 n_1 \beta_f = 1250$$

$$\Delta f = n_2 n_1 \Delta f_1 = 37.5 \text{ kHz}$$

思考应答

1. 仿照本节理想平方律器件的例子，通过计算证明倍频器 $s_o(t) = ks_i^3(t)$ 对输入调频信号的倍频作用。

2. 已知基带信号为单频余弦 $f(t) = 5\cos(4000\pi t)$，现只有 $\beta_f = 0.5$ 的窄带调频器、$n = 20$ 的倍频器和输入频率为 100 kHz 的混频器（取差频），要求最后 WBFM 的输出频率为 6 MHz，试设计一个阿姆斯特朗倍频电路以实现该调频波。

子任务 2.3.4　掌握 FM 的解调方法

必备知识

角度调制信号的解调与调幅信号一样，可以分为两种：非相干解调和相干解调。

一、非相干解调

调频信号的非相干解调主要采用具有频率-电压转换特性的鉴频器。图 2 – 54 所示为理想鉴频器的特性曲线。解调主要利用的是该曲线中间的直线段部分，直线段的斜率称为鉴频灵敏度，用 K_d 表示。斜率越大，则横轴上频率的微小变化，就会在纵轴上产生较大的电压变化，鉴频灵敏度越高；反之，斜率越小，鉴频灵敏度就越低。该坐标系的原点不是 0，而是载频 ω_c，这是由调频信号的频率偏移以载频 ω_c 为中心决定的。对比鉴频器和用于产生调频波的压控振荡器，可以看出二者特性刚好相反。

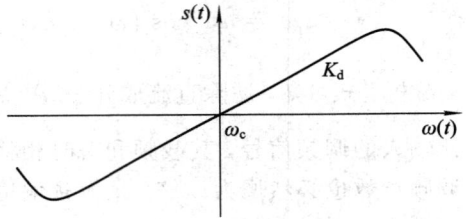

图 2 – 54　理想鉴频器的特性曲线

调频信号非相干解调的实现原理框图如图 2 – 55 所示。

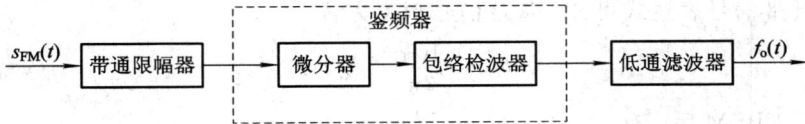

图 2 – 55　FM 信号非相干解调的原理框图

图中带通限幅器是带通滤波器和限幅器的合称，带通滤波器和鉴频器后的低通滤波器的作用都是滤除噪声，限幅器的作用是消除因信道噪声或其他原因造成的接收信号在幅度上可能出现的畸变。鉴频器主要由微分器和包络检波器两部分组成，其主要功能首先是将调频波变为调幅调频波，然后应用包络检波法将信号包络提取出来，以获得基带信号。下面具体分析调频信号的非相干解调过程。

调频信号 $s_{FM}(t) = A\cos\theta(t)$ 经微分器后，得到

$$\frac{\mathrm{d}s_{FM}(t)}{\mathrm{d}t} = -A\frac{\mathrm{d}\theta(t)}{\mathrm{d}t}\sin\theta(t)$$

$$= -A[\omega_c + K_f f(t)]\sin[\omega_c + K_f f(t)] \quad (2-96)$$

这个信号的幅度是 $\rho(t) = A[\omega_c + K_f f(t)]$，角频率是 $\omega(t) = \omega_c + K_f f(t)$，因此该信号是一个既调频又调幅的新信号。若 $K_f f(t) \ll \omega_c$，则该信号可以近似地看做是包络为 $\rho(t)$ 的常规调幅波，只是载波频率不是固定值，而是有微小的变化。将此信号送入包络检波器，再滤出直流成分后，得到输出信号为

$$f_o(t) = K_d K_f f(t) \quad (2-97)$$

二、相干解调

窄带调频信号 $s_{NBFM}(t) \approx A\cos\omega_c t - AK_f \int f(t)\mathrm{d}t \cdot \sin\omega_c t$ 可以采用类似线性调制中的相干解调法来进行解调，其实现原理框图如图 2 – 56 所示。

需要注意的是，这里的相干载波不取 $\cos\omega_c t$，而是取

$$c(t) = -\sin\omega_c t \quad (2-98)$$

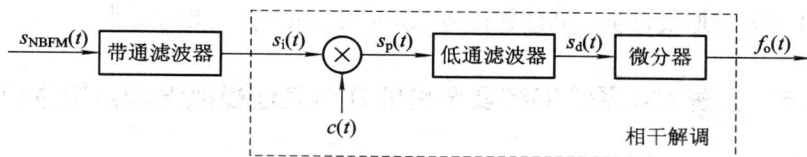

图 2-56　NBFM 信号的相干解调的原理框图

经乘法器后，所得信号为

$$s_p(t) = -\sin\omega_c t \cdot \left[A\cos\omega_c t - AK_f \int f(t)\,dt \cdot \sin\omega_c t \right]$$

$$= -\frac{A}{2}\sin2\omega_c t + AK_f \int f(t)\,dt \cdot \sin^2\omega_c t$$

$$= -\frac{A}{2}\sin2\omega_c t + \frac{AK_f}{2}\int f(t)\,dt - \frac{AK_f}{2}\int f(t)\,dt\cos2\omega_c t \tag{2-99}$$

再经低通滤波器后，所得信号为

$$s_d(t) = \frac{AK_f}{2}\int f(t)\,dt \tag{2-100}$$

最后经微分器，所得输出为

$$f_o(t) = \frac{AK_f}{2}f(t) \tag{2-101}$$

案例分析

1. 试根据鉴频器的工作特性曲线写出其输入输出关系表达式，并将鉴频器与压控振荡器作比较。

解　现将鉴频器和压控振荡器以列表形式进行对比，如表 2-4 所示。若有 $\omega_0 = \omega_c$ 且 $K_d K = 1$，则有 $s(t) = f(t)$，即当鉴频器和压控振荡器的中心频率相同且特性刚好相反时，信号 $f(t)$ 经压控振荡器和鉴频器后保持不变。

表 2-4　鉴频器和压控振荡器的对比

元器件	输入	输出	灵敏度	关系式
鉴频器	$\omega(t)$	$s(t)$	K_d	$s(t) = K_d[\omega(t) - \omega_c]$
压控振荡器	$f(t)$	$\omega(t)$	K	$\omega(t) = \omega_0 + Kf(t)$

2. 已知窄带调相信号为 $s(t) = \cos\omega_c t - \beta_p\cos\omega_m t\sin\omega_c t$，若与相干载波 $\cos(\omega_c t + \theta)$ 相乘后再通过一个低通滤波器，试问：

(1) 能否实现正确解调？

(2) 最佳解调 θ 应为何值？

解　(1) 与相干载波 $\cos(\omega_c t + \theta)$ 相乘后，得到

$$s_p(t) = s(t)\cos(\omega_c t + \theta)$$

$$= \frac{1}{2}[\cos(2\omega_c t + \theta) + \cos\theta] - \beta_p\cos\omega_m t \cdot \frac{1}{2}[\sin(2\omega_c t + \theta) - \sin\theta]$$

经低通滤波器后，输出为 $\frac{1}{2}\cos\theta + \frac{1}{2}\beta_p\cos\omega_m t \cdot \sin\theta$，所以可以实现解调。

（2）由输出信号形式可见，最佳解调时 $\cos\theta=0$，$\sin\theta=1$，即 $\theta=\dfrac{\pi}{2}$。

子任务 2.3.5　了解 FM 系统的抗噪声性能并与其他模拟调制系统进行比较分析

必备知识

一、FM 系统的抗噪声性能

如前所述，调频信号的解调有相干解调和非相干解调两种。相干解调仅适用于窄带调频信号，且需相干载波；非相干解调适用于所有调频信号，且不需相干载波，因而是 FM 系统的主要解调方式，因此，本节只讨论非相干解调系统的抗噪声性能，其带噪声干扰的数学模型如图 2-57 所示。

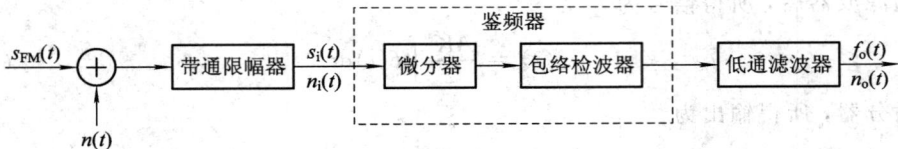

图 2-57　带噪声干扰的 FM 非相干解调系统

图中，$n(t)$ 是均值为零、单边功率谱密度为 n_0 的高斯白噪声，经过带通限幅器后变为窄带高斯噪声 $n_i(t)$。因此，鉴频器的输入噪声功率为

$$N_i = n_0 B \tag{2-102}$$

对式（2-70）所示的调频信号，鉴频器的输入信号功率为

$$S_i = \overline{s_{FM}^2(t)} = \frac{A^2}{2} \tag{2-103}$$

因此，输入信噪比为

$$\frac{S_i}{N_i} = \frac{A^2}{2n_0 B} \tag{2-104}$$

与 AM 信号的非相干解调相同，FM 信号非相干解调的抗噪声性能分析也要分为大信噪比和小信噪比两种情况。

1. 大信噪比情况

由于 FM 是非线性调制，因而在计算输出信号功率时应考虑噪声对它的影响；同样，在计算输出噪声功率时也应考虑有用信号对它的影响。但是，在大输入信噪比情况下，上述互相影响可以忽略，即计算输出信号功率时可以假定噪声为零，而在计算输出噪声功率时可以假定有用信号为零。下面进行简要的分析。

如图 2-57 所示，鉴频器输入信号为调频信号与窄带高斯噪声的叠加，即

$$s_i(t) + n_i(t) = s_{FM}(t) + n_i(t)$$
$$= A\cos[\omega_c t + \varphi(t)] + V(t)\cos[\omega_c t + \theta(t)] \tag{2-105}$$

式中，$\varphi(t)$ 为调频信号的瞬时相偏，$V(t)$ 为窄带高斯噪声的瞬时幅度，$\theta(t)$ 为窄带高斯噪声的瞬时相偏。据三角变换，上式中的两个余弦波可以合成为如下的一个余弦波：

$$s_\mathrm{i}(t) + n_\mathrm{i}(t) = B(t)\cos[\omega_c t + \psi(t)] \tag{2-106}$$

由于鉴频器只对瞬时频率的变化有反应，因此，无需考虑 $B(t)$ 对解调器输出的影响，只需分析合成波的瞬时相偏 $\psi(t)$。利用三角变换性质，可以求出 $\psi(t)$ 表达式如下：

$$\psi(t) = \varphi(t) + \arctan\frac{V(t)\sin[\theta(t)-\varphi(t)]}{A + V(t)\cos[\theta(t)-\varphi(t)]} \tag{2-107}$$

在大信噪比情况下，有 $A \gg V(t)$，因此可得瞬时相偏 $\psi(t)$ 有如下近似公式：

$$\psi(t) \approx \varphi(t) + \frac{V(t)}{A}\sin[\theta(t)-\varphi(t)] \tag{2-108}$$

式中，第一项为有用信号项，第二项为噪声项。

由于理想鉴频器的输出应与输入信号的瞬时频偏成正比，设比例常数为 1，可得鉴频器输出为

$$v_\mathrm{o} = \frac{1}{2\pi}\left[\frac{d\psi(t)}{\mathrm{d}t}\right] = \frac{1}{2\pi}\left[\frac{d\varphi(t)}{\mathrm{d}t}\right] + \frac{1}{2\pi A}\frac{\mathrm{d}}{\mathrm{d}t}\{V(t)\sin[\theta(t)-\varphi(t)]\} \tag{2-109}$$

根据调频波定义，鉴频器输出有用信号为

$$f_\mathrm{o}(t) = \frac{1}{2\pi}\left[\frac{d\varphi(t)}{\mathrm{d}t}\right] = \frac{1}{2\pi}\frac{\mathrm{d}\left[K_\mathrm{f}\displaystyle\int_{-\infty}^{t} f(\tau)\mathrm{d}\tau\right]}{\mathrm{d}t} = \frac{K_\mathrm{f}}{2\pi}f(t) \tag{2-110}$$

输出有用信号平均功率为

$$S_\mathrm{o} = \overline{f_\mathrm{o}^2(t)} = \frac{K_\mathrm{f}^2}{4\pi^2}\overline{f^2(t)} \tag{2-111}$$

根据窄带高斯噪声的性质，可求出鉴频器输出噪声平均功率为

$$N_\mathrm{o} = \frac{2n_0}{3A^2}f_\mathrm{m}^3 \tag{2-112}$$

所以解调器的输出信噪比为

$$\frac{S_\mathrm{o}}{N_\mathrm{o}} = \frac{3A^2 K_\mathrm{f}^2 \overline{f^2(t)}}{8\pi^2 n_0 f_\mathrm{m}^3} \tag{2-113}$$

为了得出简明的结果，下面只考虑基带信号为单频余弦的情况，此时有

$$\beta_\mathrm{f} = \frac{K_\mathrm{f}A}{\omega_\mathrm{m}} \tag{2-114}$$

将上式代入式(2-113)，可得

$$\frac{S_\mathrm{o}}{N_\mathrm{o}} = \frac{3}{2}\beta_\mathrm{f}^2\frac{A^2/2}{n_0 f_\mathrm{m}} \tag{2-115}$$

此时，由式(2-104)和式(2-115)可得解调器的信噪比增益为

$$G_\mathrm{FM} = \frac{S_\mathrm{o}/N_\mathrm{o}}{S_\mathrm{i}/N_\mathrm{i}} = \frac{3}{2}\beta_\mathrm{f}^2\frac{B}{f_\mathrm{m}} = 3\beta_\mathrm{f}^2(1+\beta_\mathrm{f}) \tag{2-116}$$

在宽带调频时有 $\beta_\mathrm{f} \gg 1$，因此，上式可近似为

$$G_\mathrm{FM} \approx 3\beta_\mathrm{f}^3 \tag{2-117}$$

式(2-117)表明，大信噪比时宽带调频系统的信噪比增益是很高的，它与调频指数的立方近似成正比。例如，调频广播中常取 $\beta_\mathrm{f}=5$，而信噪比增益 $G_\mathrm{FM}=450$。也就是说，加大调制指数 β_f，可使调频系统的抗噪声性能大大改善。

2. 小信噪比情况与门限效应

当输入信噪比减小到一定程度时，解调器的输出中不存在单独的有用信号项，信号被噪声扰乱，因而输出信噪比急剧下降。这种情况与 AM 包络检波时相似，称为门限效应。出现门限效应时所对应的输入信噪比值称为门限值，记为 $(S_i/N_i)_b$。

图 2-58 所示为在单音调制时不同调频指数 β_f 下，调频解调器的输出信噪比与输入信噪比的近似关系曲线。由图可见：β_f 不同，门限值也不同；β_f 越大，门限值越高。当 $(S_i/N_i)_{FM} > (S_i/N_i)_b$ 时，$(S_o/N_o)_{FM}$ 与 $(S_i/N_i)_{FM}$ 呈线性关系，且 β_f 越大，输出信噪比的改善越明显；当 $(S_i/N_i)_{FM} < (S_i/N_i)_b$ 时，$(S_o/N_o)_{FM}$ 将随 $(S_i/N_i)_{FM}$ 的下降而急剧下降，且 β_f 越大，$(S_i/N_i)_{FM}$ 下降得越快，甚至比 DSB 或 SSB 更差。

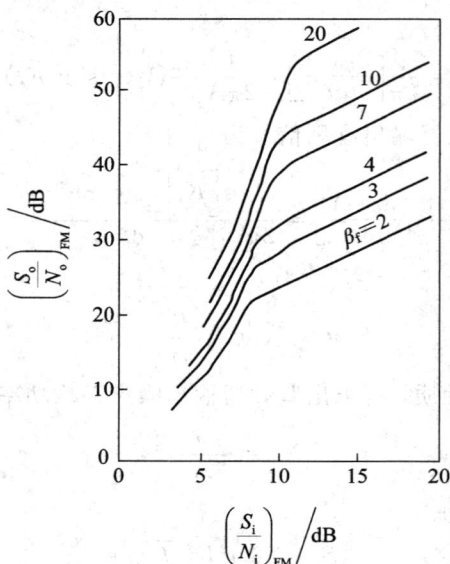

图 2-58 非相干解调的门限效应

二、FM 系 统 与 其 他 模 拟 调 制 系 统 的 比 较 分 析

实践证明，频率调制的主要优点是抗干扰能力强。其调制指数越大，信噪比增益越高，但同时调频波的带宽越宽。因此，FM 系统信噪比的改善是以增加传输带宽为代价换来的。同时 FM 系统以带宽换取输出信噪比改善并不是无止境的。随着传输带宽的增加，输入噪声功率增大，在输入信号功率不变的条件下，输入信噪比下降，当出现门限效应时，输出信噪比将急剧恶化。宽带调频的缺点是频带利用率低，存在门限效应，因此在接收信号弱、干扰大的情况下常采用带有相干解调系统的窄带调频。

各种模拟调制系统在解调器输入信号功率、噪声功率谱密度及基带信号带宽均相同的情况下，综合分析可知：WBFM 抗噪声性能最好，DSB、SSB、VSB 抗噪声性能次之，AM 抗噪声性能最差，NBFM 和 AM 的性能接近。

图 2-59 所示为各种模拟调制系统的性能曲线，图中的圆点表示门限点。门限点以下，

曲线迅速下跌；门限点以上，DSB、SSB 的信噪比比 AM 高 4.7 dB 以上，而 FM($\beta_f = 6$)的信噪比比 AM 高 22 dB。而且，FM 的调频指数越大，抗噪声性能越好，但占据的带宽越宽，频带利用率低。SSB 的带宽最窄，其频带利用率最高。

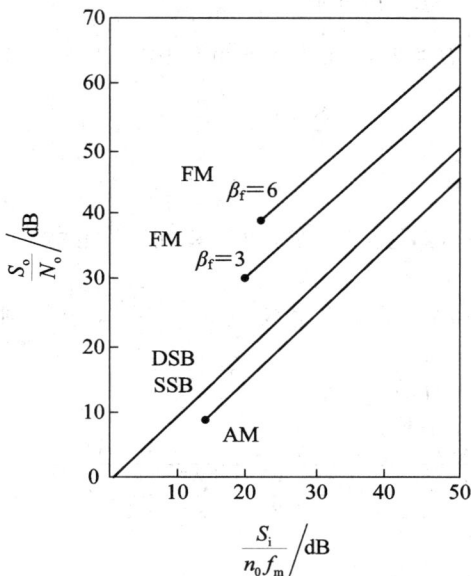

图 2-59　模拟调制系统的性能曲线

案例分析

1. 已知宽带调频波接收机获得的信噪比增益为 375，求当调频指数增大 1 时，接收机信噪比增益的变化。

解　由 $G_{FM} = 375 \approx 3\beta_f^3$ 可求出 $\beta_f = 5$，调频指数增大 1，即 $\beta_f' = 6$，此时 $G_{FM}' \approx 3(\beta_f')^3 = 648$，$\dfrac{G_{FM}'}{G_{FM}} = \dfrac{648}{375} = 1.728$，所以，接收机信噪比增益增大了 0.728 倍。

2. 已知调制信号 $f(t) = \cos(30\pi \times 10^3)t$。

（1）若采用 FM 传输，其最大频偏为 75 kHz，载波频率为 30 MHz，信道噪声为高斯白噪声，其双边功率谱密度 $n_0/2 = 10^{-12}$ W/Hz，信道使信号衰减 50 dB，若发射功率为 900 W，试求接收机的输出信噪比为多少？

（2）若改为 AM 传输，100% 调制，求在保证接收机输出信噪比与 FM 相同时，AM 发射机最低发射功率应为多少？

（3）若改为 AM 传输，100% 调制，求在保证接收机输出信噪比为 50 dB 时，AM 发射机最低发射功率应为多少？

（4）试比较 AM 与 FM 两个系统的抗噪声性能。

解　（1）由题意可知：

$$f_m = 15 \text{ kHz}, \quad \Delta f = 75 \text{ kHz}$$

因此

$$\beta_f = 5$$

由于 $10\ \lg S_发 - 10\ \lg S_i = 50$，且 $S_发 = 900$，因此有

$$S_i = 9 \times 10^{-3}\ \text{W}$$

由于 $B = 2(1+\beta_f)f_m = 180\ \text{kHz}$，因此有

$$N_i = \frac{n_0}{2} \times B \times 2 = 10^{-12} \times 180 \times 10^3 \times 2 = 3.6 \times 10^{-7}\ \text{W}$$

$$\frac{S_i}{N_i} = 2.5 \times 10^4$$

所以

$$\frac{S_o}{N_o} = G \cdot \frac{S_i}{N_i} = 3\beta_f^3 \times 2.5 \times 10^4 = 9.375 \times 10^6$$

（2）根据表 2-1，AM 的信噪比增益 $G = \dfrac{2\ \overline{f^2(t)}}{A^2 + \overline{f^2(t)}}$，已知调制信号为单音调制，因此

有 $\beta_{AM} = \dfrac{A_m}{A}$ 且 $\overline{f^2(t)} = \dfrac{A_m^2}{2}$，所以有

$$G = \frac{2\ \overline{f^2(t)}}{A^2 + \overline{f^2(t)}} = \frac{2 \times A_m^2/2}{A^2 + \dfrac{A_m^2}{2}} = \frac{A_m^2/A^2}{\dfrac{A^2}{A^2} + \dfrac{1}{2} \times \dfrac{A_m^2}{A^2}} = \frac{\beta_{AM}^2}{1 + \dfrac{1}{2}\beta_{AM}^2}$$

100% 调制即 $\beta_{AM} = 1$，因此 $G = \dfrac{2}{3}$。

由于 $\dfrac{S_o}{N_o} = 9.375 \times 10^6$，因此

$$\frac{S_i}{N_i} = \frac{S_o/N_o}{G} = 14.0625 \times 10^6$$

因为

$$N_i = \frac{n_0}{2} \times B \times 2 = \frac{n_0}{2} \times 2f_m \times 2 = 6 \times 10^{-8}\ \text{W}$$

所以 $S_i = 0.84375\ \text{W}$。

又因为 $10\ \lg S_发 - 10\ \lg S_i = 50$，所以 $S_发 = 84.375\ \text{kW}$。

（3）由本题第 2 问求解可知 $G = \dfrac{2}{3}$。

因为 $10\ \lg \dfrac{S_o}{N_o} = 50\ \text{dB}$，所以 $\dfrac{S_o}{N_o} = 10^5$，故

$$\frac{S_i}{N_i} = \frac{S_o/N_o}{G} = 1.5 \times 10^5$$

因为

$$N_i = 6 \times 10^{-8}\ \text{W}$$

所以 $S_i = 9 \times 10^{-3}\ \text{W}$。

又因为 $10\ \lg S_发 - 10\ \lg S_i = 50$，所以 $S_发 = 900\ \text{W}$。

（4）由上面计算可知，AM 接收机要获得与 FM 接收机相同的输出信噪比，必须采用大得多的发射功率。当 AM 发射机采用与 FM 发射机相同的发射功率时，其接收机输出信噪比要远低于 FM 接收机。因此，AM 系统比 FM 系统的抗噪声性能要差得多。

思考应答

1. 试求当宽带调频波的调频指数增大 0.2 倍时，接收机获得的信噪比增益的变化是多少？

2. 设一个宽带调频系统的载波振幅为 100 V，频率为 100 MHz，调制信号 $m(t)$ 的频带限制于 5 kHz，$\overline{f^2(t)}=5000\ \text{V}^2$，$K_f=500\pi\ \text{Hz/V}$，最大频偏 $\Delta f=75\ \text{kHz}$，并设信道中的噪声功率谱密度是均匀的，其单边谱密度为 10^{-3} W/Hz，试求：

(1) 接收机输入理想带通滤波器的传输特性 $H(\omega)$；

(2) 解调器输入端的信噪比；

(3) 解调器输出端的信噪比。

3. 若将上题改为 AM 传输，并以包络检波器检波，试比较在输出信噪比和所需带宽方面与 FM 传输有何不同？

子任务 2.3.6　了解调频广播系统和调频立体声广播系统的结构组成

必备知识

调频广播系统的结构组成与调幅广播系统的结构组成很相似，只是调制方式不同。

普通调频广播发射机的原理框图如图 2-60 所示。图中，输入调制信号频率为 50 Hz～15 kHz，首先利用调相器实现间接调频：由高稳定度晶体振荡器产生 $f_{c1}=200$ kHz 的初始载波信号送入调相器，由经预加重电路和积分器的调制信号对其调相。调相输出的最大频偏为 25 Hz，调制指数 $\beta_f<0.5$。再经过由倍频器和混频器组成的阿姆斯特朗倍频电路，能够获得约 75 kHz 的最大频偏和 88～108 MHz 的载频。最后，经功率放大器放大后通过天线发射出去。

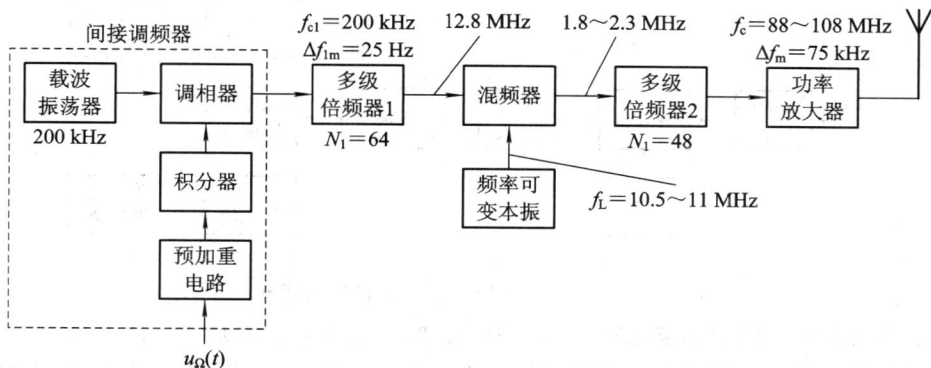

图 2-60　普通调频广播发射机的原理框图

普通调频广播接收机的原理框图如图 2-61 所示。为了获得较好的接收灵敏度和选择性，此接收机也采用超外差式，因此除限幅器、鉴频器及去加重等附加电路外，其主要组成均与 AM 超外差接收机相同。其基本参数与前述调频广播发射机相同。

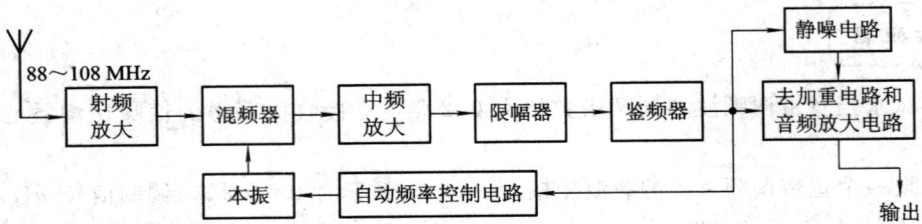

图 2-61　普通调频广播接收机的原理框图

调频立体声广播指的是用两条或多条信道来传输声音信息，以便使声音还原时能够呈现空间立体效果的一种广播技术。图 2-62 所示为调频立体声广播发射机的原理框图。左声道信号（L）和右声道信号（R）经各自的预加重电路后在矩阵电路中形成"和信号（$L+R$）"和"差信号（$L-R$）"。"和信号（$L+R$）"作为主信道信号，"差信号（$L-R$）"经平衡调制器对副载波进行 SC-DSB 调幅后，作为副信道信号。二者合成后通过普通 FM 发射机发射出去。

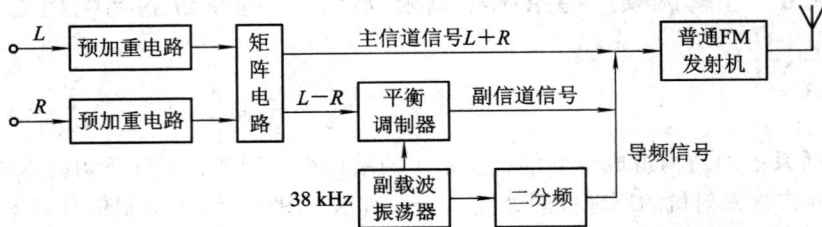

图 2-62　调频立体声广播发射机的原理框图

调频立体声广播接收机的原理框图如图 2-63 所示。由图可见，该接收机在鉴频器之前的部分与普通单声道调频接收机的组成基本相同。在鉴频器后信号经过立体声解调还原成两路，分别通过左右两个声道的扬声器播放出去，从而形成立体声效果。

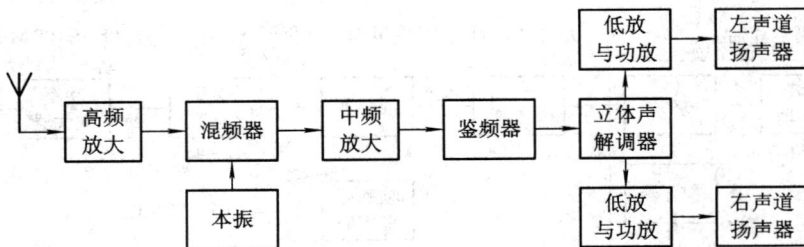

图 2-63　调频立体声广播接收机的原理框图

前述调频收发信机中都包含"预加重"和"去加重"电路，下面加以说明。

人们在研究调频系统输出噪声时发现，其功率谱密度与 ω^2 成正比，即频率越高噪声功率越大。但解调器输出的有用信号并不存在这种特性，尤其是话音、音乐等信号，其功率谱反而会随着频率的升高而减小。这样，在有用信号频谱的高频段上，就会有噪声功率大而信号功率小，即输出信噪比很小的问题，这对系统的解调显然是不利的。为此，通常采用"预加重"和"去加重"技术。

"去加重"是在接收端解调器后加上一个特性为 $1/\omega^2$ 的网络，使解调后的噪声功率具有平坦特性，从而提高输出信噪比。"预加重"是指为了校正"去加重"网络对解调信号频率造成的失真，而在发送端调制器前预先加上一个与"去加重"网络特性相反的网络。

　　带有"预加重"和"去加重"网络的调频系统的原理框图如图 2-64 所示。$H_T(f)$ 和 $H_R(f)$ 分别为"预加重"和"去加重"网络的传输函数。

图 2-64　带有"预加重"和"去加重"网络的调频系统的原理框图

　　图 2-65 所示为一个简单的"去加重"网络的电路图和特性曲线图。由图可见，该网络特性为输出随着输入信号频率的增加而发生滚降，这样就能使高频段的噪声衰减，从而使总的噪声功率减小。"去加重"前后的噪声功率谱如图 2-66 所示。

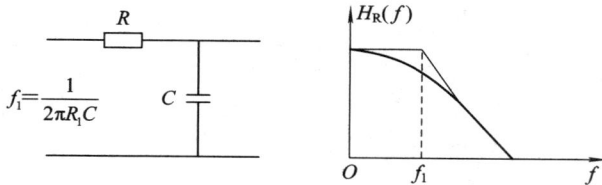

图 2-65　简单的"去加重"网络

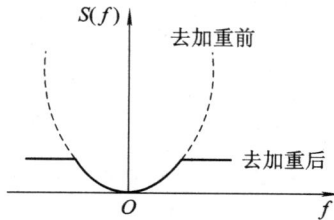

图 2-66　"去加重"前后的噪声功率谱

　　图 2-67 所示为一个简单的"预加重"网络的电路图和特性曲线图。由图可见，该网络特性为输出随着输入信号频率的增加而不断增大，与"去加重"网络曲线刚好互补。

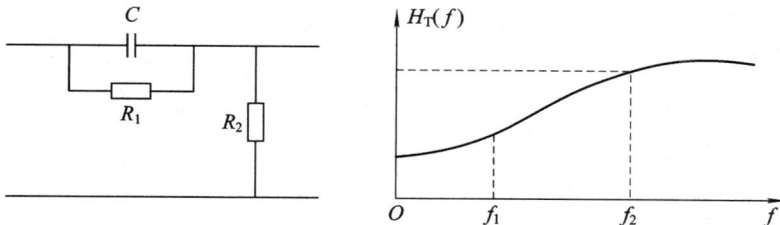

图 2-67　简单"预加重"网络

为保证传输信号不失真，应该有 $H_T(f)H_R(f)=1$ 或 $H_T(f)=1/H_R(f)$。经过分析计算，在保持信号传输带宽不变的条件下，采用前述简单的"去加重"和"预加重"网络可使调频系统输出信噪比提高 6 dB 左右。

思考应答参考答案

项目 3 模拟信号的数字化传输

任务 3.1 构建 PAM 系统

任务要求：通信系统中信源直接产生的语音、图像等信息都是模拟量。要实现这些模拟量在数字系统中的传输，就必须进行模数转换，即信源编码。而模数转换的第一步是要对模拟信号进行抽样（即脉冲幅度调制，简称 PAM），使其在时间上实现离散化。本节的任务是了解抽样定理，掌握抽样的方法和构建 PAM 时分复用系统。

子任务 3.1.1 了解抽样定理和理想抽样

必备知识

抽样也称采样，指的是每隔一段时间对模拟信号进行一次幅度信息的提取，其目的是把模拟信号在时间上进行离散化。抽样是模拟信号数字化的第一步。显然抽样会造成原始信号部分信息的丢失，那么如何才能在接收端无失真地从抽样信号中恢复出原始模拟信号呢？显然，抽样时间间隔越短，抽样点越密，保留的原始模拟信号的信息越多，接收端越容易恢复出原始信息，但同时传输效率就越低。究竟应该采用多大的抽样间隔呢？对此美国物理学家奈奎斯特的抽样定理给出了解答。

低通抽样定理：一个频带限制在 $(0, f_H)$ 内、时间上连续的信号 $f(t)$，如果以 $T_s \leqslant \dfrac{1}{2f_H}$ 的时间间隔对其进行等间隔抽样，则 $f(t)$ 将被所得的抽样值完全确定。该定理也可以这样理解：做抽样时，抽样速率必须足够快（$f_s \geqslant 2f_H$），才能保证抽样所造成的信息丢失不会影响到接收端原始信号的恢复。其中，临界值 $f_s = 2f_H$ 称为奈奎斯特抽样速率。

如图 3-1 所示，发送端的抽样过程可以用一个乘法器来表示。$m(t)$ 是原始模拟信号，$\delta_T(t)$ 是抽样脉冲序列，$m_s(t)$ 是抽样信号。只要满足抽样定理，接收端只需通过一个低通滤波器就能无失真地恢复出原始模拟信号。

设抽样脉冲序列 $\delta_T(t)$ 是一个以 T 为周期的单位冲激序列，其表达式为

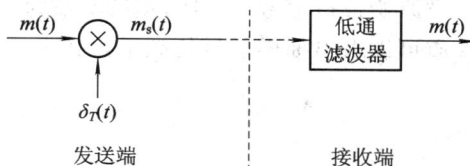

图 3-1 理想抽样与信号恢复

$$\delta_T(t) = \sum_{n=-\infty}^{+\infty} \delta(t - nT_s) \qquad (3-1)$$

经乘法器后，所得抽样信号为

$$m_s(t) = m(t)\delta_T(t) = m(t)\sum_{n=-\infty}^{+\infty}\delta(t-nT_s) = \sum_{n=-\infty}^{+\infty} m(nT_s) \qquad (3-2)$$

由式(3-2)可见，抽样信号也是一个冲激序列，但不是等幅的，其冲激强度等于 $m(t)$ 在相应抽样时刻的取值，即抽样信号的幅度随原始模拟信号的变化而变化。上述抽样过程中各信号的时域变化如图 3-2(a)、(c)、(e)所示。

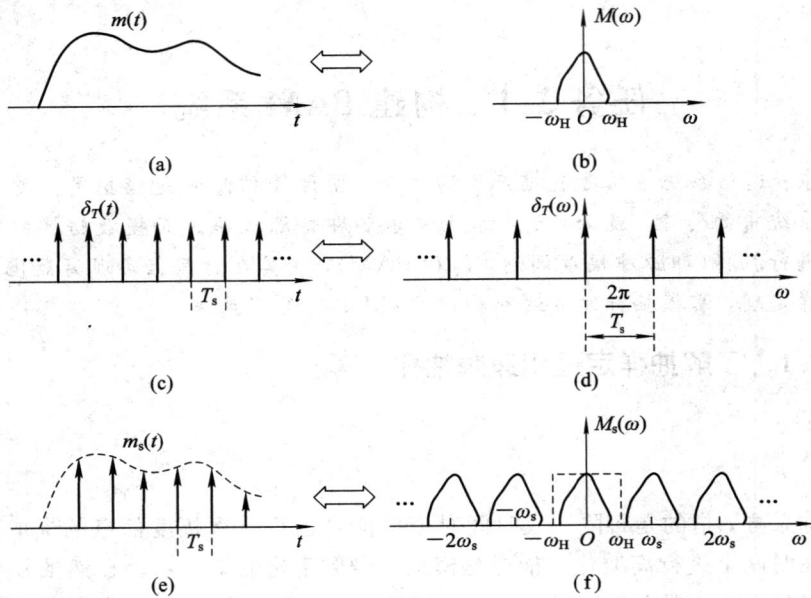

图 3-2 抽样过程中各信号的时、频域变化

根据表 1-4，将抽样脉冲序列 $\delta_T(t)$ 进行傅立叶变换，可以得到其频谱函数(也是等幅冲激序列)为

$$\delta_T(\omega) = \frac{2\pi}{T_s}\sum_{n=-\infty}^{\infty}\delta(\omega - n\omega_s) \qquad (3-3)$$

式中，ω_s 为抽样角频率，它与抽样时间间隔的关系为

$$\omega_s = \frac{2\pi}{T_s} \qquad (3-4)$$

设原始模拟信号 $m(t)$ 的频谱函数为 $M(\omega)$，则由式(3-2)，根据傅立叶变换的频域卷积性质可以求出抽样信号的频谱函数为

$$M_s(\omega) = \frac{1}{2\pi}M(\omega)*\delta_T(\omega) = \frac{1}{2\pi}M(\omega)*\frac{2\pi}{T_s}\sum_{n=-\infty}^{\infty}\delta(\omega - n\omega_s)$$

$$= \frac{1}{T_s}M(\omega)*\sum_{n=-\infty}^{\infty}\delta(\omega - n\omega_s) = \frac{1}{T_s}\sum_{n=-\infty}^{\infty}M(\omega - n\omega_s) \qquad (3-5)$$

上述抽样过程中各信号的频域变化如图 3-2(b)、(d)、(f)所示。由图可见，抽样信号的频谱 $M_s(\omega)$ 是由无限多个间隔为 ω_s 的 $M(\omega)$ 叠加而成的。当 $\omega_s \geqslant 2\omega_H$ 时，各个 $M(\omega)$ 部

分彼此独立，因此，要想恢复原始信号，只需将抽样信号通过截频为 ω_H 的低通滤波器即可。当 $\omega_s < 2\omega_H$ 时，各个 $M(\omega)$ 部分会发生混叠失真，要想恢复原始信号就非常困难了。这也就验证了奈奎斯特抽样定理的正确性。

需要说明的是，即使原始模拟信号的频带不是从零频开始，只要满足其带宽远远大于其最低频，就可以按照低通抽样定理来进行抽样。

案例分析

1. 已知一个基带信号 $m(t) = \cos 400\pi t - \cos 200\pi t$，对其进行理想抽样。

(1) 若在接收端可不失真地恢复原始信号，则抽样频率 f_s 如何来取？

(2) 若抽样周期为 1 ms，试画出抽样信号的频谱图。

解　(1) 由已知可知：

$$f_H = \frac{400\pi}{2\pi} = 200 \text{ Hz}$$

根据抽样定理，$f_s \geq 2f_H = 400$ Hz。

(2) 根据傅立叶变换的线性特性和常用傅立叶变换对，可求出基带信号频谱为

$$M(\omega) = \pi[\delta(\omega+400\pi) + \delta(\omega-400\pi)] - \pi[\delta(\omega+200\pi) + \delta(\omega-200\pi)]$$

由于 $T_s = 1$ ms，因此 $f_s = 1000$ Hz。根据式(3-5)，有

$$M_s(\omega) = \frac{1}{T_s}\sum_{n=-\infty}^{+\infty} M(\omega-n\omega_s) = 1000\sum_{n=-\infty}^{+\infty} M(\omega-2000n\pi)$$

抽样信号的频谱图如图 3-3 所示。

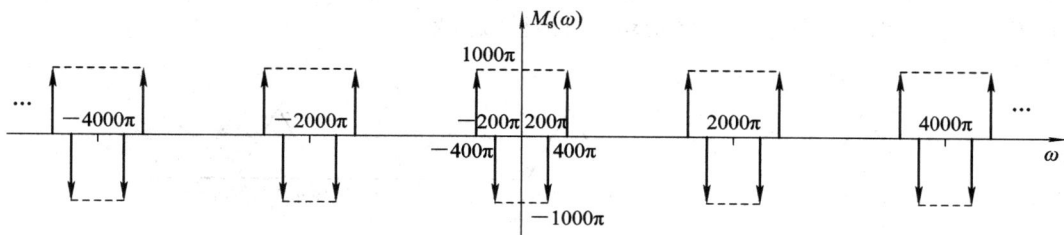

图 3-3　子任务 3.1.1 案例分析第 1 题图

2. 已知信号 $m(t) = 10\cos(20\pi t)\sin(200\pi t)$，以每秒 500 次速率抽样。

(1) 试求出抽样信号的频谱；

(2) 对 $m(t)$ 进行抽样的奈奎斯特抽样速率是多少？

(3) 由理想低通滤波器从抽样信号中恢复 $m(t)$，试确定滤波器的截止频率。

解　(1) 根据三角公式可得

$$m(t) = 5[\sin(220\pi t) + \sin(180\pi t)]$$

根据傅立叶变换的线性特性和常用傅立叶变换对，可求出基带信号频谱为

$$M(\omega) = j5\pi[\delta(\omega+220\pi) - \delta(\omega-220\pi) + \delta(\omega+180\pi) - \delta(\omega-180\pi)]$$

根据已知条件可知 $f_s = 500$ Hz。

根据式(3-5)，抽样信号频谱为

$$M_s(\omega) = 500 \sum_{n=-\infty}^{+\infty} M(\omega - 1000n\pi) = \mathrm{j}2500\pi \sum_{n=-\infty}^{+\infty} \left[\delta(\omega + 220\pi - 1000n\pi) \right.$$
$$\left. - \delta(\omega - 220\pi - 1000n\pi) + \delta(\omega + 180\pi - 1000n\pi) - \delta(\omega - 180\pi - 1000n\pi) \right]$$

（2）奈奎斯特抽样速率为

$$f_s' = 2f_H = 2 \times \frac{220\pi}{2\pi} = 220 \text{ Hz}$$

（3）由于 $f_s > f_s'$，满足抽样定理条件，因此通过低通滤波器能够无失真地恢复原始信号。要想无失真地恢复 $m(t)$，低通滤波器必须允许 $m(t)$ 的所有频谱成分都通过，同时不能包含多余的频谱成分，因此应该有截止频率 $f > f_H = 110$ Hz 且 $f < f_s - f_H = 390$ Hz，即 110 Hz $< f < 390$ Hz。

3. 已知模拟信号的频谱如图 3-4 所示，试分别画出 $\omega_s = 6\omega_H$、$\omega_s = 2\omega_H$、$\omega_s = 1.5\omega_H$ 三种情况下抽样信号的频谱图。

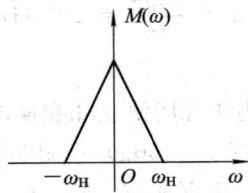

图 3-4　子任务 3.1.1 案例分析第 3 题图 1

解　在 $\omega_s = 6\omega_H$、$\omega_s = 2\omega_H$、$\omega_s = 1.5\omega_H$ 三种情况下，抽样信号的频谱图分别如图 3-5 (a)、(b)、(c)所示。当 $\omega_s = 2\omega_H$ 时，搬移后的频谱刚好相邻；当 $\omega_s = 1.5\omega_H$ 时，搬移后的频谱发生混叠，无法用低通滤波器恢复出原始模拟信号。

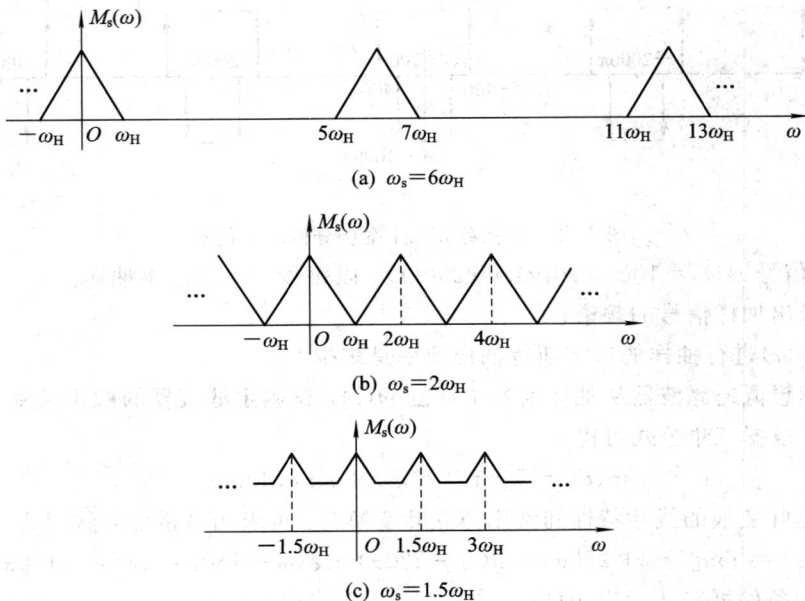

(a) $\omega_s = 6\omega_H$

(b) $\omega_s = 2\omega_H$

(c) $\omega_s = 1.5\omega_H$

图 3-5　子任务 3.1.1 案例分析第 3 题图 2

1. 若用每秒 1800 次的抽样速率对信号 $m(t) = 5\cos(200\pi t) \cdot \cos(1000\pi t)$ 进行抽样。

(1) 画出抽样信号 $m_s(t)$ 的频谱图；

(2) 确定由抽样信号恢复 $m(t)$ 所用理想低通滤波器的截止频率。

2. 已知被抽样信号的频谱如图 3-6 所示，试分别画出 $\omega_s = 4\omega_H$、$\omega_s = 2\omega_H$、$\omega_s = \omega_H$ 三种情况下抽样信号的频谱图。

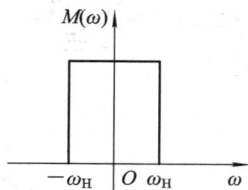

图 3-6　子任务 3.1.1 思考应答第 2 题图

子任务 3.1.2　构建基本 PAM 系统

子任务 3.1.1 中的抽样采用的是单位冲激序列，是一种理想抽样。实际的抽样只能采用脉冲序列，而脉冲都是有一定宽度的，本子任务将讨论实际情况下的抽样过程。从子任务 3.1.1 分析可知，经抽样获得的抽样信号都是幅度随模拟基带信号的变化而变化的脉冲序列，因此，抽样也是一种幅度调制，只是调制用的载波为脉冲序列，而不是正余弦波，所以抽样也叫脉冲幅度调制（PAM），简称脉幅调制。

由表 1-2 可知，脉幅调制（PAM）属于脉冲模拟调制，这是因为虽然已调信号（抽样信号）在时间上是离散的，但在幅度上仍然是连续的，因此，仍然属于模拟信号。其他的脉冲模拟调制还有用模拟基带信号去改变脉冲序列宽度的脉冲宽度调制（PDM、PWM）和用模拟基带信号去改变脉冲序列时间位置的脉冲位置调制（PPM），它们在通信中一般只作为一种中间调制方式，而不构成独立的系统。

按照抽样后脉冲顶部形状的不同，一般将 PAM 分为自然抽样脉幅调制和平顶抽样脉幅调制两种。

一、自然抽样脉幅调制

自然抽样是指抽样后的脉冲幅度（顶部）随被抽样信号 $m(t)$ 变化，或者说保持了 $m(t)$ 的变化规律。自然抽样 PAM 的实现及其信号恢复仍可用图 3-1 所示模型，其时域波形和频谱如图 3-7 所示。图中，T 为脉冲序列周期；τ 为每个脉冲的宽度，简称脉宽。

由表 1-4 可知，单个矩形脉冲的频谱主要由 $\text{Sa}(\omega)$ 函数构成，$\text{Sa}(\omega)$ 的表达式为

$$\text{Sa}(\omega) = \frac{\sin\omega}{\omega}$$

(3-6)

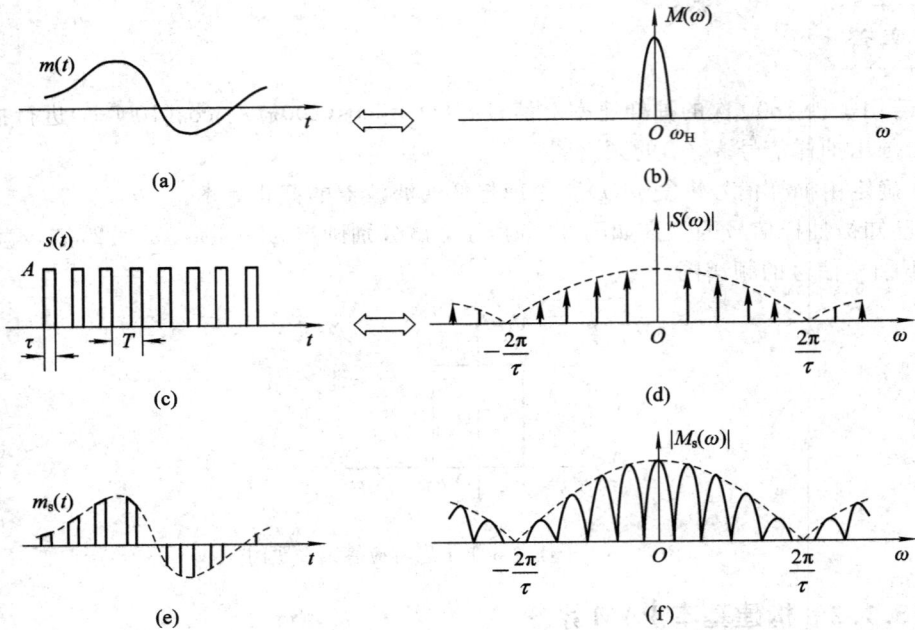

图 3-7　自然抽样 PAM 的时域波形和频谱图

经分析可知，当 $\omega \to 0$ 时，$\mathrm{Sa}(\omega)$ 取最大值；当 $\omega = k\pi$（其中，k 为 ± 1，± 2，± 3，…）时，$\mathrm{Sa}(\omega)=0$，即过零点。脉宽为 τ 的单个矩形脉冲的频谱函数为 $A\tau \mathrm{Sa}\left(\dfrac{\omega\tau}{2}\right)$，其过零点为 $\omega = \dfrac{2k\pi}{\tau}$（其中，$k$ 为 ± 1，± 2，± 3，…），其时频域图形如图 3-8 所示。

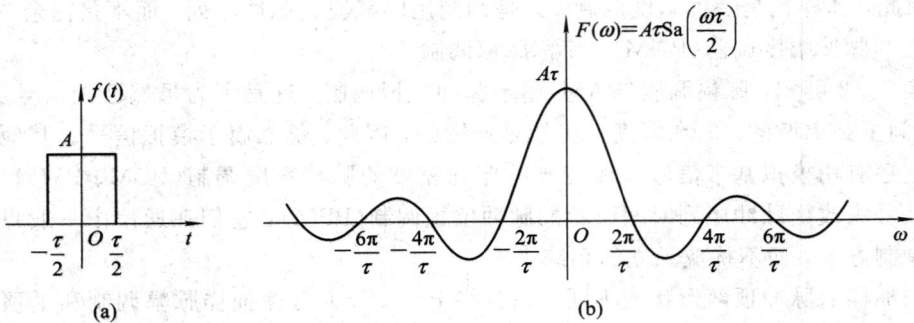

图 3-8　单个矩形脉冲的时频域

单位脉冲序列的频谱由冲激序列构成，序列的幅度形状为 $\mathrm{Sa}(\omega)$ 函数，过零点与单个矩形脉冲的过零点完全一致，如图 3-7(d)所示。

对比图 3-7 和图 3-2 可见，自然抽样与理想抽样的频谱非常相似，也是由无限多个间隔为 $\omega_s \geqslant 2\omega_H$ 的 $M(\omega)$ 频谱叠加而成。不同之处在于，由于抽样脉冲序列频谱中的各个冲激不再等幅且存在过零点，因此，自然抽样 PAM 频谱中各个 $M(\omega)$ 的振幅也不再相同，且存在完全相同的过零点。从图中可知，自然抽样 PAM 在满足低通抽样定理条件下也可以通过低通滤波器还原原始信号。

二、平顶抽样脉幅调制

自然抽样在抽样脉冲的整个时间宽度内都携带有基带信号 $m(t)$ 的信息，这是没有必要的。因为按照抽样定理，只要 1 s 内有 $2f_H$ 个抽样，抽样值就能完全确定基带信号。由此，人们提出了另外一种抽样方式——平顶抽样。平顶抽样与自然抽样的不同之处在于其抽样信号中脉冲顶部不随被抽样信号变化，而是都保持平坦的形状，即平顶抽样信号是由矩形脉冲序列构成的，矩形脉冲的幅度是瞬时抽样值。因此，平顶抽样也称为瞬时抽样。平顶抽样的信号波形及其实现原理框图如图 3-9 所示。由图可见，平顶抽样是将基带信号 $m(t)$ 先进行理想抽样，然后再将抽样值通过一个脉冲形成电路，从而形成一系列幅度为抽样瞬时值，同时具有一定宽度的脉冲序列的平顶抽样信号。

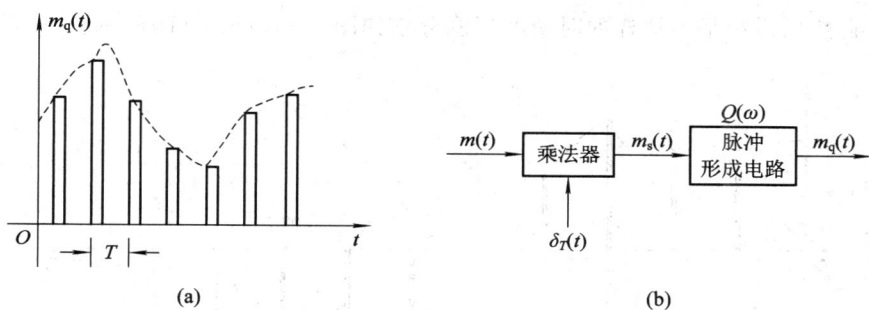

图 3-9 平顶抽样 PAM 的信号波形及其原理框图

由于平顶抽样会产生频谱失真，因而不能直接采用低通滤波器来恢复原始信号。

案例分析

1. 已知基带信号频谱如图 3-10 所示，采用抽样频率为 2000 Hz、脉宽为 $\frac{1}{5}$ ms 的抽样脉冲序列进行自然抽样，试画出抽样信号的频谱图。

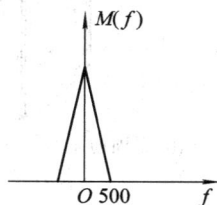

图 3-10 子任务 3.1.2 案例分析第 1 题图 1

解 根据已知条件，$f_H = 500$ Hz，$f_s = 2000$ Hz，满足抽样定理的条件；$\tau = \frac{1}{5}$ ms，根据图 3-7(f) 可知抽样信号的包络过零点为 $\frac{k}{\tau} = \pm 5000k(k = \pm 1, \pm 2, \pm 3, \cdots)$。抽样信号的频谱图如图 3-11 所示。

2. 已知基带信号为 $\sin 1000\pi t (0 \leqslant t \leqslant 2 \text{ ms})$，采用抽样周期为 0.2 ms、脉宽为 0.02 ms

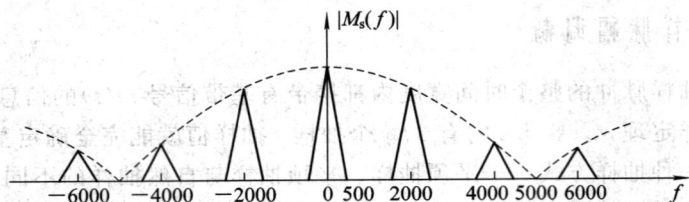

图 3-11　子任务 3.1.2 案例分析第 1 题图 2

的单位脉冲序列进行抽样，试分别画出自然抽样和平顶抽样的抽样信号时域波形图。

解　由已知条件可知 $f_m = \dfrac{1000\pi}{2\pi} = 500$ Hz，所以 $T_m = \dfrac{1}{f_m} = 2$ ms；$T_s = 0.2$ ms，$\tau = 0.02$ ms。自然抽样和平顶抽样的时域波形图分别如图 3-12(a)、(b)所示。

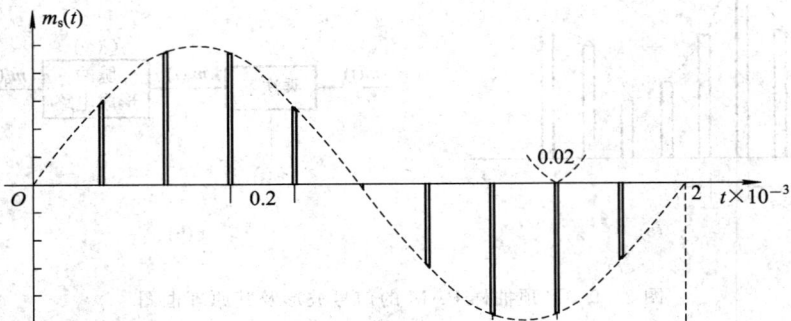

(a) 自然抽样

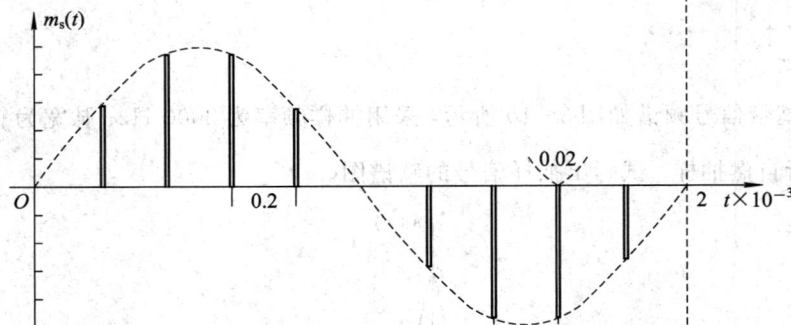

(b) 平顶抽样

图 3-12　子任务 3.1.2 案例分析第 2 题图

思考应答

已知基带信号为 $\sin 50\pi t\,(0 \leqslant t \leqslant 40$ ms$)$，采用抽样周期为 5 ms、脉宽为 0.5 ms 的单位脉冲序列进行抽样，试分别画出自然抽样、平顶抽样的抽样信号时域波形图和自然抽样的抽样信号频谱图。

子任务 3.1.3　构建 PAM 时分复用系统

必备知识

当通信信道仅被一对用户所占用时，往往存在一些不传输任何信息的空闲时间。比如：语音通信时，通话双方会存在话语间歇和话间间隔，这就会导致信道利用率的下降。为了保证在通信的所有时间段内信道都能够被充分利用，就要采用时分复用（TDM）技术。

时分复用是将物理信道的使用时间划分成若干的时间片断（称为时隙，简称 TS），让多路信号逐个轮流地占用这些时间片段，从而实现多路信号共用同一信道。也就是说，时分复用是按照一定的时序依次循环地传输各路消息。

时分复用是建立在抽样定理基础上的。抽样定理证实了连续的模拟信号有可能被在时间上离散出现的抽样脉冲序列所代替。一般抽样脉冲都占据较短的时间，在抽样脉冲之间就留出了时间空隙，利用这种时间空隙便可以传输其他信号的抽样值。这样，所有信号的抽样值都是在其他信号的抽样间隙进行传输，这就实现了多个信号共用同一条信道。

为了简化问题，这里假设共有三路 PAM 信号进行时分复用，其实现原理如图 3-13 所示。图中，各路信号首先都通过低通滤波器进行限带，然后再送到同一个旋转开关（或叫抽样开关）。旋转开关在旋转过程中，与哪一条线路接通即输出哪一路信号的抽样值，这样每隔 T_s 秒将各路信号依次都抽样一次，三路信号各自的一个抽样值按先后顺序依次被纳入抽样间隔 T_s 之内，依此往复，合成的复用信号就是三路抽样信号之和。合成的时分复用信号可以直接送入信道中传输（如图 3-13 所示），也可以加到调制器上变换成适合于信道传输的形式后再送入信道传输。在接收端，合成的时分复用信号由旋转开关（或叫分路开关，与发送端的抽样开关作用相反）依次送入各条线路，通过各路中的低通滤波器恢复出原来的模拟信号。

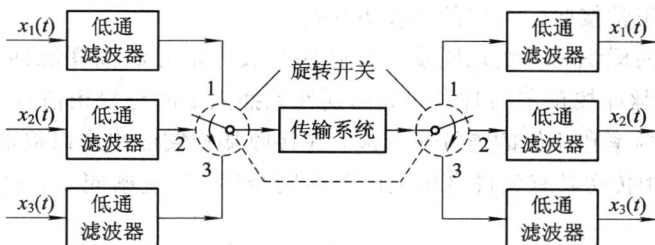

图 3-13　时分复用系统原理框图

三路 PAM 信号时分复用系统波形图如图 3-14 所示。图中，$x_1(t)$、$x_2(t)$ 和 $x_3(t)$ 分别代表三路模拟信号，$x(t)$ 是合成后的复用信号。在 $x(t)$ 的一个抽样周期 T_s 内，由各路信号的一个抽样值组成的一组脉冲（这里是三个）叫做一帧，一帧中相邻两个抽样脉冲之间的时间间隔叫做时隙，用 T_1 表示。每个时隙又由两部分组成：抽样脉冲宽度 τ（图 3-13 中旋转开关停留在某一线路上的时间）和未被抽样脉冲占用的空闲时间 τ_g（图 3-13 中旋转开关离开某一线路后旋转到下一线路前所用时间）。这些时间单位之间的关系可以用下式表示：

$$T_1 = \tau + \tau_{\mathrm{g}} = \frac{T_{\mathrm{s}}}{n} \tag{3-7}$$

式中，τ_{g} 称为防护时隙，用来避免邻路抽样脉冲的相互重叠；n 为复用信号的路数。

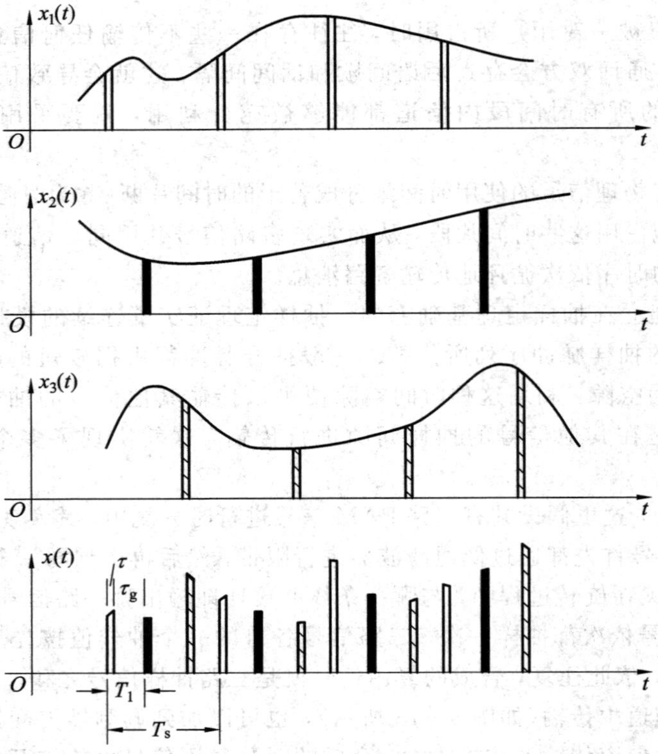

图 3-14　三路 PAM 信号时分复用系统

　　需要注意的是：在时分复用系统中，发送端的旋转开关和接收端的分路开关必须保持同步，否则会影响正常接收。常用的同步方法有：

　　（1）应用特殊的标识脉冲实现同步。该脉冲与其他信号的抽样脉冲有明显的差异，很容易识别。把标识脉冲按预定的时间间隔周期性地插入到时分复用信号中。

　　（2）传送已知频率和相位的连续正弦波，在接收端把它滤出来以提取所需的定时信息。

　　（3）在每一帧中传送具有尖锐自相关函数的同步码，实现帧同步。这将在子任务 3.2.3 中加以介绍。

　　设时分复用每路基带信号经过低通限带后的频率范围为 $0 \sim f_{\mathrm{m}}$，则根据低通抽样定理，其能够无失真地恢复出原始信号的抽样频率应该满足 $f_{\mathrm{s}} \geqslant 2f_{\mathrm{m}}$。$n$ 路这样的基带信号进行时分复用，总的抽样频率为 nf_{s}，则应有 $nf_{\mathrm{s}} \geqslant 2nf_{\mathrm{m}}$。将此式用低通抽样定理进行反推，其含义等价于：每秒有 nf_{s} 个脉冲的脉冲序列能够完全确定一个频率范围为 $0 \sim nf_{\mathrm{m}}$ 的模拟信号（带宽为 nf_{m}）。也就是说，由每秒 nf_{s} 个脉冲的脉冲序列构成的时分复用信号所对应的带宽为

$$B \geqslant nf_{\mathrm{m}} \tag{3-8}$$

时分复用是数字通信中的基本复用技术。通过时分复用，可以将低速的数字信号汇集成高速的数字流送到主干线上传输。与频分复用相比，时分复用通常具有更高的复用效率，并且它适合采用数字信号处理，组合灵活，适用于多媒体信息的复用接入。随着集成电路技术的发展，时分复用设备的成本也不成问题。

案例分析

已知某 PAM 时分复用系统，复用五路最高频率为 500 Hz 的模拟信号，脉宽为 0.02 ms，防护时隙为 0.08 ms。

（1）求每一路的抽样频率和系统复用频率；

（2）试仿照图 3-14 画出该 PAM 时分复用系统的时域波形图；

（3）求该 PAM 时分复用信号带宽的最小值。

解 （1）由已知条件可知：$\tau = 0.02$ ms，$\tau_g = 0.08$ ms，$n = 5$。由式（3-7）可得，$T_s = 0.5$ ms，所以，每一路的抽样频率 $f_s = 1/T_s = 2000$ Hz，系统复用频率 $f_1 = 1/T_1 = 10$ kHz。

（2）该 PAM 时分复用系统的时域波形图如图 3-15 所示。

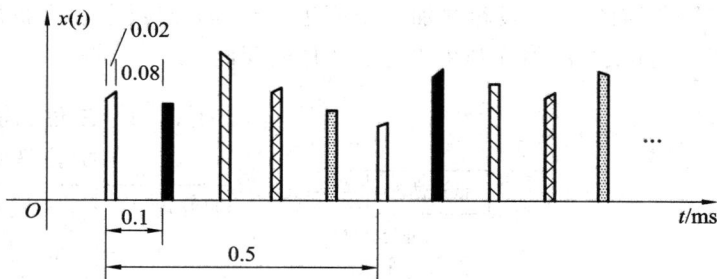

图 3-15 子任务 3.1.3 案例分析第 1 题图

（3）已知 $f_m = 500$ Hz，根据式（3-8），该 PAM 时分复用信号带宽的最小值为

$$B_{min} = nf_m = 2500 \text{ Hz}$$

思考应答

已知某四路 PAM 时分复用系统，若以 $f_s = 1$ kHz 的奈奎斯特速率进行抽样，抽样脉宽为 0.03 ms。

（1）求系统复用频率和各路信号间的防护间隔；

（2）求该 PAM 时分复用信号的带宽。

任务 3.2 构建 PCM 系统

任务要求：脉冲幅度调制（PAM）只是实现了模拟信号在时间上的离散化，还未真正转换成数字信号。要实现模拟信号的数字化传输，必须要在抽样的基础上再进行量化和编码。脉冲编码调制（PCM）是模拟信号数字化最常用的方法，也是其他信源压缩编码的基础。本节的任务是掌握脉冲编码调制的基本方法并了解我国 PCM 电话系统的组成和特点。

子任务 3.2.1　构建均匀量化 PCM 系统

【必备知识】

　　脉冲编码调制（PCM）是模拟信号数字化最常用的方法，它可以看成是以脉冲幅度调制（抽样）为基础的先量化后编码的过程。基带传输的 PCM 单向通信系统模型如图 3-16 所示。图中，发送端的主要任务是完成模数（A/D）变换，其主要步骤包括抽样、量化和编码；接收端为了完成数模（D/A）变换，其相应步骤为解码、低通滤波。实际的抽样有自然抽样和平顶抽样两种，如任务 3.1 所述。量化可分为均匀量化和非均匀量化两种，本子任务将介绍均匀量化 PCM。常采用的编码方法有自然码（将码组本身数值的大小与量化值进行对应的一种码型）、折叠码（沿中心电平上下对称，且适于表示正负对称的双极性信号的一种码型）和格雷码（任意两个相邻的码组之间，只有一个码元不同的一种码型）等，三种编码的三位二进制编码如表 3-1 所示。此外，为了使信息码适合于在信道中传输，并有一定的纠检错能力，在发送端加有码型变换电路，在接收端加有码型反变换电路。由于信号在传输过程中会不断衰减，因而每隔一段距离加一个再生中继器，使数字信号获得再生，同时避免被噪声所"淹没"。接收端的抽样判决再生器的作用同此。

表 3-1　三位二进制自然码、折叠码和格雷码

量化电平值	自然码	折叠码	格雷码
0	000	000	000
1	001	001	001
2	010	010	011
3	011	011	010
4	100	111	110
5	101	110	111
6	110	101	101
7	111	100	100

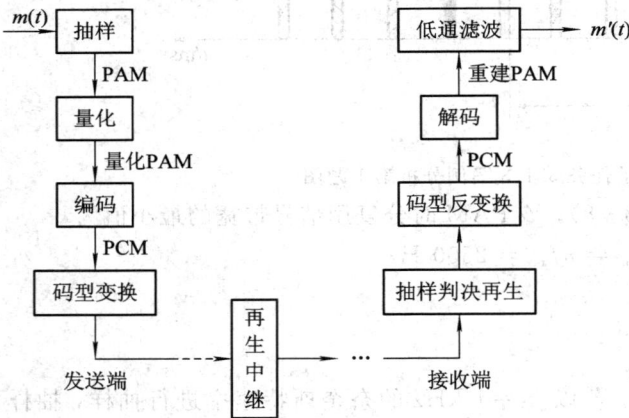

图 3-16　基带单向模拟信号数字化传输通信系统模型

　　图 3-17 所示为对某一个模拟信号进行抽样、量化和编码过程中的时域波形图。如图所示，根据抽样定理，模拟信号 $m(t)$ 首先经过抽样后变成了时间上离散、幅度上仍然连续的抽样信号 $m_s(t)$。将 $m_s(t)$ 送入量化器，就得到了量化输出信号 $m_q(t)$。最后经过编码和码型变换，生成单极性归零码，即可送到信道中进行传输。图中，量化采用"四舍五入"的均匀量化方法，将每一个抽样值近似成某一个临近的整数值（称为量化电平）。这里采用了八个量化电平（0，1，2，…，6，7），将图 3-17(b) 中的七个准确样值 4.2、6.3、6.1、4.2、2.5、1.8 和 1.9 依次分别近似成 4、6、6、4、3、2 和 2，从而完成了量化过程。

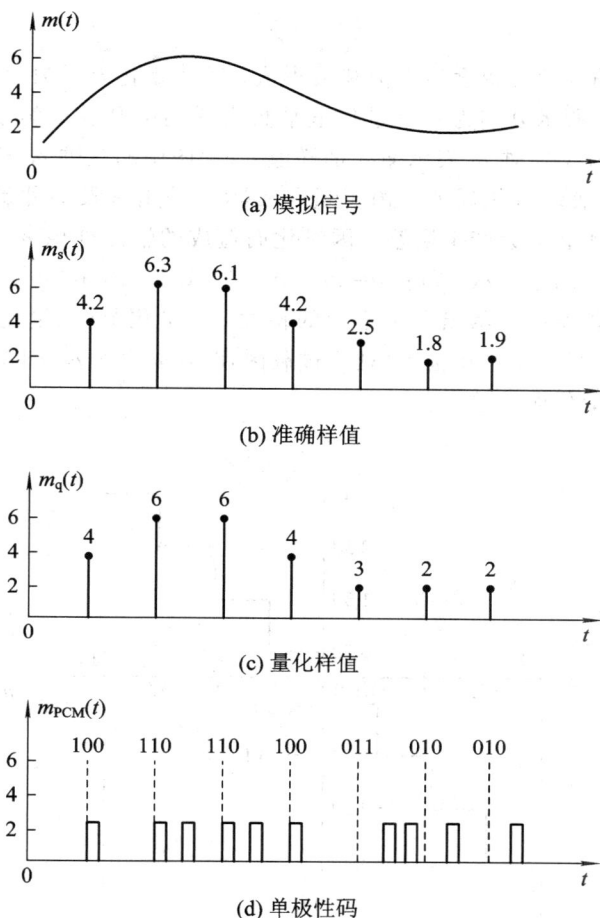

图 3-17 抽样、均匀量化和编码

　　显然，量化后的离散样值可以用一定位数的代码来表示，也就是要对其进行编码。因为共有八个量化电平，所以可以采用三位（lb8＝3）二进制编码组合来表示。如果有 M 个量化电平，就需要采用 lb$M$ 位二进制编码组合。图 3-17(d)给出了用二进制自然码对量化样值进行编码的结果，对应上述七个量化样值，依次为 100、110、110、100、011、010 和 010。一般地，若采用 n 位 μ 进制数进行编码，则可表示的量化电平数 M 为

$$M = \mu^n \tag{3-9}$$

　　由上可见，量化的任务是将抽样后的信号在幅度上也离散化，这样模拟信号就转变成了数字信号。量化的做法是将 PAM 信号的幅度变化范围划分为若干个小区间，取每一个小区间的中间值作为量化电平，每一个抽样样值都按照"四舍五入"的原则尽量纳入到离其最近的量化电平上。相邻两个量化电平之差叫做量化间隔或量化阶距，用 △ 表示。按照各个量化间隔 △ 是否相同，可以将量化分为均匀量化和非均匀量化两种。

　　把输入信号的幅度变化范围按等距离分割，因而各个量化间隔 △ 都相等的量化称为均匀量化。均匀量化的量化间隔 △ 为常数，据其性质可得其计算公式为

$$\Delta = \frac{b-a}{M} \qquad (3-10)$$

式中，b 和 a 分别为输入信号幅度最大值和最小值，M 为量化电平数。

　　图 3-18(a)、(b)所示分别为一个量化电平数为 8 的中升型均匀量化器的特性曲线及其误差特性曲线。图中，横轴 m 表示输入抽样值。(a)图中的纵轴 m_q 表示对应输出的量化值，(b)图中的纵轴 q 表示量化误差。由于量化实际上是用有限多种量化值来表示无限多种可能的抽样值，因此必然会产生误差。因量化而造成的输入样值 m 与量化输出 m_q 之间的差值称为量化误差，用 q 表示，即有 $q=m-m_q$。由图 3-18(b)可见，当输入信号幅度处于不同的范围时，量化误差显示出两种不同的特性：在量化范围（量化区）内时，量化误差的绝对值 $|q|\leqslant 0.5\Delta$；当超出量化范围（处于过载区）时，量化误差 $|q|>0.5\Delta$。输入信号幅度值越远离量化区，量化误差越大。

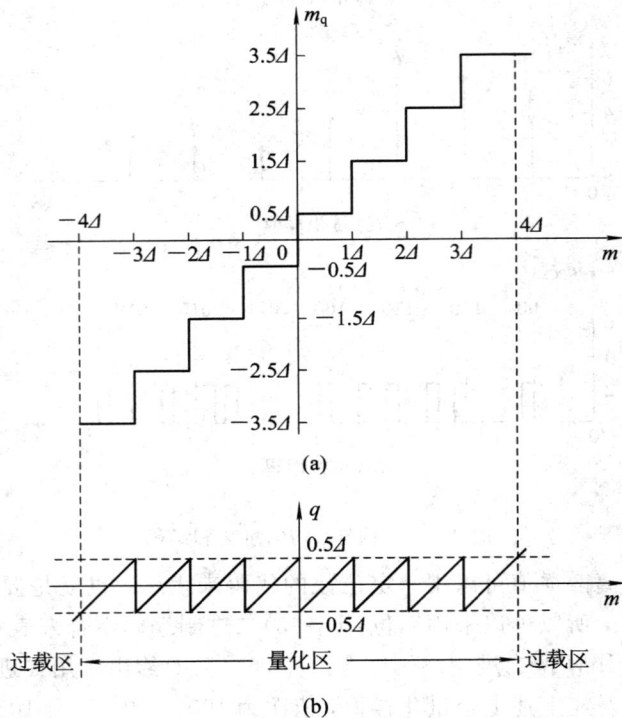

图 3-18　中升型均匀量化器的特性曲线及其误差特性曲线

　　为了说明问题，现将图 3-18 中的输入/输出关系及对应的量化误差同时以列表形式给出，如表 3-2 所示。利用表 3-2 能够很方便地进行计算，例如，当输入幅值为 2.4Δ 时，属于输入区间 $[2\Delta, 3\Delta]$，对应输出量化电平值为 2.5Δ，量化误差为 -0.1Δ；当输入幅值为 -3.2Δ 时，属于输入区间 $[-4\Delta, -3\Delta]$，对应输出量化电平值为 -3.5Δ，量化误差为 0.3Δ；当输入幅值为 4.8Δ 时，已经超出量化区，只能输出最接近的量化电平值 3.5Δ，量化误差为 1.3Δ，大于 0.5Δ。

表 3 - 2　中升型均匀量化器输入/输出关系及对应的量化误差

序号	输入信号划分区间(m 轴)	输出量化电平(m_q 轴)	量化误差 $q=m-m_q$	量化间隔
1	$[-4\Delta, -3\Delta]$	-3.5Δ	$m+3.5\Delta$	
2	$[-3\Delta, -2\Delta]$	-2.5Δ	$m+2.5\Delta$	
3	$[-2\Delta, -\Delta]$	-1.5Δ	$m+1.5\Delta$	
4	$[-\Delta, 0]$	-0.5Δ	$m+0.5\Delta$	$\Delta=\dfrac{b-a}{M}=\dfrac{4\Delta-(-4\Delta)}{8}$
5	$[0, \Delta]$	0.5Δ	$m-0.5\Delta$	
6	$[\Delta, 2\Delta]$	1.5Δ	$m-1.5\Delta$	
7	$[2\Delta, 3\Delta]$	2.5Δ	$m-2.5\Delta$	
8	$[3\Delta, 4\Delta]$	3.5Δ	$m-3.5\Delta$	

　　由于量化误差的存在影响接收端原始信号的重建,因此,量化误差亦称量化噪声。为了保证信号能够很好地重建,在设计或选择量化器时,应考虑输入信号的幅度范围,使信号幅度不进入过载区,或者仅以极小的概率进入过载区。

　　由图 3 - 18 可见,这种中升型量化器的输入/输出特性曲线在通过坐标原点时是"升上去的",因此,这种量化器输出的量化电平数总是偶数。还有另外一种中平型量化器,如图 3 - 19 所示,它的输入/输出特性曲线在通过坐标原点时是"平的","0"也是一个量化电平,因此,这种量化器输出的量化电平数总是奇数。

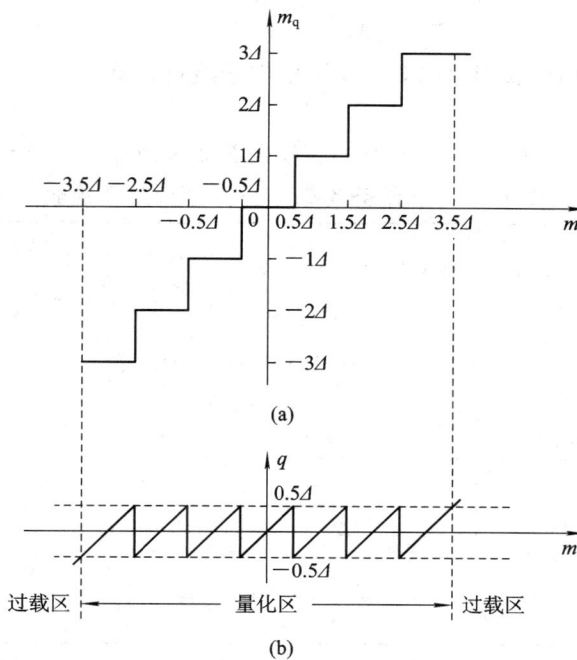

(a)

(b)

图 3 - 19　中平型均匀量化器的特性曲线及其误差特性曲线

为了衡量整个量化过程对通信系统的影响，可以采用量化信噪比的概念。量化信噪比是指模拟输入信号的功率与量化噪声功率之比。据推算，在均匀量化器的输入为单频余弦或语音信号且不过载的情况下，量化信噪比近似为

$$[\text{SNR}]_{dB} \approx 4.77 + 20\lg D + 6.02n \tag{3-11}$$

式中，D 为输入信号幅度的均方根值 $\sqrt{\dfrac{\sum\limits_{i=1}^{L} m_i^2}{L}}$（式中，$L$ 为输入信号幅值的个数，m_i 为输入的第 i 个幅值）与量化器最大量化电平 b 之比；n 为所需二进制编码位数。该式表明：在输入信号幅度和量化器确定的条件下，编码位数越多，量化信噪比就越高，每增加一位二进制编码，信噪比增大 6.02 dB；在编码位数相同的情况下，输入大信号时信噪比大，输入小信号时信噪比小。

案例分析

1. 设信号 $m(t) = 10 + A\sin\omega t$，其中，$A \leqslant 10$ V。若 $m(t)$ 被均匀量化为 20 个电平，试确定所需的二进制码组的位数 n 和量化间隔 Δ。

解　根据已知条件，量化电平 $M=20$，$\mu=2$。再根据式（3-9），因为 $4 < \log_\mu M < 5$，所以所需的二进制码组的位数 $n=5$。

根据已知条件可知信号 $m(t)$ 的取值范围为 $0 \leqslant m(t) \leqslant 20$，所以 $b=20$，$a=0$。再根据式（3-10），可得量化间隔 Δ 为

$$\Delta = \frac{b-a}{M} = \frac{20-0}{20} = 1$$

2. 仿照表 3-2，用列表列出图 3-19 所示中平型量化器的输入/输出关系及对应的量化误差。

解　图 3-19 所示中平型量化器的输入/输出关系及对应的量化误差如表 3-3 所示。

表 3-3　子任务 3.2.1 案例分析第 2 题表

序号	输入信号划分区间（m 轴）	输出量化电平（m_q 轴）	量化误差 $q = m - m_q$	量化间隔
1	$[-3.5\Delta, -2.5\Delta]$	-3Δ	$m+3\Delta$	
2	$[-2.5\Delta, -1.5\Delta]$	-2Δ	$m+2\Delta$	
3	$[-1.5\Delta, -0.5\Delta]$	$-\Delta$	$m+\Delta$	
4	$[-0.5\Delta, 0.5\Delta]$	0	m	$\Delta = \dfrac{b-a}{M} = \dfrac{3.5\Delta-(-3.5\Delta)}{7}$
5	$[0.5\Delta, 1.5\Delta]$	Δ	$m-\Delta$	
6	$[1.5\Delta, 2.5\Delta]$	2Δ	$m-2\Delta$	
7	$[2.5\Delta, 3.5\Delta]$	3Δ	$m-3\Delta$	

3. 将表 3-2 所示中升型量化器的量化电平和表 3-3 所示中平型量化器的量化电平分别进行二进制编码。

解　题目所述中升型量化器和中平型量化器的量化电平分别为 8 和 7，根据式（3-9），

二进制编码的位数应该都是 3。因为量化电平有正有负，所以不妨用编码码组的最高位来表示正负，一般规定"1"表示"＋"，"0"表示"－"。编码码组的另外两位仍然依据二进制自然编码的规律进行编码，即采用二进制折叠码。相应的编码如表 3-4 所示。

表 3-4　子任务 3.2.1 案例分析第 3 题表

中升型量化器		中平型量化器	
量化电平	编码码组	量化电平	编码码组
-3.5Δ	011	-3Δ	011
-2.5Δ	010	-2Δ	010
-1.5Δ	001	$-\Delta$	001
-0.5Δ	000	0	000 或 100
0.5Δ	100	Δ	101
1.5Δ	101	2Δ	110
2.5Δ	110	3Δ	111
3.5Δ	111		

思考应答

1. 已知两个采样值 $m_1=2.8\Delta$，$m_2=-0.9\Delta$，分别通过中升型和中平型均匀量化器，求输出量化电平和量化误差及对应的二进制折叠码。

2. 已知某信号波形如图 3-20 所示，假定抽样频率为 16 kHz，并从 $t=0$ 时刻开始抽样，编码位数 $n=3$。试求出：

（1）各抽样时刻的位置；

（2）各抽样时刻的抽样值；

（3）各抽样时刻的量化值；

（4）将各量化值分别编码成二进制自然码、二进制折叠码和二进制格雷码。

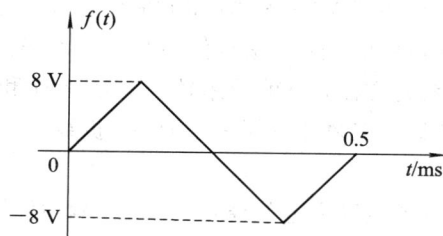

图 3-20　子任务 3.2.1 思考应答第 2 题图

子任务 3.2.2　构建非均匀量化 PCM 系统

【必备知识】

一、非均匀量化 PCM 原理

通过研究，人们发现语音信号具有取小幅度值概率大、取大幅度值概率小的特点。根据前述对均匀量化信噪比的分析，对语音信号采用均匀量化势必会产生很大的量化噪声，所以必须采用非均匀量化。

非均匀量化是一种在整个输入信号的幅度变化范围内量化间隔 Δ 不都相等或都不相等的量化，其根本目的是根据输入信号的概率密度函数来分布量化电平，以改善量化性能。针对语音信号的特点，非均匀量化可以保证在量化级数（编码位数）不变的条件下，降低小信号的量化误差，扩大输入信号的动态范围。

针对语音信号实现非均匀量化的基本思路是：发送端在进行均匀量化前，先对输入信号进行压缩。压缩的方法是：对小信号进行高增益的放大，对大信号则给予很小的增益，甚至不给增益。实现压缩功能的器件称为压缩器，压缩器的输入输出特性称为压缩特性。在接收端，为了还原量化信号，要使用与发送端压缩器特性刚好相反的器件——扩张器。压缩器和扩张器的特性曲线及其对应关系如图 3-21 所示。图中，在输入压缩器前，A 为小信号，B 为大信号；经过压缩器后，A 获得较大倍数的放大，B 基本没变；再经过扩张器（注意：纵轴 x 为扩张器的输入，横轴 y 为扩张器的输出）后，信号 A 和信号 B 幅值恢复。

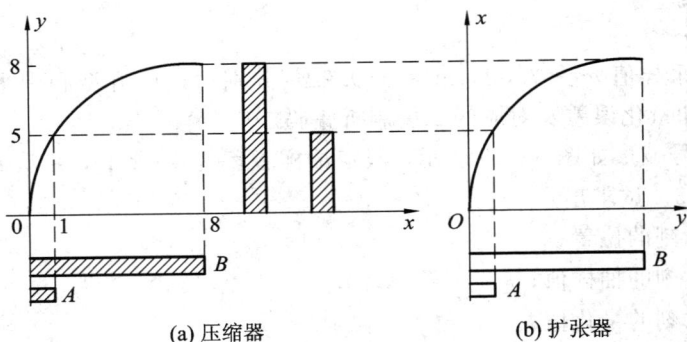

(a) 压缩器　　　　　　　(b) 扩张器

图 3-21　压缩器与扩张器的特性曲线及其对应关系

上述压缩器和扩张器的特性曲线都是模拟信号形式，不易于用数字电路实现。为此，可以用多段折线近似平滑曲线的方法，目前应用较广的是 A 律和 μ 律压扩特性。中国和欧洲采用的是 A 律 13 折线，美国和日本采用的是 μ 律 15 折线。下面介绍 A 律 13 折线 PCM 系统。

A 律 13 折线就是用 13 段折线段来近似模拟 A 律压缩特性，其示意图如图 3-22 所示。在该方法中，将第一象限 x、y 轴归一化单位"1"内各分八段。x 轴按 2 的幂次递减的分段点为 1、1/2、1/4、1/8、1/16、1/32、1/64、1/128、0。y 轴均匀的分段点为 1、7/8、6/8、5/8、4/8、3/8、2/8、1/8、0。这八段折线从小到大依次标为第①、②、…、⑦、⑧段。各段

斜率分别用 k_1、k_2、$\cdots$、k_7、k_8 表示，可求出其值依次为 $k_1=16$、$k_2=16$、$k_3=8$、$k_4=4$、$k_5=2$、$k_6=1$、$k_7=1/2$、$k_8=1/4$。可见，第①、②段折线斜率最大，说明对小信号放大能力最强。x、y 为负值的第三象限的情况与第一象限呈奇对称。由于第一象限的第①、②段和第三象限的第①、②段的斜率相同，可将此四段视为同一条折线，所以两个象限总共 $8+8-(4-1)=13$ 段折线，这就是 A 律 13 折线名称的由来。

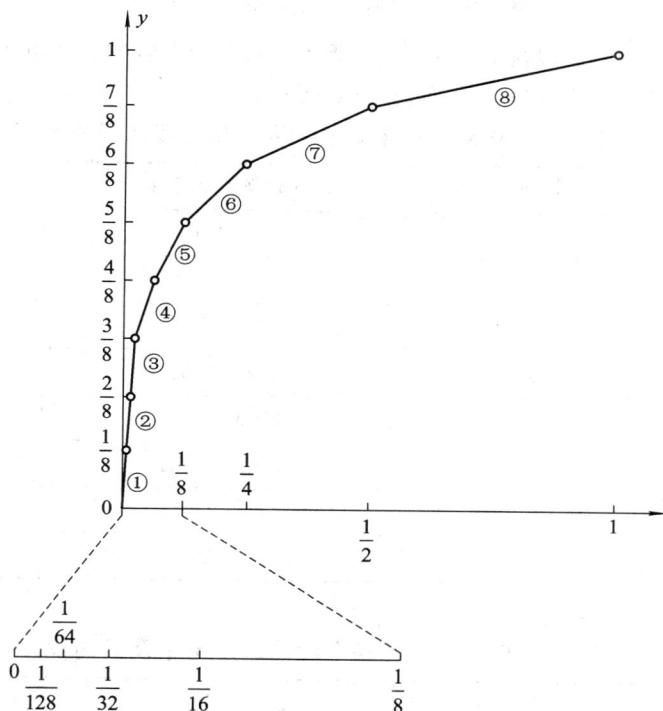

图 3-22　A 律 13 折线的压缩特性

二、A 律 13 折线 PCM 系统的量化编码方案

在实际的 A 律 13 折线 PCM 通信系统中，通常采用八位二进制折叠码，其结构组成如图 3-23 所示。图中，极性码用来指示码的极性："1"码为正，表示该样值位于第一象限；"0"码为负，表示样值位于第三象限。由于无论是第一象限还是第三象限都分成了八个大段，因此需要用三位二进制码来表示样值所处的段落，这三位码就叫做段落码。在每个大段中，还要均分 16 个小段，所以要用四位二进制码来表示样值在某一大段中所处小段的位置，这四位码叫做段内码。段落码和段内码合称为幅度码。

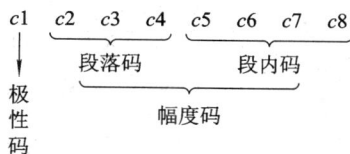

图 3-23　A 律 13 折线 PCM 系统的编码结构

每个大段区间的大小称为段落差，段落差符合 2 的幂次规律，即每一段的段落差是前一段的两倍（第一段除外）；每个大段的起始值称为起始电平；大段中每个小段区间的大小

就是量化间隔（阶距）$\delta_i (i=1\sim8)$，δ_1、δ_2、δ_3、$\cdots$、δ_8 依次分别对应第一大段、第二大段、第三大段、$\cdots$、第八大段的阶距。由于每个大段又等分为 16 个小段，因此每个大段内的所有 16 个 δ_i 都相等。为了计算方便，一般采用归一化的方法：将最小的量化间隔 $\delta_1 = \dfrac{\frac{1}{128}-0}{16} = \dfrac{1}{2048}$ 定义为 1 个 Δ，其他值以此为基础倍增。归一化后，A 律 13 折线编码的段落起止电平和各段的量化间隔及对应的段落码如表 3-5 所示。设第 i 大段的起始电平为 X，则该大段内各小段的起止电平及对应的段内码如表 3-6 所示。

表 3-5 归一化后的段落起止电平、量化间隔及段落码

大段落序号	段落码	大段落起止电平	量化间隔 δ_i
①	000	$0\Delta\sim16\Delta$	$\delta_1=\Delta$
②	001	$16\Delta\sim32\Delta$	$\delta_2=\Delta$
③	010	$32\Delta\sim64\Delta$	$\delta_3=2\Delta$
④	011	$64\Delta\sim128\Delta$	$\delta_4=4\Delta$
⑤	100	$128\Delta\sim256\Delta$	$\delta_5=8\Delta$
⑥	101	$256\Delta\sim512\Delta$	$\delta_6=16\Delta$
⑦	110	$512\Delta\sim1024\Delta$	$\delta_7=32\Delta$
⑧	111	$1024\Delta\sim2048\Delta$	$\delta_8=64\Delta$

表 3-6 归一化后的各小段的起止电平及段内码

小段落序号	段内码	小段落起止电平	小段落序号	段内码	小段落起止电平
(1)	0000	$X\sim X+\delta_i$	(9)	1000	$X+8\delta_i\sim X+9\delta_i$
(2)	0001	$X+\delta_i\sim X+2\delta_i$	(10)	1001	$X+9\delta_i\sim X+10\delta_i$
(3)	0010	$X+2\delta_i\sim X+3\delta_i$	(11)	1010	$X+10\delta_i\sim X+11\delta_i$
(4)	0011	$X+3\delta_i\sim X+4\delta_i$	(12)	1011	$X+11\delta_i\sim X+12\delta_i$
(5)	0100	$X+4\delta_i\sim X+5\delta_i$	(13)	1100	$X+12\delta_i\sim X+13\delta_i$
(6)	0101	$X+5\delta_i\sim X+6\delta_i$	(14)	1101	$X+13\delta_i\sim X+14\delta_i$
(7)	0110	$X+6\delta_i\sim X+7\delta_i$	(15)	1110	$X+14\delta_i\sim X+15\delta_i$
(8)	0111	$X+7\delta_i\sim X+8\delta_i$	(16)	1111	$X+15\delta_i\sim X+16\delta_i$

显然，每一段落的量化间隔 δ_i 不等，大信号量化间隔大，小信号量化间隔小，从而使小信号的量化得到改善，这也进一步说明了非均匀量化的实质。

给定一个归一化的抽样值，A 律 13 折线 PCM 编码步骤如下：

(1) 根据样值正负，确定极性码；

(2) 参照各大段的起始电平值，确定样值所属大段的段落码；

(3) 按照逐步"对分比较"的原则，确定样值所属小段的段内码。

三、A 律 13 折线 PCM 编/译码器

A 律 13 折线 PCM 系统可以采用逐次比较型编码器来实现 PCM 量化和编码。逐次比较型 PCM 编码器的结构组成如图 3-24 所示，其原理与前述 PCM 量化编码方案相同，都是以 PAM 信号为基础。结构上主要包括极性判决器、幅度比较器和本地译码器三个组成部分。极性判决器用来判决并生成极性码。幅度比较器用于将输入的 PAM 信号幅度与本地译码器反馈回来的幅度值作比较，以输出正确的幅度码。本地译码器用于将比较器输出的结果转换成相应的幅度值，并反馈给比较器，作为下次比较的对象。本地译码器有个 7/11 变换电路，用于将除极性码之外的七位非均匀量化编码转换成对应的 11 位均匀量化编码。

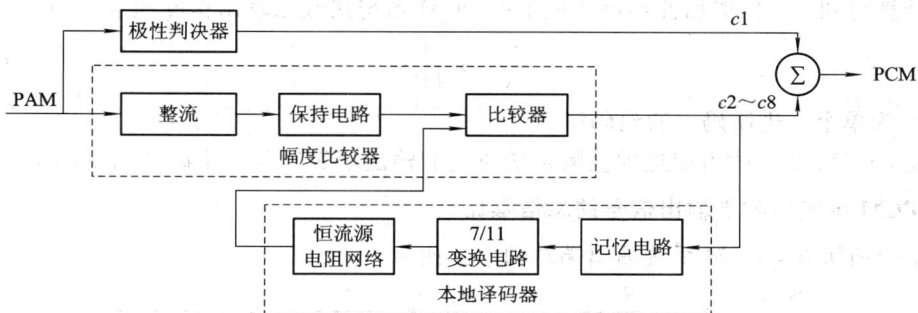

图 3-24　A 律 13 折线 PCM 编码器的结构组成

PCM 译码器的实现原理框图如图 3-25 所示。由于译码器是完成数模变换的部件，通常又称为数模变换器，简记为 DAC。PCM 接收端译码器的工作原理与编码器中本地译码器的原理基本相同，唯一不同之处是接收端译码器在译出幅度的同时，还要恢复出信号的极性。

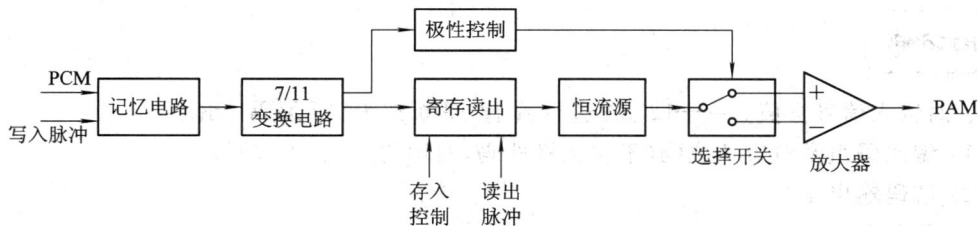

图 3-25　A 律 13 折线 PCM 译码器的原理框图

四、A 律 13 折线 PCM 系统的抗噪声性能

PCM 是典型的模数转换方法，其输出为数字信号，但数字信号仍需用某种码型来表示，而这些码型是模拟信号，因此 PCM 系统的可靠性仍然可以用输出信噪比来衡量。PCM 系统的噪声来自两个方面：包括量化过程形成的量化噪声和在传输过程中经信道混入的加性高斯白噪声。

1. 量化噪声对系统的影响

经分析可知，A 律 13 折线 PCM 系统中的量化信噪比近似为

$$\frac{S_o}{N_q} \approx M^2 \tag{3-12}$$

式中，M 为进制数。若采用 n 位二进制数进行编码，应有 $M \leqslant 2^n$，则上式又可近似为

$$\frac{S_o}{N_q} \approx 2^{2n} \tag{3-13}$$

可见，PCM 系统的量化信噪比与编码位数成指数关系。要提高量化信噪比，可以增加编码位数。但是编码位数越多，对应的频率成分就越多，占用的带宽就越宽。因此，量化信噪比是用扩展带宽为代价来换取的。

2. 加性噪声对系统的影响

经计算可知，由信道加性噪声所决定的 PCM 系统接收端输出信噪比近似为

$$\frac{S_o}{N_e} \approx \frac{1}{4P_e} \tag{3-14}$$

式中，P_e 为单个二进制码元的误码率。

可见，PCM 系统中由信道加性噪声所决定的输出信噪比与单个码元的误码率成反比。

3. PCM 系统接收端输出信号的总信噪比

由上分析可知，PCM 系统输出端总的信噪比为

$$\left(\frac{S_o}{N_o}\right)_{PCM} = \frac{S_o}{N_q + N_e} = \frac{S_o/N_q}{1 + \dfrac{N_e}{N_q}} \approx \frac{M^2}{1 + 4M^2 P_e} = \frac{2^{2n}}{1 + 4P_e 2^{2n}} \tag{3-15}$$

式（3-15）表明，当误码率较低时，例如 $P_e < 10^{-6}$，PCM 系统的输出信噪比主要取决于量化信噪比 S_o/N_q；当误码率 P_e 较高时，PCM 系统的输出信噪比主要取决于误码率，且随误码率 P_e 的增大而减小。一般来说，$P_e < 10^{-6}$ 是很容易实现的，所以加性噪声对 PCM 系统的影响往往可以忽略不计，这说明 PCM 系统抗加性噪声的能力是非常强的。

案例分析

1. 对输入信号样值 $x = -1258\Delta$ 进行 A 律 13 折线 PCM 编码，试求：

(1) 编码码组及对应 7 位码（不包括极性码）的均匀量化 11 位码；

(2) 解码输出 $\hat{x}$；

(3) 量化误差 q。

解　(1) 依据前述 A 律 13 折线 PCM 编码步骤，求解 8 位编码码组的过程如下：

① 根据样值正负确定极性码。因输入信号样值为负，所以极性码 $c_1 = 0$。

② 根据各大段起止电平确定段落码。根据表 3-5，输入信号样值属于第八大段，所以段落码为 $c_2 c_3 c_4 = 111$，起始电平为 1024Δ，量化间隔为 $\delta_8 = 64\Delta$。

③ 采用"对分比较"原则确定段内码。将样值与第八大段的段中值（查表 3-6 可得）相比较，可得

$$X + 8\delta_8 = 1024\Delta + 8 \times 64\Delta = 1536\Delta > 1258\Delta$$

说明该样值处于前八小段中，所以 $c_5 = 0$。

将样值与前八小段的中间值（即第四小段的终止值）相比较，可得

$$X + 4\delta_8 = 1024\Delta + 4 \times 64\Delta = 1280\Delta > 1258\Delta$$

说明该样值处于前四小段中，所以 $c_6=0$。

继续将样值与前四小段的中间值（即第二小段的终止值）相比较，可得

$$X+2\delta_8=1024\Delta+2\times64\Delta=1152\Delta<1258\Delta$$

说明该样值处于第三或第四小段中，所以 $c_7=1$。

最后将样值与第三和第四小段的中间值（即第三小段的终止值）相比较，可得

$$X+3\delta_8=1024\Delta+3\times64\Delta=1216\Delta<1258\Delta$$

说明该样值处于第四小段，所以 $c_8=1$。

由上可知，段内码为 $c_5c_6c_7c_8=0011$。

因此，所求编码码组为 $c_1c_2c_3c_4c_5c_6c_7c_8=01110011$，输出量化电平为 -1216Δ。将此输出量化电平转换成二进制数，即为所求均匀量化 11 位码：10011000000。

（2）为了保证编码产生的量化误差不大于所处小段量化阶距 δ_i 的一半，接收端解码时应在输出值上再加上该小段量化阶距 δ_i 的一半。因此，解码输出为

$$\hat{x}=-\left(1216\Delta+\frac{64\Delta}{2}\right)=-1248\Delta$$

（3）量化误差为

$$q=-1258\Delta-(-1248\Delta)=-10\Delta$$

由 $|q|<\dfrac{64\Delta}{2}=32\Delta$，可以证明量化误差的绝对值小于相应量化阶距的一半。

2. 已知某 A 律 13 折线 PCM 系统接收端收到的码为 11010011，若最小量化单位为 1 个单位。

（1）求译码器输出为多少单位电平？

（2）写出对应 7 位码（不包括极性码）的均匀量化 11 位码。

解　（1）编码码组为 11010011，说明该样值是正值，且处于第六大段第四小段，所以大段起始电平为 256 个单位，量化间隔为 $\delta_6=16$ 个单位，输出量化电平为 $256+3\times16=304$ 个单位。

译码器译码输出为 $\hat{x}=304+\dfrac{16}{2}=312$ 个单位。

（2）对应的均匀量化 11 位码为 00100110000。

3. 试求 A 律 13 折线 PCM 系统当编码位数增加 1 时量化信噪比的变化。

解　设原有编码位数为 n，则量化信噪比为

$$\frac{S_o}{N_q}\approx2^{2n}$$

当编码位数加 1 时，量化信噪比为

$$\left(\frac{S_o}{N_q}\right)'\approx2^{2(n+1)}=2^{2n+2}$$

则有

$$\frac{\left(\dfrac{S_o}{N_q}\right)'}{\dfrac{S_o}{N_q}}\approx\frac{2^{2n+2}}{2^{2n}}=2^2=4$$

所以，当编码位数增加 1 时量化信噪比为原来的四倍。

4. 利用 A 律 13 折线 PCM 系统传输一路语音信号，试求传输速率。

解　语音信号的主要频率范围为 300～3400 Hz，再考虑信号间的防护问题，一般抽样频率取 $2 \times 4000 = 8000$ Hz，即每秒传输 8000 个抽样点。又 A 律 13 折线 PCM 系统每个抽样点采用 8 位二进制编码，所以传输速率为 $8 \times 8000 = 64$ kb/s。

思考应答

1. 将上述案例分析第 1 题的输入样值改为 $x = -215\Delta$，重新进行求解。
2. 将上述案例分析第 1 题的输入样值改为 $x = 635\Delta$，重新进行求解。
3. 将上述案例分析第 2 题接收端收到的码改为 00101000，重新进行求解。

子任务 3.2.3　构建 PCM 时分复用电话系统

必备知识

一、PCM 数字电话系统

非均匀量化 PCM 技术最典型的应用就是基于时分复用的 PCM 数字电话系统。目前，国际上已经建立起完备的相关标准，称为数字复接系列。在该系列中，按照传输速率及信号路数不同分成了许多等级，其结构组成如表 3-7 所示。

表 3-7　数字复接系列的组成

群路等级	制式	A 律 13 折线 PCM（欧洲、中国）		μ 律 15 折线 PCM（北美、日本）	
		信息速率/(kb/s)	路数	信息速率/(kb/s)	路数
准同步数字系列（PDH）	基群	2048	30	1544	24
	二次群	8448	120	6312	96
	三次群	34 368	480	32 064 或 44 736	480 或 672
	四次群	139 264	1920		
同步数字系列（SDH）		全球统一速率标准/(kb/s)			
	STM-1	155 520			
	STM-4	622 080			
	STM-16	2 488 320			
	STM-64	9 953 280			

由表可见，数字复接系列又包括准同步数字系列（PDH）和同步数字系列（SDH）两种。准同步数字系列各国标准都不统一，以我国和欧洲为代表的一些国家采用的是 A 律 13 折线 PCM 标准，而以北美和日本为代表的一些国家采用的是 μ 律 15 折线 PCM 标准，因而不能实现全球性的国际长途电话。不同于准同步数字系列采用电缆作为传输媒介，同步数字系列改用光缆来传输数据，从而大大提升了传输速率。同时，也实现了国际标准化。

下面，以我国的 A 律 13 折线 PCM 标准为例加以说明。首先 30 路电话用户信号复用后构成一个基群,其组成原理如图 3-26 所示。图中,共 30 路话路,每一路话音信号都要在同步时钟的作用下经过 PCM 编码变成数字信号。除此之外,还有两路分别是用于控制和帧同步的信号,同 30 路话音信号一起输入到复接器中形成一路信号,完成时分复用。最后,这一路信号通过码型变换形成 2048 kb/s 基群信号送到信道中。

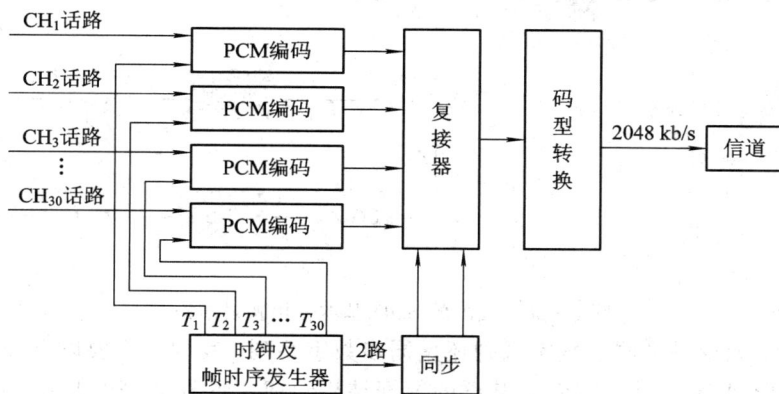

图 3-26　我国 PCM 数字电话基群系统组成原理

如图 3-27 所示,在形成基群信号后,四个基群复用构成一个二次群,四个二次群复用构成一个三次群,四个三次群复用构成一个四次群或者 16 路二次群直接复用为一个四次群。需要指出的是,低次群不能直接复用成高次群,否则可能产生码元的重叠错位。为此,通常复用前先在各分路信号中插入一些脉冲,通过控制插入脉冲的多少来调整各分路信号的速率。例如,四路基群直接复用成二次群,理论速率应该是 $2048 \times 4 = 8192$ kb/s,但实际在每路插入若干脉冲后再复用,得到的速率是 8448 kb/s。

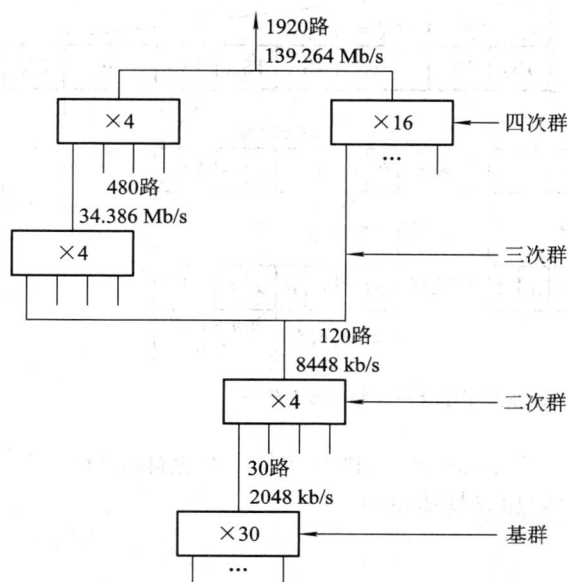

图 3-27　我国数字电话准同步系列构成

准同步数字系列的各级群数据经过复接，也能汇聚到同步数字系列中实现衔接，如图3-28所示。图中，如2048 kb/s的基群数据经过3×7×3三次复用以及中间的冗余处理过程，就构成了155.52 Mb/s的STM-1标准数据流。

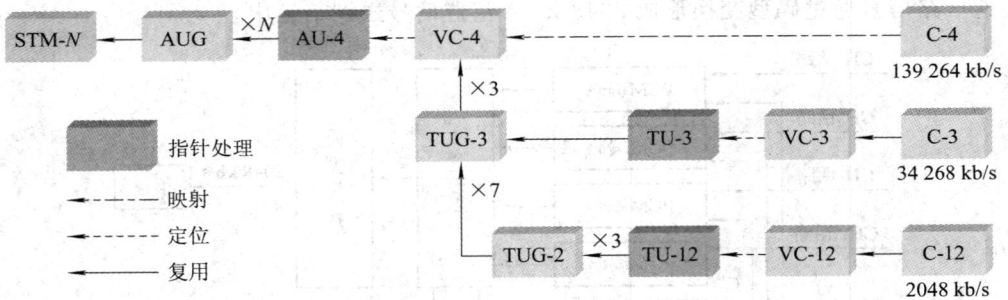

图3-28 我国的SDH基本复用映射结构

由上可知，无论是准同步数字系列还是同步数字系列，其构成都要以PCM基群作为基础。下面，介绍A律13折线PCM基群的数据结构组成，如图3-29所示。由图可见，构成基群的最基本元素是帧（Frame）。每帧由32个时隙（TS）构成，但真正用于传输语音的时隙只有30路，因此亦称为PCM30/32路系统。32个时隙从0～31顺序编号，分别记作TS_0、TS_1、TS_2、…、TS_{31}。其中，$TS_1 \sim TS_{15}$和$TS_{17} \sim TS_{31}$为话路时隙，用于传输30路用户的语音信号；TS_0为同步时隙，用于传输帧同步信息；TS_{16}为信令时隙，用于传输每一路语音信号相关的控制信息。

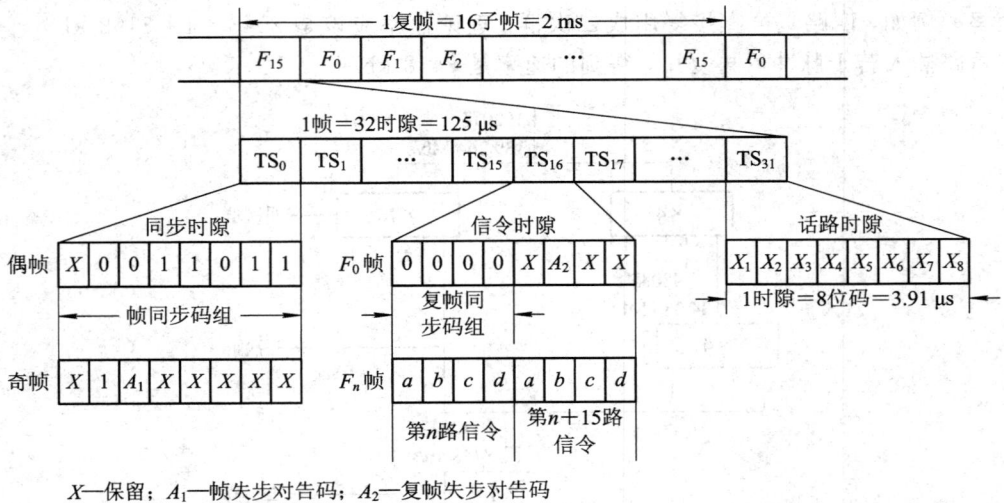

图3-29 A律13折线PCM基群帧结构

下面分别对三种时隙加以具体说明。

1. 话路时隙

一帧中每个话路时隙包括8个二进制比特，对应某个用户的某句语音信号的某个抽样点的A律13折线PCM编码。后续数据帧的同一个话路时隙，传输同一个用户的同一句语音信号的其他抽样点对应编码。也即，要把某个用户的某句语音信号（所有抽样点）全部传输完成，需要若干个数据帧。如图 3-30 所示，设某个语音信号 $m(t)$ 共有 M 个抽样点，这 M 个抽样点进行 A 律 13 折线 PCM 编码后，分别形成八位二进制编码。第 1 个抽样点对应的编码放在基群信号的第 N 帧的第 X 个时隙中传输，第 2 个抽样点对应的编码放在第 $N+1$ 帧的同一个时隙中传输……第 M 个抽样点对应的编码放在第 $N+M-1$ 帧的同一个时隙中传输。至此，这个语音信号一共使用了 M 帧完成传输。

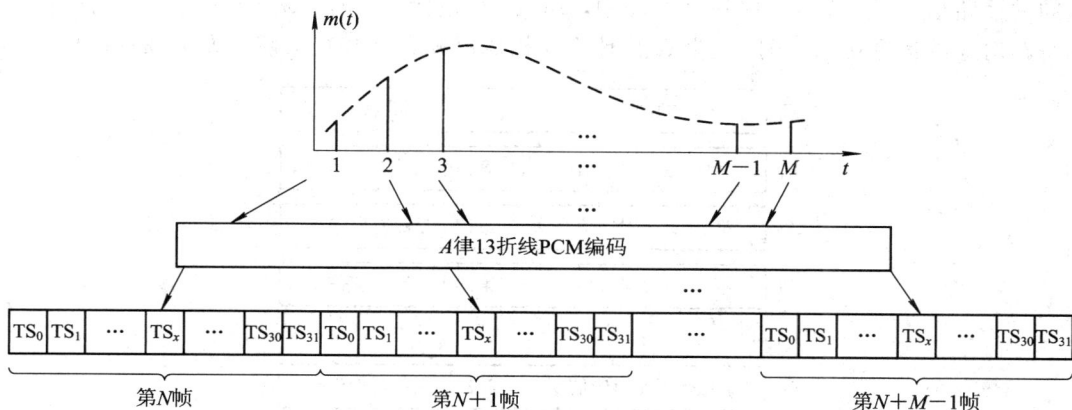

图 3-30　基群中的话路时隙的形成过程

考虑到语音信号的特点（主要频率范围为 $300\sim3400$ Hz）及防护间隔，一般抽样频率取 $2\times4000=8000$ Hz。由于时分复用后每帧只传输一路信号的一个样值，因此，帧的重复频率也为 8 kHz，故每帧的长度为 $1/8000=125\ \mu s$。一帧由 32 个时隙组成，每个时隙由八位二进制编码组成，故一帧共有 $8\times32=256$ 位码元，每个时隙占时 $125/32\approx3.91\ \mu s$，每位二进制码元占时 $125/256\approx3.91/8\approx0.488\ \mu s$。所以 A 律 PCM30/32 路基群系统的信息速率为 $1/0.488=2048$ kb/s。

2. 同步时隙

在数字通信系统中，除了位同步外，一般还要有基于位同步的帧同步。

在 PCM 电话系统的基群帧结构中，固定用 TS_0 来传输帧同步信号。由图 3-29 可见，TS_0 在传输奇数帧和偶数帧时其结构组成是不同的。偶数帧时，传输帧同步码组 X0011011。接收端识别出该帧同步码组后，即可建立正确的路序。奇数帧时，其第二位固定为 1，用以与帧同步码组相区别。其第三位"A_1"是帧失步对告码，本地帧同步时 $A_1=0$，失步时 $A_1=1$。奇数帧的其余位"X"保留不用。无论是奇数帧还是偶数帧，其第一位码"X"保留，用于国际电话间通信。

3. 信令时隙

TS_{16} 固定用于传输所有话路的信令。话路信令是为电话交换的需要而编制的特定码组，用以传输占线、摘机、挂机等信息。话路信令的传输可以采用共路信令传输和随路信令传输两种方式。共路信令传输是将话路信令集中传输的方式，如 A 律 13 折线 PCM 电话系统；随路信令传输是将话路信令随同各个话路分别传输的方式，如 μ 律 15 折线 PCM 电话系统。

如图 3-29 所示，为了实现话路信令的共路传输，要将 16 个帧构成一个更大的帧，称为复帧。由前面的计算可知，帧的重复频率为 8 kHz，周期为 125 μs，因此复帧的重复频率为 8000/16＝500 Hz，周期为 125 μs×16＝2.0 ms。复帧中各帧顺次编号为 F_0，F_1，…，F_{15}。其中 F_0 的信令时隙 TS_{16} 的前 4 位码用来传输复帧同步码"0000"，后 4 位码用作备用比特；F_1～F_{15} 的信令时隙 TS_{16} 依次分别用来传送各话路的信令，每个信令用 4 位码组 $abcd$ 来表示，因此，每个信令时隙 TS_{16} 可以传送两路信令。复帧中，不同帧中的 TS_{16} 传输不同的话路信令，如图 3-31 所示。图中，16 个帧（包括 F_0）的 TS_{16} 刚好把 30 路语音信号的每路对应的信令传输一遍，这就是为什么要构成复帧和复帧复用帧数为 16 的原因。

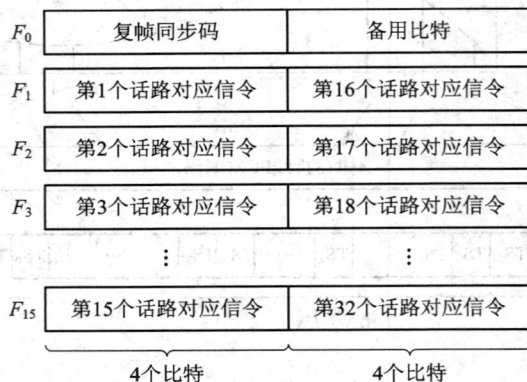

图 3-31　不同帧中的 TS_{16} 传输不同的话路信令

二、帧同步

在数字通信中，信息流的基本组成单位是码元。通常还要把若干个码元组成一组，形成一个更大的单位——帧。在接收端，不仅要确知每个码元的起止时刻，即实现位同步，还要确知帧的起止时刻，获得与帧的起止时刻相一致的定时脉冲序列，这就是帧同步，也称群同步。

帧同步的实现方法通常有两种：一种是在数字信息流中插入一些特殊码组作为帧的头尾标记，接收端根据这些特殊码组的位置就可以实现帧同步；另一种方法不需要外加特殊码组，而是采用类似于载波同步和位同步中的自同步法，利用码组本身彼此之间不同的特性来实现帧同步。后一种方法对码组本身要求较高，不易实现，所以这里只介绍前一种插入特殊码组实现帧同步法。该方法又可分为两种：集中插入方式和分散插入方式。

1. 集中插入同步法

所谓集中插入同步法，是指将某个特殊的帧同步码集中地插入到发送码组中的某个固定位置上。显然，前述 A 律 13 折线 PCM 数字电话系统采用的是这种集中插入帧同步法，它固定地在每帧的 TS_0 时隙中传输帧同步码。

由于集中插入同步法的同步码都集中在一处，一旦发生误码就可能导致失步，因而对于同步码的要求很高。在实际应用中，一般都选取具有尖锐的自相关函数的巴克（Barker）码。一般的自相关函数 $R(x)$ 定义为两个码序列逐位对应相乘，然后把所有乘积相加后的结果。其中，x 为相对移位的位数，$0 \leqslant x \leqslant n-1$。巴克码是一种具有特殊规律的二进制码组，其码元的取值有两种：＋1 或 －1。一个 n 位的巴克码 $\{x_1, x_2, x_3, \cdots, x_n\}$，其局部自

相关函数为

$$R(j) = \sum_{i=1}^{n-j} x_i x_{i+j} = \begin{cases} n & j = 0 \\ 0, +1, -1 & 0 < j < n \end{cases} \qquad (3-16)$$

该式表明：巴克码具有很强的自相关性。目前找到的所有巴克码码组如表 3-8 所示。

表 3-8　巴克码码组

码组中的码元位数 n	巴 克 码 组
2	(+1 +1)或(−1　+1)
3	(+1 +1 +1)
4	(+1 +1 +1 −1)或(+1 +1 −1 +1)
5	(+1 +1 +1 −1 +1)
7	(+1 +1 +1 −1 −1 +1 −1)
11	(+1 +1 +1 −1 −1 −1 +1 −1 −1 +1 −1)
13	(+1 +1 +1 +1 +1 −1 −1 +1 +1 −1 +1 −1 +1)

A 律 13 折线 PCM 数字电话系统使用上表中的七位巴克码。为简单起见，"+1"用 1 表示，"−1"用"0"表示，所以七位巴克码为 1110010。图 3-32 所示为该巴克码的自相关函数曲线图。由图可见，当 $j=0$ 时，自相关函数取最大值 7；当 j 取其他值时，自相关函数取值为 0 或 −1。可见，该巴克码的自相关性是很强的。

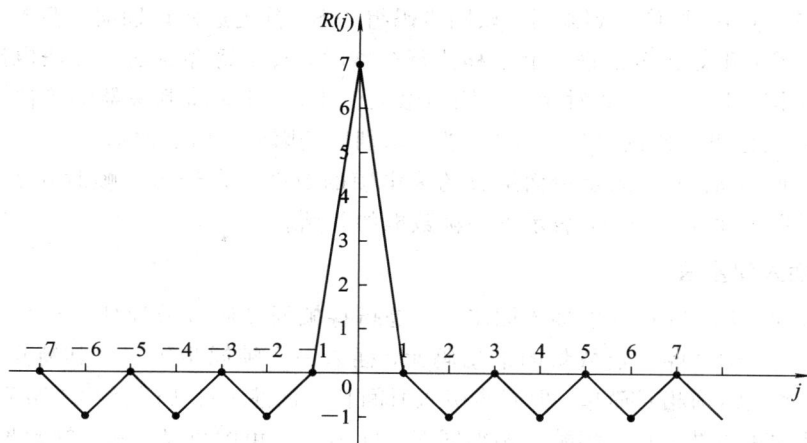

图 3-32　七位巴克码的自相关函数

图 3-33(a)和(b)所示分别为这七位巴克码的识别器结构组成及其输入、输出波形。由图可见，巴克码识别器主要由七个移位寄存器、一个加法器和一个判决器组成。每个移位寄存器都有 $Q(1)$ 和 $\overline{Q}(0)$ 两个互为反相的输出端。当输入某寄存器的码元为 1 时，在时钟的作用下，它的 Q 端输出高电平 +1，$\overline{Q}$ 端输出低电平 −1；反之，当输入码元为 0 时，它的 $\overline{Q}$ 端输出高电平 +1，Q 端输出低电平 −1。每个移位寄存器都仅将一个输出端和加法器连接，加法器则将七个寄存器的相应输出电平值进行算术相加。各寄存器究竟选择 Q 端还是 $\overline{Q}$ 端与加法器相连是由被识别的巴克码决定的。即凡是巴克码为"+1"的那一位，其对应的寄存器的输出点就选择 Q；凡是为"−1"的，输出就选择 $\overline{Q}$。对于七位巴克码 1110010，

与加法器相连的移位寄存器输出端依次为 $QQQ\overline{Q}\,\overline{Q}\,Q\,\overline{Q}$。

(a) 识别器

(b) 输入、输出的波形

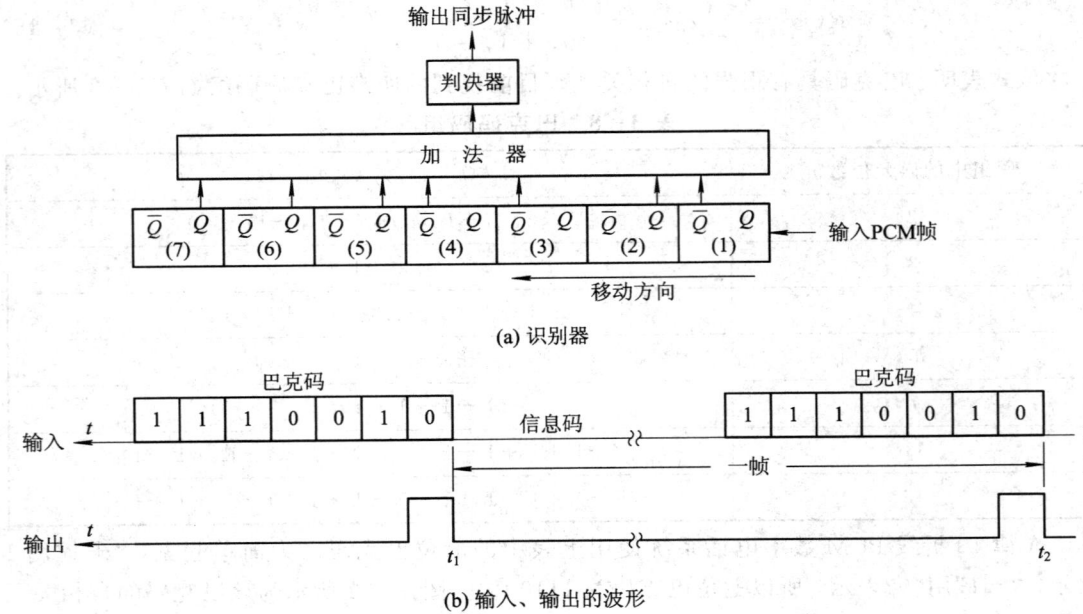

图 3-33　七位巴克码识别器及其输入、输出波形

　　当 PCM 基群的一帧信号到来后，帧同步码组（TS_0）首先进入识别器。只有当七位巴克码在时钟的作用下正好已全部进入七位移位寄存器时，每个寄存器送入加法电路的相应输出端都正好输出高电平 +1，此时相加器输出最大值 +7。如果将判决器的判决门限设定为 +6，那么仅在七位巴克码的最后一位"0"进入识别器的瞬间，加法器输出 +7，识别器才输出一个同步脉冲（t_1 时刻），表示后面接收的为本帧的数据。在经历一帧时间后，识别器会输出另一个同步脉冲（t_2 时刻），表示下一帧数据的开始。

2. 分散插入同步法

　　分散插入同步法，亦称间歇插入同步法，是指将帧同步码分散地插入到发送码组中的某些固定位置上，即每隔一定数量的信息码元，插入一个帧同步码字。其特点是：不用占用话路时隙，系统结构相对简单，但同步引入时间长。前述 μ 律15折线24路 PCM 系统的帧同步即采用这种方法，其典型帧结构如图 3-34 所示。由图可见，其一帧数据由 24 个时隙加一个 1 bit 的帧同步码组成，每个时隙又包括一位铃流码和七位信息码。

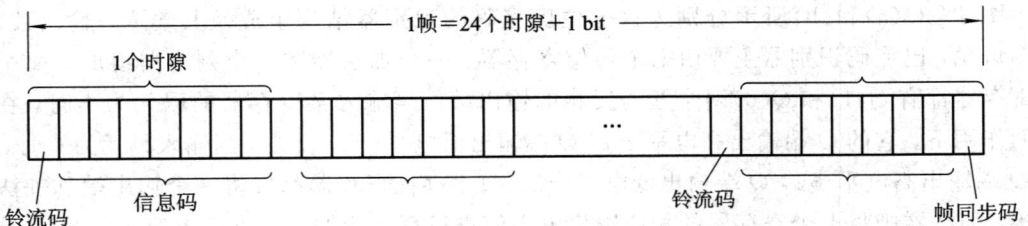

图 3-34　24 路 PCM 系统帧结构

接收端检测分散插入帧同步码的方法主要有：逐码移位法和 RAM 帧码检测法。

案例分析

1. 已知某句语音信号共有 14 个抽样点，利用 PCM30/32 路基群系统进行传输，问从传输第一个抽样点数据开始到所有抽样点数据全部传输完成，所需的时间为多少？

解　设该语音信号固定占用每帧中的第 x 个时隙进行传输，且第一个抽样点占用第 n 帧，则从传输第一个抽样点开始到最后一个抽样点传输完成共占用时隙数计算如下：

（1）第 n 帧中时隙数为

$$32 - x + 1 = 33 - x$$

（2）第 $n+1$ 帧至第 $n+12$ 帧中时隙数为

$$32 \times 12 = 384$$

（3）第 $n+13$ 帧中时隙数为 x。

（4）总占用时隙数为

$$(33 - x) + 384 + x = 417$$

据子任务中分析，每时隙时长约为 $3.91\ \mu s$，所以所需时间约为

$$3.91 \times 417 = 1630.47\ \mu s$$

2. 北美采用 μ 律 15 折线 24 路 PCM 复用系统，每路的抽样频率 $f_m = 8\ \text{kHz}$。每个样值用 8 bit 表示。每帧共有 24 个时隙，并加 1 bit 作为帧同步信号。求总群路的数码率。

解　帧的重复频率与每路的抽样频率相同，也为 8 kHz，即每秒传输 8000 帧；而 1 帧中共有 $8 \times 24 + 1 = 193$ bit 的信息，因此，总群路的传输数码率为

$$R_b = 193 \times 8000 = 1544\ \text{kb/s}$$

3. 若将二进制序列 0101000111001010… 输入巴克码识别器中，试根据其工作原理，判别同步脉冲输出的位置。

解　将此输入和判别过程列表，如表 3-9 所示。

表 3-9　子任务 3.2.3 案例分析第 3 题表

时钟	已输入的二进制码元（方向→）	0($\overline{Q}$)	1(Q)	0($\overline{Q}$)	0($\overline{Q}$)	1(Q)	1(Q)	1(Q)	+1 个数	-1 个数	和	输出
0	无	+1	-1	+1	+1	-1	-1	-1	3	4	-1	0
1	0	+1	-1	+1	+1	-1	-1	-1	3	4	-1	0
2	10	-1	-1	+1	+1	-1	-1	-1	2	5	-3	0
3	010	+1	+1	+1	+1	-1	-1	-1	4	3	+1	0
4	1010	-1	-1	-1	+1	-1	-1	-1	1	6	-5	0
5	01010	+1	-1	+1	+1	-1	-1	-1	3	4	-1	0
6	001010	+1	-1	+1	-1	+1	-1	-1	3	4	-1	0
7	0001010	+1	-1	+1	-1	-1	+1	-1	3	4	-1	0

续表

时钟	已输入的二进制码元(方向→)	0($\bar{Q}$)	1(Q)	0($\bar{Q}$)	0($\bar{Q}$)	1(Q)	1(Q)	1(Q)	+1个数	−1个数	和	输出
8	1000101	−1	−1	+1	+1	+1	−1	+1	4	3	+1	0
9	1100010	−1	+1	+1	+1	−1	+1	−1	4	3	+1	0
10	1110001	−1	+1	−1	−1	−1	−1	+1	3	4	−1	0
11	0111000	+1	+1	−1	−1	−1	−1	−1	2	5	−3	0
12	0011100	+1	+1	+1	−1	−1	−1	−1	2	5	−3	0
13	1001110	+1	−1	−1	+1	−1	−1	−1	3	4	−1	0
14	0100111	+1	+1	+1	+1	+1	+1	+1	7	0	+7	1

由表 3-9 可见，当七位巴克码刚好完全输入到识别器中时，识别器输出同步脉冲。在识别器输出正脉冲后的若干位码元（题目中仅给出两位）应视为待接收的信息码。

【思考应答】

1. 已知某信号的最高频率为 4 kHz，经抽样量化后采用二进制编码，量化级为 128，当采用 30 路信号复用时，求该复用系统的码元速率。

2. 有一个 24 路 PCM 时分复用系统，已知每路话音信号最高频率为 4 kHz，经抽样后用 $M=128$ 来量化，编码时每一路除含信息位外，另加 1 bit 铃流，且在每帧的末尾再加 2 bit 的帧同步码，且防护时间 τ_g 等于脉冲宽度 τ。求脉冲宽度 τ。

3. 仿照上述案例分析第 3 题，列表分析二进制序列 1011001110010110 进入巴克码识别器后的过程。

任务 3.3　构建 ΔM 系统

任务要求：增量调制（简称 ΔM）或增量脉码调制（DM）是继 PCM 后出现的又一种模拟信号数字化的方法，具有编解码简单、抗误码性能好等优点，主要在军事通信和卫星通信中广泛使用，有时也作为高速大规模集成电路中的 A/D 转换器使用。本节的任务是学习增量脉码调制技术，并将其与 PCM 系统进行比较分析。

子任务 3.3.1　构建 ΔM 系统

【必备知识】

一、技术原理

增量调制就是把信号当前幅值与前一个抽样时刻的量化值进行比较，并将其差值的符号进行量化编码。由于符号只可能是正或负两种情况，因此用一位二进制编码就够了。如果差值符号为正，则编码为"1"；如果差值符号为负，则编码为"0"。显然，编码"1"或"0"只是表示信号幅值相对于前一时刻的增减，而不代表实际大小。这种采用差值进行量化和编码的方法就称为"增量调制"。图 3-35 所示为对某一模拟信号 $m(t)$ 进行增量调制的波形及其对应的编码。

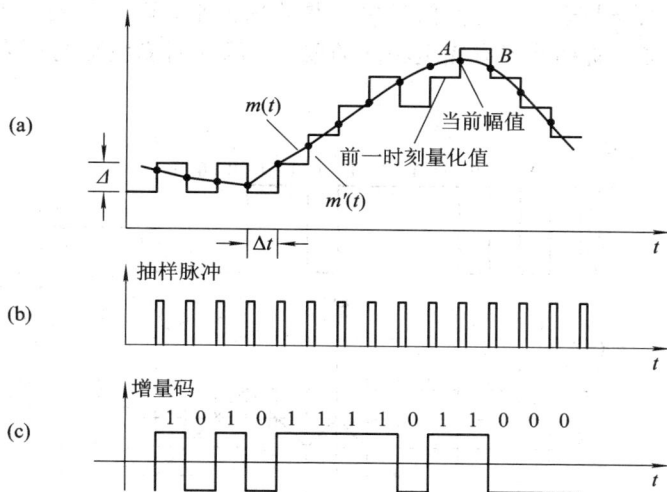

图 3-35　增量调制波形及编码

图中，Δt 为抽样脉冲的抽样时间间隔，如果 Δt 很小，则 $m(t)$ 在间隔为 Δt 的时间段上得到的相邻样值的差值也将很小。如果纵轴上的量化阶距 Δ 也取得很小，那么模拟信号 $m(t)$ 就可用图中 $m'(t)$ 的阶梯波形来逼近。显然，时间间隔 Δt 和量化阶距 Δ 取值越小，则 $m(t)$ 和 $m'(t)$ 就会越接近。实心圆点代表抽样幅值。A 点的抽样幅值比前一时刻的量化值高，所以输出量化值增加一个 Δ；B 点的抽样幅值比前一时刻的量化值低，所以输出量化值下降一个 Δ。由于阶梯波形只有上升一个台阶 Δ 或下降一个台阶 Δ 两种情况，因此可以把上升一个台阶 Δ 用"1"码来表示，下降一个台阶 Δ 用"0"码来表示，这样，图中连续变化的模拟信号 $m(t)$ 就可以用一串二进码序列来表示，从而实现了模数转换。

在接收端，只要每收到一个"1"码就使输出电平上升一个 Δ 值，每收到一个"0"码就使输出下降一个 Δ 值。当收到连"1"码时，表示信号幅值连续增长；当收到连"0"码时，表示信号幅值连续下降。这样就可以恢复出与原模拟信号 $m(t)$ 近似的阶梯波形 $m'(t)$，从而实现了数模转换。

ΔM 系统的实现原理框图如图 3-36 所示。发送端编码器由相减器、判决器和积分器组成一个闭环反馈系统。其中，相减器的作用是将信号当前幅值 $m(t)$ 与反馈回来的前一抽

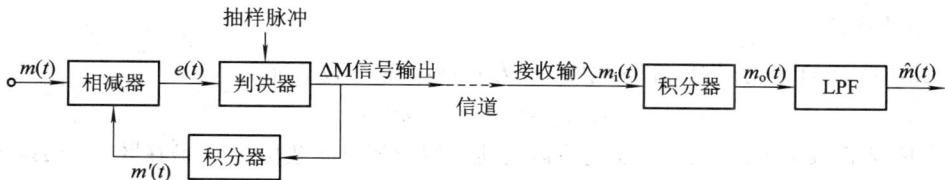

图 3-36　增量调制系统原理框图

样时刻的量化值 $m'(t)$ 进行比较，输出差值信号 $e(t)$；判决器的作用是对差值 $e(t)$ 的极性进行识别和判决，从而输出 ΔM 编码信号；积分器根据 ΔM 编码信号形成 $m'(t)$，并反馈给相减器。接收端积分器的作用与发送端的完全相同，然后再通过低通滤波器（LPF）后基本就能恢复原始信号。增量调制接收端解调系统各部分波形如图 3-37 所示。需要注意的是：图 3-36 原理图中积分器输出的近似信号并不是阶梯波形，而是斜变波形，但是由于在所有抽样点上斜变波形与阶梯波形有完全相同的取值，因而斜变波形与原来的模拟信号波形也相似。

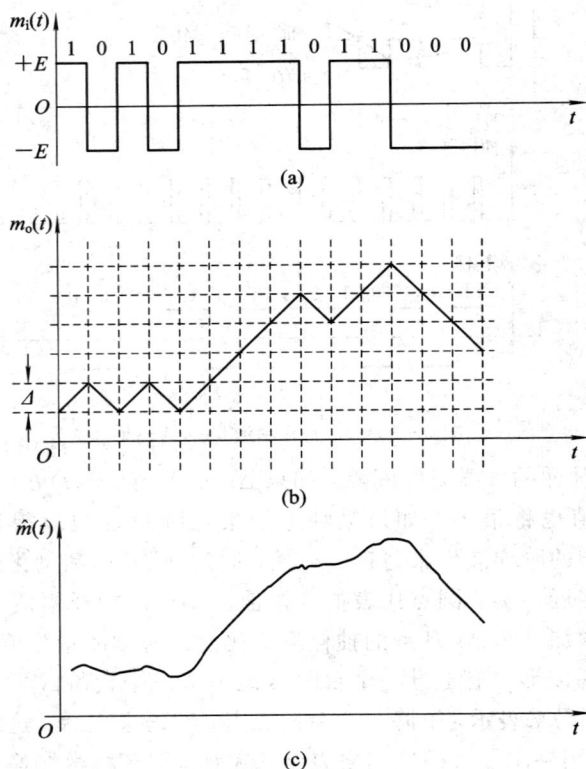

图 3-37　增量调制解调波形

二、抗噪声性能分析

同 PCM 相似，量化过程和信道噪声都会对增量调制造成影响。除此之外，增量调制系统还存在自己特有的过载噪声。

1. 量化噪声

设 ΔM 系统的量化误差（即量化噪声）为 $e_q(t)$，它可以表示为

$$e_q(t) = m(t) - m'(t) \tag{3-17}$$

正常情况下，$e_q(t)$ 在 $(-\Delta, +\Delta)$ 范围内变化。假设随时间变化的 $e_q(t)$ 在区间 $(-\Delta, +\Delta)$ 上均匀分布，则 $e_q(t)$ 的平均功率为

$$N_q = E[e_q^2(t)] = \int_{-\Delta}^{+\Delta} e^2 f_q(e) \mathrm{d}e = \int_{-\Delta}^{+\Delta} e^2 \cdot \frac{1}{2\Delta} \mathrm{d}e = \frac{\Delta^2}{3} \tag{3-18}$$

式(3-18)表明，ΔM 的量化噪声功率与量化阶距 Δ 的平方成正比。因此，若要减小量化噪声，就应该减小量化阶距 Δ。

2．过载噪声

在 ΔM 系统中，由于每个抽样间隔 Δt 内只允许有一个量化电平的变化，因此当输入信号的斜率过大，比抽样间隔 Δt 和量化阶距 Δ 共同决定的固定斜率($k=\Delta/\Delta t$)还大时，阶梯波形会跟不上输入信号的变化，就产生了斜率过载失真(如图 3-38 所示)，相应的噪声称为过载噪声。

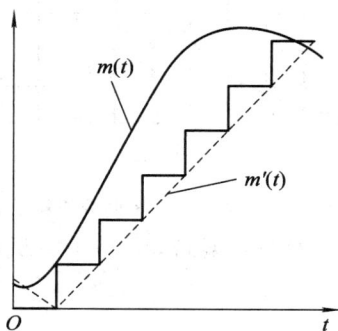

图 3-38　斜率过载失真

由上分析可知，不发生过载失真的条件为模拟信号的最大斜率比由抽样间隔 Δt 和量化阶距 Δ 共同决定的固定斜率 k 还要小，即

$$\left| \frac{\mathrm{d}m(t)}{\mathrm{d}t} \right|_{\max} \leqslant k = \frac{\Delta}{\Delta t} \tag{3-19}$$

式中，$\left| \dfrac{\mathrm{d}m(t)}{\mathrm{d}t} \right|_{\max}$ 是模拟信号 $m(t)$ 的最大斜率。设抽样频率为 f_s，当输入信号是单频余弦 $A\cos\omega t$ 时，有

$$\left| \frac{\mathrm{d}m(t)}{\mathrm{d}t} \right|_{\max} = \left| \frac{\mathrm{d}[A\cos\omega t]}{\mathrm{d}t} \right|_{\max} = A\omega \cdot |-\sin\omega t|_{\max} = A\omega \leqslant \frac{\Delta}{\Delta t} = \Delta \cdot f_s \tag{3-20}$$

由式(3-20)可见，当模拟信号的幅度 A 或频率 ω 增加时，都可能引起过载。且由式(3-18)可知，为了控制量化噪声，量化阶距 Δ 不能过大。因此，若要避免过载噪声，在信号幅度和频率都一定的情况下，只有提高抽样频率 f_s，即要使 f_s 满足

$$f_s \geqslant \frac{A}{\Delta}\omega \tag{3-21}$$

由于一般情况下都有 A≫Δ，所以，为了不发生过载失真，ΔM 系统的 f_s 要远远高于 PCM 系统。另一方面，在抽样频率 f_s 和量化阶距 Δ 都一定的情况下，为了避免发生过载失真，输入信号的最大幅度 A 和频率 ω 成反比关系。在临界点附近(式(3-21)取"="")，频率 ω 每增加一倍，幅度 A 就必须下降 6 dB，这是增量调制不能实用的原因。在实际应用中，多采用 ΔM 的改进型——总和增量调制(Δ-ΣM)和数字压扩增量调制。

案例分析

1. 已知某模拟信号 $m(t)$ 的波形如图 3-39 所示。设初始电平为 0，按照图中所示的量化阶距 Δ 和抽样间隔 Δt，试画出对应的增量调制信号 $m'(t)$ 及其编码。

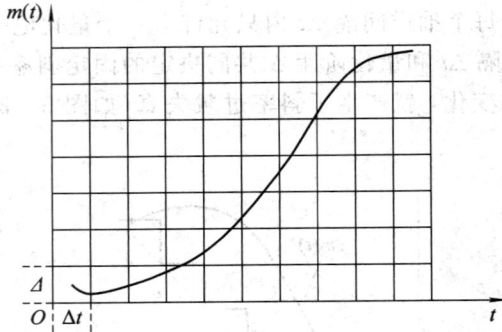

图 3-39　子任务 3.3.1 案例分析第 1 题图 1

解　对应的增量调制信号 $m'(t)$ 及其编码如图 3-40 所示。

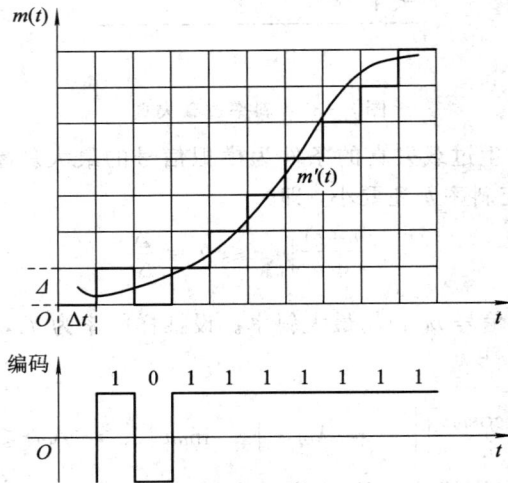

图 3-40　子任务 3.3.1 案例分析第 1 题图 2

2. 设有模拟信号 $f(t)=4\sin2000\pi t$ V，今对其进行 ΔM 编码，且编码器的量化阶距 $\Delta=0.1$ V，求不过载时编码器输出的码元速率。

解　ΔM 编码不过载要求：

$$f_s \geqslant \frac{A}{\Delta}\omega = \frac{4}{0.1} \times 2000\pi = 80\pi \text{ kHz} \approx 251.2 \text{ kb/s}$$

因此，不过载时编码器输出的码元速率为

$$R_b = f_s \geqslant 251.2 \text{ kHz}$$

3. 某语音信号采用量化阶距 Δ 进行 ΔM 量化，若改用 2Δ 的量化阶距进行 ΔM 量化，试比较改动前后量化信噪比的变化。

解　同一路语音信号，不妨设经过量化器后的信号平均功率为 S。设量化阶距为 Δ 时的量化噪声为 N_q，2Δ 时的量化噪声为 N'_q。

根据式(3-18)，有

$$N_q = \frac{\Delta^2}{3}, \quad N'_q = \frac{(2\Delta)^2}{3} = \frac{4\Delta^2}{3}$$

改动前后量化信噪比之比为

$$\frac{S/N_q}{S/N'_q} = \frac{N'_q}{N_q} = \frac{4\Delta^2/3}{\Delta^2/3} = 4$$

所以量化阶距增大一倍，量化信噪比降为原来的 $\dfrac{1}{4}$。

思考应答

1. 已知某模拟信号 $m(t)$ 的波形如图 3-41 所示。设初始电平为 Δ，按照图中所示的量化阶距 Δ 和抽样间隔 Δt，试画出对应的增量调制信号 $m'(t)$ 及其编码。

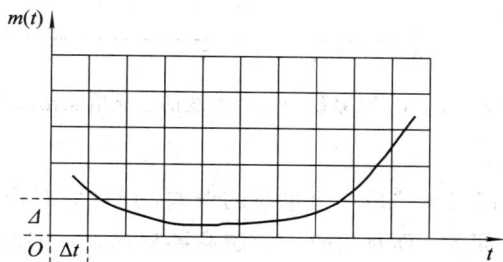

图 3-41　子任务 3.3.1 思考应答第 1 题图

2. 已知某 ΔM 量化器的量化阶距 $\Delta = 1$ V，量化时间间隔 $\Delta t = 1$ ms。

(1) 求量化斜率；

(2) 若语音信号 $f(t) = 0.3\cos 1000\pi t$ V 通过该量化器，问是否会引发过载？

子任务 3.3.2　ΔM 系统与 PCM 系统的比较分析

必备知识

本质区别：PCM 系统是对样值本身进行编码，而 ΔM 系统是对相邻样值的差值的极性进行编码。

1. 抽样频率

PCM 系统的抽样频率 f_s 由低通抽样定理确定，即 $f_s \geqslant 2f_m$；而为了不发生过载，ΔM 系统的抽样频率 f_s 往往要远高于输入信号的最高频率 f_m。因此，在抽样频率上，ΔM 系统要远高于 PCM 系统。

2. 带宽

ΔM 系统一个样值只用一位编码，因此数码率 $R_b = f_s$，最小带宽为 $B_{\Delta M} = f_s/2$；PCM

系统一个样值用 n 位编码，因此数码率 $R_b = nf_s$，最小带宽为 $B_{PCM} = (nf_s)/2$。但由于 ΔM 系统的抽样频率要远高于 PCM 系统，所以，在占用带宽上，ΔM 系统一般要大于 PCM 系统。

3. 量化信噪比

在数码率相同的情况下，PCM 系统与 ΔM 系统的量化信噪比曲线如图 3-42 所示。由图可见，当编码位数 $n < 4$ 时，ΔM 系统的量化信噪比优于 PCM 系统；当编码位数 $n > 4$ 时，PCM 系统的量化信噪比优于 ΔM 系统，且随 n 的增加而线性增加。

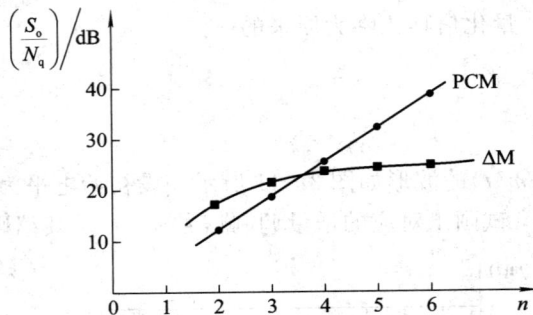

图 3-42　PCM 系统与 ΔM 系统的量化信噪比曲线

4. 信道误码

ΔM 系统中的一位误码只会造成一个量阶的误差，所以它对误码不太敏感。PCM 系统中的一位误码会造成较大误差，而且误码位数越高影响越大。因此，PCM 系统比 ΔM 系统对误码率的要求更高。

5. 设备复杂度

ΔM 系统设备简单、易实现；PCM 系统编、解码都复杂，设备复杂度高。

案例分析

1. 为什么说"在抽样频率上，ΔM 系统要远高于 PCM 系统"？

答：PCM 系统的抽样频率 f_s 由低通抽样定理确定，即 $f_s \geqslant 2f_m$；ΔM 系统中，式 (3-21) 为输入模拟信号为单频余弦信号时不过载的条件，可以变形为 $f_s \geqslant \dfrac{2\pi A}{\Delta} f$，其中 f 为单频余弦的频率。将该式推广为一般情况，则 $f_s \geqslant \dfrac{2\pi A}{\Delta} f_m$，其中 f_m 为输入信号的最高频率。根据式 (3-18)，为了降低量化噪声，量化阶距 Δ 应该尽量小，所以 $\dfrac{2\pi A}{\Delta} \gg 2$，$f_s \gg 2f_m$，故一般情况下，在抽样频率上，$\Delta M$ 系统要远高于 PCM 系统。

2. 试以 PCM 系统为例，说明通信系统中有效性与可靠性的"矛盾性"。

答：PCM 系统量化信噪比随编码位数 n 的增加而线性增加，即 n 越大，可靠性越高；但根据公式 $B_{PCM} = (nf_s)/2$，编码位数 n 越大，系统占用带宽就越宽，即有效性就越差。这就证实了通信系统中有效性与可靠性的"矛盾性"。

任务 3.4   了解模拟信号的数字化压缩技术

任务要求：通信系统中的模拟信号主要包括语音信号和图像信号两种。为了提高传输效率，这两种信号除了要采用前述方法进行模数转换外，还要根据自身的特点分别采用不同的技术进行数据压缩。本节的任务就是要了解这两种信号的各种压缩技术。

子任务 3.4.1   了解模拟语音信号的数字化压缩技术

【 必备知识 】

基于 A 律或 μ 律对数压扩特性的 PCM 编码已经在大容量的光纤通信系统和数字微波系统中得到了广泛的应用，但是其 64 kb/s 典型的语音速率决定了其占用带宽（32 kHz）要比模拟通信系统中的一个标准话路带宽（4 kHz）宽很多倍。考虑到经济性问题，必须要设法降低 PCM 语音信号的传输速率，以提高系统的频带利用率。这就要用到语音压缩编码技术。自适应差分脉冲编码调制（ADPCM）是其中复杂度较低的一种编码方法，它可在 32 kb/s 的传输速率上达到与 64 kb/s 的 PCM 相同的数字电话质量。ADPCM 早已成为长途传输中一种成熟的国际通用的语音编码方法。

ADPCM 是在差分脉冲编码调制（DPCM）的基础上发展起来的。为此，这里先介绍 DPCM。

在 PCM 中，每个波形样值都独立编码，与其他样值无关，这样，样值的所有幅值编码需要较多位数，比特率就高，信号带宽就会大大增加。然而，大多数以奈奎斯特或更高速率抽样的信源信号在相邻抽样值间表现出很强的相关性。利用信源的这种相关性，若改为对相邻样值的差值而不是对样值本身进行编码，就可以在量化阶距不变的情况下，减少编码位数，压缩信号带宽。这种利用相邻抽样样值之差值进行的 PCM 编码称为差分 PCM（DPCM）。

DPCM 的系统原理框图如图 3-43 所示。

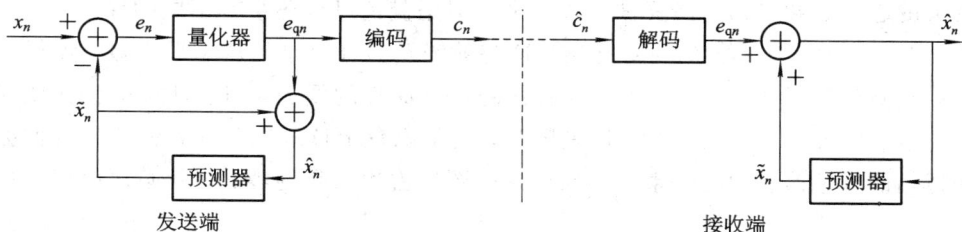

图 3-43   DPCM 的系统原理框图

在发送端，量化器当前输出的量化值是当前输入样值与根据前面若干个样值预测出的预测值之差 $e_n = x_n - \tilde{x}_n$ 量化后的结果 e_{qn}。编码器再将此量化差值进行编码，输出 c_n。接收端的解码器与编码器作用相反，预测器与发送端的预测器完全相同。接收端输出为解码后的量化值与根据前面若干个样值预测出的预测值之和，$\hat{x}_n = e_{qn} + \tilde{x}_n$。

ADPCM 以 DPCM 为基础，充分利用了线性预测的高效编码方式，是一种自适应的智能化系统。ADPCM 的原理框图与 DPCM 的相似，区别在于用自适应量化取代固定量化，用自适应预测取代固定预测。自适应量化是指量化阶距随信号的变化而变化，使量化误差减小；自适应预测指预测器的系数可以随信号的统计特性而自适应调整，提高了预测信号的精度，从而得到高预测增益。通过这两点改进，可以大大提高输出信噪比和编码的动态范围。

子任务 3.4.2　了解模拟图像信号的数字化压缩技术

必备知识

在通信系统中，信源产生的模拟信号除了语音信号之外，还有图像信号。图像（或图片）是由行和列构成的二维平面上的一个一个的具有不同颜色深度的像素点构成的，如一副图像可以描述为：分辨率为 512×512，颜色深度为 8 比特。将代表图像的所有像素点都传输到目的地，也就完成了图像的传输。但这不是完全必要的，因为图像数据中存在着冗余，主要表现为：图像中相邻像素间的相关性引起的空间冗余；图像序列中不同帧之间存在相关性引起的时间冗余；不同彩色平面或频谱带的相关性引起的频谱冗余。为了提高系统的有效性，必须采取图像压缩编码（简称图像压缩）技术，以减少或消除图像中的冗余，也即减少代表图像的数据比特数。简言之，图像压缩的主要目标就是在给定传输速率或者压缩比的情况下实现最好的图像质量。

按照压缩还原效果是否存在失真，图像压缩分为无损压缩和有损压缩两种。无损压缩指压缩过程中信息没有损失，过程是可逆的，即从压缩后的数据可以完全恢复原来的图像，一般用于文本图像的压缩，其压缩率比较小（一般为 2:1 至 5:1），常用的算法有行程长度编码、熵编码等。

无损压缩的基本原理是相同的颜色信息只需保存一次。压缩图像的软件首先会确定图像中哪些区域是相同的，哪些是不同的。包括了重复数据的图像就可以被压缩，如蓝天，只有蓝天的起始点和终结点需要被记录下来。但是蓝色可能还会有不同的深浅，天空有时也可能被树木、山峰或其他的对象掩盖，这些就需要另外记录。从本质上看，无损压缩的方法可以删除一些重复数据，大大减少要在磁盘上保存的图像尺寸。但是，无损压缩的方法并不能减少图像的内存占用量，这是因为，当从磁盘上读取图像时，软件又会把丢失的像素用适当的颜色信息填充进来。如果要减少图像占用内存的容量，就必须使用有损压缩方法。

有损压缩会产生一定的失真，因而图像不能完全恢复，但不影响正常接收或这种失真人类感知不到，这种方法特别适用于自然图像的压缩，压缩率很高（一般高达 20:1）。常用的有损压缩算法有变换编码、色度抽样、分形压缩等。由于压缩编码会带来噪声和失真，因此有损压缩的质量通常用峰值信噪比来衡量，但是，观察者的主观判断也是一个重要的衡量标准。

国际上通用的有损压缩标准分为两种：静止图像压缩标准（主要为 JPEG 标准）和动态图像压缩标准（主要为 MPEG 标准和 H.26X 标准）。

JPEG 标准由联合图像专家组（Joint Photographic Experts Group，简称 JPEG）制定，也由此而命名。JPEG 文件后缀名为".jpg"或".jpeg"，是最常用的图像文件格式。JPEG 作为一种有损压缩标准，能够将图像压缩在很小的储存空间，也可以在图像质量和文件尺寸之间找到平衡点。JPEG 具有很强的灵活性，具有调节图像质量的功能，允许用不同的压缩比对文件进行压缩，支持多种压缩级别，压缩率通常在 10∶1 到 40∶1 之间。比如可以把 1.37 MB 的 BMP 位图文件压缩至 20.3 KB。

JPEG 压缩步骤如图 3-44 所示：首先对图像进行分块处理（一般分成互不重叠的大小的块），再对每一块进行二维离散余弦变换（DCT）。变换后的系数基本不相关，且系数矩阵的能量集中在低频区。接着根据量化表进行量化，量化的结果保留了低频部分的系数，去掉了高频部分的系数。量化后的系数按 Z 字形扫描重新组织，最后进行霍夫曼编码。JPEG 压缩的一个最大问题就是在高压缩比时 DCT 变换产生的严重的方块效应，因此在今后的研究中，要重点解决方块效应问题，同时考虑与人眼视觉特性相结合进行压缩。

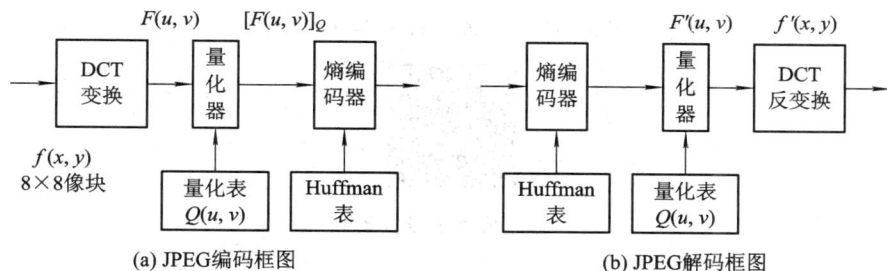

图 3-44　JPEG 编解码原理框图

MPEG 是"动态图像专家组"的意思，它是由国际标准化组织 ISO 和国际电工委员会 IEC 于 1988 年成立的专门针对运动图像和语音压缩制定国际标准的组织。它制定的标准也以组织名称命名，主要有 MPGE-1、MPEG-2、MPEG-4、MPEG-7 及 MPEG-21 等。MPEG 标准的视频压缩编码技术主要利用了具有运动补偿的帧间压缩编码技术以减小时间冗余度，利用 DCT 技术以减小图像的空间冗余度，利用熵编码以在信息表示方面减小统计冗余度。这几种技术的综合运用，大大增强了压缩性能。

H.26X 标准是由国际电联（ITU）下属的视频编解码专家组（VCEG）针对综合业务数字网（ISDN）和 Internet 应用而制定的一系列视频标准，其中最著名的是 H.264 标准。H.264 是由 MPEG 和 VCEG 两个组织联合开发制定的高度压缩数字视频编解码标准。H.264 建立在 MPEG-4 技术基础之上，其最大优势是具有很高的数据压缩比率，H.264 的压缩比是 MPEG-2 的 2 倍以上，是 MPEG-4 的 1.5～2 倍。H.264 在具有高压缩比的同时还拥有高质量流畅的图像，正因为如此，经过 H.264 压缩的视频数据，在网络传输过程中所需要的带宽更少，也更加经济。如图 3-45 所示，H.264 编解码流程主要包括五个部分：帧间和帧内预测、变换和反变换、量化和反量化、环路滤波和熵编码。与 MPEG－4 一样，经过 H.264 压缩的视频文件一般采用".avi"作为后缀名，必须通过解码器来解码识别。

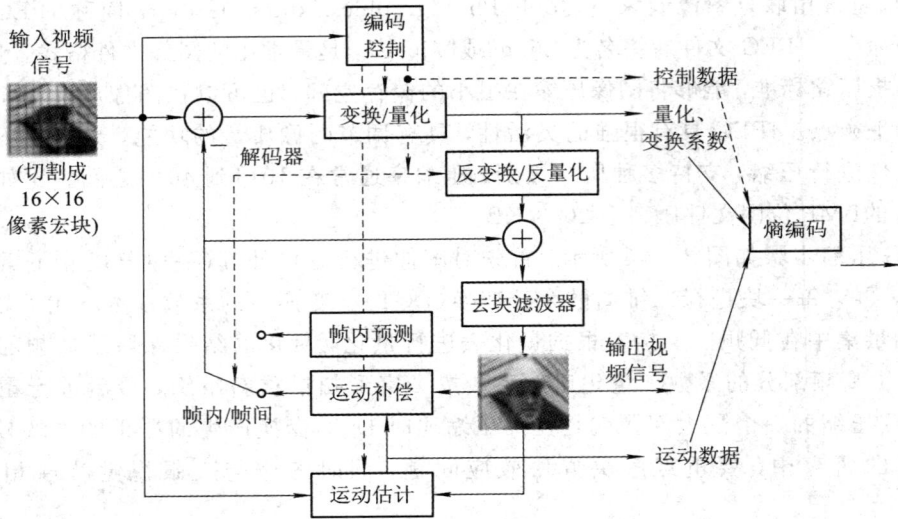

图 3－45　H.264 编解码原理框图

思考应答参考答案

项目 4　构建数字基带通信系统

任务 4.1　构建数字基带通信系统模型

任务要求：数字基带通信系统在现在的生产生活中应用并不多，但是研究数字基带系统是研究数字调制系统的基础，能够在码型设计、抗干扰、同步等方面为数字调制系统的研究提供借鉴。本节的任务是通过学习数字基带通信系统模型，初步了解数字基带系统的结构组成和主要技术。

必备知识

典型的数字基带通信系统模型如图 4-1 所示。在发送端，信源产生的数字基带信号首先进行加扰（通常采用 m 序列），然后进行基带码型编码，生成数字信息序列 $\{a_n\}$，接着使用发送滤波器进行滤波（滤波器的传输函数为 $G_T(\omega)$）；将滤波后生成的波形 $s(t)$ 发送到信道中（信道传输函数为 $C(\omega)$），此时会受到加性噪声 $n(t)$ 的影响；在接收端接收到的信号波形 $s'(t)$，首先通过接收滤波器（滤波器的传输函数为 $G_R(\omega)$）获得信号 $y(t)$，$y(t)$ 分为两路，一路通过均衡器获得信号 $y'(t)$，另一路进入位定时提取电路，提取出位定时信号，利用位定时信号对 $y'(t)$ 进行抽样判决，再生出数字序列 $\{a'_n\}$，接着进行基带码型译码，最后进行解扰，恢复出原始数字基带信号。

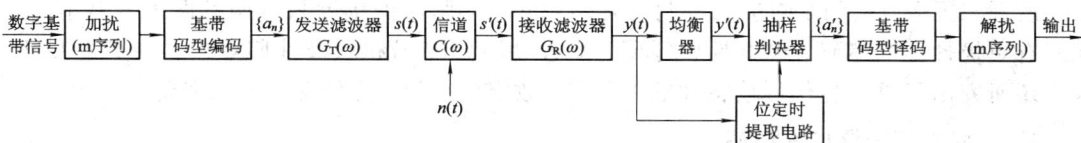

图 4-1　数字基带通信系统模型

上述数字基带通信系统模型中各组成部分的功能如下：

（1）加扰：对原始数字基带信号进行随机化，减小和减少长连"0"码、长连"1"码出现的个数和频率，使得信号更适合于在信道中传输，同时接收端更容易提取出位同步信息。

（2）基带码型编码：将加扰后的数字基带信号编码成更适合于在信道中传输的码型形式，如去掉直流分量、减少低频分量、具有纠检错能力等。

（3）发送滤波器：由于码型编码后的信号频谱在整个频域是无限延伸的，而实际信道的频带是有限的，因此，必须要在发送之前对信号的频谱进行限带。发送滤波器的作用就是限制发送信号的频带，同时将其转换成适合在信道中传输的波形形式。

（4）接收滤波器：滤除有用信号频带之外的噪声。

（5）均衡器：克服由于信道传输特性不理想而导致的码间串扰问题，对失真波形进行尽可能地补偿。

（6）位定时提取电路：从接收到的信号中提取出位同步信号，以便于下一步进行抽样判决。

（7）抽样判决器：把经过失真补偿后的信号进行波形放大、限幅、整形后，再利用位定时信息对其进行抽样、判决、再生，恢复成基带信号码型形式。

（8）基带码型译码：将抽样判决器输出的码型信号还原成数字基带信号形式。

（9）解扰：将加扰后的数字基带信号还原成原始数字基带信号。

任务 4.2　为数字基带通信系统选择码型

任务要求：不同的码型具有不同的时频域特性，不同的数字系统对于码型也有各自不同的需求。本节的任务是掌握数字基带系统现有常用码型，学会码型的时频域分析方法，进而掌握这些码型各自的特性，最后对码型选用原则进行归纳总结。

子任务 4.2.1　熟悉数字基带通信系统常用码型的编码方法

必备知识

数字基带信号是用电脉冲形式来表示的，这种电脉冲的表示形式称为码型。把原始数字信息进行电脉冲形式表示的过程称为码型编码或码型变换。同一组数字信息遵循不同的规则进行码型编码，就能获得不同的码型。数字基带信号的码型种类繁多，根据脉冲幅度的取值个数不同，可以分为二元码和三元码两种。

一、二元码

所谓二元码，指的是对应二进制码元"0"和"1"，脉冲的幅度只有两种取值。基本的二元码有单极性不归零码、单极性归零码、双极性不归零码和双极性归零码。在此基础上，人们还研究出了具有更佳传输特性的差分码、数字双相码、传号反转码和密勒码。

1. 单极性不归零（NRZ）码

单极性不归零码的波形如图 4-2(a)所示，设二进制代码 0100110001010 为数字基带信号。由图可见，NRZ 码用高电平代表二进制符号的"1"码，用零电平代表二进制符号的"0"码。无论是"1"码还是"0"码，在整个码元周期内电平始终维持不变。

2. 单极性归零（RZ）码

单极性归零码的波形如图 4-2(b)所示。其编码规则为：在整个码元周期内，"0"码始终用零电平表示；"1"码开始部分用高电平表示，以和"0"码相区分，但此高电平在持续一段时间后要回到零电平。像"1"码这种归零码的非零电平持续时间可以用占空比来描述。所谓占空比，指的是在整个码元周期内，非零电平的持续时间 τ 与码元周期 T 的比值。RZ

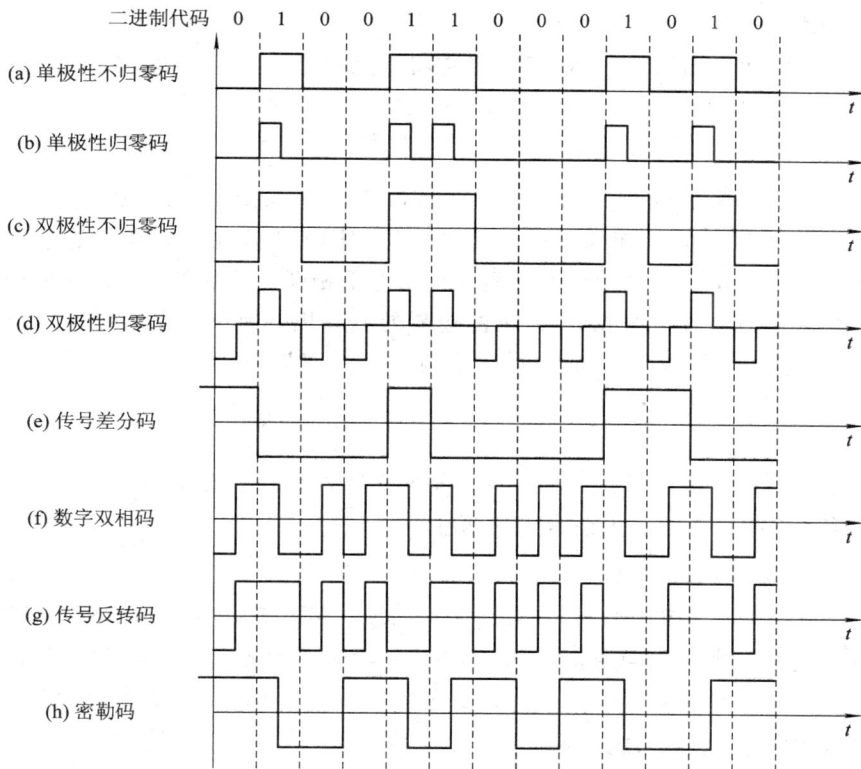

图 4 - 2　几种常用的二元码

码中"1"码的占空比通常取 50%。

3. 双极性不归零码

双极性不归零码的波形如图 4 - 2(c)所示。它用正电平代表二进制码元"1",用负电平代表二进制码元"0",且在整个码元周期内电平都维持不变。

4. 双极性归零码

双极性归零码的波形如图 4 - 2(d)所示。它用正电平持续一段时间后归零来表示"1"码,用负电平持续一段时间后归零来表示"0"码。通常"1"码和"0"码的占空比相同,都取 50%。

5. 差分码

差分码是利用电平的相对变化来传递信息的,可以分为两种:传号差分码(记作 NRZ(M))和空号差分码(记作 NRZ(Z))。传号差分码用电平的"变"与"不变"分别对应二进制符号的"1"和"0";空号差分码则刚好相反,"0"码对应电平的"变","1"码对应不变。传号差分码的波形如图 4 - 2(e)所示。差分码需要设置一个起始电平,图中设置的起始电平为高电平,所以第一个"0"码保持高电平不变。

6. 数字双相码

数字双相码,又称分相码或曼彻斯特码,其波形如图 4 - 2(f)所示。其编码规则为:每个码元用两个连续的极性相反的脉冲来表示,例如"1"码用"+ -"脉冲,"0"码用"- +"脉冲。这也是其名称的由来。

7. 传号反转（CMI）码

传号反转码的波形如图 4-2(g)所示。它将信息码流中的"1"码用交替出现的"＋ ＋""－ －"表示，即不断发生极性反转；"0"码固定用"－ ＋"表示。

8. 密勒码

密勒码也称延迟调制码，是一种变形双相码，其波形如图 4-2(h)所示。其编码规则为："1"码的起点电平与其前面相邻码元的末电平相同，并且在码元周期的中间有极性跳变；对于单"0"码，其电平也与前面相邻码元的末电平相同，但在整个码元周期中电平维持不变；遇到连"0"情况，在两个相邻"0"码的边界处要有极性跳变。密勒码也要设置一个起始电平，图中设置的起始电平为高电平，所以第一个单"0"码保持高电平不变。

二、三元码

三元码是指对应二进制码元"0"和"1"，脉冲幅度的可能取值有＋1、0 和－1 三种。三元码种类很多，下面只介绍其中最常用的两种。

1. 传号交替反转（AMI）码

传号交替反转码的编码规则为：用固定不变的零电平表示"0"码；用交替出现的正、负电平表示"1"码，但在整个码周期内正/负电平持续一段时间后要归零，通常"1"码的占空比为 50%。AMI 码的波形如图 4-3(a)所示，设二进制序列 01000011000001010 为数字基带信号。

2. 三阶高密度双极性（HDB₃）码

HDB_3 码是 AMI 码的改进型，其波形如图 4-3(b)所示。当二进制信息流中连"0"的数目小于 4 时，HDB_3 码与 AMI 码的编码规则完全相同；当二进制信息流中连"0"的数目等于或大于 4 时，HDB_3 码将每 4 个连"0"码编成一个组，进行相应变换。

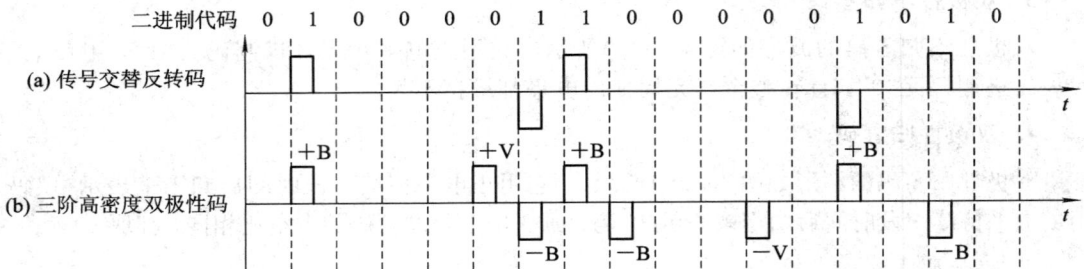

图 4-3　两种常用的三元码

HDB_3 码的具体编码规则如下：

（1）序列中的"1"码编为极性码（Bipolar code），用交替出现的＋B、－B 表示，显然极性码符合极性交替的规律；

（2）4 连"0"码 0000 用 000V 或 B00V 取代，其中的 V 码称为破坏码（Violation code），因为它的出现破坏了 B 码之间正负极性交替的规则；

（3）当两个 V 码之间 B 码的个数为奇数时，0000 用 000V 取代，反之，则用 B00V 取代，对于第一组出现的 4 连"0"码 0000 可以规定就用 000V 取代；

（4）序列中各 V 码之间具有极性正负交替的规律。

案例分析

1. 针对二进制数字序列 111001010000，完成八种二元码的码型编码。要求：起始电平为负电平，占空比为 50%。

解 相应的码型编码如图 4-4 所示。

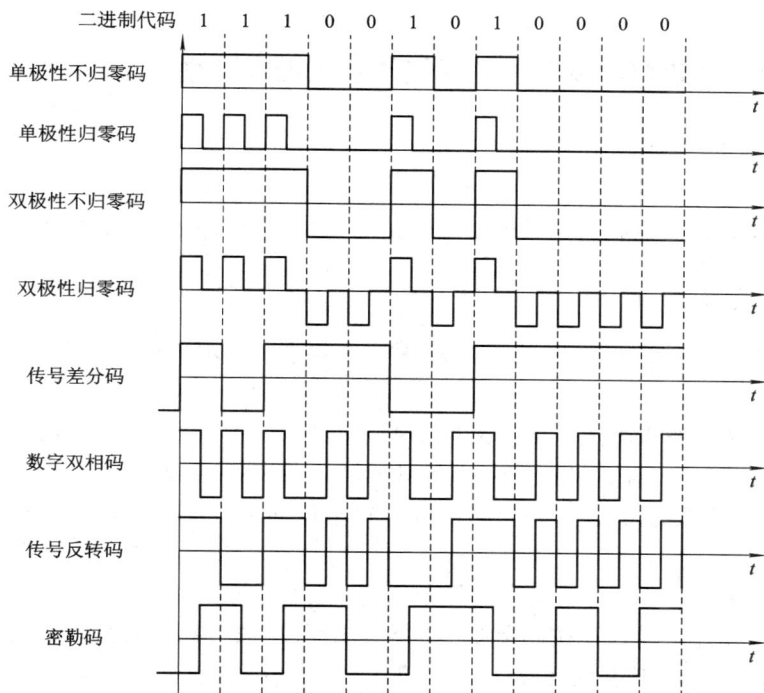

图 4-4 子任务 4.2.1 案例分析第 1 题图

2. 针对二进制数字序列 1000011100000，完成两种三元码的码型编码。要求：占空比为 30%。

解 数字序列中有两组 4 连"0"码，采用 HDB$_3$ 码第一组固定用"000V"代替。两组 4 连"0"码之间 B 码的个数为奇数（3 个"1"码），所以第二组 4 连"0"也用"000V"代替。相应的码型编码如图 4-5 所示。

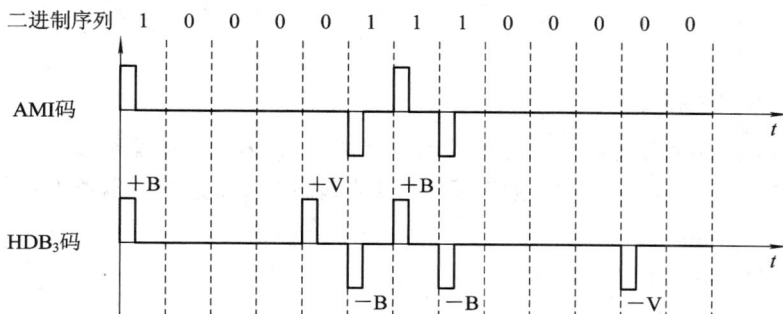

图 4-5 子任务 4.2.1 案例分析第 2 题图

思考应答

1. 针对二进制数字序列 0000101110011，完成八种二元码的码型编码。要求：起始电平为正电平，占空比为 70%。

2. 针对二进制数字序列 00011000000100000，完成两种三元码的码型编码。要求：占空比为 50%。

子任务 4.2.2　分析数字基带通信系统常用码型的特性

必备知识

下面分别从时域波形和频域功率谱两个角度对几种典型的码型进行特性分析。

一、时域波形

从不同码型的时域波形能大致判断出码型的特性，基本判断方法如下（按照"0"码和"1"码等概的情况）：

（1）从时域波形图横轴上下部分图形能否大致抵消，能看出是否含有直流成分；

（2）从时域波形变化的快慢，能大致看出是否含有低频成分；

（3）从长连"0"码或长连"1"码中间是否有较丰富的极性变化，能看出是否能够提取位同步信息；

（4）从是否为归零码，能看出带宽是否加倍；

（5）从码型设计中是否存在冗余波形，能看出码型是否具有纠检错能力。

下面对前述几种码型进行时域分析。

1. 单极性不归零码

单极性不归零码的波形都在坐标横轴的一侧，所以必然含有直流成分；当出现长连"0"码或长连"1"码时，码间没有任何电平跳变，所以单极性不归零码不能直接提取位同步信息。因此这种码型只是作为其他码型研究的基础而存在，不适合于基带传输。

2. 单极性归零码

单极性归零码含有直流成分；当出现连"1"码时，具有明显的码元间隔，容易提取位同步信息；但出现长连"0"码时，却容易丢失位同步信息。由于是归零码，因此信号带宽是单极性不归零码的两倍。

3. 双极性不归零码

双极性不归零码的优点是当二进制码元序列中的"1"和"0"等概率出现时，波形中无直流分量，并且抗噪声性能好，无接地问题。但其出现连"1"或连"0"码时也不易提取位同步信息。

4. 双极性归零码

当出现连"1"或连"0"码时，双极性归零码的码元间隔明显，容易提取位同步信息。除此之外，它还具有与双极性不归零码相同的优点。但它也存在带宽加倍的问题。

5. 差分码

与其他码型不同的是，对应二进制符号的"1"和"0"，差分码不采用高和低电平与之构成绝对的对应关系，而是用电平的相对变化来表示。差分码不含有直流成分。虽然码本身易丢失位同步信息，但是它可以通过对码型变换提取出位同步信号。差分码在数字调制系统中，用于解决相移键控(PSK)中的"相位模糊"问题。

6. 数字双相码

数字双相码在每个码元周期的中心都有电平跳变，因而频谱中存在丰富的位定时分量，并且由于在一个码元周期内的正、负两种电平各占一半，故不含有直流分量。但是它的频带宽度也展宽了一倍。数字双相码主要用于数据终端设备在短距离上的传输，典型应用如计算机以太网(Ethernet)。

7. 传号反转码

传号反转码中没有直流分量，且有频繁的波形跳变，这样就便于提取位同步信息。除此之外，因为它的编码波形中不存在"＋ －"的情况，所以一旦接收端收到这种波形的码就可判为误码，即这种码具有检错的能力。由于传号反转码具有如此多的优点，因此得到了广泛的应用，如 PCM 四次群系统和速率低于 8448 kb/s 的光纤数字传输系统。

8. 密勒码

密勒码是数字双相码的改进型，其频带宽度减为数字双相码的一半。利用密勒码具有最大脉冲宽度是两个码元周期(两个"1"码间有一个"0"码时)、最小脉冲宽度是一个码元周期的特点，可以进行误码检错和线路故障检测。这种码起初主要用于气象卫星和磁带记录，后来也用于低速的基带数传机。

9. 传号交替反转码

传号交替反转码无直流分量，低频分量也小，并且利用"1"码的极性交替规则可以进行检错。但是当信息码流中出现长连"0"码时，提取定时信息困难。

10. 三阶高密度双极性(HDB$_3$)码

HDB$_3$ 码是 AMI 码的改进型。它在保持 AMI 码优点的同时增加了电平跳变，克服了AMI 码中由长连"0"码所造成的同步信息提取困难的问题。HDB$_3$ 码无直流分量，低频分量也很少，易于提取同步信息，还具有较强的检、纠错能力，较综合地满足了对传输码型的各项要求，所以被大量应用于复接设备中，在 ΔM、PCM 等终端机中也采用 HDB$_3$ 码作为接口码型。

二、功率谱

从前述分析看，用时域波形来分析码型特点并不精准，且有时不易看出。而频域的频谱性能能够更直观地体现出数字基带信号有无低频及直流分量，是否易于提取同步信息等特点。对接收者来说，数字基带信号是未知的随机信号，随机信号没有确定的频谱函数，只能用功率谱来描述它的频谱特性。

求解功率谱密度函数不是件容易的事，下面我们直接给出一个通用公式，对于不同码型功率谱密度的求解直接套用该公式即可。

设数字基带信号均为二进制平稳、遍历随机序列，$g_1(t)$ 和 $g_2(t)$ 分别为"1"码和"0"码的基本波形函数，则其单边功率谱密度表达式为

$$S_D(f) = \frac{1}{T_s^2} \left| PG_1(0) + (1-P)G_2(0) \right|^2 \delta(f)$$

$$+ \frac{2}{T_s^2} \sum_{\substack{m=-\infty \\ m\neq 0}}^{\infty} \left| PG_1\left(\frac{m}{T_s}\right) + (1-P)G_2\left(\frac{m}{T_s}\right) \right|^2 \delta\left(f - \frac{m}{T_s}\right)$$

$$+ \frac{2}{T_s} P(1-P) \left| G_1(f) - G_2(f) \right|^2 \qquad (f \geqslant 0) \qquad (4-1)$$

式中，T_s 为码元周期，其倒数为码的出现频率 f_s，f_s 在数值上与码元速率 R_s 相等；P 和 $(1-P)$ 分别为"1"码和"0"码出现的概率；$G_1(f)$ 和 $G_2(f)$ 分别为 $g_1(t)$ 和 $g_2(t)$ 的频谱函数；$G_1\left(\frac{m}{T_s}\right)$ 和 $G_2\left(\frac{m}{T_s}\right)$ 分别为 $f = \frac{m}{T_s}$ 时 $g_1(t)$ 和 $g_2(t)$ 的频谱函数（m 为正整数）。公式中共有三项：第一项对应直流分量；第二项代表离散频谱，若该项中存在基波成分，即当 $f = f_s$ 时该项不为 0，则表示能够提取位同步信息；第三项为连续谱部分，由连续谱可以分析信号的能量分布，求得信号的带宽。

下面，分别对前述四种最基本的二元码码型进行频谱分析，其他码型的频谱分析请参照进行。以下分析的前提条件均为："1"码和"0"码等概率出现，即 $P = 1 - P = 1/2$；对于归零码，其占空比均为 50%。

1. 单极性不归零码序列的功率谱

对于二进制单极性不归零码，其基本波形表达式为

$$\begin{cases} g_1(t) = A & |t| \leqslant T_s & \text{1 码} \\ g_2(t) = 0 & & \text{0 码} \end{cases} \qquad (4-2)$$

根据任务 1.5 中的常用傅立叶变换对得到其频谱函数为

$$\begin{cases} G_1(f) = AT_s \mathrm{Sa}(\pi f T_s) & \text{1 码} \\ G_2(f) = 0 & \text{0 码} \end{cases} \qquad (4-3)$$

单极性不归零码序列的时域波形和功率谱密度波形如图 4-6(a) 所示。

将式 (4-3) 带入式 (4-1) 后整理得到单极性不归零码序列的功率谱函数为

$$S_D(f) = \frac{A^2}{4}\delta(f) + \frac{A^2 T_s}{2}\mathrm{Sa}^2(\pi T_s f) \qquad f \geqslant 0 \qquad (4-4)$$

由式 (4-4) 可见，单极性不归零码序列存在直流分量和连续谱，不存在离散谱，即不存在位同步信息；由其连续谱成分可以求出其谱零点带宽 $B = f_s = \dfrac{1}{T_s}$。

2. 单极性归零码序列的功率谱

对于占空比为 $50\% \left(\text{码脉冲持续时间 } \tau = \dfrac{T_s}{2}\right)$ 的二进制单极性归零码，其基本波形表达式为

$$\begin{cases} g_1(t) = A & |t| \leqslant \dfrac{T_s}{2} & \text{1 码} \\ g_2(t) = 0 & & \text{0 码} \end{cases} \qquad (4-5)$$

对应的频谱函数为

$$\begin{cases} G_1(f) = A\tau \mathrm{Sa}(\pi f\tau) = A\dfrac{T_s}{2}\mathrm{Sa}\left(\pi f\dfrac{T_s}{2}\right) & \text{1 码} \\ G_2(f) = 0 & \text{0 码} \end{cases} \tag{4-6}$$

单极性归零码序列的时域波形和功率谱密度波形如图 4-6(b) 所示。

时域波形　　　　　　　　　　　功率谱密度波形

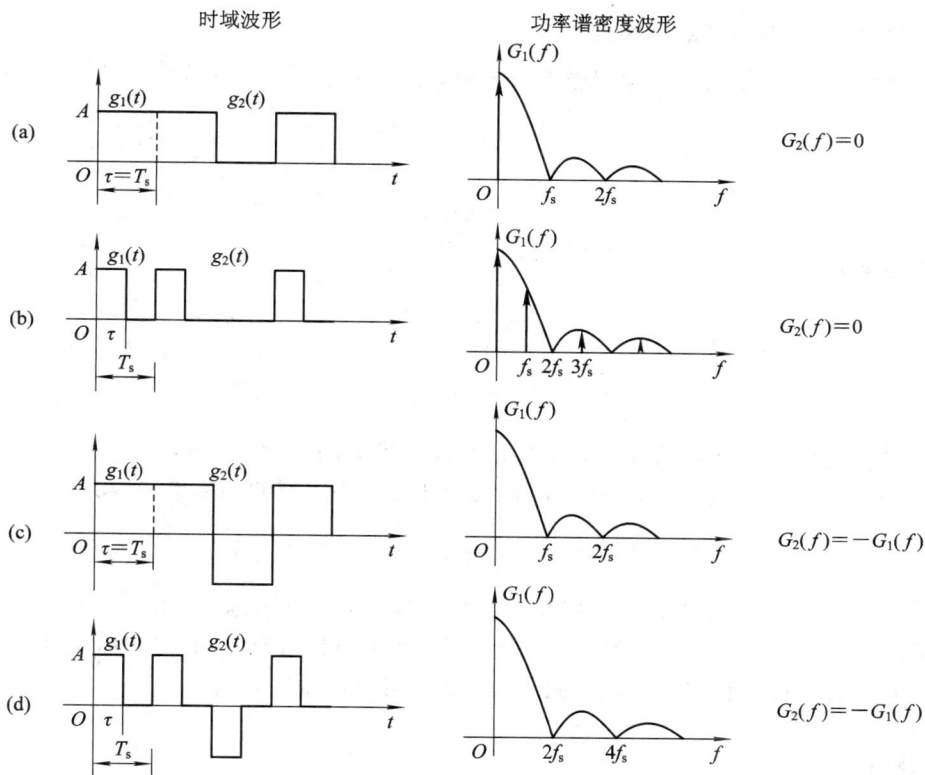

图 4-6　四种最基本的二元码的时域波形和功率谱密度波形

将式(4-6)带入式(4-1)后整理得到单极性归零码序列的功率谱函数为

$$S_D(f) = \frac{A^2}{16}\delta(f) + \frac{A^2}{8}\sum_{m=1}^{\infty}\mathrm{Sa}^2\left(\frac{m\pi}{2}\right)\delta\left(f - \frac{m}{T_s}\right) + \frac{A^2 T_s}{8}\mathrm{Sa}^2\left(\frac{\pi T_s f}{2}\right) \quad f \geqslant 0 \tag{4-7}$$

由式(4-7)可见，单极性归零码序列存在直流分量、离散谱和连续谱；离散谱中能够提取位同步信息；由其连续谱成分可以求出其谱零点带宽 $B = 2f_s$，是不归零码序列的两倍。因此可以说，单极性归零码能够提取位同步信息是靠牺牲带宽来换取的。

3. 双极性不归零码序列的功率谱

对于二进制双极性不归零码，其基本波形表达式为

$$\begin{cases} g_1(t) = A & |t| \leqslant T_s & \text{1 码} \\ g_2(t) = -A & |t| \leqslant T_s & \text{0 码} \end{cases} \tag{4-8}$$

对应的频谱函数为

$$\begin{cases} G_1(f) = AT_s\mathrm{Sa}(\pi f T_s) & \text{1 码} \\ G_2(f) = -AT_s\mathrm{Sa}(\pi f T_s) & \text{0 码} \end{cases} \tag{4-9}$$

双极性不归零码序列的时域波形和功率谱密度波形如图 4-6(c) 所示。

将式(4-9)带入式(4-1)后整理得到双极性不归零码序列的功率谱函数为

$$S_D(f) = 2A^2 T_s \mathrm{Sa}^2(\pi T_s f) \qquad f \geqslant 0 \qquad (4-10)$$

由式(4-10)可见，双极性不归零码序列不存在直流分量和离散谱，即不存在位同步信息；由其连续谱成分可以求出其谱零点带宽 $B=f_s$。

4. 双极性归零码序列的功率谱

对于占空比为 50% 的二进制双极性归零码，其基本波形表达式为

$$\begin{cases} g_1(t) = A & |t| \leqslant \dfrac{T_s}{2} & 1\text{码} \\ g_2(t) = -A & |t| \leqslant \dfrac{T_s}{2} & 0\text{码} \end{cases} \qquad (4-11)$$

对应的频谱函数为

$$\begin{cases} G_1(f) = A\dfrac{T_s}{2}\mathrm{Sa}\left(\pi f \dfrac{T_s}{2}\right) & 1\text{码} \\ G_2(f) = -A\dfrac{T_s}{2}\mathrm{Sa}\left(\pi f \dfrac{T_s}{2}\right) & 0\text{码} \end{cases} \qquad (4-12)$$

双极性归零码序列的时域波形和功率谱密度波形如图 4-6(d) 所示。

将式(4-12)带入式(4-1)后整理得到双极性归零码序列的功率谱函数为

$$S_D(f) = \dfrac{A^2 T_s}{2}\mathrm{Sa}^2\left(\dfrac{\pi T_s f}{2}\right) \qquad f \geqslant 0 \qquad (4-13)$$

由式(4-13)可见，双极性归零码序列不存在直流分量和离散谱；由其连续谱成分可以求出其谱零点带宽 $B=2f_s$。双极性归零码序列虽然不直接含有位同步信息，但是接收端对其进行全波整流，得到相应的单极性归零码后，也可提取位同步信息。

案例分析

1. 设码元周期为 1 ms，求 NRZ 码、RZ 码、双极性不归零码和双极性归零码的谱零点带宽。

解 已知 $T_s=1$ ms，则 $f_s=\dfrac{1}{T_s}=1$ kHz，NRZ 码和双极性不归零码的谱零点带宽 $B=f_s=1$ kHz，RZ 码和双极性归零码的谱零点带宽 $B=2f_s=2$ kHz。

2. 试绘制表格对比分析单极性码与双极性码、归零码与不归零码的特性。

解

表 4-1　任务 4.2.2 案例分析第 2 题表

码型特性	单极性码	双极性码
不归零码	有直流成分；无位同步信息；$B=f_s$	无直流成分；无位同步信息；$B=f_s$
归零码	有直流成分；有位同步信息；$B=2f_s$	无直流成分；通过变换提取位同步信息；$B=2f_s$

由表 4-1 可见，单极性码都含有直流成分，双极性码不含；归零码理论上都能提取位同步信息，不归零码不能；归零码的带宽都在不归零码的带宽基础上加倍。

3. 已知随机二进制序列中的 0 和 1 分别由 $g(t)$ 和 $-g(t)$ 组成，它们的出现概率分别为 0.4 和 0.6，且 $g_1(t) = -g_2(t) = g(t)$，试求其功率谱密度。

解　随机二进制序列的双边功率谱密度为

$$S(f) = \frac{1}{T_s^2} \sum_{m=-\infty}^{\infty} \left| PG_1\left(\frac{m}{T_s}\right) + (1-P)G_2\left(\frac{m}{T_s}\right) \right|^2 \delta\left(f - \frac{m}{T_s}\right)$$
$$+ \frac{1}{T_s} P(1-P) \left| G_1(f) - G_2(f) \right|^2 \qquad (4-14)$$

由题目已知 $g_1(t) = -g_2(t) = g(t)$，得到 $G_1(f) = -G_2(f) = G(f)$（其中，$G(f)$ 是 $g(t)$ 的频谱函数），带入式(4-14)得

$$S(f) = \frac{0.04}{T_s^2} \sum_{m=-\infty}^{\infty} \left| G\left(\frac{m}{T_s}\right) \right|^2 \delta\left(f - \frac{m}{T_s}\right) + \frac{0.96}{T_s} G^2(f)$$

由此可见，其功率谱密度中，第一部分是离散谱，当 $m=0$ 时该项不为零，所以功率谱含有直流成分，这是由"0"码和"1"码不等概造成的；第二部分是连续谱。

┌─────────────┐
│ **思考应答** │
└─────────────┘

1. 设不归零码的码元周期为 1 ms，归零码的码元周期为 2 ms，分别求不归零码和归零码的谱零点带宽。

2. 已知码元周期为 0.2 ms，试画出单极性归零码和双极性归零码"1"码的功率谱密度函数图，并对比其异同。

3. 将上述案例分析的第 3 题改为等概后重做。

子任务 4.2.3　总结数字基带通信系统常用码型的选用原则

┌─────────────┐
│ **必备知识** │
└─────────────┘

由上可知，数字基带信号的码型种类繁多，不同的码型在频谱结构、频带宽度、同步性能等方面会有所不同，而不同的数字信道也具有不同的传输特性，因此，为给定数字信道选择合适的传输码型是数字基带通信系统首先需要考虑的问题。尤其在长距离有线传输的情况下，传输的高频和低频部分都受到限制，此时必须考虑码型选择问题。

数字基带信号码型的选择主要遵循以下几条原则：

(1) 码型编码与信源的统计特性无关，信源的统计特性指的是信源产生各种数字信息的概率分布；

(2) 对于频带低端受限的信道，码型频谱中不能含有直流分量，低频分量也应尽量少；

(3) 尽量减少基带信号频谱中的高频分量以节省传输频带、减小干扰；

(4) 便于接收端提取位同步(位定时)信息；

(5) 码型应该具有检错及纠错的能力；

(6) 码型变换设备应简单可靠，易于实现。

上述原则并不是每种码型都能满足的，实际情况时，往往是选择满足尽量多几条原则

的码型。

1. 为什么频带低端受限的信道，码型频谱中不能含有直流分量？

答：因为直流分量对应的频谱是在坐标原点的冲激函数，即零频成分，其不能通过频带低端受限的信道。

2. 为什么要尽量减少基带信号频谱中的高频分量？

答：基带信号频谱主要为低频分量，若含有较多的高频分量，为了让所有频谱成分都通过，就必须选择大带宽的传输信道，这样会造成频谱资源的浪费。

任务 4.3　解决数字基带通信系统中的码间串扰问题

任务要求：码间串扰和信道噪声是影响基带传输系统性能的两大主要因素。码型编码后的数字脉冲序列经过发送滤波器的频域限带后，每个码元的时域波形变得无限延伸，由于信道传输特性的不理想很容易引起码间串扰问题。本节的任务是在忽略信道噪声的前提下单纯分析码间串扰问题产生的原因并研究克服码间串扰问题的各种方法。

子任务 4.3.1　数字基带通信系统中码间串扰问题产生的原因和基本解决思路

一、码间串扰问题产生的原因

由前述分析可知，在数字基带通信系统中，码型编码采用脉冲序列形式，对应的功率谱为 $Sa(\omega)$ 函数，其在频域是无限展宽的，而任何通信信道带宽都是有限的，所以必须在码型编码后采用发送滤波器对其进行限带，以适合在信道中传输。但根据信号时频域关系可知，任何信号的频域受限和时域受限不可能同时成立，频域的限带使每个码元的时域波形变成 $Sa(t)$ 函数形式，即每个码元在时域上的波形是无限延伸的。理想情况下，这些码元之间是不会相互干扰的。但是当信道传输特性不理想时，每个码元的旁瓣都会对其邻近码元的判决产生干扰，这种由于限带和信道特性不理想而造成的相邻码元之间的相互干扰称为码间串扰。严重时，码间串扰会直接导致接收机对接收信号码元的误判。

下面举例说明：设基带数字信息序列为 1110，进行双极性二进制不归零编码后的波形为 $f(t)$，送入发送滤波器后得到的波形为 $f_1(t)$。图 4-7(a) 和 (b) 所示分别为送入发送滤波器进行限带前、后的时域波形。信号发送到信道中，由于信道传输特性不理想而导致波形失真，进而引发码间串扰问题，得到波形 $f_2(t)$，如图 4-7(c) 所示。图中虚线指示的时间为各码元在接收端抽样判决的时刻。由 (b) 图可见，对于某个固定码元来说，其抽样判决时刻在其码元持续时间的中间时刻，即为其 $Sa(t)$ 函数的最大值时刻，其他码元在此时刻刚好为过零点，因此不会对其判决产生任何影响。在 (c) 图中，其他码元的拖尾在第 3 个码元抽样判决时刻都为负值，其总和会对该码元本身的抽样值（正值）产生很大的抵消作用，结果就可能会造成误判("1"码误判为"0"码)。

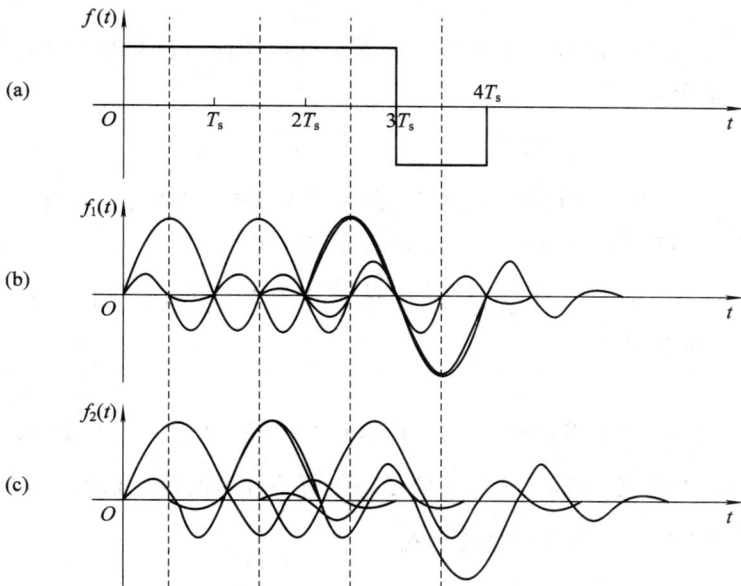

图 4-7　数字基带传输中的码间串扰

二、无码间串扰的基带传输特性

由上分析可知,为节省传输频带,对发送编码序列进行限带是不可避免的,因此,要想解决码间串扰问题,必须从信道传输特性角度考虑。由于数字基带传输系统的接收端是通过在固定的时刻进行抽样判决的方法来恢复基带编码序列的,因此,只要信道传输特性能够满足接收端在抽样判决时刻无码间串扰的条件,就能正确恢复原始信息。这是我们研究无码间串扰问题的基本思路。按照这一思路,为了便于理解和分析,我们把图 4-1 所示的数字基带传输系统模型进行简化,简化后的模型如图 4-8 所示。

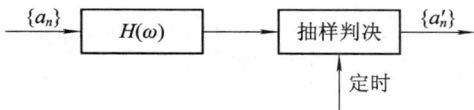

图 4-8　数字基带通信系统简化模型

图中,$H(\omega)=G_{\mathrm{T}}(\omega)C(\omega)G_{\mathrm{R}}(\omega)$,是整个系统的基带传输特性,其中,$G_{\mathrm{T}}(\omega)$、$C(\omega)$、和 $G_{\mathrm{R}}(\omega)$ 分别是图 4-1 中发送滤波器、信道和接收滤波器的频谱函数。

由图可见,要实现接收端抽样判决的准确无误,就要求码元波形仅在本码元的抽样时刻上有最大值,而对其他码元的抽样时刻信号值无影响,也就是说在抽样的时刻点上不存在码间串扰。因此,系统的冲激响应 $h(t)$ 只要满足在抽样时刻的抽样值无失真传输就可以了。为方便起见,设抽样时刻为 kT_{s}(T_{s} 为码元周期,k 为整数),即有

$$h(kT_{\mathrm{s}}) = h_0\delta(kT_{\mathrm{s}}) \tag{4-15}$$

其中,

$$\delta(kT_\text{s}) = \begin{cases} 1 & k = 0 \\ 0 & k\ \text{为其他整数} \end{cases} \tag{4-16}$$

即抽样时刻（$k=0$ 点）除当前码元有抽样值 h_0 外，其他各抽样点上的取值均为 0。

根据傅立叶反变换，有

$$h(kT_\text{s}) = \frac{1}{2\pi}\int_{-\infty}^{\infty} H(\omega)\mathrm{e}^{\mathrm{j}\omega kT_\text{s}}\,\mathrm{d}\omega \tag{4-17}$$

满足式（4-17）的 $H(\omega)$ 就是能实现无码间串扰的基带传输频谱函数。省略推导过程，这里直接给出 $H(\omega)$ 的等效（equivalent）函数的表达式：

$$H_\text{eq}(\omega) = \begin{cases} \displaystyle\sum_{i=-\infty}^{\infty} H\left(\omega + \frac{2i\pi}{T_\text{s}}\right) = T_\text{s} & |\omega| \leqslant \dfrac{\pi}{T_\text{s}} \\ 0 & |\omega| > \dfrac{\pi}{T_\text{s}} \end{cases} \tag{4-18}$$

其含义为：① 将系统的传输函数 $H(\omega)$ 按 $2\pi/T_\text{s}$ 间隔进行分段；② 将各段都平移到 $\left(-\dfrac{\pi}{T_\text{s}}, +\dfrac{\pi}{T_\text{s}}\right)$ 区间内；③ 将该区间原有信号与所有平移后的信号相加，所得幅度值为一常数，则此基带传输系统可以实现无码间串扰。

┌─ **案例分析** ─┐

试通过图形证明子任务 2.2.3 中的残边带滤波器的传输函数能够满足无码间串扰的基带传输。

解 根据式（4-18）无码间串扰的基带传输等效函数表达式，将残边带滤波器的传输函数首先进行分段（$\pm\dfrac{\pi}{T_\text{s}}$ 分别取载频附近必须具有互补对称特性波形的中间位置），然后平移、相加，结果其幅度值为一常数，即能满足无码间串扰的基带传输条件，具体证明如图4-9所示。

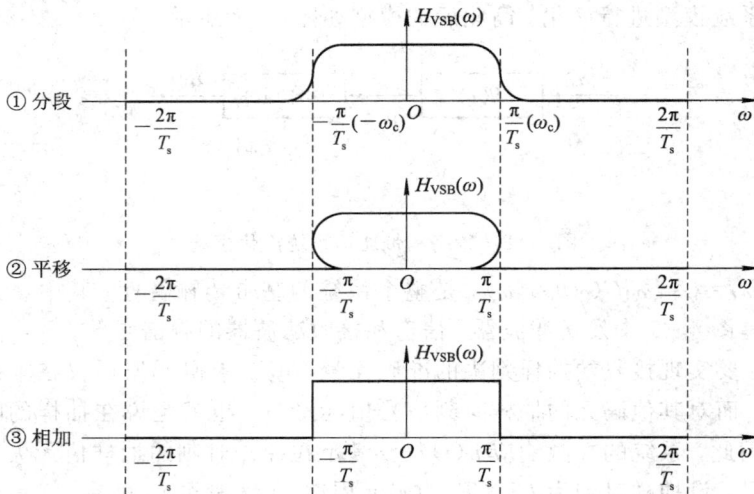

图 4-9 子任务 4.3.1 案例分析题图

1. 已知 $f_s = 20\,\text{kHz}$，试通过图形证明图 4-10 中的频谱函数能够满足无码间串扰的基带传输条件。

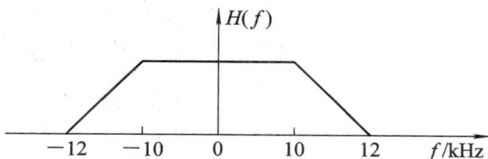

图 4-10　子任务 4.3.1 思考应答第 1 题图

2. 已知 $f_s = 20\,\text{kHz}$，试通过图形证明图 4-11 中的频谱函数不能满足无码间串扰的基带传输条件。

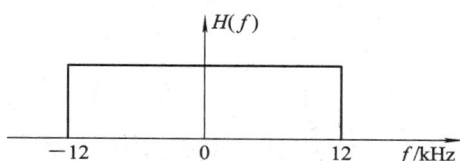

图 4-11　子任务 4.3.1 思考应答第 2 题图

子任务 4.3.2　用低通滚降系统解决数字基带通信系统中的码间串扰问题

一、无码间串扰的理想低通滤波器

由式 (4-18) 可知，最简单的无码间串扰的基带传输函数是无需经过分割和平移，只在区间 $\left(-\dfrac{\pi}{T_s}, +\dfrac{\pi}{T_s}\right)$ 内存在幅度且幅度值本身就是一个常数的情况，即为理想低通滤波器 (LPF) 的传输特性：

$$H(\omega) = \begin{cases} K & |\omega| \leqslant \dfrac{\pi}{T_s} \\ 0 & |\omega| > \dfrac{\pi}{T_s} \end{cases} \tag{4-19}$$

式中，K 为常数，代表带内衰减。相应的冲激响应为

$$h(t) = \frac{K}{T_s}\text{Sa}\left(\frac{\pi \cdot t}{T_s}\right) \tag{4-20}$$

理想低通形式的基带系统的传输函数及其冲激响应分别如图 4-12(a) 和 (b) 所示。

由图 4-12(b) 可见，理想低通系统的冲激响应在 $t = \pm kT_s (k \neq 0)$ 时有周期性零点。若发送码元的时间间隔为 T_s，接收端在 $t = kT_s$ 时抽样，就能实现无码间串扰。图 4-13 所示为理想低通系统连续传输 7 位二进制码 1011010 而无码间串扰的波形图。

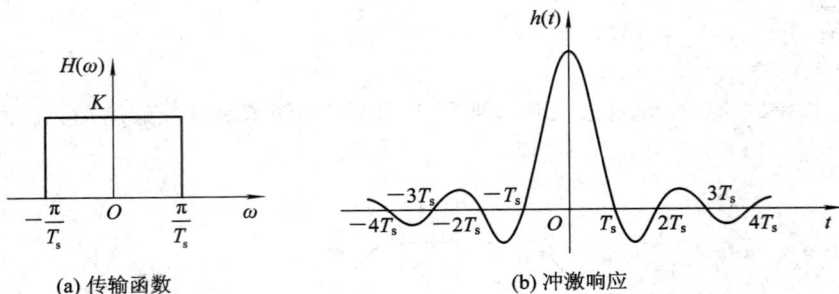

(a) 传输函数

(b) 冲激响应

图 4 - 12　理想低通基带传输系统

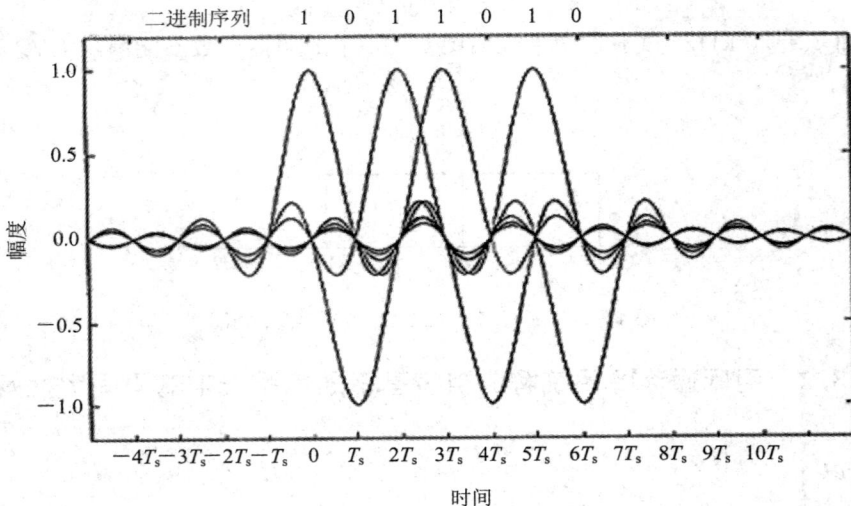

图 4 - 13　理想低通系统无码间串扰波形

总之，当基带传输系统具有理想低通滤波器的传输特性时，若其带宽为 $B_N = \dfrac{\pi/T_s}{2\pi} = $

$\dfrac{1}{2T_s} = \dfrac{f_s}{2} = \dfrac{R_B}{2}$ Hz，则只要输入传输速率为 LPF 截止频率两倍（即 $R_B = 2B_N$ Baud）的数字信号，那么接收信号在各抽样点上就无码间串扰。反之，则码间串扰不可避免。这是抽样值无失真条件，又叫奈奎斯特第一准则。相应地，带宽 $B_N = 1/2T_s$ 称为奈奎斯特带宽；抽样间隔 T_s 称为奈奎斯特间隔；传输速率 $R_B = 2B_N$ 称为奈奎斯特速率，这是能实现无码间串扰的基带传输系统的最高传输速率。无码间串扰的理想低通滤波器的频带利用率为 $\eta_B = R_B/B_N = 2$ Baud/Hz，这是基带传输系统理论上可能达到的最高频带利用率。

理想低通滤波器虽然可以消除码间串扰，但是在工程上不可能实现。这是由于它对定时要求严格，同时冲激响应衰减慢，拖尾长，抽样时刻必须准确无抖动，稍有偏差就可能造成误判，导致严重的码间串扰，直接影响通信的效果和质量。

二、滚降低通滤波器

在实际工程中采用的是频谱以奈奎斯特带宽的截止频率 π/T_s 为中心奇对称的传输系

统,这也是基带传输系统有无码间串扰的一个实用的判别方法。升余弦滚降低通滤波器是其中最常用的形式,其传输函数及冲激响应分别为

$$H(\omega) = \begin{cases} T_{s} & 0 \leqslant |\omega| < \dfrac{(1-\alpha)\pi}{T_{s}} \\ \dfrac{T_{s}}{2}\left(1 + \sin\dfrac{\pi - \omega T_{s}}{2\alpha}\right) & \dfrac{(1-\alpha)\pi}{T_{s}} \leqslant |\omega| \leqslant \dfrac{(1+\alpha)\pi}{T_{s}} \\ 0 & |\omega| > \dfrac{(1+\alpha)\pi}{T_{s}} \end{cases} \quad (4-21)$$

$$h(t) = \dfrac{\sin\dfrac{\pi}{T_{s}}t}{\dfrac{\pi}{T_{s}}t} \cdot \dfrac{\cos\dfrac{\alpha\pi}{T_{s}}t}{1 - \alpha^{2}t^{2}/T_{s}^{2}} \quad (4-22)$$

式中,$\alpha(0 \leqslant \alpha \leqslant 1)$称为滚降因子,用来表征波形的滚降程度,其定义为奈奎斯特带宽的扩展量 W_{1} 与奈奎斯特带宽 W_{c} 之比,即

$$\alpha = \dfrac{W_{1}}{W_{c}} \quad (4-23)$$

图 4-14(a)和(b)所示分别为当滚降因子 α 为三种特殊取值时的传输函数及冲激响应波形。由图可见,当 $\alpha = 0$ 时,升余弦滚降低通即为陡降的理想低通形式;当 $\alpha = 1$ 时,滚降程度最大;一般地,α 越大,$Sa(t)$ 函数的拖尾振荡起伏越小、衰减越快,传输可靠性越高,但是所需频带也会越宽,频带利用率越低。因此,与理想低通的不可实现性相比,滚降低通付出的代价是带宽的增加,用带宽的增加和传输速率的降低,即传输有效性的降低来换取传输可靠性。升余弦滚降低通系统的带宽为

$$B = (1+\alpha)B_{N} \leqslant 2B_{N} = \dfrac{1}{T_{s}} \text{ Hz} \quad (4-24)$$

码元传输速率为

$$R_{B} = \dfrac{1}{T_{s}} \text{ Baud} \quad (4-25)$$

频带利用率为

$$\eta = \dfrac{2}{1+\alpha} \leqslant 2 \text{ Baud/Hz} \quad (4-26)$$

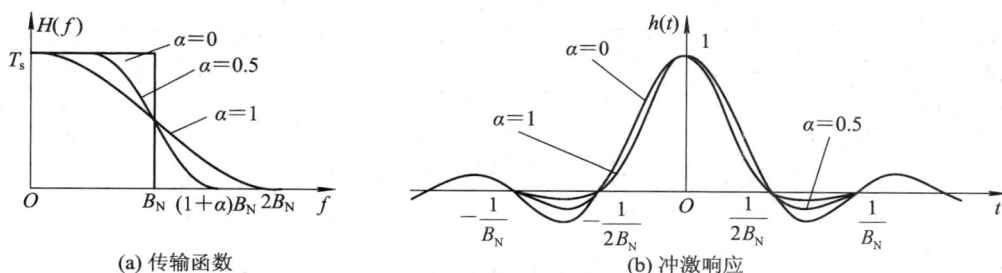

(a) 传输函数　　　　　　　　　　(b) 冲激响应

图 4-14　升余弦滚降低通基带传输系统

升余弦滚降低通系统满足式(4-18)条件的证明过程如图 4-15 所示。图中,$H_{eq}(\omega) = H_{1}(\omega) + H_{2}(\omega) + H_{3}(\omega)$。

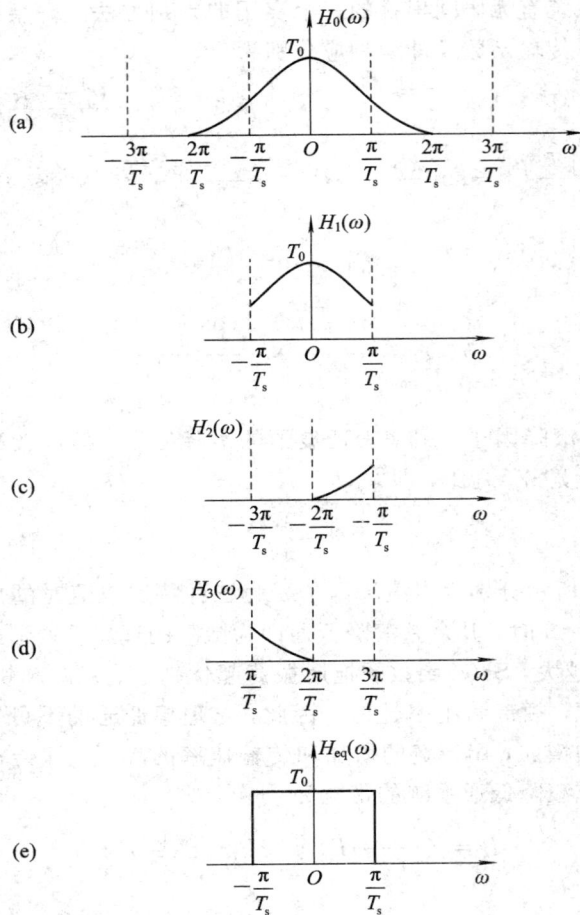

图 4 - 15　升余弦滚降低通等效为理想低通

·案例分析·

1. 已知二元码的码元速率 $R_B = 40$ kBaud，采用基带信道传输时，如果选取 $\alpha = 0.25$，$\alpha = 0.5$，$\alpha = 0.75$ 及 $\alpha = 1$ 四种滚降系数来设计升余弦滚降信道，求各自所需的实际信道带宽。

解　先求解奈奎斯特带宽。

因为

$$B_N = \frac{R_B}{2} = \frac{40 \times 10^3}{2} = 20 \text{ kHz}$$

又有

$$B = (1 + \alpha) B_N$$

所以，$\alpha = 0.25$ 时，

$$B = (1 + 0.25) \times 20 = 25 \text{ kHz}$$

$\alpha = 0.5$ 时，

$$B = (1 + 0.5) \times 20 = 30 \text{ kHz}$$

$\alpha=0.75$ 时，

$$B = (1+0.75) \times 20 = 35 \text{ kHz}$$

$\alpha=1$ 时，

$$B = (1+1) \times 20 = 40 \text{ kHz}$$

2. 已知某二元数据码流的码元持续时间为 10 μs，问在通过滚降因子为 $\alpha=0.5$ 的升余弦传输特性的滤波器后，能否在截止频率为 80 kHz 的信道中顺利传输？

解　因为码元速率 $R_B = \dfrac{1}{T_s} = \dfrac{1}{10 \times 10^{-6}} = 100$ kBaud，所以要传输码元速率为 R_B 的数字信息所需的理想信道带宽为

$$B_N = \frac{R_B}{2} = \frac{100}{2} = 50 \text{ kHz}$$

其所需实际信道带宽为

$$B = (1+\alpha)B_N = (1+0.5) \times 50 = 75 \text{ kHz}$$

而实际信道的带宽为 80 kHz，显然 75 kHz<80 kHz，所以此数据流能够在该信道中顺利传输。

3. 为了传输码元速率 $R_B = 10^3$ Baud 的数字基带信号，试问系统采用图 4-16 中哪一种传输特性较好？并简要说明理由。

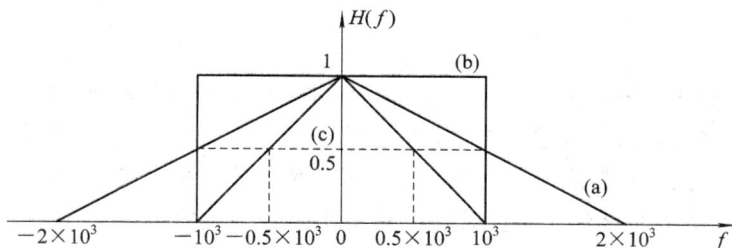

图 4-16　子任务 4.3.2 案例分析第 3 题图

解　(c) 的传输特性好。具体理由如下：

对于 (a)，等效奈奎斯特带宽 $B=10^3$ Hz，无码间串扰的最高传码率为 $R_{Bmax} = 2B = 2 \times 10^3$ Baud，而实际传码率为 $R_B = 10^3$ Baud，是最高传码率的 2 倍，其频带利用率只有 0.5。

对于 (b)，其奈奎斯特带宽 $B = 10^3$ Hz，无码间串扰的最高传码率为 $R_{Bmax} = 2 \times 10^3$ Baud，而实际传码率为 $R_B = 10^3$ Baud，是最高传码率的 2 倍，其频带利用率只有 0.5，且 (b) 是物理不可实现系统。

对于 (c)，等效奈奎斯特带宽 $B = 0.5 \times 10^3$ Hz，无码间串扰的最高传码率为 $R_{Bmax} = 10^3$ Baud，与实际传码率相等，其频带利用率为 1。

所以 (c) 的传输特性最好。

4. 若 PCM 信号采用 8 kHz 抽样，每个抽样由 128 个量化级构成，则此种脉冲序列在 30/32 路时分复用传输时，占有理想基带信道带宽是多少？

解　由子任务 3.2.3 可知：由 $2^n = 128$，可求出对应 128 个量化级每个抽样所需二进制编码位数 $n=7$，即每个时隙中包含 7 个二进制位。而每个帧包含时隙数为 32 个，因此每个帧中包含二进制的位数为 $7 \times 32 = 224$ 个。

由于 PCM 系统将每个抽样点编码生成一个帧中的一个时隙，因此每个抽样点的抽样速率 8 kHz 即为每个时隙的传输速率，也即每个帧的传输速率。

用每个帧的传输速率乘以每个帧中包含二进制的位数即为二进制码元速率，即 $R_B = 8000 \times 224 = 1792$ kBaud。

理想基带系统的传输特性应符合奈奎斯特第一准则，所以信道带宽为

$$B = \frac{R_B}{2} = 896 \text{ kHz}$$

思考应答

1. 试画出 $\alpha = 0.2$ 的升余弦滚降低通基带传输系统的传输函数。

2. 已知某一具有 $\alpha = 1$ 升余弦滚降传输特性的无码间串扰传输系统，试求：

(1) 该系统的最高无码间串扰的码元传输速率为多少？频带利用率为多少？

(2) 若升余弦特性分别为 $\alpha = 0.25$，$\alpha = 0.5$，$\alpha = 0.75$，试求传输数码率为 2048 kb/s 的数字信息时所需要的最小带宽为多少？

子任务 4.3.3　用部分响应系统解决数字基带通信系统中的码间串扰问题

必备知识

升余弦滚降低通系统在工程上可以实现，且其冲激响应的"尾巴"起伏小、衰减快，对定时要求也不像理想低通系统那样严格，但它具有频带展宽、频谱利用率低的缺点。部分响应系统是在升余弦滚降低通系统的基础上，将基带码型中两个或多个在时间上相隔一定码元间隔的 $Sa(t)$ 函数波形合成而构成的。其实质是人为地将有规律的"码间串扰"引入到系统中来，从而改变传输序列的频谱分布，压缩传输频带。因此，部分响应系统不仅具有升余弦滚降低通系统所具有的以上优点，还大大提高了频谱利用率，能够实现 $\eta_B = 2$ Baud/Hz 的极限数值。

根据基带码型中码元对应 $Sa(t)$ 函数波形的合成情况的不同，可以将常用的部分响应系统分为五类，分别称为 Ⅰ、Ⅱ、Ⅲ、Ⅳ、Ⅴ 类系统。这五类部分响应系统的加权系数、波形、频谱图及二进制输入时抽样电平数分别如表 4-2 所示。

表 4-2　部分响应系统

类别	R_1	R_2	R_3	R_4	R_5	$g(t)$	$\lvert G(\omega)\rvert,\ \lvert\omega\rvert\leqslant\frac{\pi}{T_s}$	二进制输入时抽样电平数
0	1							2

续表

类别	R_1	R_2	R_3	R_4	R_5	$g(t)$	$\mid G(\omega)\mid,\ \mid\omega\mid\leqslant\dfrac{\pi}{T_s}$	二进制输入时抽样电平数
I	1	1					$2T_s\cos\dfrac{\omega T_s}{2}$	3
II	1	2	1				$4T_s\cos\dfrac{\omega T_s}{2}$	5
III	2	1	−1				$2T_s\cos\dfrac{\omega T_s}{2}\sqrt{5-4\cos\omega T_s}$	5
IV	1	0	−1				$2T_s\sin\omega T_s$	3
V	−1	0	2	0	−1		$4T_s\sin^2(\omega T_s)$	5

　　这里只介绍第 I 类部分响应系统。

　　第 I 类部分响应系统的构成方法是：将基带码型中所有相邻码元对应的 Sa(t) 波形相加，然后用所得新的合成波形代替原有波形。以坐标原点左右两侧两个相邻码元为例的第 I 类部分响应系统信号的时域波形及其对应频谱分别如图 4-17(a) 和 (b) 所示。由图可见，

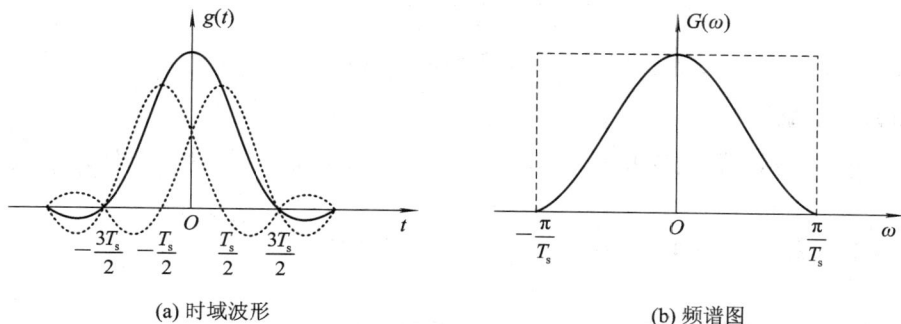

(a) 时域波形　　　　　　　　　　　　　　(b) 频谱图

图 4-17　第 I 类部分响应系统的时频域波形图

由于前后两个相邻码元的拖尾能够正负抵消一部分，故合成后的波形振荡加快了，拖尾起伏变小了；同时，虽然合成后的波形的码元传输速率没有变化，$R_B = 1/T_s$，但是频谱结构改变了，其余弦型频谱的带宽为 $B = 1/2T_s$，因此频带利用率可以达到极限值 2。

与图 4-17 相对应的合成后波形的时域表达式为

$$s(t) = \frac{\sin\frac{\pi}{T}\left(t+\frac{T}{2}\right)}{\frac{\pi}{T}\left(t+\frac{T}{2}\right)} + \frac{\sin\frac{\pi}{T}\left(t-\frac{T}{2}\right)}{\frac{\pi}{T}\left(t-\frac{T}{2}\right)} = \frac{4}{\pi}\left[\frac{\cos\left(\frac{\pi t}{T}\right)}{1-\frac{4t^2}{T^2}}\right] \qquad (4-27)$$

频谱函数表达式为

$$S(\omega) = \begin{cases} T(e^{-j\omega T/2} + e^{j\omega T/2}) & |\omega| \leqslant \frac{\pi}{T} \\ 0 & |\omega| > \frac{\pi}{T} \end{cases}$$

$$= \begin{cases} 2T\cos\left(\frac{\omega T}{2}\right) & |\omega| \leqslant \frac{\pi}{T} \\ 0 & |\omega| > \frac{\pi}{T} \end{cases} \qquad (4-28)$$

在接收端，抽样判决的时间间隔取 T_s，所得抽样值中包含有前一码元对本码元的"干扰"，因为前一码元是预置好的（这里只有第一个码元）或可以推算出的，所以减去该码元的"干扰"即可获得正确码元值。

第 I 类部分响应系统的实现原理框图如图 4-18 所示。图中，发送端的相关编码部分对应着部分响应系统的波形相加，预编码部分是为了消除因相关编码而引起的差错传播问题而引入的（注意：相关编码部分的运算是普通的加法运算，而预编码部分的运算是模 2 加运算）；接收端对编码序列进行模 2 判决即可恢复原始信息序列。第 I 类部分响应的实际系统也需要经发送滤波器对编码序列进行限带。

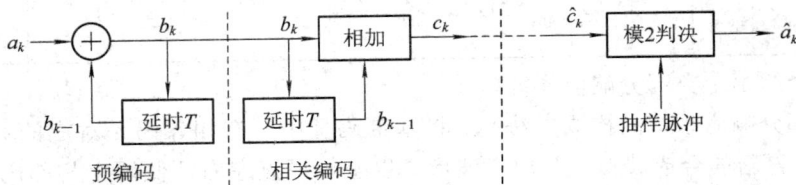

图 4-18　第 I 类部分响应系统的实现原理框图

设二进制信息序列 $\{a_k\} = 101001011$，下面分两种情况加以讨论。

1. 不采用预编码

如图 4-19 所示，假设不采用预编码，直接进行相关编码，则合成波计算公式为

$$c_k = a_k + a_{k-1} \qquad (4-29)$$

接收端要恢复原始序列，只需要做如下普通减法即可：

$$\hat{a}_k = \hat{c}_k - \hat{a}_{k-1} \qquad (4-30)$$

注意：这里 $\hat{a}_{k-1}$ 的第一位数据由收发双方约定，由接收端提前预置；$\hat{a}_{k-1}$ 的其余位是逐位通过减法运算求出来的。在无误码条件下，具体数据如表 4-3 所示，其结果 $\hat{a}_k = a_k$。

图 4-19 block diagram: a_k → 相加 → c_k ┄┄ $\hat{c}_k$ → 相减 (+ / −) → $\hat{a}_k$；延时 T → a_{k-1}（相关编码）；$\hat{a}_{k-1}$ ← 延时 T

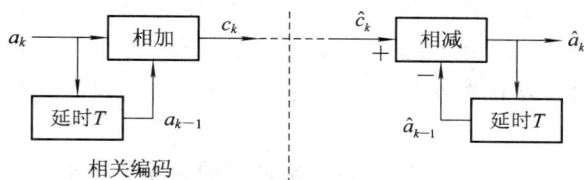

图 4-19　不采用预编码的第 I 类部分响应系统

表 4-3　无预编码、无误码条件下第 I 类部分响应系统的收发数据

发送端	a_k		1	0	1	0	0	1	0	1	1
	a_{k-1}	1	0	1	0	0	1	0	1	1	
	c_k		1	1	1	0	1	1	1	2	
接收端	$\hat{c}_k$		1	1	1	0	1	1	1	2	
	$\hat{a}_{k-1}$	1*	0	1	0	0	1	0	1	1	
	$\hat{a}_k$		1	0	1	0	0	1	0	1	1

注：表中带 * 数据由接收端判决器预置。

设在信道中第 3 位码元发生误码，由"1"变为"2"，则接收端具体数据如表 4-4 所示，其结果 $\hat{a}_k \neq a_k$，有 6 位码元发生连续差错。表中阴影部分即为误码及由其引起的差错传播。

表 4-4　无预编码条件下的差错传播

接收端	$\hat{c}_k$		1	1	2	0	1	1	1	2	
	$\hat{a}_{k-1}$	1*	0	1	1	−1	2	−1	2	0	
	$\hat{a}_k$		1	0	1	1	−1	2	−1	2	0

2. 采用预编码

采取如图 4-18 所示的预编码形式，发送端计算公式为

$$b_k = a_k \oplus b_{k-1} \qquad (4-31)$$

以及

$$c_k = b_k + b_{k-1} \qquad (4-32)$$

接收端要恢复原始序列，需要做如下模 2 判决：

$$\hat{a}_k = [\hat{c}_k]_{\text{mod}2} \qquad (4-33)$$

在无误码条件下，具体数据如表 4-5 所示，结果 $\hat{a}_k = a_k$。

表 4-5　带预编码、无误码条件下第 I 类部分响应系统的收发数据

发送端	a_k		1	0	1	0	0	1	0	1	1
	b_{k-1}	1*	0	0	1	1	1	0	0	1	0
	b_k		1	0	0	1	1	1	0	0	1	0
接收端	c_k		1	0	1	2	2	1	0	1	1
	$\hat{c}_k$		1	0	1	2	2	1	0	1	1
	$\hat{c}_k$		1	0	1	0	0	1	0	1	1

注：表中带 * 数据可任意设置。

设在信道中第 3 位码元发生误码，由"1"变为"2"，发生同上的误码，则接收端具体数据如表 4-6 所示，其结果虽然也是 $\hat{a}_k \neq a_k$，但只有 1 位（第 3 位）码元有差错。由表可见，由于码元的恢复只取决于本位置接收到的码元，与其他位置码元无关，所以即使发生误码也不会引起差错传播。

表 4-6　带预编码条件下的无差错传播

接收端	$\hat{c}_k$	1	0	2	2	2	1	0	1	1
	$\hat{a}_k$	1	0	0	0	0	1	0	1	1

第 I 类部分响应信号的频谱是余弦型的，因此，功率主要集中在低频端，适用于信道频带高端受限的情况。其他几类部分响应系统各自适用于不同情况的信道。

案例分析

1. 发送二进制信码 $\{a_n\}$ 为 10100101100，设 a_n 取值为 -1 和 $+1$，分别对应二进制"0"码和"1"码。

（1）当采用无预编码的第 I 类部分响应系统时，试求接收波形在相应抽样时刻的抽样值并画出波形图；

（2）假设数据在信道中传输时第 4 位码元发生误码，由"-2"变为"-1"，试用表 4-4 的形式表示出差错传播的情况。

解　（1）求解接收波形在相应抽样时刻的抽样值的过程如表 4-7 所示，其对应波形如图 4-20 所示。

表 4-7　子任务 4.3.3 案例分析第 1 题表 1

$\{a_n\}$		1	0	1	0	0	1	0	1	1	0	0
a_n		$+1$	-1	$+1$	-1	-1	$+1$	-1	$+1$	$+1$	-1	-1
a_{n-1}	$+1$	-1	$+1$	-1	-1	$+1$	-1	$+1$	$+1$	-1	-1	
$c_n = a_n + a_{n-1}$		0	0	0	-2	0	0	0	$+2$	0	-2	

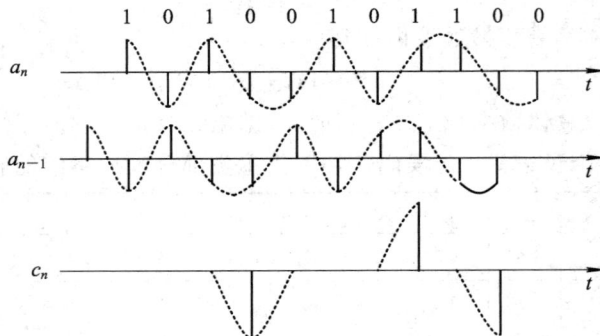

图 4-20　子任务 4.3.3 案例分析第 1 题图

（2）差错传播情况如表 4-8 所示。

表 4 - 8　子任务 4.3.3 案例分析第 1 题表 2

	$\hat{c}_n$		0	0	0	-1	0	0	0	+2	0	-2	
接收端	$\hat{a}_{n-1}$	+1*	-1	+1	-1	0	0	0	0	+2	-2	0
	$\hat{a}_n$		+1	-1	+1	-1	0	0	0	0	+2	-2	0

2. 设 a_n 取值为 0 和 1，分别对应二进制"0"码和"1"码，将第 1 题改为带预编码的第 Ⅰ 类部分响应系统，且设预置值 $b_{n-1}=0$。

(1) 试求接收波形在相应抽样时刻的抽样值；

(2) 假设数据在信道中传输时第 4 位码元发生误码，由"0"变为"1"，试证明接收端不会发生差错传播的情况。

解　(1) 接收波形在相应抽样时刻的抽样值如表 4 - 9 所示。

表 4 - 9　子任务 4.3.3 案例分析第 2 题表 1

发送端	a_n		1	0	1	0	0	1	0	1	1	0	0
	b_{n-1}	0*	1	1	0	0	0	1	1	0	1	1	1
	b_n		0	1	1	0	0	0	1	1	0	1	1	1
	c_n		1	2	1	0	0	1	2	1	1	2	2
接收端	$\hat{c}_n$		1	2	1	0	0	1	2	1	1	2	2
	$\hat{a}_n$		1	0	1	0	0	1	0	1	1	0	0

(2) 第 4 位码元发生误码，接收端接收到的数据情况如表 4 - 10 所示。由表可见，由于码元的恢复只取决于本位置接收到的码元，与其他位置码元无关，因此不会有差错传播。

表 4 - 10　子任务 4.3.3 案例分析第 2 题表 2

接收端	$\hat{c}_n$	1	2	1	1	0	1	2	1	1	2	2
	$\hat{a}_n$	1	0	1	1	0	1	0	1	1	0	0

思考应答

1. 已知信源的信息码 $a_k=11010110$，采用第 Ⅰ 类部分响应系统对其进行传输，试写出该系统的编译码过程(设 b_{k-1} 的初始值为"0")。

2. 已知第 Ⅳ 类部分响应系统如图 4 - 21 所示。

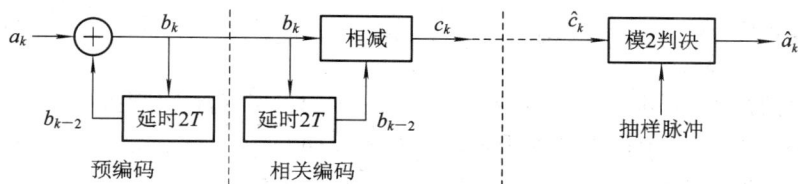

图 4 - 21　子任务 4.3.3 思考应答第 2 题图

(1) 试写出发送端的计算公式；

(2) 设预置值 $b_{k-2}=b_{k-1}=1$，试求当发送二进制序列 $\{a_k\}=101001011$ 时接收波形在

相应抽样时刻的抽样值。

任务 4.4　信道噪声对数字基带通信系统的影响分析

任务要求： 信道中噪声的存在是不可避免的，因此其对数字基带传输系统的影响也势必存在。本节的任务就是讨论在不考虑码间串扰的情况下，信道噪声对数字基带传输系统的影响问题。

【必备知识】

为简化问题，这里假设信道中的噪声是均值为 0 的加性高斯白噪声。下面我们以最简单的二进制单极性非归零码为例，分析由噪声造成的误码率问题。图 4-22 所示为带信道噪声的数字基带接收系统模型。图中，$G_R(\omega)$ 为接收滤波器的传输函数；"$n(t)_{G.W}$" 代表高斯白噪声，抽样时刻为 $t = kT_s$。

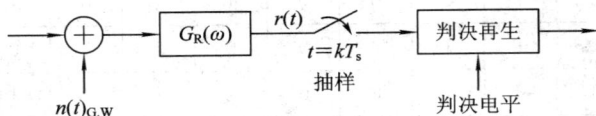

图 4-22　带信道噪声的数字基带接收系统模型

对于接收到的单极性非归零码 $r(t)$，应有

$$r(t) = \begin{cases} A + n_R(t) & 1\ 码 \\ n_R(t) & 0\ 码 \end{cases} \tag{4-34}$$

式中，A 为"1"码对应的幅度值，$n_R(t)$ 是经接收滤波器后的均值为 0、方差为 σ_n^2 的加性高斯白噪声，则噪声瞬时值 x 的一维概率密度函数为

$$f(x) = \frac{1}{\sqrt{2\pi}\sigma_n} \exp\left[\frac{-x^2}{2\sigma_n^2}\right] \tag{4-35}$$

对于"0"码，$r(t)$ 的概率密度函数分布就是噪声的概率密度函数分布，即

$$f_0(x) = \frac{1}{\sqrt{2\pi}\sigma_n} \exp\left[\frac{-x^2}{2\sigma_n^2}\right] \tag{4-36}$$

对于"1"码，$r(t)$ 的概率密度函数分布是均值为 A、方差为 σ_n^2 的高斯分布，其概率密度函数为

$$f_1(x) = \frac{1}{\sqrt{2\pi}\sigma_n} \exp\left[\frac{-(x+A)^2}{2\sigma_n^2}\right] \tag{4-37}$$

判决再生的规则为：设定一个判决门限 V_d，若 $r(t) > V_d$，则判接收信号为"1"码；否则，判为"0"码。以上三种概率密度函数的分布曲线如图 4-23 所示。图中，给出了判决门限 V_d 三种不同的取值情况。

在噪声干扰下，当 $r(t) = n_R(t) > V_d$ 时，"0"码误判为 1 码，其概率为

$$P(1/0) = \int_{V_d}^{\infty} f_0(x)\mathrm{d}x \tag{4-38}$$

对应图 4-23 中判决门限右边的阴影面积；当 $r(t) = n_R(t) + A < V_d$ 时，"1"码误判为"0"

码，其概率为

$$P(0/1) = \int_{-\infty}^{V_d} f_1(x) \mathrm{d}x \tag{4-39}$$

对应图 4-23 中判决门限左边的阴影面积。

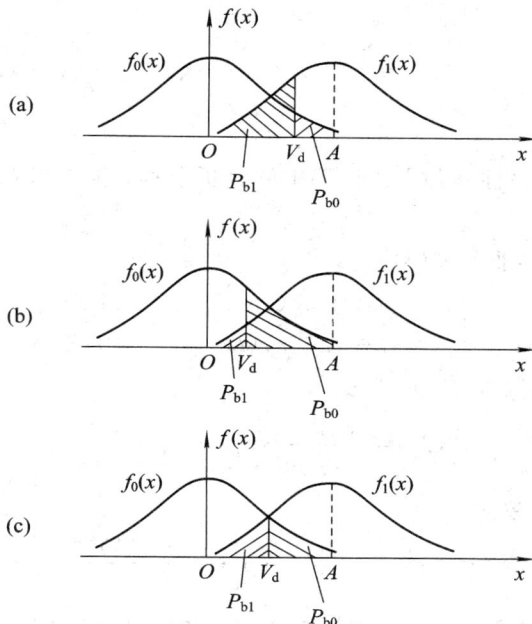

图 4-23　概率密度分布曲线及最佳判决门限

由图可见，当判决门限 $V_d = A/2$ 时（即图 4-23 中的 (c) 图），图中阴影部分总面积最小，故为最佳判决门限。系统总误码率的计算公式为

$$P_e = P(0)P(1/0) + P(1)P(0/1) \tag{4-40}$$

由于大多数情况下"0"码和"1"码等概出现，即 $P(0) = P(1) = 1/2$，因此有

$$P_e = 1/2[P(1/0) + P(0/1)] \tag{4-41}$$

又由于高斯分布的对称性，两个阴影面积也对称相等，即 $P(1/0) = P(0/1)$，所以

$$P_e = P(0/1) = P(1/0) = \int_{V_d}^{\infty} f_0(x) \mathrm{d}x = \int_{V_d}^{\infty} \frac{1}{\sqrt{2\pi}\sigma_n} \exp\left[\frac{-x^2}{2\sigma_n^2}\right] \mathrm{d}x$$

$$= \frac{1}{2}\left[1 - \mathrm{erf}\left(\frac{V_d}{\sqrt{2}\sigma_n}\right)\right] = \frac{1}{2}\left[1 - \mathrm{erf}\left(\frac{A/2}{\sqrt{2}\sigma_n}\right)\right] = \frac{1}{2}\left[\mathrm{ercf}\left(\frac{A/2}{\sqrt{2}\sigma_n}\right)\right] \tag{4-42}$$

式中，$\mathrm{erf}(\eta)$ 和 $\mathrm{ercf}(\eta)$ 分别为高斯误差函数和高斯互补误差函数。本书附录 3 给出了高斯误差函数表，已知 A 和 σ_n 就可以通过查表求出该函数值。由式 (4-42) 可知，高斯互补误差函数与高斯误差函数之和恒为 1，因此由附录 3 也能查表求出高斯互补误差函数值。

以上是以单极性非归零码为例，分析噪声对误码率的影响。对于双极性非归零码，"1"码和"0"码的电平值分别取 $+A$ 和 $-A$。用上述方法同理可以求得其误码率为

$$P_e = \frac{1}{2}\left[1 - \mathrm{erf}\left(\frac{A}{\sqrt{2}\sigma_n}\right)\right] = \frac{1}{2}\left[\mathrm{ercf}\left(\frac{A}{\sqrt{2}\sigma_n}\right)\right] \tag{4-43}$$

通过对附录 3 观察可知，高斯误差函数 $\mathrm{erf}(x)$ 是递增函数，因此高斯互补误差函数 $\mathrm{ercf}(x)$ 为递减函数。据此将式(4-42)和式(4-43)对比分析可以看出：双极性码的误码率比单极性码的要低，因此其抗噪声性能优于单极性码。而且，双极性码的判决门限为 $V_d = 0$，该电平极易获得而且非常稳定。这些原因使得双极性二元码比单极性二元码的应用更为广泛。

案例分析

1. 试仿照前述对单极性非归零码误码率的分析过程，推导出式(4-43)所示的双极性非归零码的误码率公式。

解　接收到的双极性非归零码应为

$$r(t) = \begin{cases} A + n_R(t) & 1\text{ 码} \\ -A + n_R(t) & 0\text{ 码} \end{cases} \tag{4-44}$$

"1"码的概率密度函数为

$$f_1(x) = \frac{1}{\sqrt{2\pi}\,\sigma_n} \exp\left[\frac{-(x-A)^2}{2\sigma_n^2}\right] \tag{4-45}$$

"0"码的概率密度函数为

$$f_0(x) = \frac{1}{\sqrt{2\pi}\,\sigma_n} \exp\left[\frac{-(x+A)^2}{2\sigma_n^2}\right] \tag{4-46}$$

设"0"码和"1"码等概率出现，有 $P_e = 1/2[P(1/0)+P(0/1)]$。

判决门限 $V_d = 0$ 为最佳判决门限，此时两个阴影面积对称相等，因此

$$P_e = P(0/1) = P(1/0) = \int_0^\infty f_0(x)\mathrm{d}x$$

$$= \int_0^\infty \frac{1}{\sqrt{2\pi}\,\sigma_n} \exp\left[-\frac{(x+A)^2}{2\sigma_n^2}\right]\mathrm{d}x \overset{\Leftrightarrow t=x+A}{\Longleftrightarrow} \int_A^\infty \frac{1}{\sqrt{2\pi}\,\sigma_n} \exp\left[-\frac{t^2}{2\sigma_n^2}\right]\mathrm{d}t$$

参照式(4-42)的后半部分，可得到式(4-43)所示的双极性非归零码的误码率公式。

2. 一个不考虑码间串扰的基带二进制传输系统，二进制码元序列中"1"码判决时刻的信号值为 0.5 V，"0"码判决时刻的信号值为 0，已知噪声均值为 0，方差为 $\sigma^2 = 10$ mW，求误码率。

解　由"0"码判决时刻的信号值为 0 和"1"码判决时刻的信号值为 0.5 V 可知，该信号为单极性非归零码，且 $A = 0.5$。

由 $\sigma^2 = 10$ mW 可求 $\sigma = 0.1$ W。

将上面结果带入式(4-42)，可得

$$P_e = \frac{1}{2}\left[1 - \mathrm{erf}\left(\frac{A/2}{\sqrt{2}\,\sigma}\right)\right] = \frac{1}{2}\left[1 - \mathrm{erf}\left(\frac{0.5/2}{\sqrt{2}\times 0.1}\right)\right]$$

$$= \frac{1}{2}\left[1 - \mathrm{erf}\left(\frac{5}{2\sqrt{2}}\right)\right] \approx \frac{1}{2}[1 - \mathrm{erf}(1.77)]$$

经查表可得误码率为

$$P_e \approx \frac{1}{2}\left(1 - \frac{0.98719 + 0.98817}{2}\right) \approx 0.006$$

1. 设双极性非归零码中"1"码和"0"码的电平值分别取 $\frac{1}{2}A$ 和 $-\frac{1}{2}A$，试用前述方法推导出该双极性非归零码的误码率公式，并与前述单极性非归零码及"1"码和"0"码的电平值分别取 $+A$ 和 $-A$ 的双极性非归零码进行对比分析。

2. 某二进制数字基带系统所传输的是单极性基带信号，且数字信息"1"和"0"的出现概率相等。

（1）若数字信息为"1"，接收滤波器输出信号在抽样判决时刻的值 $A=0.6$ V，且接收滤波器输出噪声是均值为 0、均方根值为 0.2 V 的高斯噪声，试求这时的误码率 P_e；

（2）若要求误码率 P_e 不大于 10^{-5}，试确定 A 至少应该是多少？

3. 若将上题中的单极性基带信号改为双极性基带信号，其他条件不变，重做上题。

任务 4.5　数字基带通信系统的位同步设计

任务要求：在数字通信系统中，任何消息都是通过码元序列传送的，接收端在接收时需要知道每个码元的起止时刻，以便在恰当的时刻进行抽样判决。而要知道每个码元的起止时刻，就要提取与接收码元的频率和相位完全一致的定时脉冲序列，这个过程就称为位同步，也称为码元同步。实现位同步的方法和载波同步相似，有插入导频法和自同步法两种。本节的任务就是学习位同步的这两种方法。

子任务 4.5.1　插入导频法实现位同步

位同步的插入导频法适用于那些传输信号本身不直接含有位定时信息，也不能通过非线性变换获得位定时信息的情况，如随机的二进制不归零码序列。

与载波同步的插入导频法相似，位同步导频的插入位置也应选取在待传输信号频谱的零点处。图 4-24(a)和(b)所示分别为在二进制不归零码序列频谱和经过相关编码后的频谱中插入导频的示意图。由图可见，不归零码序列导频插入点在频谱的第一个过零点处，即 $f=1/T$；经过相关编码后，导频插入点在 $f=1/2T$ 处。

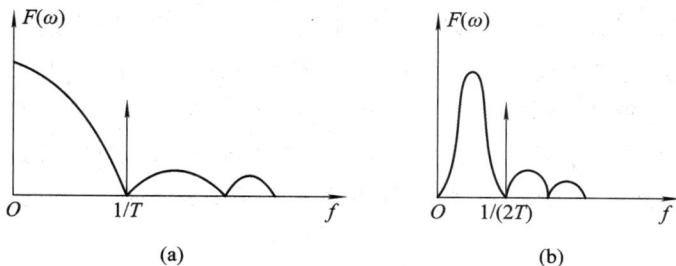

图 4-24　位同步的插入导频法

图 4-25 所示为插入位定时导频的接收系统的方框图。图中，接收信号经窄带滤波器、移相电路和定时形成电路后即可提取出位定时信息。其中，窄带滤波器的作用是滤除导频位置以外的噪声；移相电路的作用是为了纠正窄带滤波器引起的导频相移。此外，为了消除插入的导频信号对原信号的影响，在经过窄带滤波器和移相电路后还要进行倒相，以获得负幅值的导频信号，这样与原信号相加，正负幅值的导频信号就能相互抵消了。最后，在位定时信息作用下进行抽样判决，即可恢复原始信号。对于发送端有相关编码的情况，只需在窄带滤波器后增加倍频电路即可。

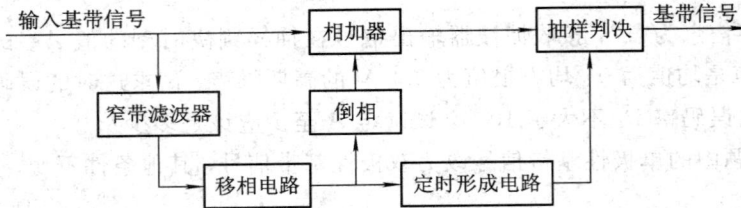

图 4-25　插入位定时导频的接收系统

插入导频法的优点是接收端提取位同步的电路简单。但是，发送导频信号必然要占用部分发射功率，因此，有效信号信噪比低，抗干扰能力差。数字通信中更多的是采用位同步的自同步法。

子任务 4.5.2　自同步法实现位同步

必备知识

自同步法是指发送端不专门发送位同步导频信号，接收端可以从接收到的数字信号中直接或经非线性变换后提取位同步信号的方法。这是数字通信中常采用的一种方法。

一、非线性变换——滤波法（微分整流法）

数字通信系统中，接收端通过非线性变换提取位同步信号常采用的方法是滤波法，也叫微分整流法。

由任务 4.2 可知，二进制双极性非归零码的频谱中并不含有位同步信息，但其经过微分整流和滤波后，可以由非归零码变为归零码，从而获得位同步信息。图 4-26(a) 和 (b) 所示分别为该方法的实现原理框图和各步骤信号的波形图。图中，输入信号首先进行放大限幅，变为矩形波；然后通过微分和全波整流，变成含有离散位同步信息的尖顶脉冲形状；而后用窄带滤波器进行平滑和除噪，获得纯净、稳定的位同步频率分量；移相的作用同样是为了纠正窄带滤波器引起的导频相移；最终经脉冲形成电路生成位同步脉冲。

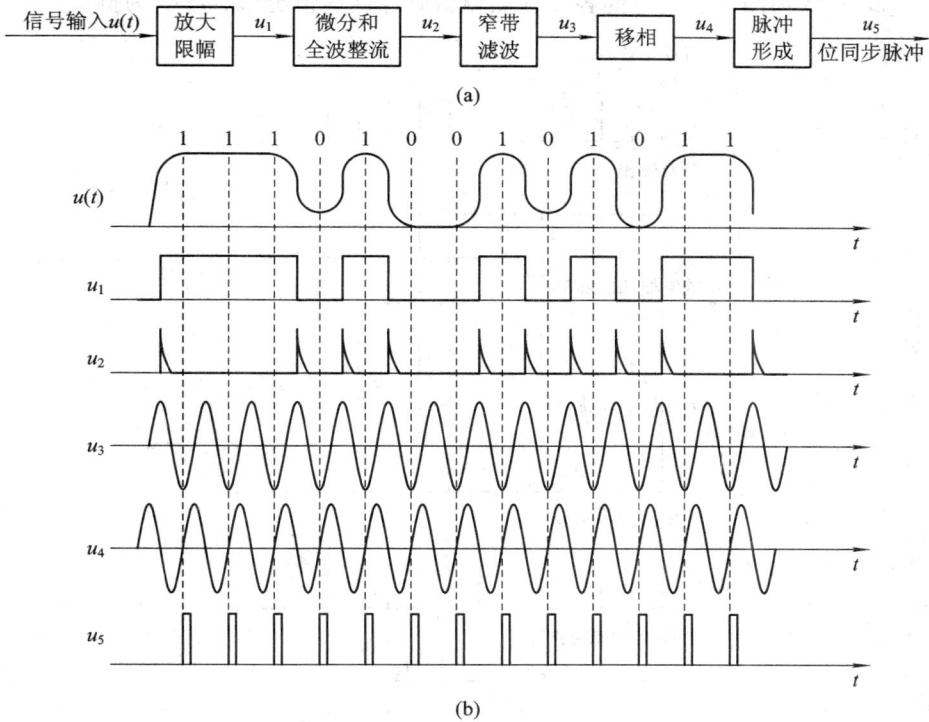

图 4-26　微分整流法实现位同步

二、数字锁相法

图 4-27 所示为数字锁相法提取位同步信号的实现原理框图。与带有锁相环的载波同步相类似，该方法也是利用鉴相器将反馈回来的误差信号同输入信号进行比较，然后不断调整。不同的是，它需要一个具有高稳定频率输出的信号钟（振荡器），而且由数字滤波器输出的误差电压不是直接去控制该振荡器，而是通过控制器在该振荡器输出的脉冲序列中增加或扣除一个或几个脉冲，以达到调整的目的。

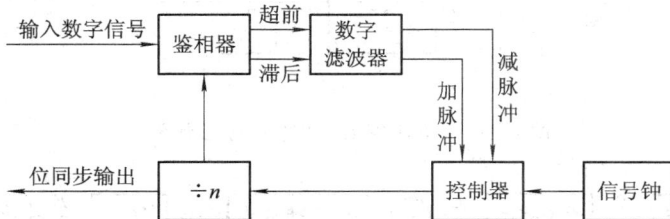

图 4-27　数字锁相法实现位同步

具体来讲，若输入信号码元周期为 T，则信号钟的周期就设计为 $T_0 = T/n$。控制器在数字滤波器输出的加脉冲或减脉冲作用下，在信号钟输出脉冲基础上进行脉冲的增加或减少，然后经过 n 分频电路（图中用"÷n"表示）反馈给鉴相器，与输入信号再次比较，从而再次获得加/减脉冲信号，这样不断反馈，不断缩小误差，最终获得准确的位同步信号。

图 4 - 28 所示为图 4 - 27 中的各关键点输出脉冲调整情况（以 $n=8$ 为例）。

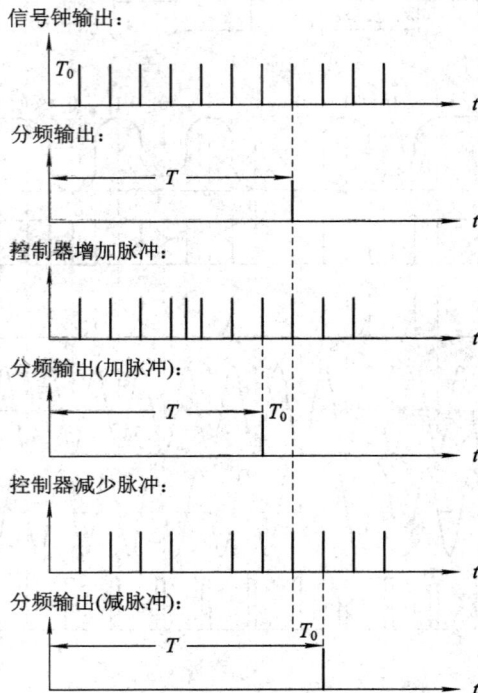

信号钟输出：

分频输出：

控制器增加脉冲：

分频输出(加脉冲)：

控制器减少脉冲：

分频输出(减脉冲)：

图 4 - 28　数字锁相法实现位同步脉冲调整情况

┌─ 案例分析 ─┐

　　设有如图 4 - 29 所示波形的基带信号，通过如图 4 - 30 所示的位同步提取电路，试画出各点的波形图。

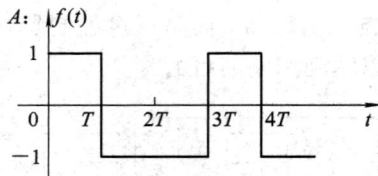

图 4 - 29　子任务 4.5.2 案例分析题图 1

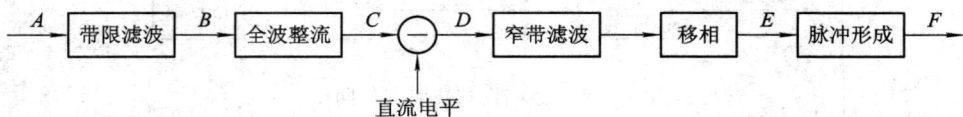

A → 带限滤波 → B → 全波整流 → C → ⊖ → D → 窄带滤波 → 移相 → E → 脉冲形成 → F

直流电平

图 4 - 30　子任务 4.5.2 案例分析题图 2

解　各点的波形如图 4 - 31 所示。

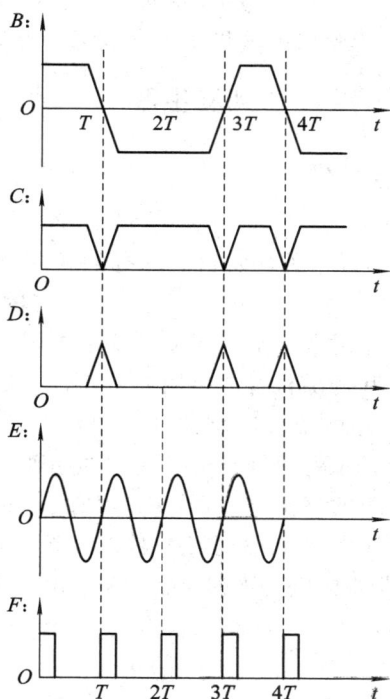

图 4 - 31　子任务 4.5.2 案例分析题图 3

思考应答

设某基带信号如图 4 - 32 所示,它通过一个带限滤波器后变为带限信号,试画出该带限基带信号通过图 4 - 26(a)提取位同步信号的各点波形图。

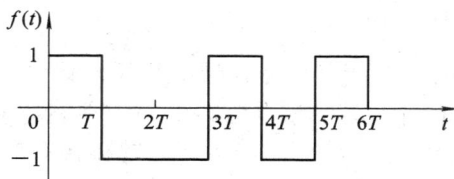

图 4 - 32　子任务 4.5.2 思考应答题图

任务 4.6　给数字基带通信系统加扰

任务要求: 在数字基带传输系统中,许多码型在出现连"0"码或连"1"码时,都容易丢失位同步信息。为此,常对数字信息进行随机化处理,使处理后的信号频谱更能适合基带传输,这种随机化处理的过程称为加扰。加扰实际上就是利用某种伪随机码序列(称为扰码)对信息码做有规律地、随机化地处理。由于这种处理是人为地、有规律地,因此可以在接收端解除。在接收端解除加扰的逆过程称为解扰。本节的任务是了解 m 序列的特性，并掌握利用 m 序列发生器实现在基带数字通信系统中加扰和解扰的方法。

子任务 4.6.1　了解 m 序列和 m 序列发生器

必备知识

加扰不可能真正随机化，而是一种伪随机。加扰的实现通常要利用某种合适的伪随机序列（简称 PN），如 m 序列、M 序列、Golden 序列等。不同的伪随机序列具有不同的特性，适合于不同的通信系统。这里介绍数字基带通信系统中常用的 m 伪随机序列。

m 序列具有很强的规律性和伪随机性，应用非常广泛。产生 m 序列的器件称为 m 序列发生器。由于 m 序列发生器是由带线性反馈抽头的移位寄存器构成的，而且 m 序列是该组移位寄存器所能产生的所有序列中具有最长周期的序列，因此 m 序列亦称为最长线性反馈移位寄存器序列。对于 n 级的移位寄存器，m 序列的周期为 2^n-1。

图 4-33 所示为一个典型的 4 级 m 序列发生器。由图可见，该 m 序列发生器由四个采用同步移位脉冲（CP）的 D 触发器构成 4 级移位寄存器，由一个两输入单输出的模 2 加法器和线性抽头构成反馈逻辑电路，其反馈逻辑关系为

$$a_4 = a_0 \oplus a_1 \tag{4-47}$$

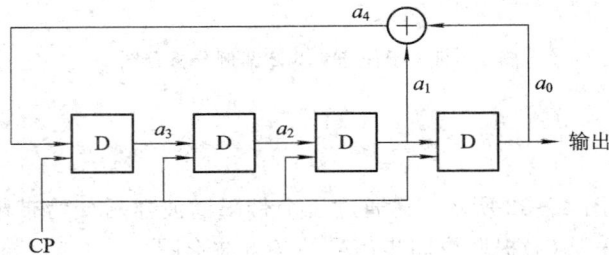

图 4-33　4 级 m 序列发生器

在同步移位脉冲的作用下，各级移位寄存器实现逐位移位，同时反馈逻辑电路将输出值反馈回第 1 级移位寄存器的输入端。该电路产生 m 序列的过程如表 4-11 所示。表中，第"0"个移位脉冲（即当移位脉冲未到来时）设置各级移位寄存器的输出为要求的初始状态（这里设图 4-33 中的 D 触发器由左到右初始值依次为"0001"），同时反馈逻辑电路将输出反馈值 $a_4=1$ 传到第 1 级移位寄存器的输入端。当第"1"个移位脉冲到来时，第 1 级移位寄存器的输入值"1"被输出（这里是 a_3），同时其原来的输出值"0"（也即第 2 级移位寄存器的输入）被第 2 级移位寄存器输出（这里是 a_2），其他移位寄存器与此类同，依次向右实现移位，反馈逻辑电路输出新的反馈值 $a_4=0$。后面每当一个新的移位脉冲到来时，就实现新一轮的移位和反馈。当第 15 个 CP 到来时各寄存器的状态、反馈逻辑值和 m 序列输出值都与 CP=0 时完全相同，即各数值开始按周期重复出现。因此，该 m 序列的周期长度为 15。把图 4-33 中的任一移位寄存器的输入或输出作为整个电路的输出都能得到 m 序列。这里取第 4 级移位寄存器的输出 a_0 作为整个电路的输出，由表可见最终输出的 m 序列为 100010011010111100010011010111…。

表 4 - 11 4 级 m 序列发生器 m 序列的产生过程

移位脉冲 CP	第 1 级 a_3	第 2 级 a_2	第 3 级 a_1	第 4 级 a_0	反馈值 a_4
0	0	0	0	1	1
1	1	0	0	0	0
2	0	1	0	0	0
3	0	0	1	0	1
4	1	0	0	1	1
5	1	1	0	0	0
6	0	1	1	0	1
7	1	0	1	1	0
8	0	1	0	1	1
9	1	0	1	0	1
10	1	1	0	1	1
11	1	1	1	0	1
12	1	1	1	1	0
13	0	1	1	1	0
14	0	0	1	1	0
15	0	0	0	1	1

上述 4 级 m 序列发生器的移位寄存器的初始状态若改为"0000",则其输出随机序列为全 0,即周期为 1,肯定不是 m 序列。因此,要产生 m 序列,移位寄存器的初始状态不能为全 0。

图 4 - 34 所示是采用另一种反馈逻辑 $a_4 = a_0 \oplus a_2$ 的 4 级移位寄存器,若其初始状态仍取"0001",按照与表 4 - 11 同样的方法可以推导出它的输出序列为 100010100010…。显然,其周期为 6,也不是 m 序列。

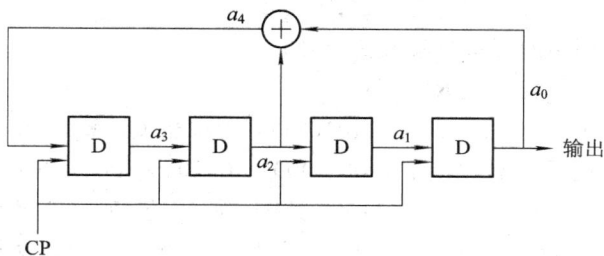

图 4 - 34 不能产生 m 序列的 4 级移位寄存器

由上分析可知：对于固定级数的移位寄存器，必须选择合适的线性反馈逻辑和移位寄存器的初始状态，才能产生 m 序列。

经研究表明，m 序列除了具有 2^n-1 最长周期这个特性外，还具有如下一些特性，也可作为是否为 m 序列的判别依据。

（1）除全 0 状态外，n 级移位寄存器可以出现的各种状态在 m 序列中各出现一次。由此可知，m 序列中"1""0"的出现概率大致相同，"1"码总比"0"码多一个。

（2）一个序列中连续出现的相同码称为一个游程。m 序列中总游程数为 2^{n-1}，其中单码游程占 $1/2$，2 连码占 $1/4$，3 连码占 $1/8$，…，最长一个连"1"码的长度为 n，最长一个连"0"码的长度为 $n-1$。

（3）m 序列的自相关函数只有两种取值：当二进制序列中的"0""1"分别用"-1""$+1$"表示，m 序列无移位时，相关值 $R(0)$ 为 2^n-1，其他相关值恒为 -1。

除了扰码与解扰外，m 序列码还常用于加密与解密、扩频通信、码分多址和全球定位系统（GPS）等方面。

案例分析

1. 仿照表 4-11，写出图 4-34 所示 4 级移位寄存器的输出序列的产生过程。

解 所求输出序列产生过程如表 4-12 所示。

表 4-12 子任务 4.6.1 案例分析第 1 题表

移位脉冲 CP	第 1 级 a_3	第 2 级 a_2	第 3 级 a_1	第 4 级 a_0	反馈值 a_4
0	0	0	0	1	1
1	1	0	0	0	0
2	0	1	0	0	1
3	1	0	1	0	0
4	0	1	0	1	1
5	0	0	1	0	0
6	0	0	0	1	1

2. 针对必备知识中给出的周期为 15 的 m 序列，完成下述题目以验证其特性。

（1）写出该 m 序列中的所有可能的状态；

（2）计算该 m 序列中"1"和"0"的个数；

（3）列出该 m 序列中的所有游程及其个数；

（4）计算该 m 序列的相关值 $R(0)$ 和 $R(5)$。

解 题目中所指 m 序列为 100010011010111，所求相关计算如下：

（1）该 m 序列中的状态依次有：1000、0001、0010、0100、1001、0011、0110、1101、1010、0101、1011、0111、1111、1110、1100，共 15 种，不包括 0000 且每种状态在序列中只出现一次。注意：后三种状态为该 m 序列中首尾数字相接产生的。这是因为，任何一个 m 序列经过若干位的循环移位后仍然为 m 序列，这是可以证明的。例如：该 m 序列经过循环左移一位得到的就是图 4-33 中第 3 级移位寄存器的输出序列，也是一个 m 序列。

（2）"1"的个数为 8，"0"的个数为 7。"1"比"0"多一个。

（3）该 m 序列中的所有游程及其个数如表 4-13 所示（注意首尾数字相接）。

表 4-13 子任务 4.6.1 案例分析第 2 题表

由左到右的游程		游程的个数	游程占总游程的比例
单码	1, 0, 1, 0	4	1/2
2 连码	00, 11,	2	1/4
3 连码	000	1	1/8
4 连码	1111	1	1/8
总游程数		8	

（4）该 m 序列表示为：$+1-1-1-1+1-1-1+1+1-1+1-1+1+1+1$。

求得 $R(0)$ 为

$$\begin{array}{c} \;+1\;|-1\;|-1\;|-1\;|+1\;|-1\;|-1\;|+1\;|+1\;|-1\;|+1\;|-1\;|+1\;|+1\;|+1 \\ \times\;\;+1\;|-1\;|-1\;|-1\;|+1\;|-1\;|-1\;|+1\;|+1\;|-1\;|+1\;|-1\;|+1\;|+1\;|+1 \\ \hline 1+\;1+\;1+\;1+\;1+\;1+\;1+\;1+\;1+\;1+\;1+\;1+\;1+\;1+\;1\;=15 \end{array}$$

求得 $R(5)$ 为

将该 m 序列循环左移 5 位：

$$\begin{array}{c} \;+1\;|-1\;|-1\;|-1\;|+1\;|-1\;|-1\;|+1\;|+1\;|-1\;|+1\;|-1\;|+1\;|+1\;|+1 \\ \times\;\;-1\;|-1\;|+1\;|+1\;|-1\;|+1\;|+1\;|+1\;|-1\;|+1\;|-1\;|-1\;|-1\;|-1\;|+1 \\ \hline -1+\;1-\;1-\;1-\;1+\;1+\;1-\;1+\;1-\;1+\;1-\;1+\;1\;=-1 \end{array}$$

或将该 m 序列循环右移 5 位：

$$\begin{array}{c} \;+1\;|-1\;|-1\;|-1\;|+1\;|-1\;|-1\;|+1\;|+1\;|-1\;|+1\;|-1\;|+1\;|+1\;|+1 \\ \times\;\;+1\;|-1\;|+1\;|-1\;|+1\;|+1\;|+1\;|-1\;|+1\;|-1\;|-1\;|-1\;|-1\;|+1\;|-1 \\ \hline 1+\;1-\;1-\;1+\;1-\;1-\;1-\;1-\;1+\;1+\;1-\;1\;=-1 \end{array}$$

3. 某 3 级序列发生器如图 4-35 所示，设各级寄存器初始值从左到右依次为"100"，试求输出序列并判断该电路是否为 m 序列发生器。

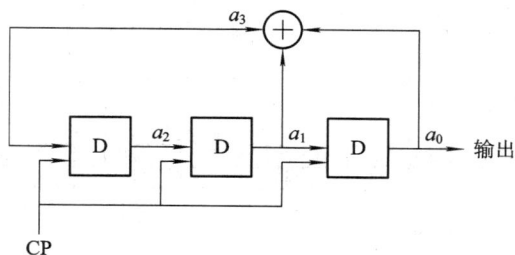

图 4-35 子任务 4.6.1 案例分析第 3 题图

解　该序列发生器的反馈逻辑为 $a_3 = a_0 \oplus a_1$，所求输出序列产生过程如表 4-14 所示。

表 4-14　子任务 4.6.1 案例分析第 3 题表

移位脉冲 CP	第 1 级 a_2	第 2 级 a_1	第 3 级 a_0	反馈值 a_3
0	1	0	0	0
1	0	1	0	1
2	1	0	1	1
3	1	1	0	1
4	1	1	1	0
5	0	1	1	0
6	0	0	1	1
7	1	0	0	0

由表 4-14 可见，输出序列为 00101110010111…，且当第 7 个 CP 到来时各寄存器的状态、反馈逻辑值和序列输出值都开始周期性地重复出现，因此该序列周期为 7。3 级移位寄存器能够生成的最长序列周期为 $2^3 - 1 = 7$。因此，该序列是 m 序列，该电路是 m 序列发生器。

【思考应答】

1. 仿照案例分析第 2 题验证案例分析第 3 题中输出 m 序列的特性。

2. 将案例分析第 3 题中的反馈逻辑改为 $a_3 = a_2 \oplus a_0$，试求输出序列并判断该序列是否为 m 序列。

子任务 4.6.2　掌握数据加扰和解扰的原理和方法

【必备知识】

通常把实现加扰的电路称为扰码器，完成解扰的电路称为解扰器。扰码器和解扰器都是以线性反馈移位寄存器为基础的，下面我们以 4 级线性反馈移位寄存器构成的扰码器和解码器为例，说明其工作原理。

图 4-36 所示为由某 4 级移位寄存器构成的扰码器（为简洁起见，图中省略了同步移位脉冲 CP），其反馈逻辑为 $G = a_4 = a_0 \oplus a_1 \oplus S$。其中，$G$ 为输出，S 为输入。经分析可知，只

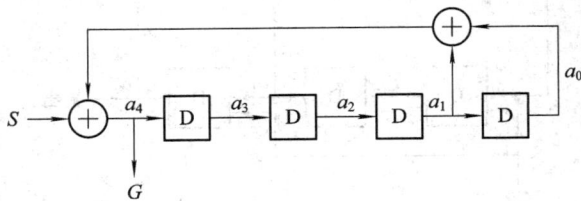

图 4-36　4 级移位寄存器构成的扰码器

要各级移位寄存器的初始状态不是全零，且输入序列为全零时，这个扰码器就是一个线性反馈移位寄存器构成的序列发生器。当反馈逻辑也合适时，就能得到 m 序列。要将其作为扰码器使用，各级移位寄存器的初始状态可以设为全零，但要求输入序列必须不能为全零。固然，数字基带通信系统中被加扰的数字信息序列也不可能为全零。

下面以具体数据进行分析。这里设各级移位寄存器的初始状态为全 0，输入序列 S 为周期性的 010101…，该扰码器的加扰过程如表 4 - 15 所示。表中，在移位脉冲未到来时，$a_3 a_2 a_1 a_0$ 为初始值 0000，a_4 为输入序列 S 的第一位"0"与 a_0 和 a_1 模 2 加后的结果"0"；当第 1 个 CP 到来时，原来的 a_4 移位成为新的 a_3，其余各位依次移位，新的 a_4 由 S 的第二位与新的 a_0 和 a_1 模 2 加得到；后面每当一个新的 CP 到来，就得到新的移位值和反馈值；当第 30 个 CP 到来时，各种状态和数值开始周期性重复出现。因此，周期为 2 的输入序列 S 经过扰码器的加扰后变为周期为 30 的伪随机序列。同理可以证明，当输入序列中出现长的连"0"或连"1"码时，输出序列也会呈现伪随机性。

表 4 - 15　扰码器的加扰过程

移位脉冲 CP	S	a_3	a_2	a_1	a_0	$a_4(G)$
0	0	0	0	0	0	0
1	1	0	0	0	0	1
2	0	1	0	0	0	0
3	1	0	1	0	0	1
4	0	1	0	1	0	1
5	1	1	1	0	1	0
6	0	0	1	1	0	0
7	1	1	0	1	1	1
8	0	1	1	0	1	1
9	1	1	1	1	0	0
10	0	0	1	1	1	0
11	1	0	0	1	1	1
12	0	1	0	0	1	1
13	1	1	1	0	0	1
14	0	1	1	1	0	0
15	1	1	1	1	1	1
16	0	1	1	1	1	0
17	1	0	1	1	1	1
18	0	1	0	1	1	0
19	1	0	1	0	1	0

续表

移位脉冲CP	S	a_3	a_2	a_1	a_0	$a_4(G)$
20	0	0	0	1	0	1
21	1	1	0	0	1	0
22	0	0	1	0	0	0
23	1	0	0	1	0	0
24	0	0	0	0	1	1
25	1	1	0	0	0	1
26	0	1	1	0	0	0
27	1	0	1	1	0	0
28	0	0	0	1	1	0
29	1	0	0	0	1	0
30	0	0	0	0	0	0

图 4-37 所示为对应前述扰码器接收端可以采用的解扰器，其结构组成与发送端的扰码器相仿，其解扰过程是扰码的逆过程，可以将扰码后的伪随机序列恢复为原始信息序列。该解扰器能够实现解扰的证明过程如下：

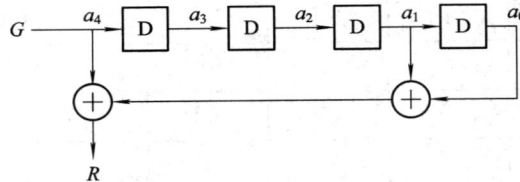

图 4-37　4级移位寄存器构成的解扰器

根据图 4-37 的解扰器，可以写出其反馈逻辑为 $R=a_1\oplus a_0\oplus G$。将前述扰码器的反馈逻辑 $G=a_4=a_0\oplus a_1\oplus S$ 代入，可得 $R=a_1\oplus a_0\oplus G=a_1\oplus a_0\oplus a_0\oplus a_1\oplus S=(a_1\oplus a_1)\oplus(a_0\oplus a_0)\oplus S=S$。

下面仍采用前面扰码器所用数据加以证明。将前述扰码器的输出作为该解扰器的输入，解扰器各级寄存器的初始状态要与发送端的扰码器完全一致（这里为全零）。图 4-37 所示解扰器的解扰过程如表 4-16 所示。由表可见，该解扰器完全实现了对前述加扰数据的解扰作用。

表 4-16　解扰器的解扰过程

移位脉冲CP	$a_4(G)$	a_3	a_2	a_1	a_0	R
0	0	0	0	0	0	0
1	1	0	0	0	0	1
2	0	1	0	0	0	0
3	1	0	1	0	0	1

续表

移位脉冲 CP	$a_4(G)$	a_3	a_2	a_1	a_0	R
4	1	1	0	1	0	0
5	0	1	1	0	1	1
6	1	0	1	1	0	0
7	1	1	0	1	1	1
8	1	1	1	0	1	0
9	0	1	1	1	0	1
10	0	0	1	1	1	0
11	1	0	0	1	1	1
12	1	1	0	0	1	0
13	1	1	1	0	0	1
14	1	1	1	1	0	0
15	1	1	1	1	1	1
16	0	1	1	1	1	0
17	1	0	1	1	1	1
18	0	1	0	1	1	0
⋮	⋮	⋮	⋮	⋮	⋮	⋮

加扰和解扰的方法可以改善因出现连"0"或连"1"码而造成位定时信息不易提取的问题，可以提高自适应时域均衡系统的性能。但它也存在缺点：扰码可能影响系统的误码性能，产生误码增殖。例如，对于 4 级移位寄存器构成的扰码器来说，单个误码解扰后会有 3 个误码，即误码增殖系数为 3。此外，当扰码器输入某些伪随机码时，输出可能是全"0"或全"1"码。

┇案例分析┇

1. 设图 4 - 36 中扰码器各级移位寄存器的初始状态为"0001"，且输入序列为全零，试通过实际计算证明这时的扰码器就是一个 m 序列发生器。

解　仿照表 4 - 15，该扰码器的加扰过程如表 4 - 17 所示。

表 4 - 17　子任务 4.6.2 案例分析第 1 题表

移位脉冲 CP	S	a_3	a_2	a_1	a_0	$a_4(G)$
0	0	0	0	0	1	1
1	0	1	0	0	0	0
2	0	0	1	0	0	0
3	0	0	0	1	1	1
4	0	1	0	0	1	1

移位脉冲CP	S	a_3	a_2	a_1	a_0	$a_4(G)$
5	0	1	1	0	0	0
6	0	0	1	1	0	1
7	0	1	0	1	1	0
8	0	0	1	0	1	1
9	0	1	0	1	0	1
10	0	1	1	0	1	0
11	0	1	1	1	0	1
12	0	1	1	1	1	0
13	0	0	1	1	1	0
14	0	0	0	1	1	0
15	0	0	0	0	1	1

由表可见，各状态和数值从第 15 个 CP 到来时开始周期重复出现，输出序列与图 4-33 所产生的 m 序列完全相同。

2. 设图 4-36 中扰码器各级移位寄存器的初始状态为"1100"，输入 S 仍为周期性的 010101…，重新求解该扰码器的加扰过程。

解　所求加扰过程如表 4-18 所示。

表 4-18　子任务 4.6.2 案例分析第 2 题表

移位脉冲CP	S	a_3	a_2	a_1	a_0	$a_4(G)$
0	0	1	1	0	0	0
1	1	0	1	1	0	0
2	0	0	0	1	1	0
3	1	0	0	0	1	0
4	0	0	0	0	0	0
5	1	0	0	0	0	1
6	0	1	0	0	0	0
7	1	0	1	0	0	1
8	0	0	0	1	0	1
9	1	1	1	0	1	0
10	0	0	1	1	0	1
11	1	1	0	1	1	1
12	0	1	1	0	1	1
13	1	1	1	1	0	0

续表

移位脉冲 CP	S	a_3	a_2	a_1	a_0	$a_4(G)$
14	0	0	1	1	1	0
15	1	0	0	1	1	1
16	0	1	0	0	1	1
17	1	1	1	0	0	1
18	0	1	1	1	0	1
19	1	0	1	1	1	1
20	0	1	1	1	1	0
21	1	0	1	1	1	0
22	0	1	0	1	1	0
23	1	0	1	0	1	0
24	0	0	0	1	0	1
25	1	1	0	0	1	1
26	0	0	1	0	0	0
27	1	0	0	1	0	0
28	0	0	0	0	1	1
29	1	1	0	0	0	1
30	0	1	1	0	0	0

由表可见，当第30个CP到来时，各种状态和数值开始周期性重复出现，这种情况与该扰码器中各级寄存器初始状态为全零时是完全相同的。因此说明，扰码器对数据的加扰效果与其各级寄存器的初始状态无关。

3. 试用公式证明当解扰器中各级寄存器的初始状态与扰码器的初始状态不同时，解扰器就不能实现正确解扰。

解　仍以图4-36中的4级扰码器和图4-37中的4级解扰器为例，且不妨设解扰器中各级寄存器的初始状态为 $a_3'a_2'a_1'a_0'$，则解扰器的反馈逻辑变为 $R=a_1'\oplus a_0'\oplus G$。将扰码器的输出 $G=a_0\oplus a_1\oplus S$ 带入该式，得到 $R=a_1'\oplus a_0'\oplus a_0\oplus a_1\oplus S$。由于 $a_1'\oplus a_0'$ 不一定等于 $a_0\oplus a_1$，也即不一定有 $a_1'\oplus a_0'\oplus a_0\oplus a_1\equiv0$，所以不一定有 $R=S$。命题得证。

思考应答

1. 设图4-36的扰码器和图4-37的解扰器中各级移位寄存器的初始状态为"0101"，输入序列为周期性的110110110…，试分别列表写出加扰器加扰和解扰器解扰的过程。

2. 设上题中扰码器产生的伪随机序列中第3位符号在传输过程中因信道噪声由"1"变为"0"，试通过实际计算证明：对于4级移位寄存器构成的扰码器来说，单个误码解扰后会有3个误码。

任务 4.7　在数字基带通信系统中使用均衡技术

任务要求：从理论上讲，一个基带传输系统的传输函数只要满足式(4-18)，就不会产生码间串扰。但由于系统的传输函数不可能是完全确知的，即使确知也是经常变化，而不是固定不变的，因此，不可能完全消除码间串扰。本节的任务是学习另外一种克服码间串扰的技术——均衡技术。

必备知识

均衡是一种为了尽量消除码间串扰对接收码元的影响，而对系统的传输特性进行校正或补偿的技术。针对系统频域传输函数进行校正的均衡称为频域均衡；针对系统冲激响应进行校正的均衡称为时域均衡。频域均衡在信道特性不变且数据传输速率较低时适用；而时域均衡可以根据信道特性的变化进行调整，能够有效地减小码间串扰，故在高速数据传输中得以广泛应用。

时域均衡的基本思想可以用图 4-38 所示的传输模型加以说明。图中，当传输函数 $H(\omega)$ 不满足无码间串扰条件时，其输出信号 $y(t)$ 将存在码间串扰。为此，在 $H(\omega)$ 之后插入一个称之为横向滤波器的可调滤波器 $F(\omega)$，从而形成新的总传输函数 $H'(\omega)$，即

$$H'(\omega) = H(\omega) \cdot F(\omega) \tag{4-48}$$

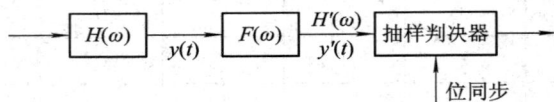

图 4-38　时域均衡的基本思想

显然，只要 $H'(\omega)$ 满足理想的无码间串扰的基带传输特性，则抽样判决器输入端的信号 $y'(t)$ 就不会含有码间串扰，即这个包含 $F(\omega)$ 在内的 $H'(\omega)$ 将可消除码间串扰。这就是时域均衡的基本思想。

图 4-39 所示为横向滤波器的结构组成。它主要由若干个横向排列的由带抽头延迟线构成的延迟单元 T、可变增益放大器 C_i 和加法器三部分组成。每个延迟单元的延迟时间等于码元宽度 T，每个抽头的输出经可变增益（增益可正可负）放大器加权后输出。这些输出都作为输入信号加到加法器中。这样，当有码间串扰的波形 $y(t)$ 输入时，经横向滤波器

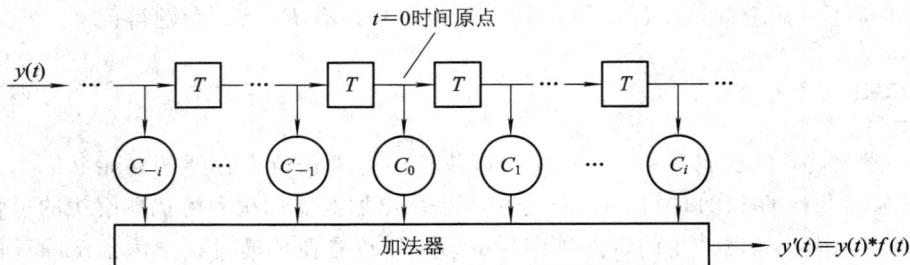

图 4-39　横向滤波器

变换，加法器将输出无码间串扰的波形 $y'(t)$。

　　上述分析表明，借助横向滤波器实现均衡是可能的，并且如果横向滤波器是无限级，就能做到完全消除码间串扰的影响。然而，横向滤波器的抽头无限多是不现实的，大多情况下也是不必要的。这是因为码间串扰主要是一个码元脉冲波形对邻近的少数几个码元产生串扰，对远离的码元的影响可以忽略不计。实际滤波器的抽头一般为一二十个。

　　下面进行具体分析。设在基带传输系统的接收滤波器与抽样判决器之间插入一个具有 $2N+1$ 个抽头的横向滤波器，如图 4-40 所示。若其单位冲激响应为 $e(t)$，相应的频率特性为 $E(\omega)$，则其输入 $x(t)$ 与输出 $y(t)$ 之间的关系为

$$y(t) = x(t) * e(t) = \sum_{i=-N}^{N} C_i x(t - iT) \qquad (4-49)$$

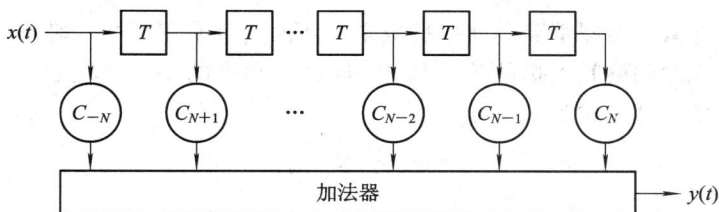

图 4-40　有限长横向滤波器

输出 $y(t)$ 经抽样判决器后，所得抽样值序列为

$$y(kT) = \sum_{i=-N}^{N} C_i x(kT - iT)，简写为：y_k = \sum_{i=-N}^{N} C_i x_{k-i} \qquad (4-50)$$

　　上式表明，均衡器在第 k 抽样时刻得到的样值，将由 $2N+1$ 个 C_i 与 x_{k-i} 的乘积之和来确定。我们希望抽样时刻无码间串扰，即

$$y_k = \begin{cases} 常数 & k = 0 \\ 0 & k \neq 0 \ 的整数 \end{cases} \qquad (4-51)$$

　　当输入波形 $x(t)$ 给定，即各种可能的 x_{k-i} 确定时，理论上，通过调节增益系数 C_i，即可实现无码间串扰。实际上，由于抽头的个数有限，因此，不可能完全消除码间串扰。实际应用时，是用示波器观察眼图的方法来确定增益系数 C_i 的。有关眼图，将在任务 4.8 专门讲述。

　　下面我们以只有三个抽头的横向滤波器为例，说明横向滤波器消除码间串扰的工作原理。假定滤波器的一个输入码元 $x(t)$ 在抽样时刻 t_0 达到最大值 $x_0 = 1$，而在相邻码元的抽样时刻 t_{-2}、t_{-1}、t_1 和 t_2 上的码间串扰值分别为 $x_{-2} = 0.05$、$x_{-1} = -0.2$、$x_1 = -0.3$ 和 $x_2 = 0.1$。采用三抽头均衡器来均衡，经调节，得此滤波器的三个抽头增益系数为

$$C_{-1} = 0.209, \quad C_0 = 1.126, \quad C_1 = 0.317$$

则调整后的三路波形相加得到最后输出波形 $y(t)$ 在各抽样点上的值为

$$y_{-3} = \sum_{i=-1}^{1} C_i x_{-3-i} = C_{-1} x_{-2} + C_0 x_{-3} + C_1 x_{-4} \approx 0.01$$

$$y_{-2} = \sum_{i=-1}^{1} C_i x_{-2-i} = C_{-1} x_{-1} + C_0 x_{-2} + C_1 x_{-3} = 0.0145$$

$$y_{-1} = \sum_{i=-1}^{1} C_i x_{-1-i} = C_{-1} x_0 + C_0 x_{-1} + C_1 x_{-2} \approx 0$$

$$y_0 = \sum_{i=-1}^{1} C_i x_{0-i} = C_{-1} x_1 + C_0 x_0 + C_1 x_{-1} \approx 1$$

$$y_1 = \sum_{i=-1}^{1} C_i x_{1-i} = C_{-1} x_2 + C_0 x_1 + C_1 x_0 \approx 0$$

$$y_2 = \sum_{i=-1}^{1} C_i x_{2-i} = C_{-1} x_3 + C_0 x_2 + C_1 x_1 = 0.0175$$

$$y_3 = \sum_{i=-1}^{1} C_i x_{3-i} = C_{-1} x_4 + C_0 x_3 + C_1 x_2 = 0.0317$$

由以上结果可见，输出波形的最大值是 $y_0 = 1$，相邻抽样点 $y_1 \approx y_{-1} \approx 0$，但其他抽样点上仍然存在串扰。这说明，用有限长的横向滤波器来减小码间串扰是可能的，但完全消除是不可能的。

峰值畸变是衡量均衡器消除码间串扰效果好坏的一个常用指标。峰值畸变定义为 $k=0$ 点之外的所有抽样时刻码间串扰的绝对值之和与 $k=0$ 点的抽样值之比。因此，时域均衡前的信号峰值畸变计算公式为

$$D_x = \frac{1}{x_0} \sum_{\substack{k=-N \\ k \neq 0}}^{N} |x_k| \tag{4-52}$$

时域均衡后的信号峰值畸变计算公式为

$$D_y = \frac{1}{y_0} \sum_{\substack{k=-N \\ k \neq 0}}^{N} |y_k| \tag{4-53}$$

通过计算可知，上面三个抽头横向滤波器在均衡前、后的信号峰值畸变分别为 0.65 和 0.0737，因此，峰值畸变改善了近 10 倍。

案例分析

1. 设有一个三抽头的时域均衡器，如图 4-41 所示。输入 $x(t)$ 在各抽样点的值依次为 $x_{-2}=1/8$、$x_{-1}=1/3$、$x_0=1$、$x_1=1/4$ 和 $x_2=1/16$（在其他抽样点均为零）。试求均衡器输入波形 $x(t)$ 的峰值畸变值和输出波形 $y(t)$ 的峰值畸变值。

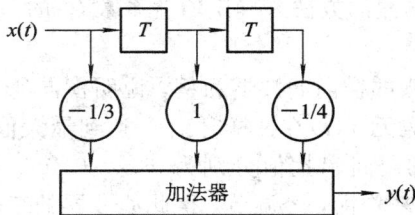

图 4-41　任务 4.7 案例分析第 1 题图

解　输入波形 $x(t)$ 的峰值畸变值为

$$D_x = \frac{1}{x_0} \sum_{\substack{k=-2 \\ k \neq 0}}^{2} |x_k| = \frac{1}{x_0} (|x_{-2}| + |x_{-1}| + |x_1| + |x_2|)$$

$$= \frac{1}{1} \left(\frac{1}{8} + \frac{1}{3} + \frac{1}{4} + \frac{1}{16} \right) = \frac{37}{48}$$

输出波形各点值为

$$y_0 = \sum_{i=-1}^{1} C_i x_{0-i} = C_{-1} x_1 + C_0 x_0 + C_1 x_{-1} = -\frac{1}{3} \times \frac{1}{4} + 1 \times 1 + \left(-\frac{1}{4} \times \frac{1}{3}\right) = \frac{5}{6}$$

$$y_1 = \sum_{i=-1}^{1} C_i x_{1-i} = C_{-1} x_2 + C_0 x_1 + C_1 x_0 = -\frac{1}{48}$$

$$y_2 = \sum_{i=-1}^{1} C_i x_{2-i} = C_{-1} x_3 + C_0 x_2 + C_1 x_1 = 0$$

同理可得：

$$y_3 = -\frac{1}{64}, \quad y_{-1} = -\frac{1}{32}, \quad y_{-2} = \frac{1}{72}, \quad y_{-3} = -\frac{1}{24}$$

所以输出波形 $y(t)$ 的峰值畸变值为

$$D_y = \frac{1}{y_0} \sum_{\substack{k=-N \\ k \neq 0}}^{N} |y_k| = \frac{1}{y_0} (|y_{-3}| + |y_{-2}| + |y_{-1}| + |y_1| + |y_2| + |y_3|)$$

$$= \frac{1}{5/6} \left(\frac{1}{24} + \frac{1}{72} + \frac{1}{32} + \frac{1}{48} + 0 + \frac{1}{64}\right) = \frac{71}{480}$$

2. 试设计一个三抽头迫零均衡器的抽头增益加权系数，输入波形 $x(t)$ 的样值为 $x_{-2} = 0$、$x_{-1} = 0.2$、$x_0 = 1$、$x_1 = -0.3$ 和 $x_2 = 0.1$，其余 $x_k = 0$。

（1）求三个抽头的最佳系数；

（2）验证设计结果。

解　（1）三个抽头的最佳系数应满足：

$$\begin{bmatrix} x_0 & x_{-1} & x_{-2} \\ x_1 & x_0 & x_{-1} \\ x_2 & x_1 & x_0 \end{bmatrix} \begin{bmatrix} C_{-1} \\ C_0 \\ C_1 \end{bmatrix} = \begin{bmatrix} 0 \\ 1 \\ 0 \end{bmatrix} \tag{4-54}$$

也即方程组：

$$\begin{cases} C_{-1} x_0 + C_0 x_{-1} + C_1 x_{-2} = 0 \\ C_{-1} x_1 + C_0 x_0 + C_1 x_{-1} = 1 \\ C_{-1} x_2 + C_0 x_1 + C_1 x_0 = 0 \end{cases} \tag{4-55}$$

将题目中的抽样值带入上式方程组可求出：

$$C_{-1} \approx -0.1779, \quad C_0 \approx 0.8897, \quad C_1 \approx 0.2847$$

（2）用求得的 C_{-1}、C_0、C_1 核对已均衡波的 y_k，得

$$y_{-3} \approx 0, \quad y_{-2} \approx -0.0356, \quad y_{-1} \approx 0, \quad y_0 \approx 1$$

$$y_1 \approx 0, \quad y_2 \approx 0.004, \quad y_3 \approx 0.0285$$

可见，三个抽头系数为最佳是指该均衡器能够保证在 $-1 \sim +1$ 范围内消除码间串扰，但超出这个范围还是存在码间串扰。

┌─ **思考应答** ─┐

1. 设有一个三抽头的时域均衡器，可变增益系数分别为 $C_{-1} = 0.1$、$C_0 = 0.3$、$C_1 = -0.1$。输入 $x(t)$ 在各抽样点的值依次为 $x_{-2} = -0.3$、$x_{-1} = 0.1$、$x_0 = 1$、$x_1 = 0.25$ 和 $x_2 = 0.15$（在其他抽样点均为零）。试求均衡器输入波形 $x(t)$ 的峰值畸变值和输出波形 $y(t)$ 的峰值畸变值以及峰值畸变是否得到改善。

2. 针对上题中的输入波形，试设计一个三抽头的时域均衡器。

（1）求三个抽头的最佳系数；

（2）求该均衡器输入波形 $x(t)$ 的峰值畸变值和输出波形 $y(t)$ 的峰值畸变值以及峰值畸变改善率。

任务 4.8　利用"眼图"判别数字基带通信系统的好坏

任务要求：本项目前面所涉及的码型编码、奈奎斯特准则、位同步、加扰和解扰、均衡技术等都是为了使数字基带传输系统获得更好的性能。而眼图分析法是数字基带传输系统性能评价的最实用、最简单的方法。本节的任务就是学习利用眼图对接收信号质量的好坏进行分析评估的方法。

必备知识

当利用示波器观察数字基带传输系统接收信号的波形时，可以观察到类似于人眼形状的图形，这种图形就称为眼图。通过示波器观察和分析眼图，能够直接得出接收信号质量的好坏，眼图分析法是数字基带传输系统性能评价的最实用、最简单的方法。

眼图分析法要求从示波器的 Y 轴输入码元序列，示波器的水平扫描周期必须是输入码元序列码元间隔 T_s 的整数倍，这样就能在示波器的荧光屏上看到由码元重叠而构成的类似人眼的图形。在示波器扫描频率和信号同步的前提下，如果接收到的码元序列（如图4-42(a)所示）没有码间串扰，也未受到噪声干扰，那么每个码元波形所重叠的轨迹都应该是相同的，因此，观察到的迹线既细又清晰，如图4-42(c)所示；如果存在码间串扰或噪声干扰（接收到的码元序列如图4-42(b)所示），则各个码元波形所呈现的轨迹是不同的，因此，会观察到迹线杂乱、眼皮厚重的图形，如图4-42(d)所示。当码间串扰和噪声干扰非常严重时，"眼睛"可能完全闭合。

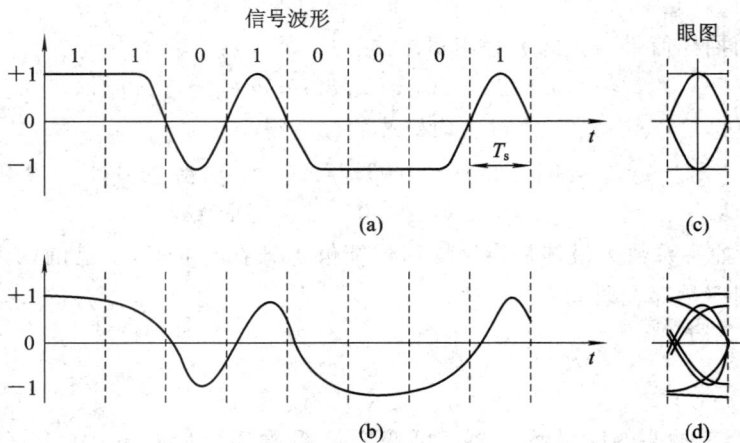

图 4-42　基带信号波形和眼图

为了使眼图和系统性能之间的关系更加明确，可以把眼图简化成一个模型，如图

4-43所示。图中各部分与系统性能的关系具体如下：

（1）最佳抽样判决时刻对应于眼睛张开最大的时刻；

（2）判决门限电平对应于眼图的横轴；

（3）最大信号失真量（即信号畸变范围）用眼皮厚度（图中上下阴影的垂直厚度）表示；

（4）噪声容限是信号电平值减去眼皮厚度所得结果，它体现了系统的抗噪声能力；

（5）过零点失真为落在横轴上的阴影的长度，它会影响系统的定时标准；

（6）对定时误差的灵敏度由斜边的斜率反映，斜率越大灵敏度越高，对系统的影响越大。

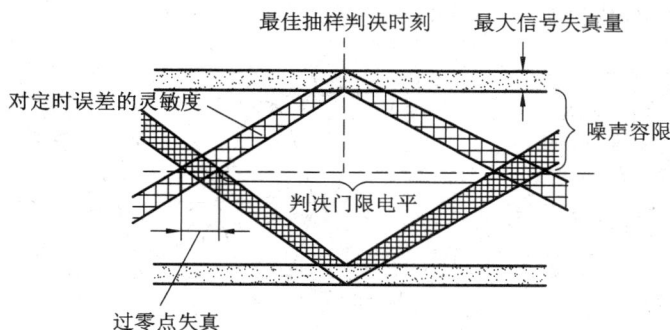

图4-43　眼图简化模型

总之，掌握了以上关系后，在利用均衡器对接收信号波形进行均衡处理时，可以根据眼图的效果来调节均衡器的增益系数，方法简单实用。

案例分析

一个随机二进制序列为10110001…，符号"1"对应的基带波形为升余弦波形，持续时间为 T_s；符号"0"对应的基带波形恰好与"1"相反。

（1）当示波器扫描周期 $T_0 = T_s$ 时，试画出眼图；

（2）当示波器扫描周期 $T_0 = 2T_s$ 时，试画出眼图；

（3）比较以上两种眼图的下述指标：最佳抽样判决时刻、判决门限电平及噪声容限值。

解　根据已知条件，分别设"1"码和"0"码的波形如图4-44(a)和(b)所示。

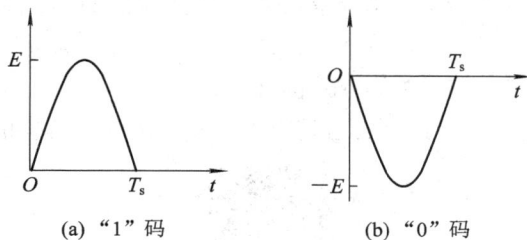

(a) "1"码　　　(b) "0"码

图4-44　任务4.8案例分析题图1

二进制序列10110001…的波形如图4-45所示。

（1）$T_0 = T_s$ 时的眼图如图4-46(a)所示。

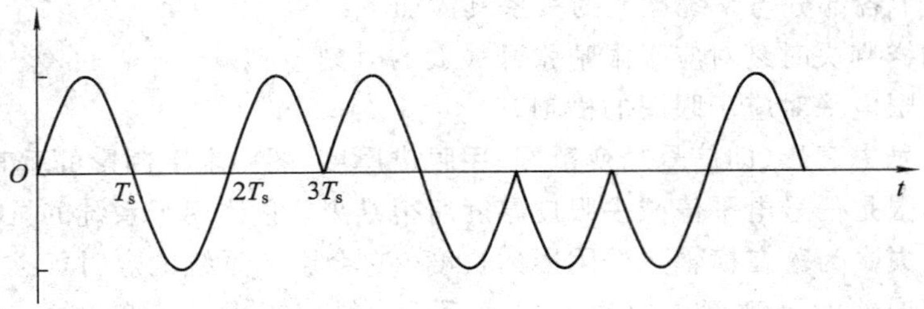

图 4-45　任务 4.8 案例分析题图 2

（2）$T_0 = 2T_s$ 时的眼图如图 4-46(b) 所示。

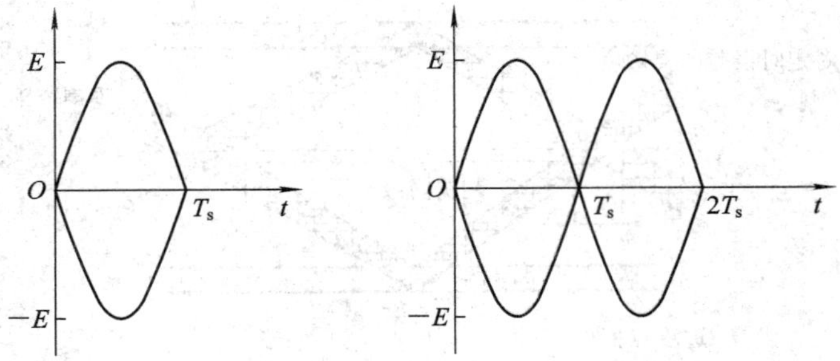

(a) $T_0 = T_s$　　　　　　　　　(b) $T_0 = 2T_s$

图 4-46　任务 4.8 案例分析题图 3

（3）两种眼图指标对比如表 4-19 所示。

表 4-19　任务 4.8 案例分析题表

两种眼图	最佳抽样判决时刻	判决门限电平	噪声容限值
$T_0 = T_s$	$\dfrac{T_s}{2} = \dfrac{T_0}{2}$	为 $\dfrac{T_0}{2}$ 对应的 x 轴电平值	$y(t)$ 的最大值 E 所对应的 y 轴电平值
$T_0 = 2T_s$	$\dfrac{T_s}{2} = \dfrac{T_0}{4}$	为 $\dfrac{T_0}{4}$ 对应的 x 轴电平值	

思考应答

已知符号"1"对应的基带波形为升余弦波形，持续时间为 T；符号"0"对应的基带波形恰好与"1"相反。

（1）试画出随机二进制序列 11100010 的波形；

（2）设示波器扫描周期为二进制符号周期的 3 倍，试画出对应的眼图。

思考应答参考答案

项目 5　设计实现各种信道编码

任务 5.1　理解信道编码的基本思想

任务要求：相比于模拟信号，数字信号在交换和传输过程中更容易因信道特性不理想以及加性噪声的影响而发生差错，从而使接收端产生误判。为了克服此问题，必须采用差错控制编码方法，以提高系统的可靠性。由于差错主要是在信道中产生的，因而差错控制编码亦称为信道编码。本节的任务是掌握信道编码的基本原理，了解差错的分类和三种常用的差错控制方式。

必备知识

由项目 1 的知识可知，信道编码是数字通信系统的重要组成部分，其目的是提高系统的可靠性。而通信系统的可靠性与有效性往往是一对矛盾体，可靠性的提高很可能会导致有效性的下降。由于不同的通信系统对误码率的要求不同，因而必须针对特定系统采用合适的差错控制方法，在保证误码率要求的同时兼顾有效性。

一、信道编码的分类

差错控制方法的研究必须针对不同的信道差错类型。按照信道中误码分布规律的不同，可以将差错分为随机错误、突发错误和混合错误三种。在随机错误的情况下，各个错码的出现是随机的，且错码之间是统计独立的。随机错误往往是由信道中的高斯白噪声引起的。当发生突发错误时，错码是成串集中出现的，也就是说，在一些短促的时间区间内会出现大量错码，而在这些短促的时间区间之间，却又存在较长的无错码区间。产生突发错误的主要原因是脉冲干扰和信道中的衰落现象。随机错误与突发错误的示例如图 5-1 所示。混合错误则是指既有随机错误又有突发错误的情况。

正确的信息码：　1 1 0 0 0 1 1 1 0 1 0 1 0 1 1 1 0 0 0 1 1 0 1 0 0 1 1 0 1 0 0 1 1 1 0 1 0 0 1

发生随机错误：　1 1 1 0 0 1 1 1 1 0 0 1 0 1 1 1 0 0 0 1 1 0 1 1 0 1 1 0 1 0 0 1 1 1 0 1 0 0 1

发生突发错误：　1 1 0 1 1 0 0 0 0 1 0 1 0 1 1 1 0 0 0 1 1 0 1 0 0 1 1 0 1 0 0 1 0 0 1 0 0 0 1

图 5-1　随机错误与突发错误示例

针对以上不同的差错类型，人们研究了各种有用的编码方法，其分类如表 5 - 1 所示。各种信道编码在本项目后面的任务中将进行详细介绍。

表 5 - 1　信道编码的分类

分类依据	类型	含　义
信息码元和监督码元之间的约束方式	分组码	分组码是指编码的规则仅局限于本码组之内，本码组的监督码元仅和本码组的信息码元相关
	卷积码	卷积码是指本码组的监督码元不仅和本码组的信息码元相关，而且还与本码组相邻的前 $n-1$ 个码组的信息码元相关
信息码元和监督码元之间的检验关系	线性码	线性码是指信息码元与监督码元之间的关系为线性关系，即监督码元是信息码元的线性组合，编码规则可用线性方程来表示
	非线性码	非线性码的信息码元与监督码元之间不存在线性关系
码字的结构	系统码	系统码是指前 k 个码元与信息码组一致的编码
	非系统码	非系统码不具有系统码的特性
码字中每个码元的取值	二进制码	二进制码的码元有 0 和 1 两个取值，它是应用最广泛的编码制式
	多进制码	M 进制码的码元有 M 个取值

二、信道编码的基本原理

信道编码的基本思想是要建立码元之间的相关性，实际常采用的方法是在被传输的有用信息码元中附加一些监督码元，并依据一定的规则在信息码元和监督码元之间建立某种校验关系。当这种校验关系因传输错误而被破坏时，利用收发双方事先约定的校验规则，就可以发现错误（检错）或予以纠正（纠错）。可见，信道编码的这种检、纠错能力是用增加信号的冗余度换取的。

为了便于理解，举个简单的例子：用 3 位二进制码元组合来表示天气。

方案 1：8 种可能的组合全部用来传递信息，具体为：000（晴），001（云），010（阴），011（雨），100（雪），101（霜），110（雾），111（雹）。若在传输过程中发生一个误码，则任何一种码组（码字）会错误地变成另外一种码组。这是由于每一种码组都可能出现，没有多余的信息量，因此接收端不可能发现错误，以为发送的就是另外一种码组。

方案 2：8 种组合中只选用 4 种来传递信息，具体为：000（晴），011（云），101（阴），110（雨）。这时，虽然只传送 4 种不同的天气，但是接收端却有可能发现码组中的一个错码。例如，000（晴）这一码组中错了一位码，则接收到的码组可能变为 100 或 010 或 001。由于这 3 种码组都是不能使用的，称为禁用码组，故接收端在收到禁用码组时，就可以发现错误，即检出了错误。

上述方案 2 亦可以理解为：只传递了 00、01、10、11 这 4 种信息，而第 3 位是附加位。这位附加的监督码元与前面的两位信息码元一起，保证码组中"1"的个数为偶数。当发生奇数（1 或 3）个错误时，例如 000 变成了 111，就可以利用这种简单的校验关系检查出来。

上述的编码方法不能发现 2 个以上的错误，更不能纠正错误。例如，当收到的禁用码组为 100 时，接收端无法判断是哪一位码发生了错误，因为晴（000）、阴（101）、雨（110）

3 种码组错了一位都可能变成 100。可见，若要能够纠正错误，还必须增加冗余度。

方案 3：许用码组只有两种，000（晴）和 111（雨），其余都是禁用码组。这时，接收端能检测 2 个以下的错误，或能纠正 1 个错误。例如，当收到禁用码组 100 时，如果认为该码组中仅有 1 位错码，那么可以判定此错码发生在"1"，从而纠正为 000（晴），因为 111（雨）发生任何一位错码都不可能变成这种形式。若认为上述接收码组中的错码数不超过 2 个，则存在两种可能：000 的最高位错；111 的低 2 位错。但不能判定实际是哪种可能，因而无法纠正。

从上面的例子可以看出，在一个码组集合中，减小允许使用的码组子集，即增加编码的冗余度，可以提高这种编码的检、纠错能力。但同时由于许用码组数减少，可表示的信息也减少，有效性降低。

三、差错控制方式

常用的差错控制方式有 3 种：前向纠错、检错重发和混合纠错。

1. 前向纠错（FEC）

前向纠错方式是发送端发送有纠错能力的码，接收端的译码器收到这些码之后，能够按照事先约定的规则，自动地纠正传输中的错误。FEC 的示意图如图 5-2(a)所示。

这种方式的优点是不需要反馈信道，能够进行一个用户对多个用户的同时通信（如广播）。此外，这种通信方式译码的实时性好，控制电路简单，特别适用于移动通信。缺点是译码设备比较复杂，所选用的纠错码必须与信道干扰情况相匹配，因而对信道变化的适应性差。为了获得较低的误码率，必须以最坏的信道条件来设计纠错码。

2. 检错重发（ARQ）

检错重发方式的发送端发出有一定检测错误能力的码。接收端译码器根据编码规则，判断这些码在传输中是否有错误产生，如果有错，就通过反馈信道告诉发送端，发送端将接收端认为错误的信息再次重新发送，直到接收端认为正确为止。ARQ 的示意图如图 5-2(b)所示。

这种方式的优点是只需要少量的冗余码，就能获得极低的误码率。由于检错码和纠错码的能力与信道的干扰情况基本无关，因此整个差错控制系统的适应性极强，特别适用于短波、有线等干扰情况非常复杂而又要求误码率极低的场合。其主要缺点是必须有反馈信道，不能进行同播。当信道干扰较大时，整个系统可能处于重发循环之中，因此信息传输的连贯性和实时性较差。

3. 混合纠错（HEC）

混合纠错方式是前向纠错和检错重发两种方式的结合。发送端发送的码不仅能够检测错误，而且还具有一定的纠错能力。接收端译码器接收到码组之后，首先检查错误，若在其纠错能力范围之内，则自动纠正错误；如果错误超出了接收端的纠错能力，则通过反馈信道请求发送端重发这组信息。HEC 的示意图如图 5-2(c)所示。

这种方式不但克服了 FEC 冗余度较大、需要复杂的译码设备的缺点，同时还增强了 ARQ 方式的连贯性，在卫星通信中得到了广泛的应用。

(a) 前向纠错(FEC)

(b) 检错重发(ARQ)

(c) 混合纠错(HEC)

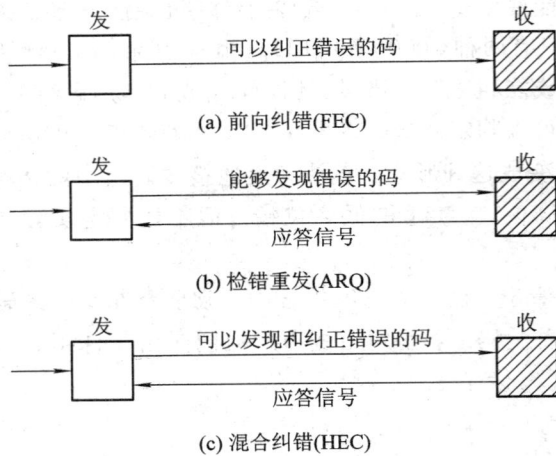

图 5 - 2　三种常用的差错控制方式

　　上述三种差错控制方式各有自己的优缺点，在实际应用中，可根据需要适当地选择差错控制方式。

┌ 案例分析 ┐

　　1. 有两个码组集合 A 和 B 分别如图 5-3(a)和(b)所示，试分析比较其检纠错能力和有效性。

00	红
01	黄
10	蓝
11	绿

(a) 集合 A

0001	红
0010	黄
0100	蓝
1000	绿

(b) 集合 B

图 5 - 3　任务 5.1 案例分析第 1 题图

　　解　检纠错能力：集合 A 中的码组没有冗余，因此不具有任何检纠错能力；集合 B 中有 4 个许用码组，12 个禁用码组，因此具有较强的检纠错能力。当任何一个许用码组中的任何一个二进制位发生差错时，都会变成禁用码组。

　　有效性：同样表示四种信息，码组集合 B 用 4 位二进制，而码组集合 A 只用 2 位二进制。因此，集合 A 比集合 B 有效性高。

　　2. 试列表比较三种差错控制方式。

　　解　三种差错控制方式对比如表 5 - 2 所示。

表 5 - 2　任务 5.1 案例分析第 2 题表

差错控制方式	反馈信道	码的检纠错能力	连贯性实时性	适应性	适用系统	码与信道的相关性	译码设备
前向纠错	不需要	纠错	好	差	移动通信	强	复杂
检错重发	需要	检错	差	强	短波、有线通信	否	较简单
混合纠错	需要	检纠错	中	中	卫星通信	中	中

思考应答

有两个码组集合 A 和 B 分别如图 5-4(a) 和 (b) 所示，试分析比较其检纠错能力和有效性。

00	红
11	绿

(a) 集合 A

0000	红
1111	绿

(b) 集合 B

图 5-4　任务 5.1 思考应答题图

任务 5.2　设计实现几种简单的分组编码

任务要求：分组编码是最早应用的、最基本的编码方式，也是其他类型编码的基础。本节的任务是首先熟悉分组码中的基本概念，然后学习设计三种简单实用的分组码：奇偶校验码、恒比码和正反码。

子任务 5.2.1　熟悉分组码中的基本概念

必备知识

所谓分组码，指的是将信息码进行分组，并为每组信息码附加若干个监督码，这些监督码仅监督本码组中的信息码的编码方法。

为了便于应用，我们引入如下基本概念：

(1) 码重（Weight）：分组码的一个码字中"1"的数目，用 w 表示。如码字 11010，$w=3$。

(2) 码距（Distance）：分组码的两个等长码字之间对应码位上的不同二进制码元的个数，用 d 表示。如码字 11000 与 10011，$d=3$。

(3) 编码效率：码字中信息码元的个数 k 与整个码字中码元总个数 n 的比值，用 η 表示，即 $\eta=\dfrac{k}{n}$。如码字 11000，若前三位是信息码，后两位是监督码，则 $\eta=\dfrac{3}{5}$。

(4) 最小码距：一个编码的码组集合中，任何两个许用码组之间距离的最小值，用 $d_{\min}$ 表示，如码组集合 100，011，101，110，$d_{\min}=1$。

经研究证实，码组集合的最小码距与编码的检错和纠错能力有如下关系：

(1) 为检测 e 个错码，最小距离应满足

$$d_{\min} \geqslant e+1 \tag{5-1}$$

(2) 为纠正 t 个错码，最小距离应满足

$$d_{\min} \geqslant 2t+1 \tag{5-2}$$

(3) 为纠正 t 个错码，同时又能够检测 e 个错码，最小码距应满足

$$d_{\min} \geqslant e+t+1 \qquad (e>t) \qquad (5-3)$$

案例分析

已知 8 个码组为 000000，001110，010101，011011，100011，101101，110110，111000。

(1) 求以上码组的最小距离；

(2) 将以上码组用于检错，能检出几位错码？若用于纠错，能纠正几位错码？

(3) 如果将以上码组同时用于检错与纠错，问检错与纠错的能力如何？

解 (1) 最小码距 $d_{\min}=3$。

(2) 根据式(5-1)和式(5-2)，该码组能检出 2 位错码，能纠正 1 位错码。

(3) 根据式(5-3)，该码组不能同时检纠错。

思考应答

已知两码组为 0000 和 1111。若用于检错，能检出几位错码？若用于纠错，能纠正几位错码？若同时用于检错与纠错，问各能检、纠几位错码？

子任务 5.2.2 设计实现单片机通信中的奇偶校验码

必备知识

奇偶校验码是在原信息码元后面附加一位监督码元，使得码组中"1"的个数为奇数或偶数，为奇数的称为奇校验码，为偶数的称为偶校验码。奇偶校验码的典型应用是在单片机串行通信系统中。对于 8 位单片机，其数据中 7 位为信息码，再根据奇或偶检验规则，增加一位监督码，从而构成 8 位的数据。在较远距离的串行通信中，数据可能受到噪声的影响而产生误码，接收端能够根据校验规则检查出接收到的数据的正误。比如：要对信息码 0100010 采取偶校验，则需增加的监督码元应为"0"，从而构成发送码组 01000100。若在传输过程中第 5 位发生误码，数据变为 01001100，则在接收端根据偶校验规则，能够发现出错，但不能具体确定是哪一位或哪几位出错；若在传输过程中第 5 位和第 6 位都发生误码，数据变为 01001000，则在接收端根据偶校验规则并不能检出错误。总的来看，奇偶校验码这种编码方式能够发现奇数个错码，对发生偶数个误码的情况无法查出，且无论奇数还是偶数个误码都无法判定错码的位置，故不能纠错。

为了提高这种奇偶校验码的检纠错能力，人们设计出了二维奇偶校验码。二维奇偶校验码又称方阵码，具有很强的检错能力和一定的纠错能力。其原理是：将若干码字排列成矩阵，在每行和每列的末尾均加上一位监督码，以构成行和列奇校验或偶校验。下面以具体数字为例加以说明。

例如，二进制序列 1100101100010100110001011000011001110101…，采用 8 个码元为一组的编组方法，对方阵的行与列都按照偶校验规则增加监督位，则其构成方阵如表 5-3 所示。编码后的二进制序列变为 11001011 <u>100010100</u> <u>011000101</u> <u>010000110</u> <u>101110101</u> <u>1111010011</u>，其中带下划线的数字为增加的监督位。

表 5-3　二维奇偶校验码示例

1	1	0	0	0	1	0	1	1	1
0	0	0	1	0	1	0	0	0	0
1	1	0	0	0	1	0	1	0
1	0	0	0	0	1	1	0	1
0	1	1	1	0	1	0	1	1
1	1	1	0	1	0	0	1	1

行监督码元

列监督码元

发送端的信息码经过这样编码后被发送到接收端，接收端再把收到的码元序列排列成同样的方阵，就可以检测信息码在传输过程中的误码情况。比如表 5-3 中第 3 行第 5 列的数据"0"发生误码变为"1"，这样既破坏了行偶校验的规则，也破坏了列偶校验的规则，二者一结合，不仅能检查出有误码，还能准确定位误码的位置，也即可以进行纠错。再比如第 1 行第 2 列和第 4 列两位都发生误码，分别由"1"和"0"变为"0"和"1"，用单独的行偶校验无法发现错误，但用列偶检验能够检查出有错。总之，这种二维奇偶校验码对每行或每列的奇数或偶数个错误都能检验出来，且可以确定仅一行或一列出现奇数个误码的位置并纠正之。

二维奇偶校验码更适用于检测突发错误，如由于突发干扰使某行出现一连串误码，而后一段时间突发干扰消失而不发生误码，则可由垂直监督来发现这一行的错误。这种码在传输速率为 1200 b/s 以下的数据通信中得到广泛应用。

案例分析

1. 已知信息码组 $m_1 m_2 m_3$ 为 000、001、010、011、100、101、110、111。

（1）试分别写出对应的奇监督码和偶监督码；

（2）试分析编码码组的检纠错能力。

解　（1）所求监督码如表 5-4 所示。

表 5-4　子任务 5.2.2 案例分析第 1 题表

信息码 $m_1 m_2 m_3$	奇监督码	偶监督码
000	1	0
001	0	1
010	0	1
011	1	0
100	0	1
101	1	0
110	1	0
111	0	1

（2）3 位信息码加上 1 位监督码一共 4 位二进制，其排列组合为 $2^4 = 16$，而编码集合仅使用了其中的 8 种，存在冗余的禁用码组，因此具有检错能力；无论是奇校验编码码组还

是偶校验编码码组，其最小码距都是 $d_{\min}=2$，根据式（5-2），该码不具有纠错能力。

2. 已知二进制序列 10001111000101000101010001011100011…。

（1）试按照 8 个码元为一组的编组方法，写出完整的二维奇校验方阵；

（2）若在传输过程中，原序列中的第 8 位数据发生误码，试分析接收端能否检出；

（3）若在传输过程中，原序列中的第 9～12 位数据都发生误码，试分析接收端能否检出；

（4）若在传输过程中，方阵中的最后一位奇监督码发生误码，试分析接收端能否检出。

解　（1）所求二维奇校验方阵如表 5-5 所示。

表 5-5　子任务 5.2.2 案例分析第 2 题表

1	0	0	0	1	1	1	1	0
0	0	1	0	1	0	0	0	1
1	0	0	0	1	0	0	1	1
0	1	1	1	0	0	1	1	0
1	1	0	0	0	0	0	1	0	1

（2）原序列中的第 8 位数据位于方阵的第 1 行第 8 列，若该位发生误码，会同时破坏第 1 行和第 8 列的奇校验规则，接收端不仅能检出，还能纠正该误码。

（3）原序列中的第 9～12 位分别位于方阵的第 2 行第 1～4 列，若都发生误码，通过行奇校验不能发现错误，但它破坏了第 1～4 列的奇校验规则，接收端能够检出误码，但不能准确定位。

（4）方阵中的最后一位奇监督码位于方阵的第 5 行第 9 列，若该位发生误码，会同时破坏第 5 行和第 9 列的奇校验规则，接收端能够检出并纠正误码。

思考应答

1. 试分别给信息码组 1001000 和 1111101 加上奇监督码，并求码距和码重。

2. 已知某二进制序列的完整的二维偶校验方阵如表 5-6 所示。

（1）试写出原信息码序列；

（2）试判断若表中带下划线的几位数据同时发生误码时，接收端能否检出。

表 5-6　子任务 5.2.2 思考应答第 2 题表

1	0	0	0	1	0
1	1	1	0	1	0
0	0	1	0	0	1
1	0	1	0	0	0
1	1	1	0	0	1

子任务 5.2.3　设计实现电传系统中的恒比码

必备知识

码组中"1"码的数目与"0"码的数目保持恒定比例的码称为恒比码。由于在恒比码中，每个码组均含有相同数目的 1 和 0，因此恒比码又称"等重码"或"定 1 码"。这种码在检测时，只要知道接收码元中 1 的数目是否正确，就能确定有无错误。

恒比码在电传系统中应用已经很久了。目前我国电传通信中普遍采用 3：2 恒比码，又称"5 中取 3 码"。顾名思义，该类码中每个码组的长度为 5，其中有 3 个"1"码，则许用码组的数目为 $C_5^3 = 10$，刚好可以表示 10 个一位的阿拉伯数字。其相应的表示关系如表 5-7 所示。实践证明，采用这种码后，我国汉字电传的差错率大为降低。

表 5-7　3：2 恒比码

数字	码　字					数字	码　字				
0	0	1	1	0	1	5	0	0	1	1	1
1	0	1	0	1	1	6	1	0	1	0	1
2	1	1	0	0	1	7	1	1	1	0	0
3	1	0	1	1	0	8	0	1	1	1	0
4	1	1	0	1	0	9	1	0	0	1	1

采用恒比码的电传系统广泛采用起止式同步法，其字符结构组成如图 5-5 所示。其基本思想是：在由 5 位恒比码（图中所示为数字"9"的恒比码）组成的一个码字的起始和终止位置分别加上一个 1 位码元宽度的低电平和一个 1.5 位码元宽度的高电平，这样就能确知码字的起始和终止位置，以实现帧同步。该方法简单、易实现；但由于码元宽度不一致，因而传输不便，而且传输 5 位信息码就同时要有 2.5 位同步码，效率很低。

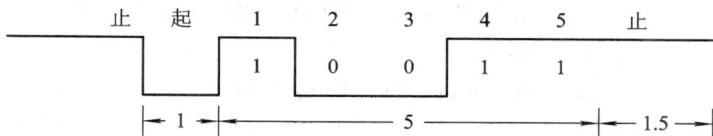

图 5-5　起止式同步法字符结构组成

案例分析

1. 试分析我国电传系统中采用的 3：2 恒比码的检纠错能力。

解　5 位二进制组成的码组可以有 $2^5 = 32$ 组，我国电传系统中采用的 3：2 恒比码只用了其中的 10 组，存在其他禁用码组，因此具有检错能力；5 位二进制组成的码组中"1"码和"0"码的比值为 3：2，共有 10 个，皆为许用码组，无冗余情况，所以不具有纠错能力。

2. 试画出连续字符串"3956"的起止式同步法字符结构组成图。

解　所求结构组成如图 5-6 所示。

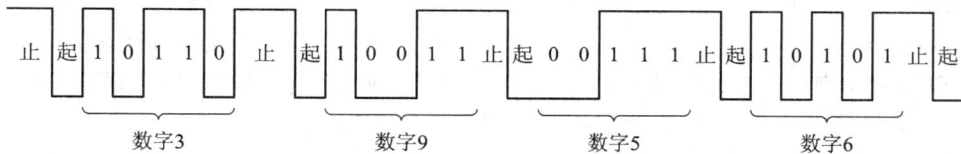

图 5-6　子任务 5.2.3 案例分析第 2 题图

1. 试用最小码距的概念解释我国电传系统中采用的 3 : 2 恒比码的检纠错能力。

2. 试设计由 4 位二进制构成的 3 : 1 恒比码，写出所有许用码组。

3. 试分析当数字"3"的恒比码的第 2 位发生误码时，接收端能否检出？若第 2 位和第 3 位同时发生误码呢？

子任务 5.2.4　设计实现电报系统中的正反码

正反码是一种简单的分组码，具有纠错能力，主要应用于电报系统中。这种码的监督码数目与信息码数目相同，监督码的编码规则为：当信息码中有奇数个"1"时，监督码是信息码的重复；当信息码中有偶数个"1"时，监督码是信息码的反码。如信息码"10101"中有奇数个"1"，编码后的码组为"1010110101"；而信息码"11011"中有偶数个"1"，编码后的码组为 1101100100。

接收端解码时先将接收码组中信息码和监督码的对应码位逐位做模 2 加运算，从而得到一个合成码。在无错码情况下，信息码中有奇数和偶数个"1"所对应的合成码分别应为全 0 和全 1。当发生错码时，接收端按照"少数服从多数"的原则，认定在多个 1（或 0）码中相应 0（或 1）码的位置即为发生错码的位置，再按照前述编码规则，就能确知究竟是信息码位还是监督码位发生了错误，并予以纠正。如接收到码组"1100010000"，其合成码为"01000"，"0"为多数，"1"为少数，则可判断错码位应为第二位，再由编码规则可知其信息码中 1 的个数应为奇数，则可进一步确知是信息码发生了差错，所以纠错后得到的信息组为 10000。

正反码能够进行一位码的纠错和两位或两位以上码的检错，但其编码效率太低，只有 50%。

1. 试分别写出信息码"10110"和"00110"对应的正反码编码码组。若信息码"00110"对应的编码码组在传输过程中第 6 位发生误码，试分析接收端能否检出。

解　信息码"10110"中有奇数个"1"，所以正反码码组为"1011010110"；信息码"00110"中有偶数个"1"，所以正反码码组为"0011011001"。

码组"0011011001"的第 6 位发生误码变为"0011001001"，接收端首先进行模 2 加运算，得到合成码"01111"，不是全 0 或全 1，所以有误码。误码为信息码或监督码的第 1 位。按照正反码的编码规则，确定信息码中应为偶数个"1"，所以信息码没有发生误码，而是监督码的第 1 位，即整个码组的第 6 位错误误码得以检出并纠正。

2. 已知接收端收到一个正反码码组为"0110110101101110"，试分析该码组有无误码。如果有误码，接收端能否检出？

解　信息码和监督码各有 8 位。接收端首先进行模 2 加运算，得到合成码"00000011"，不是全 0 或全 1，所以有误码。误码应为信息码或监督码的最后两位。按照正反码的编码规则，确定信息码中应为奇数个"1"。但据此还是不能判断两位误码究竟是在信息码中还是在监督码中，所以不能纠错。

┌─────────────┐
│ **思考应答** │
└─────────────┘

1. 试写出 3 位二进制构成的所有信息码对应的正反码编码码组，并分析其检纠错能力。

2. 已知接收端收到一个正反码码组为"11001001011010"，试分析该码组有无误码。如果有误码，接收端能否检出？

任务 5.3　设计实现线性分组码

任务要求：线性分组码是一类非常重要的信道纠检错码，具有很广泛的应用。本节的任务是学习线性分组码的编码原理、计算公式、纠错方法及特征特点。具体包括基本线性分组码和一类特殊的线性分组码——循环冗余校验码。

子任务 5.3.1　设计实现基本线性分组码

┌─────────────┐
│ **必备知识** │
└─────────────┘

线性分组码的构成是将信息码序列划分为等长（k 位）的信息段，在每一个信息段之后附加 r 位监督码，从而构成长度为 $n=k+r$ 的分组码，通常用 (n,k) 表示。线性分组码的监督码元是根据一定的规则，由本组的信息码元经过线性变换得到的，其名称也由此而来。在接收端，通过检查码组中的信息码与监督码之间是否仍然存在与发送端相一致的约束关系就能发现或纠正错码。

一、监督矩阵 H 和生成矩阵 G

下面以 $(7,4)$ 线性分组码为例具体讲述其编码方法。已知信息码 $a_6 a_5 a_4 a_3$ 和监督码 $a_2 a_1 a_0$ 之间符合以下约束关系：

$$\begin{cases} a_2 = a_6 \oplus a_5 \oplus a_4 \\ a_1 = a_6 \oplus a_5 \oplus a_3 \\ a_0 = a_6 \oplus a_4 \oplus a_3 \end{cases} \tag{5-4}$$

式中，"$\oplus$"为模 2 加符号。为简化起见，本项目中将"$\oplus$"都简写为"＋"。根据式（5-4），给定信息码后，即可直接计算出相应的监督码。4 位信息码的所有可能组合及其符合上式的监督码如表 5-8 所示。

表 5-8　(7,4)线性分组码编码表

信息码	监督码	信息码	监督码
$a_6a_5a_4a_3$	$a_2a_1a_0$	$a_6a_5a_4a_3$	$a_2a_1a_0$
0000	000	1000	111
0001	011	1001	100
0010	101	1010	010
0011	110	1011	001
0100	110	1100	001
0101	101	1101	010
0110	011	1110	100
0111	000	1111	111

为了进一步讨论线性分组码的特性，现将式(5-4)改写如下：

$$\begin{cases} 1 \cdot a_6 + 1 \cdot a_5 + 1 \cdot a_4 + 0 \cdot a_3 + 1 \cdot a_2 + 0 \cdot a_1 + 0 \cdot a_0 = 0 \\ 1 \cdot a_6 + 1 \cdot a_5 + 0 \cdot a_4 + 1 \cdot a_3 + 0 \cdot a_2 + 1 \cdot a_1 + 0 \cdot a_0 = 0 \\ 1 \cdot a_6 + 0 \cdot a_5 + 1 \cdot a_4 + 1 \cdot a_3 + 0 \cdot a_2 + 0 \cdot a_1 + 1 \cdot a_0 = 0 \end{cases} \tag{5-5}$$

式(5-5)也可以用矩阵形式表示为

$$\begin{bmatrix} 1 & 1 & 1 & 0 & 1 & 0 & 0 \\ 1 & 1 & 0 & 1 & 0 & 1 & 0 \\ 1 & 0 & 1 & 1 & 0 & 0 & 1 \end{bmatrix} \begin{bmatrix} a_6 \\ a_5 \\ a_4 \\ a_3 \\ a_2 \\ a_1 \\ a_0 \end{bmatrix} = \begin{bmatrix} 0 \\ 0 \\ 0 \end{bmatrix} \tag{5-6}$$

并简记为

$$\boldsymbol{H} \cdot \boldsymbol{A}^\mathrm{T} = \boldsymbol{0}^\mathrm{T} \quad \text{或} \quad \boldsymbol{A} \cdot \boldsymbol{H}^\mathrm{T} = \boldsymbol{0} \tag{5-7}$$

其中，$\boldsymbol{H} = \begin{bmatrix} 1 & 1 & 1 & 0 & 1 & 0 & 0 \\ 1 & 1 & 0 & 1 & 0 & 1 & 0 \\ 1 & 0 & 1 & 1 & 0 & 0 & 1 \end{bmatrix}$；$\boldsymbol{A} = \begin{bmatrix} a_6 & a_5 & a_4 & a_3 & a_2 & a_1 & a_0 \end{bmatrix}$；$\boldsymbol{0} = \begin{bmatrix} 0 & 0 & 0 \end{bmatrix}$，是

零矩阵。$\boldsymbol{A}^\mathrm{T}$、$\boldsymbol{0}^\mathrm{T}$ 和 $\boldsymbol{H}^\mathrm{T}$ 分别是 $\boldsymbol{A}$、$\boldsymbol{0}$ 和 $\boldsymbol{H}$ 的转置矩阵。$\boldsymbol{H}$ 是由 r 个线性独立方程组的系数构成的，其每一行都代表了监督码和信息码之间的互相监督关系，因此称为监督矩阵。式(5-7)中的 $\boldsymbol{H}$ 矩阵可以分为两部分，即

$$\boldsymbol{H} = \begin{bmatrix} 1 & 1 & 1 & 0 & \vdots & 1 & 0 & 0 \\ 1 & 1 & 0 & 1 & \vdots & 0 & 1 & 0 \\ 1 & 0 & 1 & 1 & \vdots & 0 & 0 & 1 \end{bmatrix} = \begin{bmatrix} \boldsymbol{P} & \vdots & \boldsymbol{I}_r \end{bmatrix} \tag{5-8}$$

其中，$\boldsymbol{P}$ 是 $r \times k$ 阶矩阵，$\boldsymbol{I}_r$ 为 $r \times r$ 阶单位方阵。我们将具有 $[\boldsymbol{P} \ \vdots \ \boldsymbol{I}_r]$ 形式的监督矩阵 $\boldsymbol{H}$ 称为典型监督矩阵。

同样，可以将式(5-4)改写为如下形式：

$$\begin{cases} a_2 = 1 \cdot a_6 + 1 \cdot a_5 + 1 \cdot a_4 + 0 \cdot a_3 \\ a_1 = 1 \cdot a_6 + 1 \cdot a_5 + 0 \cdot a_4 + 1 \cdot a_3 \\ a_0 = 1 \cdot a_6 + 0 \cdot a_5 + 1 \cdot a_4 + 1 \cdot a_3 \end{cases} \tag{5-9}$$

用矩阵表示为

$$\begin{bmatrix} a_2 \\ a_1 \\ a_0 \end{bmatrix} = \begin{bmatrix} 1 & 1 & 1 & 0 \\ 1 & 1 & 0 & 1 \\ 1 & 0 & 1 & 1 \end{bmatrix} \begin{bmatrix} a_6 \\ a_5 \\ a_4 \\ a_3 \end{bmatrix} \tag{5-10}$$

经转置后,有

$$\begin{bmatrix} a_2 & a_1 & a_0 \end{bmatrix} = \begin{bmatrix} a_6 & a_5 & a_4 & a_3 \end{bmatrix} \begin{bmatrix} 1 & 1 & 1 \\ 1 & 1 & 0 \\ 1 & 0 & 1 \\ 0 & 1 & 1 \end{bmatrix} = \begin{bmatrix} a_6 & a_5 & a_4 & a_3 \end{bmatrix} Q \tag{5-11}$$

式中,Q 为 $k \times r$ 阶矩阵,它为 P 的转置,即

$$Q = P^{\mathrm{T}} \tag{5-12}$$

式(5-11)表明,在给定信息位之后,用信息位的行矩阵乘以矩阵 Q,就可产生监督位,完成编码。

为此,我们引入生成矩阵 G(Generate),G 的功能是通过给定信息位产生整个的编码码组,即有

$$\begin{bmatrix} a_6 & a_5 & a_4 & a_3 & a_2 & a_1 & a_0 \end{bmatrix} = \begin{bmatrix} a_6 & a_5 & a_4 & a_3 \end{bmatrix} G \tag{5-13}$$

或者

$$A = \begin{bmatrix} a_6 & a_5 & a_4 & a_3 \end{bmatrix} G \tag{5-14}$$

如果找到了生成矩阵,也就完全确定了编码方法。

根据式(5-11)由信息位确定监督位的方法和式(5-13)对生成矩阵的要求,很容易得到生成矩阵 G 的组成:

$$G = \begin{bmatrix} I_k & \vdots & Q \end{bmatrix} = \begin{bmatrix} 1 & 0 & 0 & 0 & \vdots & 1 & 1 & 1 \\ 0 & 1 & 0 & 0 & \vdots & 1 & 1 & 0 \\ 0 & 0 & 1 & 0 & \vdots & 1 & 0 & 1 \\ 0 & 0 & 0 & 1 & \vdots & 0 & 1 & 1 \end{bmatrix} \tag{5-15}$$

式中,I_k 为 $k \times k$ 阶单位方阵。具有 $\begin{bmatrix} I_k & \vdots & Q \end{bmatrix}$ 形式的生成矩阵称为典型生成矩阵。

比较式(5-8)的典型监督矩阵和式(5-15)的典型生成矩阵,可以看出二者之间存在如下关系:

$$H = \begin{bmatrix} P \cdot I_r \end{bmatrix} = \begin{bmatrix} Q^{\mathrm{T}} \cdot I_r \end{bmatrix} \tag{5-16}$$

$$G = \begin{bmatrix} I_k \cdot Q \end{bmatrix} = \begin{bmatrix} I_k \cdot P^{\mathrm{T}} \end{bmatrix} \tag{5-17}$$

结合表 5-8 和式(5-15),还能看出生成矩阵 G 的每一行就是一个许用码组。

二、错误图样 E 和校正子 S

设发送码组 $A = \begin{bmatrix} a_{n-1} & a_{n-2} \cdots & a_0 \end{bmatrix}$,接收码组 $B = \begin{bmatrix} b_{n-1} & b_{n-2} \cdots & b_0 \end{bmatrix}$,在发送码组发生误码时,收、发码组之差为

$$B - A = E \tag{5-18}$$

或写成

$$B = A + E \tag{5-19}$$

式中，$E = [e_{n-1} \ e_{n-2} \cdots e_0]$，称为错误图样。

令

$$S = BH^{\mathrm{T}} \tag{5-20}$$

称为分组码的校正子(亦称伴随式)。

根据式(5-19)和式(5-20)，可以得到

$$S = (A + E)H^{\mathrm{T}} = AH^{\mathrm{T}} + EH^{\mathrm{T}} \tag{5-21}$$

将式(5-7)带入上式，得

$$S = EH^{\mathrm{T}} \tag{5-22}$$

这样就把校正子 S 与接收码组 B 之间的关系转换成了校正子 S 与错误图样 E 之间的关系。可见，当监督矩阵一定时，校正子 S 与错误图样 E 有一一对应关系，若接收正确($E = 0$)，则 $S = 0$；若接收不正确($E \neq 0$)，则 $S \neq 0$。

下面讨论如何利用校正子 S 进行纠错。

仍以前述 $(7,4)$ 线性分组码为例。设接收码组的最高位有错，即错误图样 $E = [1\ 0\ 0\ 0\ 0\ 0\ 0]$，则

$$S = EH^{\mathrm{T}} = [1\ 0\ 0\ 0\ 0\ 0\ 0]\begin{bmatrix} 1 & 1 & 1 \\ 1 & 1 & 0 \\ 1 & 0 & 1 \\ 0 & 1 & 1 \\ 1 & 0 & 0 \\ 0 & 1 & 0 \\ 0 & 0 & 1 \end{bmatrix} = [1\ 1\ 1] \tag{5-23}$$

它的转置 $S^{\mathrm{T}} = \begin{bmatrix} 1 \\ 1 \\ 1 \end{bmatrix}$ 恰好是典型监督矩阵 H 的第一列。

经研究可知：校正子的转置与监督矩阵的哪一列相同，则接收码组中就是哪一位出错，从而可以进行纠错。

三、线性分组码的特性及汉明码

除了前述信息码与监督码之间的线性约束特性外，线性分组码还有一种重要的性质，就是它的封闭性。所谓封闭性，是指一种线性码中的任意两个码组之和(对应位模 2 加)仍为这种码集合中的一个码组。也就是说，若 A_1 和 A_2 是一种线性码集合中的两个许用码组，则$(A_1 + A_2)$仍为其中的一个许用码组。这一性质的证明如下：

设 A_1 和 A_2 是两个许用码组，则根据式(5-7)，有

$$A_1 \cdot H^{\mathrm{T}} = 0, \quad A_2 \cdot H^{\mathrm{T}} = 0 \tag{5-24}$$

将上面两式相加，可得

$$A_1 \cdot H^{\mathrm{T}} + A_2 \cdot H^{\mathrm{T}} = (A_1 + A_2) \cdot H^{\mathrm{T}} = 0 \tag{5-25}$$

所以(A_1+A_2)也是一个许用码组。

　　既然线性码具有封闭性，那么两个码组之间的距离必是另一码组的重量，故码的最小距离即是码的最小重量（除全 0 码组外）。

　　线性分组码中有一种高效的汉明码。汉明码的最小码距固定为 3，所以它是一种可以纠正单个随机错误的线性分组码。其监督码元位数 $r \geqslant 2$，则码长

$$n = 2^r - 1 \tag{5-26}$$

所以信息码元位数

$$k = 2^r - 1 - r \tag{5-27}$$

编码效率

$$\eta = \frac{k}{n} = \frac{2^r - 1 - r}{2^r - 1} = 1 - \frac{r}{n} \tag{5-28}$$

当 n 很大时，这种码的编码效率接近于 1，所以是一种高效码。前述$(7,4)$线性分组码就是一种汉明码。

┌╌╌╌╌╌╌╌┐
案例分析
└╌╌╌╌╌╌╌┘

　　1. 已知某汉明码的监督码元位数 $r=2$，试根据汉明码的性质求该汉明码的码长、信息码位数、编码效率；若监督码元位数 $r=10$，重新求解以上各项。

　　解　若 $r=2$，则 $n=3$，$k=1$，$\eta = \dfrac{1}{3}$。

　　若 $r=10$，则 $n=1023$，$k=1013$，$\eta = \dfrac{1013}{1023} \approx 1$。

　　可见，码长越长，汉明码的编码效率越高。

　　2. 试证明必备知识中的$(7,4)$线性分组码为汉明码。

　　证明　由表 5-8 可求出该线性分组码的最小码距为 3，这是必要条件。该$(7,4)$线性分组码 $k=4$，$n=7$，所以 $r=3$，符合式$(5-26)$汉明码的特性，这是充分条件。命题得证。

　　3. 已知某$(6,3)$线性分组码，其信息码和监督码之间的约束关系为

$$\begin{cases} a_2 = a_5 + a_4 \\ a_1 = a_4 + a_3 \\ a_0 = a_5 + a_4 + a_3 \end{cases}$$

　　（1）试求信息码"010"对应的监督码和线性分组码；

　　（2）试将上式改写成类似式$(5-6)$的矩阵形式及转置矩阵形式，并写出码组矩阵 A 和监督矩阵 H。

　　解　（1）由已知条件可知：$a_5=0$，$a_4=1$，$a_3=0$，所以对应的监督码 $a_2 a_1 a_0 = 111$，线性分组码为"010111"。

　　（2）由题目中的约束关系式可得

$$\begin{cases} 1 \cdot a_5 + 1 \cdot a_4 + 0 \cdot a_3 + 1 \cdot a_2 + 0 \cdot a_1 + 0 \cdot a_0 = 0 \\ 0 \cdot a_5 + 1 \cdot a_4 + 1 \cdot a_3 + 0 \cdot a_2 + 1 \cdot a_1 + 0 \cdot a_0 = 0 \\ 1 \cdot a_5 + 1 \cdot a_4 + 1 \cdot a_3 + 0 \cdot a_2 + 0 \cdot a_1 + 1 \cdot a_0 = 0 \end{cases}$$

进而得到其矩阵形式为

$$\begin{bmatrix} 1 & 1 & 0 & 1 & 0 & 0 \\ 0 & 1 & 1 & 0 & 1 & 0 \\ 1 & 1 & 1 & 0 & 0 & 1 \end{bmatrix} \begin{bmatrix} a_5 \\ a_4 \\ a_3 \\ a_2 \\ a_1 \\ a_0 \end{bmatrix} = \begin{bmatrix} 0 \\ 0 \\ 0 \end{bmatrix}$$

转置矩阵形式为

$$\begin{bmatrix} a_5 & a_4 & a_3 & a_2 & a_1 & a_0 \end{bmatrix} \begin{bmatrix} 1 & 0 & 1 \\ 1 & 1 & 1 \\ 0 & 1 & 1 \\ 1 & 0 & 0 \\ 0 & 1 & 0 \\ 0 & 0 & 1 \end{bmatrix} = \begin{bmatrix} 0 & 0 & 0 \end{bmatrix}$$

其中，$H = \begin{bmatrix} 1 & 1 & 0 & 1 & 0 & 0 \\ 0 & 1 & 1 & 0 & 1 & 0 \\ 1 & 1 & 1 & 0 & 0 & 1 \end{bmatrix}$，$A = \begin{bmatrix} a_5 & a_4 & a_3 & a_2 & a_1 & a_0 \end{bmatrix}$。

4. 已知某个(7，4)线性分组码的监督矩阵为

$$H = \begin{bmatrix} 1 & 1 & 1 & 0 & 1 & 0 & 0 \\ 1 & 1 & 0 & 1 & 0 & 1 & 0 \\ 1 & 0 & 1 & 1 & 0 & 0 & 1 \end{bmatrix}$$

(1) 试求其生成矩阵；

(2) 写出所有许用码组；

(3) 用随意两个许用码组证明线性分组码的封闭性。

解　(1) 由式(5-8)可知，该监督矩阵为典型监督矩阵，进而写出

$$P = \begin{bmatrix} 1 & 1 & 1 & 0 \\ 1 & 1 & 0 & 1 \\ 1 & 0 & 1 & 1 \end{bmatrix}$$

接着写出

$$Q = P^{\mathrm{T}} = \begin{bmatrix} 1 & 1 & 1 \\ 1 & 1 & 0 \\ 1 & 0 & 1 \\ 0 & 1 & 1 \end{bmatrix}$$

再由式(5-15)，可以写出所求生成矩阵为

$$G = \begin{bmatrix} 1 & 0 & 0 & 0 & 1 & 1 & 1 \\ 0 & 1 & 0 & 0 & 1 & 1 & 0 \\ 0 & 0 & 1 & 0 & 1 & 0 & 1 \\ 0 & 0 & 0 & 1 & 0 & 1 & 1 \end{bmatrix}$$

(2) 由式(5-13)或式(5-14)求出所有许用码组，如表5-9所示。

表 5 – 9　子任务 5.3.1 案例分析第 4 题表

信息码	线性分组码	信息码	线性分组码	信息码	线性分组码	信息码	线性分组码
0000	0000000	0100	0100110	1000	1000111	1100	1100001
0001	0001011	0101	0101101	1001	1001100	1101	1101010
0010	0010101	0110	0110011	1010	1010010	1110	1110100
0011	0011110	0111	0111000	1011	1011001	1111	1111111

（3）随意取信息码"0100"和"1110"对应的线性分组码码组"0100110"和"1110100"，将它们做模 2 加，得到对应信息码"1010"的码组"1010010"，实证了线性分组码的封闭性。

5. 已知必备知识中 (7, 4) 线性分组码中的某码组，在传输过程中发生一位误码，设接收码组为 $B = \begin{bmatrix} 0 & 0 & 0 & 0 & 1 & 0 & 1 \end{bmatrix}$，试将其纠正为正确码组。

解　所述 (7, 4) 线性分组码的典型监督矩阵为

$$H = \begin{bmatrix} 1 & 1 & 1 & 0 & 1 & 0 & 0 \\ 1 & 1 & 0 & 1 & 0 & 1 & 0 \\ 1 & 0 & 1 & 1 & 0 & 0 & 1 \end{bmatrix}$$

根据已知条件和式 (5 – 20) 可求校正子的转置为

$$S^T = HB^T = \begin{bmatrix} 1 & 1 & 1 & 0 & 1 & 0 & 0 \\ 1 & 1 & 0 & 1 & 0 & 1 & 0 \\ 1 & 0 & 1 & 1 & 0 & 0 & 1 \end{bmatrix} \begin{bmatrix} 0 \\ 0 \\ 0 \\ 0 \\ 1 \\ 0 \\ 1 \end{bmatrix} = \begin{bmatrix} 1 \\ 0 \\ 1 \end{bmatrix}$$

因为 S^T 与 H 矩阵中的第三列相同，因而可以判定是接收码组中的第三位发生了误码，则应有错误图样 $E = \begin{bmatrix} 0 & 0 & 1 & 0 & 0 & 0 & 0 \end{bmatrix}$，所以正确码组为

$$A = B + E$$
$$= \begin{bmatrix} 0 & 0 & 0 & 0 & 1 & 0 & 1 \end{bmatrix} + \begin{bmatrix} 0 & 0 & 1 & 0 & 0 & 0 & 0 \end{bmatrix}$$
$$= \begin{bmatrix} 0 & 0 & 1 & 0 & 1 & 0 & 1 \end{bmatrix}$$

·思考应答·

1. 已知某汉明码的编码效率 $\eta = 26/31$，试求其监督码元的位数和码长。
2. 设一个线性分组码的一致监督方程为

$$\begin{cases} a_4 + a_3 + a_2 + a_0 = 0 \\ a_5 + a_4 + a_1 + a_0 = 0 \\ a_5 + a_3 + a_0 = 0 \end{cases}$$

其中 a_5、a_4、a_3 为信息码。

（1）试求其生成矩阵和监督矩阵；

（2）写出所有的码组；

（3）判断下列码是否有错，$B_1=(011101)$，$B_2=(100110)$，$B_3=(010010)$。若有错，应如何纠错。

子任务 5.3.2　设计实现循环冗余校验(CRC)码

必备知识

循环码是一类重要的、特殊的线性分组码。它是在严密的代数理论基础上建立起来的，因而编译码电路比较简单，应用很广泛。

循环码除了具有线性分组码的一般特性外，还具有循环性。所谓循环性，是指循环码中任一许用码组经过一位或若干位循环移位之后，所得到的码组仍为一许用码组。即若 $(a_{n-1}, a_{n-2}, \cdots, a_1, a_0)$ 是循环码的一个许用码组，则 $(a_{n-2}, a_{n-3}, \cdots, a_0, a_{n-1})$、$(a_{n-3}, a_{n-4}, \cdots, a_0, a_{n-1}, a_{n-2})$ 等也是许用码组。表 5-10 给出了某 (7,3) 循环码的全部码组，图 5-7 所示是其用循环圈表示的循环特性，从中可以直观地看出这种码的码组间的循环关系。由图可见，循环码集合中除了全零码组自己构成一个循环圈外，其余所有码组构成另一个循环圈。

表 5-10　(7,3)循环码码组

编号	1	2	3	4	5	6	7	8
码组	0000000	0011101	0100111	0111010	1001110	1010011	1101001	1110100

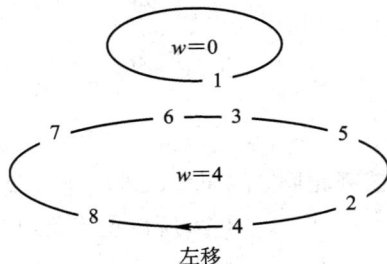

图 5-7　(7,3)循环码的循环圈

一、码多项式及按模运算

为了便于计算，在此引入码多项式的概念。在一个长度为 n 的码组的码多项式中，用 $x^i(i=0,1,\cdots,n-1)$ 代表码元位置，x^i 的系数 a_i 为相应码元的取值（0 或 1），则该多项式可以表示为

$$T(x) = a_{n-1}x^{n-1} + a_{n-2}x^{n-2} + \cdots + a_1 x + a_0 \tag{5-29}$$

例如，表 5-10 中的第 3 个码组可以表示为

$$\begin{aligned} T(x) &= 0 \cdot x^6 + 1 \cdot x^5 + 0 \cdot x^4 + 0 \cdot x^3 + 1 \cdot x^2 + 1 \cdot x + 1 \\ &= 1 \cdot x^5 + 1 \cdot x^2 + 1 \cdot x + 1 \\ &= x^5 + x^2 + x + 1 \end{aligned} \tag{5-30}$$

码多项式可以进行代数运算。在后面的分析中，我们将主要用到码多项式的模 n 运算，在此先加以介绍。所谓模 n 运算就是"除 n 取余"的运算。对于任一整数 m，必有

$$\frac{m}{n} = q + \frac{p}{n} \tag{5-31}$$

式中，p、q 均为整数，且 $p<n$。因此，对 m 进行模 n 运算有

$$m \equiv p(\text{模 } n) \tag{5-32}$$

例如，$2\equiv0(\text{模 }2)$，$7\equiv2(\text{模 }5)$，$36\equiv1(\text{模 }5)$ 等。

相似地，码多项式也可以进行模多项式的运算。设一多项式 $F(x)$ 被一个 n 次多项式 $N(x)$ 除，得到商式 $Q(x)$ 和一个次数小于 n 的余式 $R(x)$，即

$$F(x) = N(x)Q(x) + R(x) \tag{5-33}$$

则对多项式 $F(x)$ 进行模 $N(x)$ 的运算，可得

$$F(x) \equiv R(x)(\text{模 } N(x)) \tag{5-34}$$

例如，多项式 $x^4+x^2+1\equiv x^2+x+1(\text{模 }x^3+1)$，其计算过程为

$$
\begin{array}{r}
x \\
x^3+1\overline{\smash{\big)}\,x^4+x^2+1} \\
\underline{x^4+x} \\
x^2+x+1
\end{array}
$$

可见，码多项式模运算的基础是多项式中同次数项系数对应做模 2 减法，同时注意运用模运算的加法可以代替减法的性质。

在循环码中，若 $T(x)$ 是一个码长为 n 的许用码组，则可以证明 $x^i \cdot T(x)$ 在模 x^n+1 运算下也是一个许用码组，即若

$$x^i \cdot T(x) \equiv T'(x)(\text{模 } x^n+1) \tag{5-35}$$

则 $T'(x)$ 也是一个许用码组。实际上，$T'(x)$ 正是 $T(x)$ 所代表的码组向左移位 i 次后所得码组对应的多项式。

二、码的生成多项式和生成矩阵

如前所述，对于 (n,k) 线性分组码，有了生成矩阵 $\boldsymbol{G}$，就可以由 k 个信息码元得到相应的编码码组。而且经分析可知，生成矩阵的每一行都是一个码组，因此若能找到 k 个线性无关的码组，就能构成生成矩阵 $\boldsymbol{G}$。

在循环码中，一个 (n,k) 分组码有 2^k 个不同的码组，若用 $g(x)$ 表示其中前 $k-1$ 位皆为"0"的码组，则 $g(x)$，$xg(x)$，$x^2g(x)$，$\cdots$，$x^{k-1}g(x)$ 都是码组，而且这 k 个码组都是线性无关的。因此可以用它们来构造生成矩阵 $\boldsymbol{G}$，即

$$\boldsymbol{G}(x) = \begin{bmatrix} x^{k-1}g(x) \\ x^{k-2}g(x) \\ \vdots \\ xg(x) \\ g(x) \end{bmatrix} \tag{5-36}$$

可见，要构造生成矩阵，其关键是找到 $g(x)$，$g(x)$ 称为生成多项式。经研究证明，$g(x)$ 具有如下性质：

（1）最高次数为 $n-k$；

（2）是 x^n+1 的一个因式；

（3）常数项为 1。

因此，只要先对 x^n+1 进行因式分解，找到符合上述性质的因式，即为所求 $g(x)$。事实上，由于 x^n+1 的分解比较麻烦，一般 $g(x)$ 采用直接给出或由已有码组中获得以及查表（表 5-11 给出了几种 $(7, k)$ 循环码的生成多项式）等方法。例如，由表 5-10 中所列许用码组可以看出，只有 2 号码组符合上述条件，因而可得该码组集合的生成多项式为

$$g(x) = x^4 + x^3 + x^2 + 1$$

进而得到生成矩阵

$$\boldsymbol{G}(x) = \begin{bmatrix} x^2 g(x) \\ x g(x) \\ g(x) \end{bmatrix} = \begin{bmatrix} 1 & 0 & 1 & 1 & 1 & 0 & 0 \\ 0 & 1 & 0 & 1 & 1 & 1 & 0 \\ 0 & 0 & 1 & 0 & 1 & 1 & 1 \end{bmatrix}$$

需要注意的是：该生成矩阵不是典型矩阵，必须经过矩阵初等变换方可得到典型矩阵。

表 5-11　几种 $(7, k)$ 循环码的生成多项式

$(7, k)$	$g(x)$
$(7, 1)$	$(x^2+x^2+1)(x^3+x+1)$
$(7, 3)$	$(x^3+x^2+1)(x+1)$ 或 $(x^3+x+1)(x+1)$
$(7, 4)$	x^3+x^2+1 或 x^3+x+1
$(7, 6)$	$x+1$

三、循环码的编码

由信息码组和生成矩阵相乘可以得到所有许用码组，而由信息码组对应的多项式和生成多项式直接相乘可以得到该信息码对应的编码码组多项式，即已知信息码多项式 $m(x)$ 和生成多项式 $g(x)$，则对应的码多项式为

$$T(x) = m(x) \cdot g(x) = (m_{k-1}x^{k-1} + m_{k-2}x^{k-2} + \cdots + m_1 x + m_0) \cdot g(x) \tag{5-37}$$

但是用这种相乘方法得到的循环码不是系统码。所谓系统码，指的是码组前 k 位为信息位，后面的 $n-k$ 位是监督位，即信息位和监督位区分明显且位置固定。系统码的码多项式可以写为

$$\begin{aligned} T(x) &= m(x)x^{n-k} + r(x) \\ &= m_{k-1}x^{n-1} + \cdots + m_0 x^{n-k} + r_{n-k-1}x^{n-k-1} + \cdots + r_0 \end{aligned} \tag{5-38}$$

其中，$r(x)$ 称为监督码多项式，其最高次数小于 $n-k$。

为了获得系统码的生成方法，我们做如下推导：

设 $h(x)$ 为某一信息码多项式，则由式 $(5-37)$ 和式 $(5-38)$ 可以得到

$$T(x) = m(x)x^{n-k} + r(x) = h(x) \cdot g(x) \tag{5-39}$$

用 $g(x)$ 除等式两边，得到

$$\frac{m(x)x^{n-k}}{g(x)} = h(x) + \frac{r(x)}{g(x)} \tag{5-40}$$

即

$$m(x)x^{n-k} \equiv r(x) \quad (\text{模 } g(x)) \tag{5-41}$$

由式 $(5-39)$ 和式 $(5-41)$ 可得

$$T(x) = m(x)x^{n-k} + m(x)x^{n-k} \quad (\text{模 } g(x)) \tag{5-42}$$

上式表明，要想获得系统循环码，只需用信息码多项式乘以 x^{n-k}，也就是将 $m(x)$ 移位 $n-k$ 次，然后用 $g(x)$ 去除，所得的余式 $r(x)$ 即为监督码多项式，最后将 $m(x)x^{n-k}$ 与此监督码多项式合成在一起，即为所求系统循环码。因此系统循环码求解的关键是除法求余。

上述编码过程可以用编码器来实现。循环码的编码器主要由 $g(x)$ 除法电路、受控门和加法器组成。除法电路的主体由移位寄存器和模 2 加法器构成。设生成多项式 $g(x)=x^4+x^3+x^2+1$，则其相应的 $(7,3)$ 循环码编码器如图 5-8 所示。图中，移位寄存器的个数等于 $g(x)$ 的最高项的次数，反馈线的连接与否取决于 $g(x)$ 中相应项的系数：系数为 1 则有反馈线，系数为 0 则无反馈线。例如：由于该生成多项式的 x 项系数为 0，所以第一个 D 触发器的输入无反馈线。

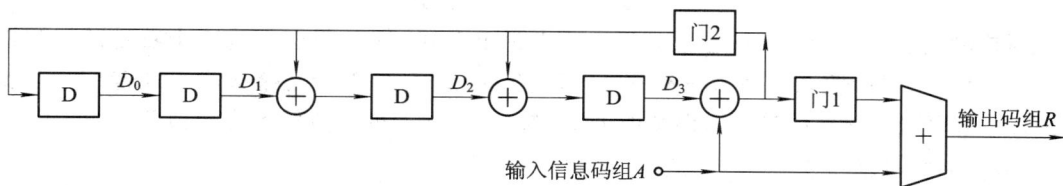

图 5-8　$(7,3)$ 循环码编码器

由表可见，设输入的信息码组为"110"，则图 5-8 中各元器件及端点状态变化情况如表 5-12 所示。该编码器的工作过程如下：首先，4 级移位寄存器清零，门 1 断开，门 2 接通；输入的信息码元在移位脉冲作用下，一方面从加法器输出端直接输出，另一方面，输入到除法电路中；当第 1 个移位脉冲到来时，各级寄存器根据相应的反馈逻辑和连接关系（由表 5-12 中第 2 行给出，其中 D_i' 代表 D_i 的上一个脉冲时的值）得到新值；当第 3 个移位脉冲到来时，除法电路运算所得余数刚好存入 4 级移位寄存器；从第 4 个移位脉冲开始，门 1 接通，门 2 断开，各级寄存器根据相应的反馈逻辑和连接关系（由表 5-12 中第 3 行给出）得到新值，监督码元（即余数）逐位输出；直到第 7 个移位脉冲过后，一个完整的码组输出完毕。

表 5-12　$(7,3)$ 循环码的编码过程

	移位脉冲	输入码组 A	移位寄存器				输出码组 R
			$D_0=A+D_3'$	$D_1=D_0'$	$D_2=A+D_3'+D_0'$	$D_3=A+D_3'+D_2'$	$R=A$
门 1 断开，门 2 接通	0	/	0	0	0	0	/
	1	1	1	0	1	1	1
	2	1	0	1	0	1	1
	3	0	1	0	1	1	0
	移位脉冲	输入码组 A	移位寄存器				输出码组 R
			$D_0=0$	$D_1=D_0'$	$D_2=D_1'$	$D_3=D_2'$	$R=A+D_3'$
门 1 接通，门 2 断开	4	0	0	1	0	0	1
	5	0	0	0	1	0	0
	6	0	0	0	0	1	0
	7	0	0	0	0	0	1

四、循环码的解码

接收端解码的目的有两个：检错和纠错。其中检错的实现原理非常简单：由于任一码组多项式 $T(x)$ 都应该能被 $g(x)$ 整除，因此，在接收端可以利用接收到的码组 $R(x)$ 除以原生成多项式 $g(x)$ 的结果来进行检错。若能够整除，则说明传输过程中没有发生错误；反之，则检查出有错。一般地，设接收码组多项式为 $R(x)$，则有

$$R(x) = T(x) + E(x) \neq T(x) \tag{5-43}$$

且

$$\frac{R(x)}{g(x)} = Q'(x) + \frac{r'(x)}{g(x)} \tag{5-44}$$

纠错的实现也要利用上述性质，而且要求每个余式 $r'(x)$ 都必须与一个特定的错误图样 $E(x)$ 有一一对应关系。因为只有存在这种关系，才可能由上述余式唯一地确定一个错误图样，从而进行正确纠错。错误图样 $E(x)$ 与余式 $r'(x)$ 的对应关系推导如下：

式(5-44)可改写为

$$r'(x) = R(x) \quad （模 \ g(x)） \tag{5-45}$$

将式(5-43)带入式(5-45)得

$$r'(x) = [T(x) + E(x)] \quad （模 \ g(x)）$$
$$= E(x)（模 \ g(x)） \tag{5-46}$$

据上式，可以列出一个对应关系列表，进行纠错时只需查表即可，如表 5-10 所列(7，3)循环码。单个错误的错误图样 $E(x)$ 与余式 $r'(x)$ 的对应关系如表 5-13 所示。

表 5-13　(7，3)循环码 $E(x)$ 和 $r'(x)$ 对照表

$E(x)$	$r'(x)$ （模 $x^4+x^3+x^2+1$）
1	1
x	x
x^2	x^2
x^3	x^3
x^4	x^3+x^2+1
x^5	x^2+x+1
x^6	x^3+x^2+x

总的来讲，接收端循环码的纠错步骤如下：

(1) 用生成多项式 $g(x)$ 除接收码组 $R(x)$，得出余式 $r'(x)$；

(2) 按余式 $r'(x)$ 用查表的方法或通过某种运算得到错误图样 $E(x)$；

(3) 从 $R(x)$ 中减去 $E(x)$，便得到已纠正错误的原发送码组 $T(x)$。

需要说明的是，有些错误码组也可能被 $g(x)$ 整除，这时的错误就无法检出，这种错误称为不可检错误。不可检错误中的错码数一定超过了这种编码的检错能力。

图 5-9 所示为前述(7，3)循环码的译码器电路。由图可见，该译码器由 $g(x)$ 除法电路、7 级缓存器以及非门、4 输入与门和模 2 加法器构成。接收码组（高位在前，低位在后）一方面送入 7 级缓存器暂存，另一方面送入 $g(x)$ 除法电路。

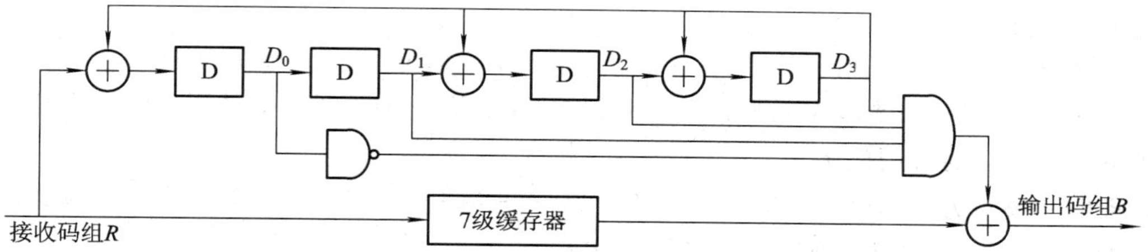

图 5-9　(7,3)循环码译码器

设接收到的码组为正确码组 1101001，则其译码过程如表 5-14 所示。首先，4 级移位寄存器清零，没有输入，也没有任何输出；当第 1 个移位脉冲到来时，各级寄存器根据相应的反馈逻辑和连接关系（由表 5-14 中第 2 行给出，其中 D'_i 代表 D_i 的上一个脉冲时的值）得到新值；直到第 7 个移位脉冲到来，7 个码元全部进入缓存器，译码输出码组的第 1 位码元输出；第 8 个移位脉冲开始，没有接收码元，即输入 R 值全为 0；直到第 13 个移位脉冲到来，所有码元全部译码输出。由于接收码组为正确码组，因此译码器的输出等于输入；若接收到的是有误码的码组，则译码器能够实现纠错并输出正确码组。

表 5-14　(7,3)循环码的译码过程

移位脉冲	输入 R	移位寄存器				与门输出 $\overline{D_0}D_1D_2D_3$	缓存输出	译码输出 B
		$D_0=D'_3+R$	$D_1=D'_0$	$D_2=D'_3+D'_1$	$D_3=D'_3+D'_2$			
0	/	0	0	0	0	/		
1	1	1	0	0	0	0		
2	1	1	1	0	0	0		
3	0	0	1	1	0	0		
4	1	1	0	1	1	0		
5	0	1	1	1	0	0		
6	0	0	1	1	1	0		
7	1	0	0	0	0	0	1	1
8	0	0	0	0	0	0	1	1
9	0	0	0	0	0	0	0	0
10	0	0	0	0	0	0	1	1
11	0	0	0	0	0	0	0	0
12	0	0	0	0	0	0	0	0
13	0	0	0	0	0	0	1	1

案例分析

1. 试用码多项式的形式证明表 5-10 中 (7,3) 循环码的编号为 3 的码组经过左移 3 次后得到的码组仍为许用码组。

证明　编号为 3 的码组对应的码多项式为 $x^5+x^2+x^1+1$。根据式 (5-35)，欲将其左移 3 次，即要与 x^3 相乘，则得到的码多项式为

$$x^3 \cdot (x^5+x^2+x^1+1) = x^8+x^5+x^4+x^3 \equiv x^5+x^4+x^3+x \quad （模 x^7+1）$$

对应的码组为 0111010，是表 5-10 中所列编号为 4 的许用码组。命题得证。

2. 已知某 (7,3) 循环码的生成多项式为 $g(x)=x^4+x^3+x^2+1$，求信息码组"101"对应的系统码和非系统码。

解　信息码组"101"对应的多项式为 $m(x)=x^2+1$。根据式 (5-37) 可知，其对应的非系统码多项式为

$$T_1(x) = m(x)g(x) = x^6+x^5+x^4+x^2+x^4+x^3+x^2+1 = x^6+x^5+x^3+1$$

有

$$m(x)x^{n-k} = x^4(x^2+1) = x^6+x^4 = (x^2+x+1)(x^4+x^3+x^2+1)+(x+1)$$

根据式 (5-41)，可得

$$r(x) = x+1$$

再根据式 (5-42)，可得系统码多项式为

$$T_2(x) = m(x)x^{n-k}+r(x) = x^6+x^4+x+1$$

所以，信息码组 101 对应的系统码为 1010011，非系统码为 1101001。

3. 已知表 5-10 中所列 (7,3) 循环码的生成多项式为 $g(x)=x^4+x^3+x^2+1$，接收端接收码组为 1110110，试判断该码组是否有错，如果有错请纠正。

解　接收码组 1110110 对应的多项式为

$$R(x) = x^6+x^5+x^4+x^2+x$$

令 $R(x)$ 对 $g(x)$ 做除法运算，得

$$
\begin{array}{r}
x^2 \\
x^4+x^3+x^2+1 \overline{) x^6+x^5+x^4+x^2+x} \\
\underline{x^6+x^5+x^4+x^2} \\
x
\end{array}
$$

存在余式 $r'(x)=x$，因此，该接收码组有错。根据表 5-13 可得相应的错误图样 $E(x)=x$，根据式 (5-43)，正确的码组多项式为

$$T(x) = R(x)-E(x) = R(x)+E(x) = x^6+x^5+x^4+x^2$$

正确码组为 1110100。

4. 已知图 5-8 中的 (7,3) 循环码编码器。

(1) 若输入信息码"011"，试用数据表格描述其编码过程；

(2) 已知该编码器的生成多项式为 $g(x)=x^4+x^3+x^2+1$，试验证编码器编码结果的正确性。

解　(1) 所求编码过程如表 5-15 所示。

表 5-15　子任务 5.3.2 案例分析第 4 题表

	移位脉冲	输入码组 A	移位寄存器				输出码组 R
			$D_0=A+D_3'$	$D_1=D_0'$	$D_2=A+D_3'+D_1'$	$D_3=A+D_3'+D_2'$	$R=A$
门1断开,门2接通	0	/	0	0	0	0	/
	1	0	0	0	0	0	0
	2	1	1	0	1	1	1
	3	1	0	1	0	1	1
	移位脉冲	输入码组 A	移位寄存器				输出码组 R
			$D_0=0$	$D_1=D_0'$	$D_2=D_1'$	$D_3=D_2'$	$R=A+D_3'$
门1接通,门2断开	4	0	0	0	1	0	1
	5	0	0	0	0	1	0
	6	0	0	0	0	0	1
	7	0	0	0	0	0	0

(2) 信息码多项式为 $m(x)=x+1$，则非系统码多项式为

$$m(x)g(x)=x^5+x^4+x^3+x+x^4+x^3+x^2+1=x^5+x^2+x+1$$

对应的非系统码为"0100111"，经过循环右移 4 次得到系统码组"0111010"，与表 5-15 中编码器输出结果一致，证明编码器编码结果正确。

5. 已知图 5-9 中的 (7,3) 循环码译码器。

(1) 若接收码组 $R=1001001$，试用数据表格描述其译码过程；

(2) 已知该译码器的生成多项式为 $g(x)=x^4+x^3+x^2+1$，试判断接收码组的正确性，并证明译码器译码纠错结果的正确性。

解　(1) 所求译码过程如表 5-16 所示。

表 5-16　子任务 5.3.2 案例分析第 5 题表

移位脉冲	输入 R	移位寄存器				与门输出 $\overline{D_0}D_1D_2D_3$	缓存输出	译码输出 B
		$D_0=D_3'+R$	$D_1=D_0'$	$D_2=D_3'+D_1'$	$D_3=D_3'+D_2'$			
0	/	0	0	0	0	/		
1	1	1	0	0	0	0		
2	0	0	1	0	0	0		
3	0	0	0	1	0	0		
4	1	1	0	0	1	0		
5	0	1	1	1	1	0		
6	0	1	1	1	0	0		
7	1	1	1	1	0	0	1	1
8	0	0	1	1	1	1	0	1

移位脉冲	输入 R	移位寄存器				与门输出 $\overline{D_0} D_1 D_2 D_3$	缓存输出	译码输出 B
		$D_0 = D'_3 + R$	$D_1 = D'_0$	$D_2 = D'_3 + D'_1$	$D_3 = D'_3 + D'_2$			
9	0	1	0	0	0	0	0	0
10	0	0	1	0	0	0	1	1
11	0	0	0	1	0	0	0	0
12	0	0	0	0	1	0	0	0
13	0	1	0	1	0	0	1	1

（2）译码输出码组 $B = 1101001$，与接收码组 $R = 1001001$ 不相同，所以接收码组有误。采用与本案例分析第 3 题相同的方法，令 $R(x)$ 对 $g(x)$ 做除法运算，得

$$x^4 + x^3 + x^2 + 1 \overline{\smash{\big)}\, x^6 + x^3 + 1} \quad \genfrac{}{}{0pt}{}{x^2 + x}{}$$

$$\begin{array}{r} x^6 + x^5 + x^4 + x^2 \\ \hline x^5 + x^4 + x^3 + x^2 + 1 \\ x^5 + x^4 + x^3 + x \\ \hline x^2 + x + 1 \end{array}$$

余式 $r'(x) = x^2 + x + 1$，对照表 5-13 得到错误图样 $E(x) = x^5$，进而得到正确码组多项式为

$$T(x) = R(x) + E(x) = x^6 + x^5 + x^3 + 1$$

对应码组为 1101001，与译码器译码输出一致，证明译码器译码纠错结果是正确的。

【思考应答】

1. 已知 $(7, 4)$ 循环码的生成多项式 $g(x) = x^3 + x + 1$。

（1）求其生成矩阵 G；

（2）写出信息码"1001"的系统码和非系统码；

（3）若接收码组为"1000001"，试判断其正确与否，如果有错请纠正。

2. 将输入信息码改为"101"，重做上述案例分析第 4 题。

3. 将接收码组改为 $R = 0001101$，重做上述案例分析第 5 题。

任务 5.4　设计实现卷积码

任务要求：相比于线性分组码，卷积码能够在同样数量监督码元的基础上使码元之间具有更强的相关性，从而具有更强的检、纠错能力，因而具有更广泛的应用。本节的任务是学习卷积码的编码原理及其特征特点。

【必备知识】

卷积码是一种检、纠错能力很强的非线性分组码。它先将信息序列分成长度为 k 的子组，然后编成长为 n 的子码，其中长为 $n-k$ 的监督码元不仅与本子码的 k 个信息码元有

关，而且还与前面 m 个子码的信息码元密切相关。换句话说，各子码内的监督码元不仅对本子码有监督作用，而且对前面 m 个子码内的信息码元也有监督作用。这就在不更多地增加监督码元的基础上加强了码元之间的相关性，从而提高了检、纠错能力。我国的 2G、3G 和 4G 移动通信系统都采用了卷积码作为信道编码方法。

卷积码常用 (n,k,m) 表示，其中 m 称为编码记忆，它反映了输入信息码元在编码器中需要存储的时间长短。$N=m+1$ 称为卷积码的约束度，单位是组，它是相互约束的子码的个数；$N \cdot n$ 被称为约束长度，单位是位，它是相互约束的二进制码元的个数。

下面通过一个例子来说明卷积码的编码原理和编码方法。图 5-10 所示为某 $(3,1,2)$ 卷积码编码器的原理框图。它由两级移位寄存器（D 触发器）、两个模 2 加法器和一个开关电路组成。编码前，各级移位寄存器清零。信息码元按 $m_1 m_2 \cdots m_j \cdots$ 的顺序送入编码器。每有一个移位脉冲，输入端就输入一个信息码元 m_j，开关电路依次接到 $x_{1,j}$、$x_{2,j}$ 和 $x_{3,j}$ 各端点一次。由图可见，输出码元序列 $x_{1,j}$、$x_{2,j}$ 和 $x_{3,j}$ 由下式决定：

$$\begin{cases} x_{1,j} = m_j \\ x_{2,j} = m_j + m_{j-2} \\ x_{3,j} = m_j + m_{j-1} + m_{j-2} \end{cases} \qquad (5-47)$$

由该式可以看出，编码器编出的每一个子码（第 j 个子码（$x_{1,j}$、$x_{2,j}$、$x_{3,j}$））都与前面两个子码（第 $j-1$ 和第 $j-2$ 个）的信息码元有关，因此 $m=2$，约束度 $N=m+1=3$，约束长度 $N \cdot n=9$。

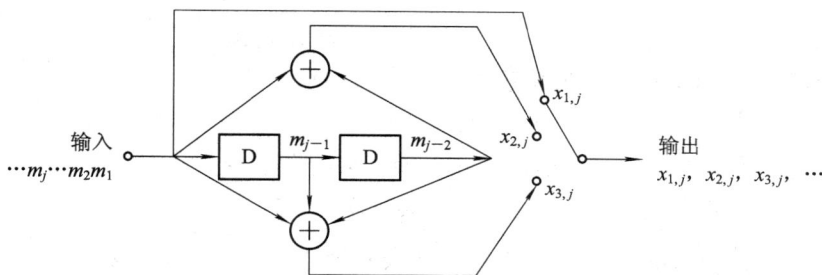

图 5-10　$(3,1,2)$卷积码编码器

若该编码器的输入序列为 $10100\cdots$，则编码器编码过程如表 5-17 所示。所以该编码器对应的输出序列为 $111001100001011\cdots$。

表 5-17　卷积码编码器的编码过程

输　入	寄　存　器		输　　出		
	m_{j-1}	m_{j-2}	$x_{1,j}$	$x_{2,j}$	$x_{3,j}$
1	0	0	1	1	1
0	1	0	0	0	1
1	0	1	1	0	0
0	1	0	0	0	1
0	0	1	0	1	1

由图 5-10 和表 5-17 可见，卷积码编码器中移位寄存器的个数等于编码记忆 m，输入端的个数等于每个子码中信息码的个数 k，输出端的个数等于每个子码的长度 n。卷积码编码时，信息码流是连续地通过编码器，而不像分组码编码器那样先要把信息码流分成许多码组，而后再进行编码。因此，卷积码编码器只需要很少的缓存器件。

卷积码的译码可以分为代数译码和概率译码两大类。其中，代数译码完全依赖于卷积码的代数结构，典型的方法是大数逻辑译码。而概率译码不仅要利用码的代数结构，还要利用信道的统计特性，其典型方法是维特比译码，它是目前最主流的卷积码译码方法。鉴于卷积码译码的复杂性，这里不进行介绍。

案例分析

1．已知某（3，1，3）卷积码编码器如图 5-11 所示，试写出其输入输出关系式，并计算该卷积码的编码效率、约束度和约束长度。

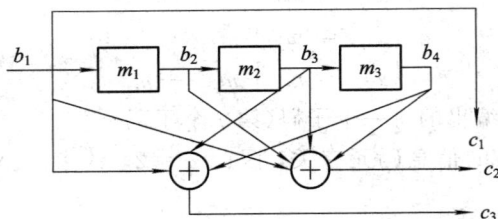

图 5-11　任务 5.4 案例分析第 1 题图

解　由编码器可知，输入输出关系式为

$$\begin{cases} c_1 = b_1 \\ c_2 = b_1 + b_2 + b_3 + b_4 \\ c_3 = b_1 + b_3 + b_4 \end{cases}$$

编码效率 $\eta = \dfrac{1}{3}$，约束度 $N=3+1=4$，约束长度 $N \cdot n = 4 \cdot 3 = 12$。

2．设图 5-10 所示的卷积码编码器的输入序列为 011101…，求其输出序列。

解　卷积码编码器的编码过程如表 5-18 所示。

表 5-18　任务 5.4 案例分析第 2 题表

输入	寄存器		输出		
	m_{j-1}	m_{j-2}	$x_{1,j}$	$x_{2,j}$	$x_{3,j}$
0	0	0	0	0	0
1	0	0	1	1	1
1	1	0	1	1	0
1	1	1	1	1	1
0	1	1	0	1	0
1	0	1	1	0	0

所以输出序列为 000111110101010100…。

思考应答

1. 已知某 $(2,1,2)$ 卷积码编码器的原理图如图 $5-12$ 所示，试求当输入信息序列为 $10110\cdots$ 时输出的卷积码，并计算该卷积码的编码效率、约束度和约束长度。

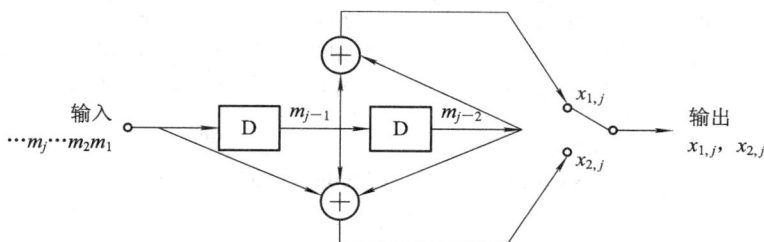

图 $5-12$ 任务 5.4 思考应答第 1 题图

2. 自己设计一个 $(4,1,3)$ 卷积码编码器，画出组成原理图并写出输入输出关系式。

任务 5.5 设计实现交织编码

任务要求：前述的线性分组码和卷积码等编码方法，只能纠正随机比特的错误或连续有限个比特的错误，但在陆地移动通信系统中，由于信号在传输信道中经常会发生瑞利深度衰落，因而大多数误码的产生并非是随机离散的，而更可能是长突发形式的成串比特错误。实际的移动通信系统中都是在前述差错控制编码的基础上，再加上交织技术。本节的任务是学习交织和解交织（去交织）的原理及其特性。

必备知识

交织的基本原理是将已编码的信号比特按照一定的规则重新排列，这样，即使在传输过程中发生了成串差错，在接收端进行解交织时，也会将成串差错分散成单个（或长度很短）的差错，再利用信道解码的纠错功能纠正差错，就能够恢复出原始信号。总之，交织的目的就是使误码离散化，使突发差错变为信道编码能够处理的随机差错。

下面，我们结合实例介绍交织技术的原理。

假设现将发送信息“Shall□we□hold□a□meeting□this□evening”，如图 $5-13$(a)所示。其中，“□”表示空格。考虑到信息中字符的相关性，把这些字符按照先后顺序平均分成六组，如图 $5-13$(b)所示。首先，我们取出这六组中的第一个字符，并把它们结合在一起，形成一个新的组合，编号为 1。然后，再依次取出这六组中的第二个、第三个……第六个字符，并分别结合成一组，编号依次为 2、3……6，如图 $5-13$(c)所示。最后，我们把六组新的组合按顺序重新排列起来，就是交织的最终结果，如图 $5-13$(d)所示。若该结果在传输过程中发生了长突发错误（这里用下划线表示），则在接收端，经过解交织后，所得的接收信息为“Shall□we□hold□a□meeting□this□evening”，如图 $5-15$(e)所示。可见，长的突发错误已分散成离散的随机差错，被限制在信道编码的检、纠错能力之内。这就是交织技术的一般原理。解交织的过程与此相反，在此不再赘述。

Shall□we□hold□a□meeting□this□evening

(a)

组1: S h a l l □　　　　组1: S w d e t v
组2: w e □ h o l　　　　组2: h e □ t h e
组3: d □ a □ m e　　　　组3: a □ a i i n
组4: e t i n g □　　　　组4: l h □ n s i
组5: t h i s □ e　　　　组5: l o m g □ n
组6: v e n i n g　　　　组6: □ l e □ e g

(b)　　　　　　　　(c)

Swdetvhe□thea□aiinlh□nsilomg□n□le□eg

(d)

Shall□we□hold□a□meeting□this□evening

(e)

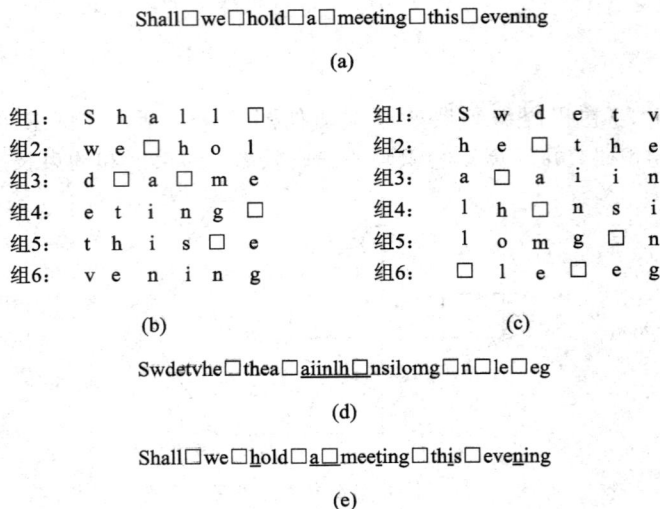

图 5-13　交织原理举例

交织技术的主要参数是交织深度。交织深度是指交织前相邻的符号在交织后的最小距离，如上面的例子中的交织深度为 6。一般来说，交织深度越大，长突发错误的离散度越大，传输特性越好。但由于交织需要花费时间，因而传输时延也会随着交织深度而增大，所以在实际使用中必须作折中考虑。

案例分析

1. 设有二进制序列"0111000111111111010000101010001011"。

(1) 对其做交织深度为 5 的交织，求交织后输出的序列；

(2) 若已知该码序列是由五组(7,4)线性分组码构成的，在信道传输过程中第 4~8 位码元发生误码，试分析无交织和有交织两种情况下该码的检纠错能力。

解　(1) 交织深度为 5，即要将二进制码元分为 5 个一组，交织过程及交织结果如图 5-14 所示。

发送端的发送序列：01110，00111，11111，11010，00010，10100，01011

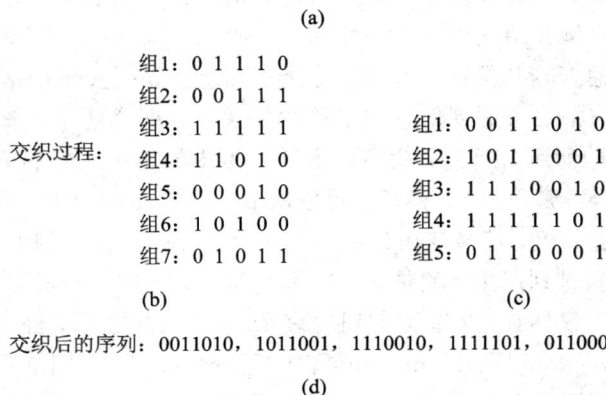

(a)

交织过程：
组1: 0 1 1 1 0　　　　组1: 0 0 1 1 0 1 0
组2: 0 0 1 1 1　　　　组2: 1 0 1 1 0 0 1
组3: 1 1 1 1 1　　　　组3: 1 1 1 0 0 1 0
组4: 1 1 0 1 0　　　　组4: 1 1 1 1 1 0 1
组5: 0 0 0 1 0　　　　组5: 0 1 1 0 0 0 1
组6: 1 0 1 0 0
组7: 0 1 0 1 1

(b)　　　　　　　　(c)

交织后的序列：0011010，1011001，1110010，1111101，0110001

(d)

图 5-14　任务 5.5 案例分析第 1 题图 1

（2）无交织情况下，发送序列发生误码后变为"011 0111，0111111，1110100，0010101，0001011"。在接收端：由于(7,4)线性分组码只能检 2 个错码或纠 1 个错码，因此码序列中的第二个码组能够正确纠错，但第一个码组中的错码数已远超出其检纠错能力。

有交织情况下，发送序列发生误码后变为"001 0101，0011001，1110010，1111101，0110001"。在接收端做解交织，其过程如图 5-15 所示。

接收端接收到的码序列：0010101，0011001，1110010，1111101，0110001

(a)

组1：0 0 1 0 1 0 1
组2：0 0 1 1 0 0 1
解交织过程：　组3：1 1 1 0 0 1 0
组4：1 1 1 1 1 0 1
组5：0 1 1 0 0 0 1

(b)

组1：0 0 1 1 0
组2：0 0 1 1 1
组3：1 1 1 1 1
组4：0 1 0 1 0
组5：1 0 0 1 0
组6：0 0 1 0 0
组7：1 1 0 1 1

(c)

解交织后的码序列：00110，00111，11111，01010，10010，00100，11011

(d)

还原成(7,4)分组码的码序列：0011000，1111111，1010101，0010001，0011011

(e)

图 5-15　任务 5.5 案例分析第 1 题图 2

将接收端解交织后的序列与发送端交织前的序列按照(7,4)线性分组码分组对比，如表 5-19 所示。

表 5-19　任务 5.5 案例分析第 1 题表

组别	第 1 组	第 2 组	第 3 组	第 4 组	第 5 组
发送端交织前	0111000	1111111	1110100	0010101	0001011
接收端解交织后	0 011000	1111111	1 01010 1	0010 001	00 11011

由表可见，除了第 3 个码组只能检查出错误、不能纠正外，其余码组的错误都在(7,4)线性分组码的检纠错能力范围之内。

2. 将第 1 题中的交织深度改为 7，发送序列和误码不变，试分析其检纠错能力的变化。

解　发送端交织和接收端解交织的过程及结果如图 5-16 所示。

将接收端解交织后的序列与发送端交织前的序列按照(7,4)线性分组码分组对比，如表 5-20 所示。

发送端的发送序列：0111000，1111111，1110100，0010101，0001011

(a)

组1：0 1 1 0 0
组2：1 1 1 0 0
交织过程：
组1：0 1 1 1 0 0 0 　　　组3：1 1 1 1 0
组2：1 1 1 1 1 1 1 　　　组4：1 1 0 0 1
组3：1 1 1 0 1 0 0 　　　组5：0 1 1 1 0
组4：0 0 1 0 1 0 1 　　　组6：0 1 0 0 1
组5：0 0 0 1 0 1 1 　　　组7：0 1 0 1 1

(b)　　　　　　　　　　　(c)

交织后的序列：01100，11100，11110，11001，01110，01001，01011

(d)

接收端接收到的码序列：0111<u>1</u>1，<u>00000</u>，11110，11001，01110，01001，01011

(e)

组1：0 1 1 <u>1 1</u>
组2：<u>0 0 0 0 0</u>
解交织过程：
组3：1 1 1 1 0 　　　组1：0 <u>0</u> 1 1 0 0 0
组4：1 1 0 0 1 　　　组2：1 <u>0</u> 1 1 1 1 1
组5：0 1 1 1 0 　　　组3：1 <u>0</u> 1 0 1 0 0
组6：0 1 0 0 1 　　　组4：<u>1</u> 0 1 0 1 0 1
组7：0 1 0 1 1 　　　组5：<u>1</u> 0 0 1 0 1 1

(f)　　　　　　　　　　　(g)

解交织后的码序列：0<u>0</u>11000，1<u>0</u>11111，1<u>0</u>10100，1<u>0</u>10101，<u>1</u>001011

(h)

图 5-16　任务 5.5 案例分析第 2 题图

表 5-20　任务 5.5 案例分析第 2 题表

组别	第 1 组	第 2 组	第 3 组	第 4 组	第 5 组
发送端交织前	0111000	1111111	1110100	0010101	0001011
接收端解交织后	0<u>0</u>11000	1<u>0</u>11111	1<u>0</u>10100	<u>1</u>010101	<u>1</u>001011

　　由表可见，由于交织使连续误码离散化，解交织后每个码组发生的误码都在(7，4)线性分组码的检纠错能力范围之内。可见，与同样的(7，4)线性分组码配合，加大交织深度，能够有效地提高整个码组的检纠错能力。

┌─ 思考应答 ─┐

　　1. 由表 5-21 中的(6，3)线性分组码构成二进制序列"000111，110001，101010，010010"，设信道传输使其第 16～19 个码元发生连续误码，试分别分析不采用交织和交织深度为 3、4、6 和 8 等几种情况下接收端的检纠错能力。

表 5 - 21　任务 5.5 思考应答第 1 题表

信息码	正反码码组	信息码	正反码码组
000	000111	100	100100
001	001001	101	101010
010	010010	110	110001
011	011100	111	111111

2. 由表 5 - 4 中的奇校验码组构成二进制序列"0001,0111,1011,1101"。

（1）设信道传输使其第 3～5 个码元发生连续误码，试分别分析不采用交织和交织深度为 4 两种情况下接收端的检纠错能力；

（2）试对比奇校验码和交织技术相结合与二维奇校验码的区别。

思考应答参考答案

项目 6   构建数字调制通信系统

任务 6.1   构建基本二进制数字调制通信系统

任务要求：相比于模拟调制通信系统和数字基带通信系统，数字调制通信系统得到越来越广泛的应用。本节的任务是学习三种最基本的二进制数字调制技术——2ASK、2FSK和2PSK，并通过对比分析掌握它们之间的差别与各自的特点。

子任务 6.1.1   构建 2ASK 数字调制通信系统

必备知识

对于大多数的数字通信系统来说，由于数字基带信号往往具有丰富的低频成分，而实际的通信信道具有的是带通特性，因此，必须用数字信号去调制某一个较高频率的正弦或脉冲载波，使已调信号能通过带通信道传输。这种用基带数字信号控制高频载波，把基带数字信号变换为频带数字信号的过程称为数字调制。相应地，已调信号通过信道传输到接收端，在接收端通过解调器把频带数字信号还原成基带数字信号，这种数字信号的反变换称为数字解调。通常，我们把数字调制与解调统称为数字调制，把包括调制和解调过程的通信系统叫做数字信号的调制通信系统。

在大多数的数字通信系统中，通常选择正弦波信号作为载波，这一点与模拟调制没有什么本质的差异，它们均属于正弦波调制。然而数字调制与模拟调制又有不同点，其不同点在于模拟调制需要对载波信号的参量连续进行调制，同时接收端需要对载波信号的已调参量连续进行估值；而在数字调制中，则可用载波信号参量的某些离散状态来表征所传输的信息，在接收端也只要对载波信号调制参量的有限个离散值进行判决，就能恢复出原始信号。

通常，数字调制技术可分为两种类型：一是利用模拟方法去实现数字调制，即把数字基带信号当做模拟信号的特殊情况来处理；二是利用数字信号的离散取值特点键控载波，从而实现数字调制。第二种技术通常称为键控法，比如对载波的振幅、频率及相位进行键控，就分别称为幅移键控（ASK）、频移键控（FSK）和相移键控（PSK）。键控法用数字电路很容易实现，它具有调制变换速率快、调整测试方便、体积小和设备可靠性高等特点。

当数字信号采用二进制形式时，所进行的调制就称为二进制数字调制。与模拟调制相似，二进制数字调制也可分为三种：二进制数字幅移键控（2ASK）、二进制数字频移键控

（2FSK）和二进制数字相移键控（2PSK）。这里我们先来学习 2ASK。

一、基 本 原 理

二进制数字幅移键控（2ASK）就是用基带二进制数字信息序列去改变载波的幅度，使已调信号的幅度中携带有原来基带信号的信息。由于二进制数字信息序列只有"1"和"0"两种取值，因而已调信号的幅度也相应地对应两种状态：有和无。2ASK 是一种古老的调制方式，也是各种数字调制的基础。

设二进制数字信息序列是以 a_n 作为基本码元构成的，a_n 的可能取值有两个：0 和 1。a_n 取 1 的概率为 P，a_n 取 0 的概率为 $1-P$。$g(t)$ 为一个基本码元对应的脉冲波形，$g(t)$ 的表达式为

$$g(t) = \begin{cases} 1 & 0 \leqslant t \leqslant T_s \\ 0 & t \text{ 取其他值} \end{cases} \qquad (6-1)$$

其中 T_s 为码元间隔（码元周期），则基带二进制单极性不归零脉冲序列 $s(t)$ 可以表示为

$$s(t) = \sum_{n=-\infty}^{\infty} a_n g(t - nT_s) \qquad (6-2)$$

设载波是一个初始相位为 0、角频率为 ω_c 的余弦信号，则 2ASK 信号的表达式为

$$s_{2ASK}(t) = s(t)\cos\omega_c t = \left[\sum_{n=-\infty}^{\infty} a_n g(t - nT_s) \right]\cos\omega_c t \qquad (6-3)$$

以二进制信息序列"101101"为例，生成 2ASK 过程中各信号的波形如图 6-1 所示。

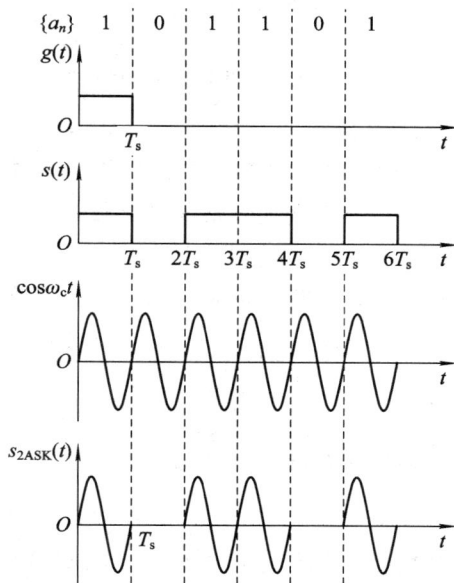

图 6-1　2ASK 的生成过程

二、频 谱 特 性

如项目 4 所述，数字信号功率谱的求解非常麻烦。为此，我们直接给出 2ASK 信号的功率谱密度函数的表达式：

$$P_{2ASK}(f) = \frac{1}{4}[P_s(f+f_c) + P_s(f-f_c)] \tag{6-4}$$

其中，$P_s(f)$ 为基带脉冲序列 $s(t)$ 的双边功率谱。$P_s(f)$ 和 $P_{2ASK}(f)$ 的频谱分别如图 6-2 (a) 和 (b) 所示。图中，$f_s = 1/T_s$，是基带信号的码元重复频率。由任务 4.2 的知识可知，图中仅画出了功率谱的主瓣和一次旁瓣，其余旁瓣均已忽略。

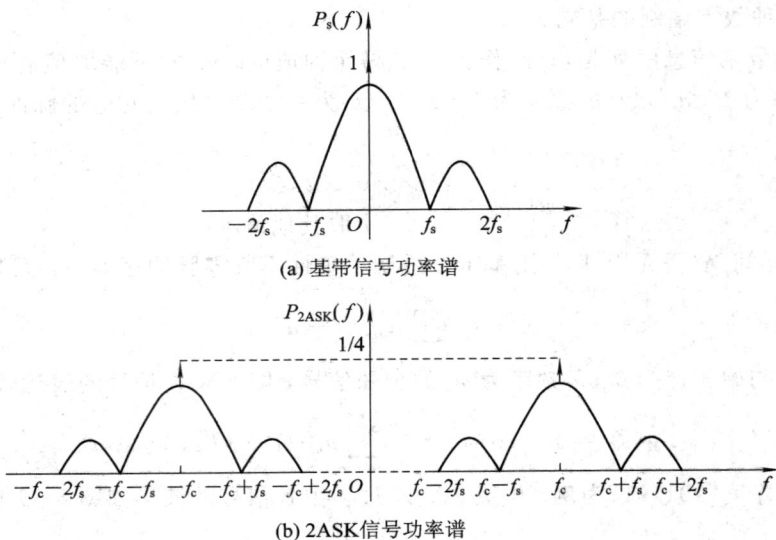

(a) 基带信号功率谱

(b) 2ASK信号功率谱

图 6-2　2ASK 调制前后的频谱图

由图 6-2，可以得出如下结论：

（1）2ASK 信号的功率谱中包含连续谱和离散谱（$\pm f_c$ 处的冲激）两部分。其中，连续谱部分取决于基带信号的频谱，而离散谱部分则取决于载频 f_c。

（2）2ASK 信号的功率谱以 f_c 为中心，对称分布。

（3）2ASK 信号的带宽是基带信号带宽 B_s 的两倍（基带信号带宽仅取主瓣的宽度），即

$$B_{2ASK} = B_s = 2f_s \tag{6-5}$$

三、调制方法

2ASK 信号的实现方法有相乘法和键控法两种。

1. 相乘法

相乘法是通过乘法器直接将数字基带脉冲序列 $s(t)$ 与载波相乘得到 2ASK 信号，其实现原理框图如图 6-3 所示。

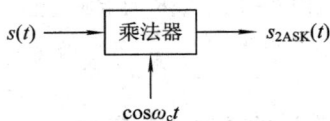

图 6-3　相乘法实现 2ASK

2. 键控法

开关键控（OOK）方式是 2ASK 的一种常用实现方式，其实现原理框图如图 6-4 所示。由图可见，与相乘法中作为乘法运算的一个乘数不同，键控法中的二进制数字基带信号 $s(t)$ 起的是控制作用。由它控制开关电路的通断：当 $s(t)=1$ 时，开关接至上端，载波信号能通过开关电路到达输出端，即 $s_{2ASK}(t)=\cos\omega_c t$；当 $s(t)=0$ 时，开关接地，输出端没有任何输出，即 $s_{2ASK}(t)=0$。

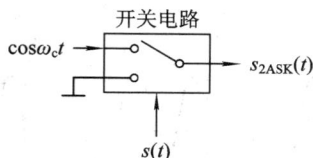

图 6-4　键控法实现 2ASK

四、解调方法

2ASK 常见的解调方法分为非相干解调和相干解调两种。

1. 非相干解调

这里的非相干解调采用包络检波法，其实现原理框图如图 6-5(a)所示。图中，带通滤波器（BPF）的作用是滤除带外噪声和杂散信号，检波整流器和低通滤波器（LPF）构成一个包络检波器，对调制信号进行包络检波。与常见的模拟 AM 信号的解调器相比，系统中增加了一个抽样判决器，其作用是在位定时信息的控制下对解调后的有畸变的数字信号进行抽样、判决和再生，以提高数字信号的接收性能。位定时信息的获取方法请参见任务 4.5 中的数字锁相法。

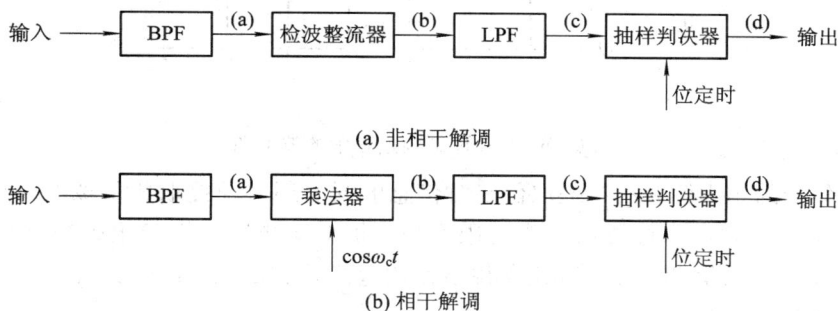

(a) 非相干解调

(b) 相干解调

图 6-5　2ASK 的解调方法

2. 相干解调

2ASK 相干解调与模拟调制系统中的相干解调相类似，也称同步检测法，其实现原理框图如图 6-5(b)所示。经过 BPF 的 2ASK 信号首先与相干载波相乘，得到

$$s_{2ASK}(t) \cdot \cos\omega_c t = s(t) \cdot \cos^2\omega_c t = \frac{1}{2}s(t) \cdot (1+\cos2\omega_c t)$$

$$= \frac{1}{2}s(t) + \frac{1}{2}s(t) \cdot \cos2\omega_c t \qquad\qquad (6-6)$$

该信号再通过 LPF，第二项高频成分被滤除掉。最后通过抽样判决再生，恢复出波形良好的原始基带信号。

2ASK 信号中存在着载波分量，原则上可以通过窄带滤波器或锁相环来提取同步载波，但这会给接收设备增加复杂度。

对比 2ASK 信号的两种解调原理框图，可以看出非相干解调中的"检波整流器"和相干解调中的"乘法器"的作用非常相似。这里以图 6-1 中的 2ASK 信号为例，其解调过程中各步骤的信号波形如图 6-6 所示。

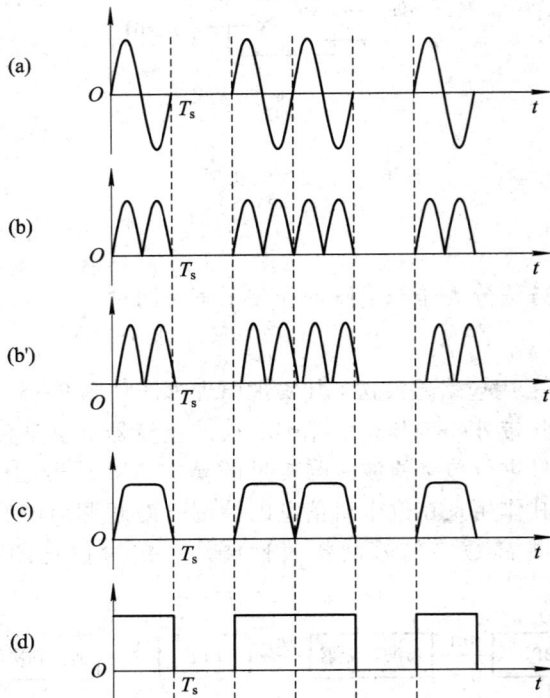

图 6-6　2ASK 解调过程中的波形图

2ASK 信号的相干解调法在提取位定时信息的同时还必须提取相干载波，所以比包络检波法要复杂些。而包络检波法存在门限效应，相干检测法却无门限效应问题。一般而言，对 2ASK 信号的解调，大信噪比条件下使用包络检波法，而在极少数的小信噪比条件下才使用相干解调法。

⌜案例分析⌝

1. 设数字信息码流为"101101111001"，画出下述情况下 2ASK 信号的波形。

(1) 码元宽度与载波周期相同；

(2) 码元宽度是载波周期的两倍。

解　设"1"码对应有载波，"0"码对应没有载波，则根据数字信息码流可画出其波形如图 6-7(a)所示，两种情况下对应的 2ASK 信号的波形分别如图 6-7(b)和(c)所示。

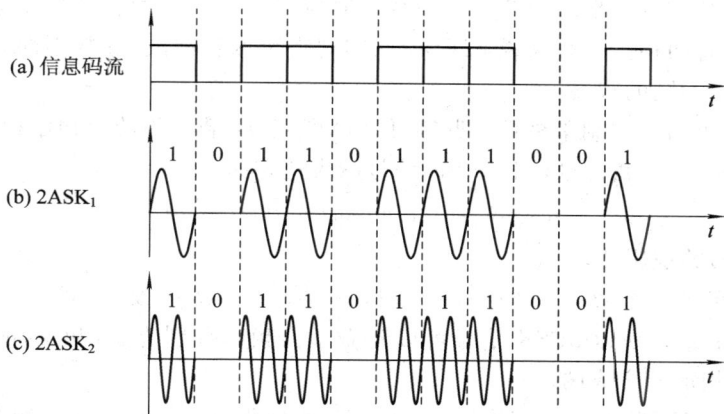

图 6-7　子任务 6.1.1 案例分析第 1 题图

2. 已知某 2ASK 系统的码元传输速率为 1000 波特，所用的载波信号为 $A\sin(4\pi\times10^3 t)$。

（1）设所传送的数字信息为"011001"，试画出相应的 2ASK 信号的波形；

（2）求 2ASK 信号的带宽。

解　传码率为 $R_B = 1000$ Baud，

载频为 $f_c = \dfrac{4\pi\times10^3}{2\pi} = 2000$ Hz，因此

每个码元周期内包含两个完整的正弦

波波形。

（1）设"1"码对应有载波，"0"码对

应没有载波，相应的 2ASK 信号的波

形如图 6-8 所示。

（2）$B_{2ASK} = 2f_s = 2R_B = 2$ kHz。

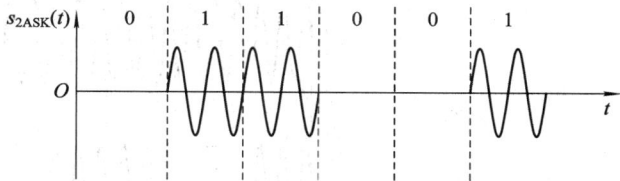

图 6-8　子任务 6.1.1 案例分析第 2 题图

┌─ 思考应答 ─┐

1. 设数字信息码流为"00010111011"，试画出对应的 2ASK 信号的波形以及采用相干解调法解调过程中各步骤的波形。

2. 已知某 2ASK 系统的码元持续时间为 0.5 ms，所用的载波信号为 $A\cos(4\pi\times10^3 t)$。

（1）求一个码元周期应包含几个余弦波形；

（2）求 2ASK 信号的带宽。

子任务 6.1.2　构建 2FSK 数字调制通信系统

┌─ 必备知识 ─┐

一、基本原理

二进制数字频移键控（2FSK）就是用基带二进制数字信息序列去改变载波的频率，使已

调信号的频率中携带有原来基带信号的信息。对应于"1"和"0"两种二进制取值，已调信号的频率取值也只有两种。一般来说，2FSK 的实现需要两种载波（载频不同），二进制的"1"和"0"分别去调制不同的载波。

设基带信号仍为二进制单极性不归零脉冲序列 $s(t)$，载波为两个初始相位均为 0、角频率分别为 ω_1 和 ω_2 的余弦信号，则 2FSK 信号的表达式为

$$s_{2FSK}(t) = s(t)\cos\omega_1 t + \overline{s(t)}\cos\omega_2 t \qquad (6-7)$$

其中，$\overline{s(t)}$ 为 $s(t)$ 的逻辑非。

由式(6-7)可知：当 $s(t)=1$（即 $\overline{s(t)}=0$）时，$s_{2FSK}(t)=\cos\omega_1 t$；反之，当 $s(t)=0$（即 $\overline{s(t)}=1$）时，$s_{2FSK}(t)=\cos\omega_2 t$。所以 2FSK 信号可以看做是由频率分别为 ω_1 和 ω_2 的两路 2ASK 信号 $s_1(t)$ 和 $s_2(t)$ 相加而合成的。

以二进制信息序列"1011001"为例，生成 2FSK 过程中各信号的波形如图 6-9 所示。

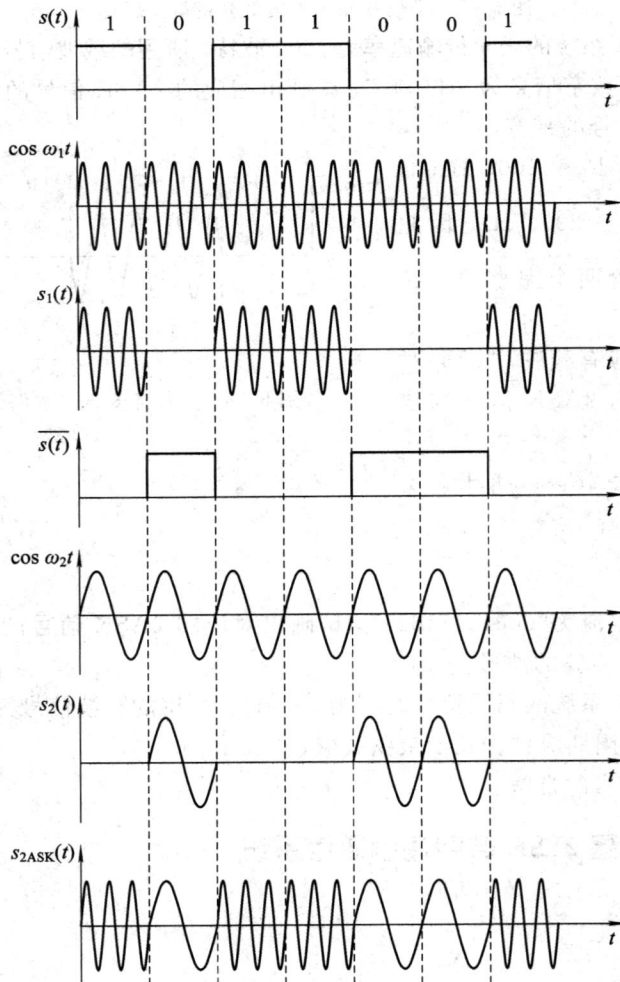

图 6-9　2FSK 的生成过程

二、频谱特性

由于 2FSK 信号可以看做是两路基带信号完全相同而载频不同的 2ASK 信号的叠加，因此，2FSK 信号的功率谱密度可以比较容易地从 2ASK 信号的功率谱密度推导出来。

由式(6-4)可知，载频分别为 f_1 和 f_2 的两路 2ASK 信号的功率谱可以分别表示为 $\frac{1}{4}[P_s(f+f_1)+P_s(f-f_1)]$ 和 $\frac{1}{4}[P_s(f+f_2)+P_s(f-f_2)]$。所以 2FSK 信号的功率谱密度为

$$P_{2FSK}(f) = \frac{1}{4}[P_s(f+f_1)+P_s(f-f_1)]+\frac{1}{4}[P_s(f+f_2)+P_s(f-f_2)] \quad (6-8)$$

由式(6-8)可以得到如图 6-10 所示的 2FSK 信号的频谱示意图。图中，$f_c=\dfrac{f_1+f_2}{2}$，是中心载频，与两个实际的载频 f_1 和 f_2 等间隔。$h=\dfrac{f_2-f_1}{f_s}$，称为调制指数或带宽效率，用来比较两个载频间隔相对于基带信号带宽的大小。显然，h 越大，2FSK 信号的带宽就越大。由于 f_1、f_2 及 f_s 取值关系可以不同，因此图中给出了三种不同情况下 2FSK 信号的频谱图。其中，$h=2.5$ 为 f_1 与 f_2 差值较大、功率谱曲线为完全分离的双峰的情况(图中用长虚线表示)；$h=0.9$ 为 f_1 与 f_2 差值很小、功率谱曲线形成单峰的情况(图中用实线表示)；$h=1.7$ 介于中间情况(图中用点划线表示)。

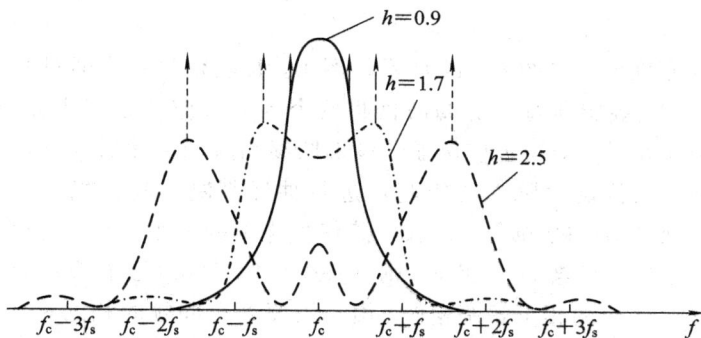

图 6-10　2FSK 频谱示意图

由 2FSK 的频谱图，我们可以得出如下结论：

(1) 2FSK 的功率谱由连续谱和离散谱两部分构成，两部分均以 f_c 为中心对称分布，离散谱出现在 f_1 和 f_2 两个载频位置上。

(2) 当 2FSK 信号两个载频的间距不同时，它的连续谱曲线有所变化：当 $0<|f_1-f_2|<f_s$ 时，曲线为单峰；当 $f_s\leqslant|f_1-f_2|<2f_s$ 时，曲线为双峰；当 $|f_1-f_2|\geqslant 2f_s$ 时，曲线双峰完全分离。

(3) 2FSK 信号的带宽为

$$B_{2FSK}=|f_1-f_2|+2f_s \quad (6-9)$$

三、调制方法

从原理上讲，2FSK 可以用模拟调频法来实现，但键控法更为简单，也更为常用，为此，我们只介绍 2FSK 的键控实现方法。

2FSK 键控法的实现原理框图如图 6-11 所示。该方法的基本原理是利用基带信息序列 $s(t)$ 去控制开关电路的通断，进而实现对两个独立频率源的选通。对应 $s(t)$ 中不同的码元"1"和"0"，开关电路分别输出两个不同频率的正弦波。即当 $s(t)=1$ 时，开关电路选择输出载波 f_1（或 f_2）；当 $s(t)=0$ 时，开关电路选择输出载波 f_2（或 f_1）。

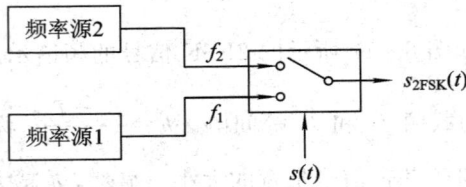

图 6-11　键控法实现 2FSK

四、解调方法

与 2ASK 一样，2FSK 信号的解调也有相干解调和非相干解调两种方法。

1. 相干解调

相干解调法的原理框图如图 6-12 所示。图中，接收信号首先通过并联的两路带通滤波器进行滤波。显然，要想通过带通滤波器将两个载波对应的频谱成分分离，2FSK 信号的两个载频间距应该足够大，至少应保证其波形曲线为双峰。然后与本地相干载波相乘并进行低通滤波，最后在位定时脉冲的控制下进行抽样判决。假设"1"码对应载波 $\cos\omega_1 t$，"0"码对应 $\cos\omega_2 t$，则判决的准则是：比较两路信号包络的大小，如果上面支路的信号包络大，就判决输出信号"1"（高电平）；相反，则判决输出信号"0"（零电平），从而还原出基带单极性不归零码。同 2ASK 的相干解调相似，由于需要两个同频同相的相干载波，因此按照这种方式设计出来的接收机都比较复杂，实际中很少使用。设二进制序列为"010"，则其对应的 2FSK 信号相干解调法中各步骤的波形如图 6-13 所示。

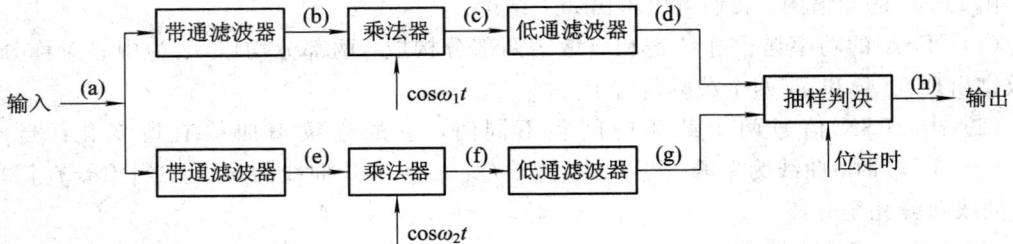

图 6-12　2FSK 的相干解调

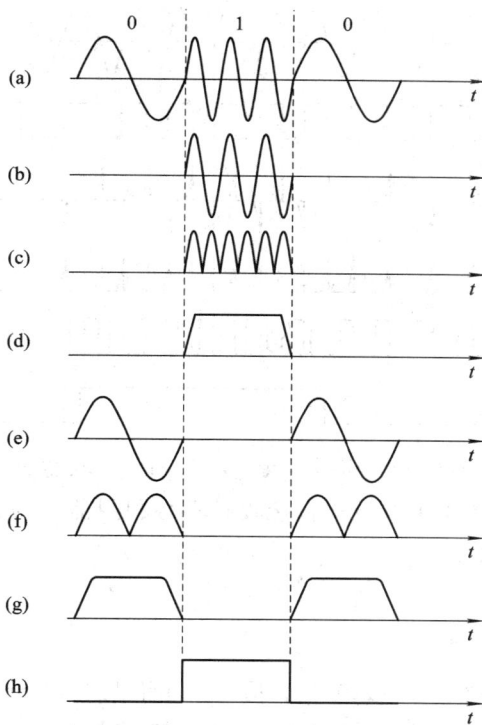

图 6-13 2FSK 相干解调过程中的波形图

2. 非相干解调

2FSK 信号常见的非相干解调方法包括两种：包络检波法和过零点检测法。

包络检波法的实现原理框图如图 6-14 所示。这种方法同相干解调的方法很相似，它也是通过比较两个支路信号包络的大小而得到输出结果的，但它不需要相干载波，因此电路和设备要简单得多。

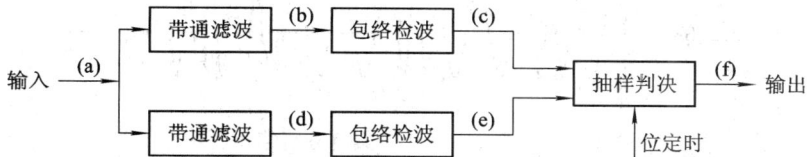

图 6-14 2FSK 的包络检波法

过零点检测法的实现原理框图如图 6-15 所示。其基本原理是：由于在 2FSK 这种调制方式下两种信号码元的频率不同，因此通过计算单位时间内码元中信号波形的过零点数目的多少，就能区分这两种不同频率的码元。设二进制序列为"010"，则其对应 2FSK 信号过零点检测法中各步骤的波形如图 6-16 所示。

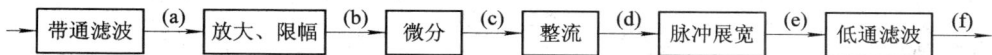

图 6-15 2FSK 的过零点检测法

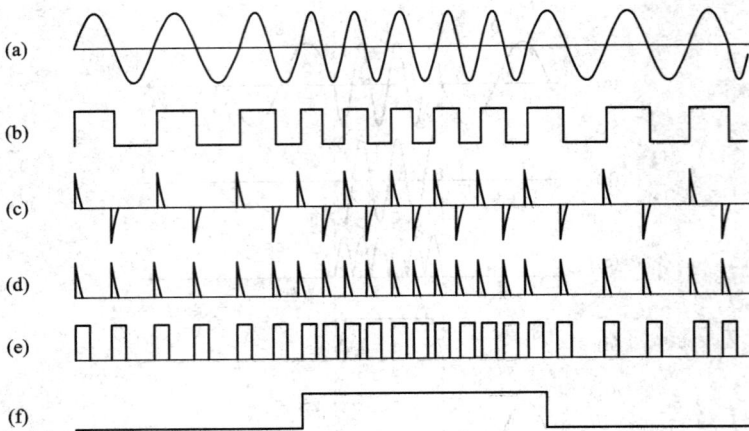

图 6 - 16　2FSK 过零点检测过程中的波形图

由于 2FSK 信号的非相干解调方式在接收时不必利用信号的相位信息，因此在条件恶劣的无线信道中特别适用。

┤案例分析├

1. 设数字信息码流为"101110111001"，画出下述情况下 2FSK 信号的波形："1"码的码元宽度与载波周期相同，"0"码的码元宽度是载波周期的两倍。

解　根据数字信息码流可画出其波形如图 6 - 17(a)所示，对应的 2FSK 信号的波形如图 6 - 17(b)所示。

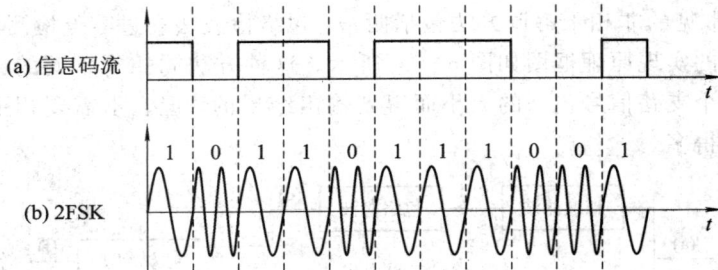

图 6 - 17　子任务 6.1.2 案例分析第 1 题图

2. 由于码元周期和载波周期之间存在整数倍的关系，因此前述 2FSK 信号是相位连续的 FSK(CPFSK)。设一个相位不连续的 2FSK 信号，发"1"码时的波形为 $A\cos(2000\pi t + \theta_1)$，发"0"码时的波形为 $A\cos(8000\pi t + \theta_0)$，码元速率为 600 波特，求系统的频带宽度最小为多少？

解　发"1"码时：

$$f_1 = \frac{2000\pi}{2\pi} = 1 \text{ kHz}$$

发"0"码时：

$$f_2 = \frac{8000\pi}{2\pi} = 4 \text{ kHz}$$

该 2FSK 系统最小频带宽度(即只取主瓣情况下计算的带宽)为

$$B = |f_1 - f_2| + 2f_s = |f_1 - f_2| + 2R_B = 4.2 \text{ kHz}$$

3. 仿照 2ASK 的相干解调,用数学表达式形式解释 2FSK 相干解调的过程。

解　设 2FSK 信号使用的基带信号为 $s(t)$,则

(1) 2FSK 信号到上支路经过带通滤波器后得到信号 $s(t) \cdot \cos\omega_1 t$,该信号同相干载波 $\cos\omega_1 t$ 相乘,得到 $\frac{1}{2}s(t)[1+\cos2\omega_1 t]$,再经过低通滤波器后得到 $\frac{1}{2}s(t)$;

(2) 2FSK 信号到下支路经过带通滤波器后得到信号 $\overline{s(t)} \cdot \cos\omega_2 t$,该信号同相干载波 $\cos\omega_2 t$ 相乘,得到 $\frac{1}{2}\overline{s(t)}[1+\cos2\omega_2 t]$,再经过低通滤波器后得到 $\frac{1}{2}\overline{s(t)}$。

若传输的为"1"码,则上支路为高电平,下支路为零电平,比较两路信号,电路判决再生输出"1";若传输的为"0"码,则上支路为零电平,下支路为高电平,比较两路信号,电路判决再生输出"0"。

┌─────────┐
│ 思考应答 │
└─────────┘

1. 已知基带信号"101100",码元周期为 1 ms,对应"1"码的载波 $c_1(t)=\cos2000\pi t$,对应"0"码的载波 $c_2(t)=\cos6000\pi t$。

(1) 试画出相应 2FSK 信号的时域波形图;

(2) 试画出相应 2FSK 信号的频域功率谱图;

(3) 求相应 2FSK 信号的带宽。

2. 设二进制序列为"00110101",试分别画出 2FSK 信号包络检波法和过零点检测法解调过程中的波形。

子任务 6.1.3　构建 2PSK 数字调制通信系统

┌─────────┐
│ 必备知识 │
└─────────┘

二进制数字相移键控(2PSK)就是用基带二进制数字信息序列去改变载波的相位,使已调信号的相位中携带有原来基带信号的信息。针对二进制基带信息序列中的两种取值,已调信号中各对应部分的初始相位也只有两种情况,一般为 0 和 π。根据已调信号波形与基带信息序列有无直接对应关系,数字相移键控可以分为绝对相移键控(简记为 PSK)和相对相移键控(又称差分相移键控,简记为 DPSK)两种。

一、2PSK 和 2DPSK 基本原理

1. 2PSK 基本原理

根据上述 2PSK 信号的特点,对于初始相位为 0、角频率为 ω_c 的载波来讲,2PSK 信号的表达式应为

$$s_{2PSK}(t) = \cos(\omega_c t + \theta) \tag{6-10}$$

其中,初始相位 θ 随基带码元的变化而变化:当发送"0"码时,$\theta=0$;当发送"1"码时,$\theta=\pi$,即

$$s_{2\text{PSK}}(t) = \begin{cases} \cos\omega_c t & \text{发送"0"码时} \\ \cos(\omega_c t + \pi) = -\cos\omega_c t & \text{发送"1"码时} \end{cases} \tag{6-11}$$

将式(6-11)整理后，可以得到 2PSK 信号另一种形式的表达式：

$$s_{2\text{PSK}}(t) = s(t)\cos\omega_c t \tag{6-12}$$

其中，$s(t)$ 为基带二进制双极性不归零脉冲序列。式(6-12)与 2ASK 信号的表达式从形式上看完全相同，但由于 $s(t)$ 的单双极性不同，其调制结果是完全不同的。以二进制信息序列"1110010"为例，生成 2PSK 过程中各信号的波形如图 6-18 所示。

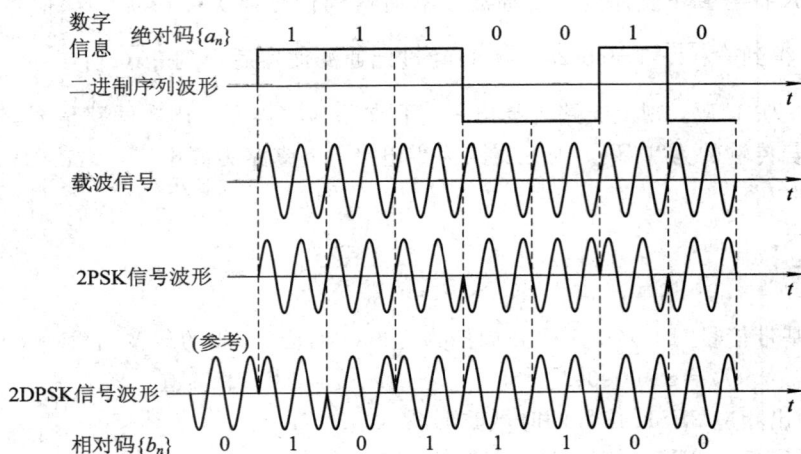

图 6-18　2PSK 与 2DPSK 生成过程

2PSK 信号是以载波的不同相位直接表示相应的数字码元，这种调制方式称为绝对相移键控。由于 2PSK 信号在相干解调时，会出现相位模糊问题，因此，其改进型 2DPSK 得到了更广泛的应用。

2. 2DPSK 基本原理

相对相移键控(DPSK)又称为差分相移键控。与绝对调制方式不同，2DPSK 的调制规则是利用前后相邻码元的相对相位变化来表示所传送的信息"0"和"1"的。设 $\Delta\theta$ 为当前码元波形起始相位与前一码元波形末相位的相位之差，我们可以定义：

$$\begin{cases} \Delta\theta = 0 & \text{发送"0"码时} \\ \Delta\theta = \pi & \text{发送"1"码时} \end{cases} \tag{6-13}$$

则 2DPSK 信号的表达式可以表示为

$$s_{2\text{DPSK}}(t) = \cos(\omega_c t + \Delta\theta) \tag{6-14}$$

为了区分 2PSK 和 2DPSK，图 6-18 同时给出了二者生成过程中各信号的波形。由图可见，在 2DPSK 中，为了让第一位码元的起始相位有所参考，必须首先预置一个参考码元(相位)。需要说明的是，此参考码元取"1"或取"0"并不影响最后结果，只要收发双方约定好即可。绝对码与 2DPSK 波形无直接对应关系，而是与其前后相位变化与否有直接对应关系：若当前码元为"1"码，就发送起始相位与前一码元波形末相位不同的波形；若当前码元为"0"码，就发送起始相位与前一码元波形末相位相同的波形。这是利用 2DPSK 波形与绝对码的对应关系进行求解的一种方法。

图 6-18 还给出了求解 2DPSK 的第二种方法——利用差分编码求解，过程如下：

（1）设定一个参考码元，由绝对码序列求出其对应的差分（相对）码序列；

（2）根据相对码序列生成相应的 2PSK。

这里讲的差分码就是任务 4.2 中的传号差分码。其具体求解方法为：参考码元"0"与第一位绝对码"1"做模 2 加运算，得到第一位相对码"1"；第一位相对码"1"再与第二位绝对码"1"做模 2 加，得到第二位相对码"0"；依次往下，进而求出所有的相对码。

二、频 谱 特 性

由式(6-3)和式(6-12)可见，2PSK 与 2ASK 的表达式形式可以完全相同，只是基带信号的单双极性不同，因此，2PSK 信号的频谱与 2ASK 信号的频谱也非常相似，只是当数字信息中"0"和"1"等概率出现时，由于基带信号功率谱中没有离散谱（坐标原点的冲激），因此 2PSK 信号中也没有离散谱。2PSK 调制前后的功率谱如图 6-19 所示。2DPSK 可以看成是与 2PSK 对应不同基带信息序列的二进制相移键控，因此二者的功率谱也可以看成是完全相同的。

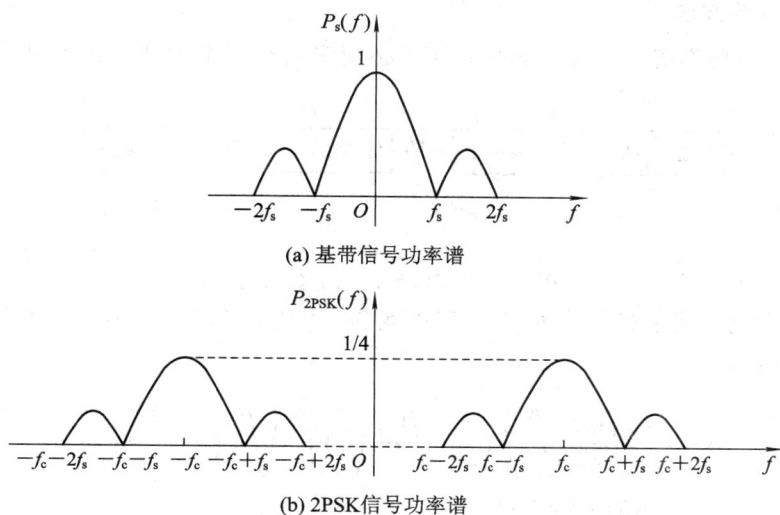

(a) 基带信号功率谱

(b) 2PSK信号功率谱

图 6-19　2PSK 调制前后的功率谱

三、调 制 方 法

与 2ASK、2FSK 相似，2PSK 信号的产生方法也有相乘法和键控法两种。相乘法实现 2PSK 的原理框图如图 6-20 所示，二进制基带信号首先通过电平转换器，由单极性码变成双极性码，然后通过乘法器与载波相乘，即可得到所需信号。

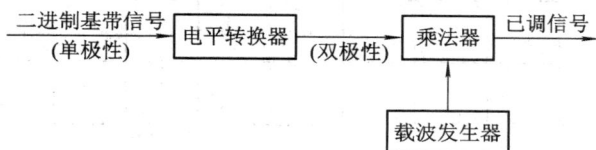

图 6-20　相乘法实现 2PSK

2PSK 的键控法也称相位选择法，实现 2PSK 的原理框图如图 6-21 所示。载波发生器产生两个相位相差 π 的同频载波（初始相位一个为"0"，另一个为"π"），并分别输入到同一个开关电路中。二进制数字基带信号作为控制信号去控制开关的通断，比如，当 $s(t)=0$ 时，开关输出初相为"0"的载波；当 $s(t)=1$ 时，开关输出初相为"π"的载波。

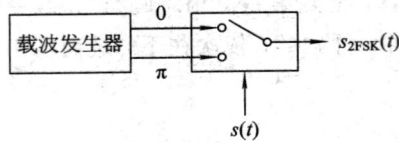

图 6-21　相位选择法实现 2PSK

2DPSK 信号的调制可以采用前述的第二种方法，即：先进行差分编码，获得相对码，再采用与 2PSK 完全相同的实现方法进行调制。

四、解调方法

1. 2PSK 解调方法

2PSK 信号的功率谱中无载波分量，因此必须采用相干解调法，其实现原理框图如图 6-22 所示。

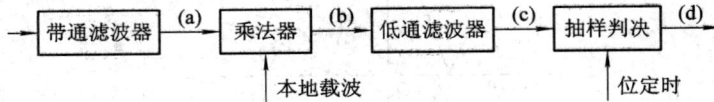

图 6-22　2PSK 的相干解调法

这里仍以前述二进制信息序列"1110010"为例，其对应 2PSK 信号相干解调过程中的波形如图 6-23 所示。

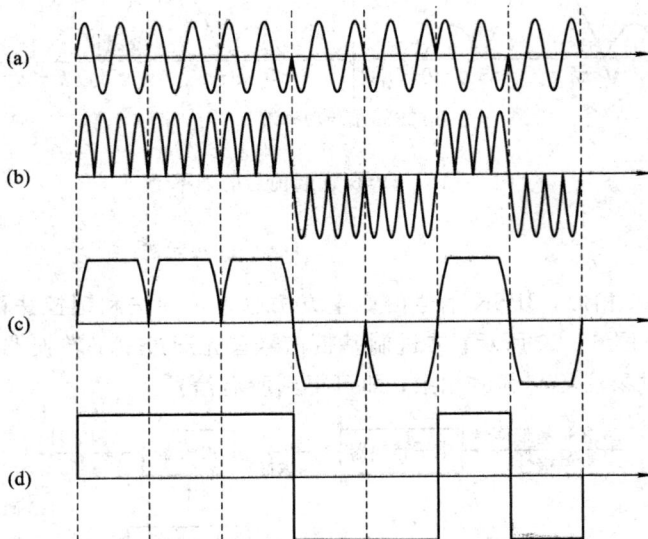

图 6-23　2PSK 相干解调过程中的波形

2PSK 的相干解调法需要提取位同步和载波同步信号，因此电路复杂，而且这种解调方法存在严重的相位模糊问题(亦称"倒 π"现象)。这是由于在提取本地相干载波的过程中要采用平方环法或科斯塔斯环法，而这种环路在锁定状态下输出的本地载波可能是同频同相的相干载波，也可能与相干载波反相，其结果就造成解调得到的数字信号可能与实际信号的极性相同，也可能恰好相反。所以，在实际通信中，2PSK 这种调制方式并不常用。关于 2PSK 的载波同步方法在本任务后面会有所介绍。

2. 2DPSK 解调方法

2DPSK 信号的解调方法有相干法和差分相干法(又称为相位比较法)两种。2DPSK 相干解调法的实现原理框图如图 6 - 24 所示。由图可见，与 2PSK 信号的相干解调相比，2DPSK 的相干解调只是在最后多了一步差分译码。

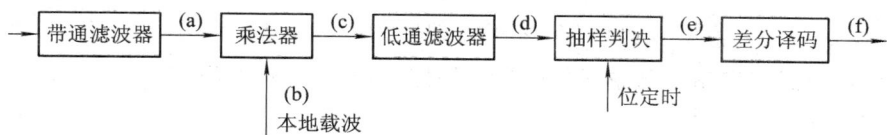

图 6 - 24　2DPSK 的相干解调法

这里仍以前述二进制信息序列"1110010"为例，其对应 2DPSK 信号相干解调过程中的波形如图 6 - 25 所示。注意：这里在做解调时一定要把参考信号考虑在内，而且这个参考信号必须与发送端的参考信号完全相同。经抽样判决后再生出二进制码序列"01011100"。差分译码的方法是该码序列中的相邻二进制码元两两做模 2 加。如：前两位码元"0"和"1"做模 2 加得"1"，第二位"1"和第三位"0"做模 2 加得"1"，依次往下。最终解调输出原始二进制码序列"1110010"。虽然 2DPSK 的相干解调不存在 2PSK 相干解调的相位模糊问题，但是考虑到电路的复杂性，这种解调方法也不常用。

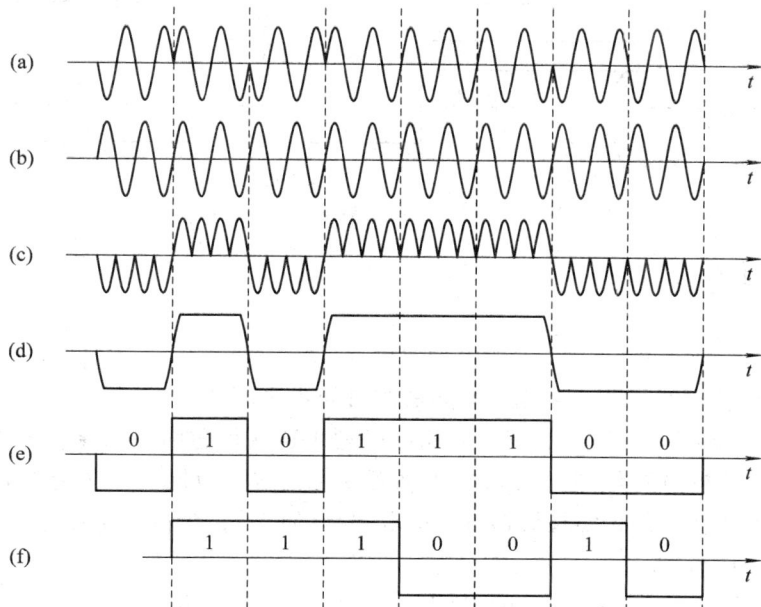

图 6 - 25　2DPSK 相干解调过程中的波形

2DPSK 的差分相干解调法的实现原理框图如图 6-26 所示。图中，接收信号经过带通滤波器滤波后分为两路，一路直接加到乘法器的一端，另一路经过一个码元的延时后加到乘法器的另一端，二者相乘后经过低通滤波和抽样判决后，恢复出基带信号。注意：这里的抽样判决规则与之前所学规则刚好相反，即：抽样值为正，则判决再生出"0"码；抽样值为负，则判决再生出"1"码。相比于相干解调法，差分相干法不需要提取相干载波，也无需差分译码，电路简单很多，所以在实际中得到广泛应用。

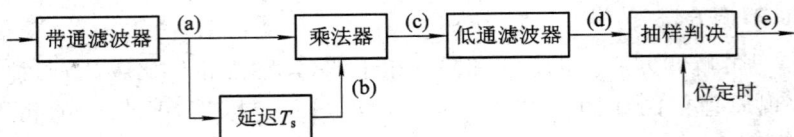

图 6-26 2DPSK 的差分相干解调法

这里仍以前述二进制信息序列"1110010"为例，其对应 2DPSK 信号差分相干解调过程中的波形如图 6-27 所示。

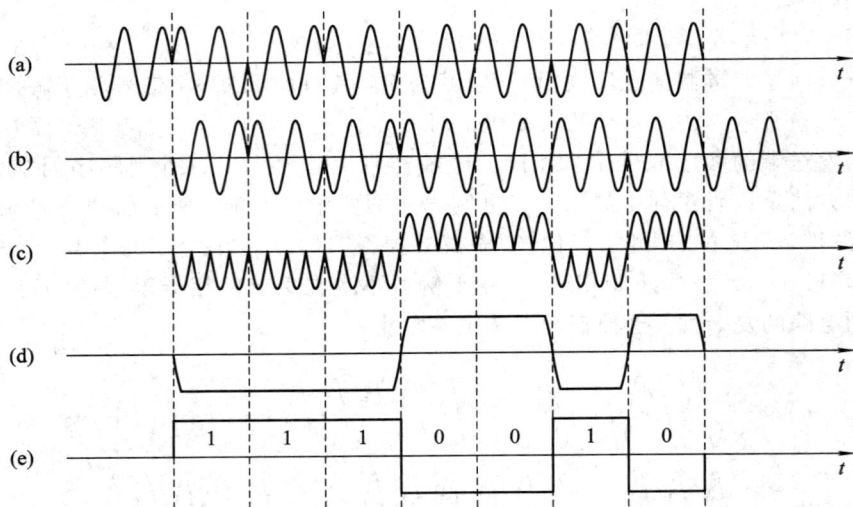

图 6-27 2DPSK 差分相干解调过程中的波形

五、同步问题

1. 位同步

PSK 系统的位同步方法也有插入导频法和自同步法两种。

PSK 和 FSK 都属于恒包络信号，因此可以利用这些恒包络的数字信号的包络携带位同步信息，即使其包络随位同步信息的变化而变化。这是位同步插入导频法的另一种形式。接收端只要用普通的包络检波器就可以取出导频信号作为位同步信息，且对数字信号本身的恢复不造成影响。

这里以 2PSK 为例加以说明。设 2PSK 信号为 $\cos[\omega_c t + \theta(t)]$，用 $\cos\Omega t$ 对其进行标准调幅，得已调信号为

$$(1+\cos\Omega t)\cos[\omega_c t+\theta(t)] \qquad\qquad (6-15)$$

其中，$\Omega=\dfrac{2\pi}{T}$，T 为码元宽度。

接收端对该信号进行包络检波，得到包络为 $1+\cos\Omega t$，滤除直流成分，即可得到位同步分量 $\cos\Omega t$。同时也不影响 2PSK 信号 $\cos[\omega_c t+\theta(t)]$ 的解调。

PSK 系统提取位同步的自同步法又包括包络检波法和延迟相干法两种。

PSK 信号为恒包络信号的前提条件是带宽无限宽，但由于实际信道都是带宽受限的，所以会使 PSK 信号产生"平滑陷落"现象（注：此前给出的 PSK 信号波形都是理想化的情况，没有涉及此问题）。由于发生陷落的位置都是在码元取值变化或信号相位变化的地方，故必然包含有位同步信息。图 6-28 所示为 2PSK 包络检波法提取位同步的实现原理框图。图中，首先经过包络检波取出发生平滑陷落后的 PSK 信号的包络，然后通过与直流信号 A_0 相减，获得归零的脉冲序列，再通过窄带滤波（或锁相环）和脉冲形成，即可生成位定时脉冲。图 6-29 所示为对应基带二进制序列"11010010010"的 2PSK 信号包络检波法提取位同步过程中的波形图。由图可见，当出现长连"0"或长连"1"码较多时，由于"陷落"点较少，该方法可能不能提取出位同步信号。

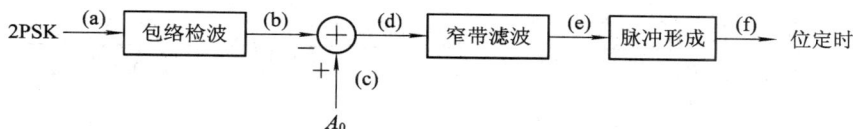

图 6-28　2PSK 包络检波法提取位同步的原理框图

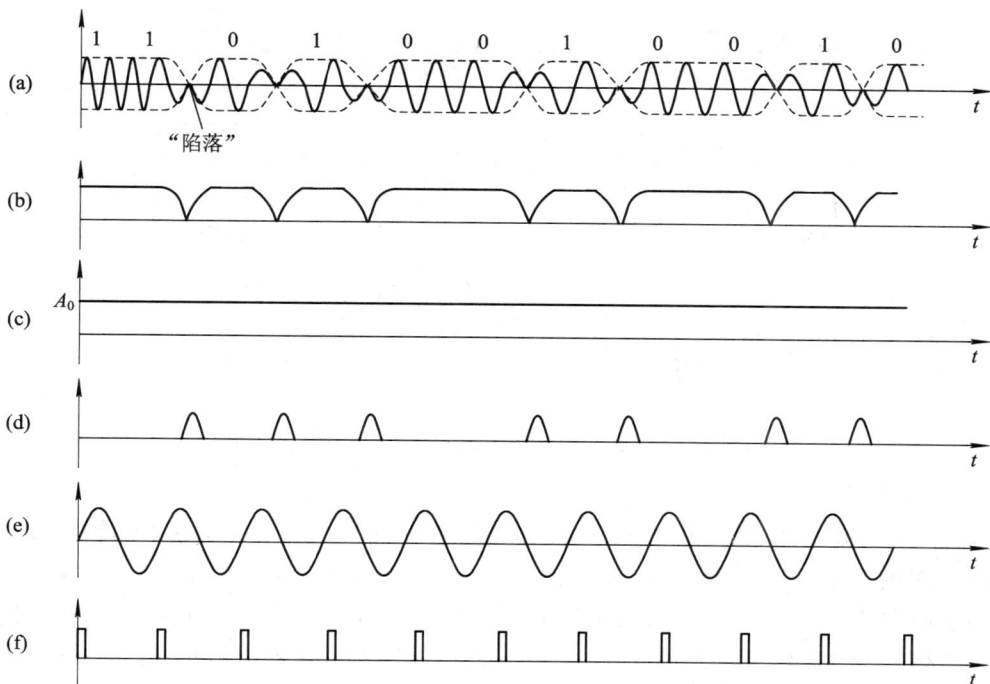

图 6-29　2PSK 包络检波法提取位同步信号的波形图

PSK 延迟相干法与 DPSK 差分相干解调的工作原理相似，只是延迟电路的延迟时间 τ 小于码元周期 T_s。2PSK 延迟相干法提取位同步的原理框图如图 6-30 所示。图中，2PSK 信号分为两路，一路经过相移器输入到乘法器的一端；另一路经过延迟电路输入到乘法器的另一端。二者相乘后通过低通滤波器，提取出脉冲宽度为 τ 的基带脉冲序列。由于 $\tau < T_s$，是归零脉冲，它含有位同步频率分量，再通过窄带滤波器和脉冲形成电路即可获得所求位同步信号。τ 的典型取值为 $T_s/2$。

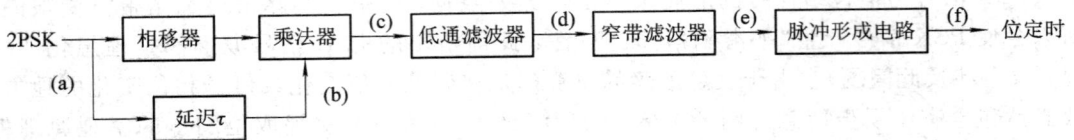

图 6-30　2PSK 延迟相干法提取位同步的原理框图

图 6-31 所示为对应基带二进制序列"101101011"的 2PSK 信号延迟相干法提取位同步过程中的波形图。图中，$\tau = \dfrac{T_s}{2}$。为了保证信号在延迟后能够对应相乘，需要设置参考信号。

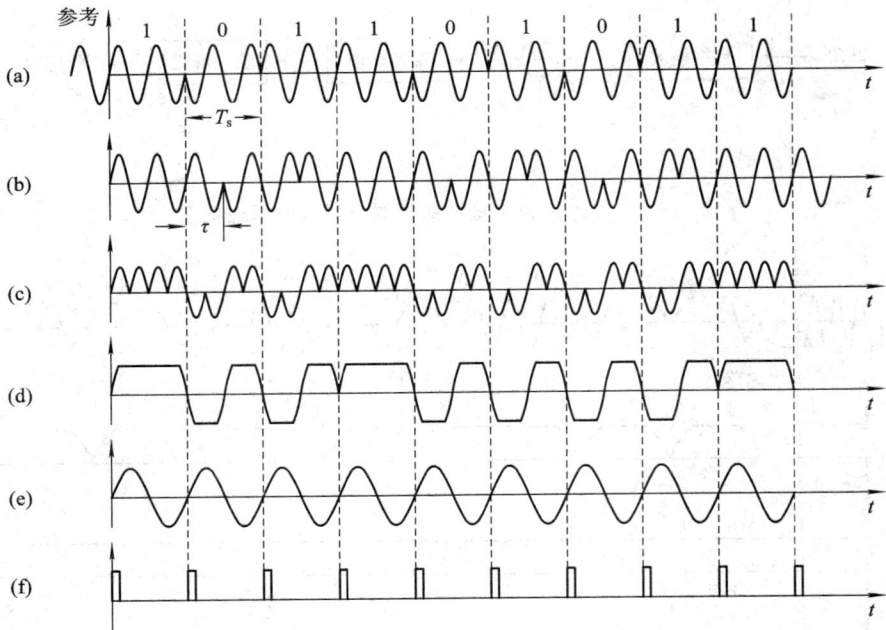

图 6-31　2PSK 延迟相干法提取位同步信号的波形图

2. 载波同步

在任务 2.1 中我们以 DSB 系统为例，学习了载波同步的插入导频法和自同步法（平方变换法和同相正交法），这里以 2PSK 为例来学习载波同步的另一种自同步法——平方环法。

由于信道噪声的加入，进入接收机的信号并不纯净，因此，利用平方变换法提取出来的载波也不纯净。为了改善其性能，可以将图 2-21 平方变换法中的窄带滤波器用锁相环代替，从而构成平方环法。由于锁相环具有良好的跟踪、窄带滤波和记忆功能，因此，平方环法比一般的平方变换法具有更好的性能。平方环法提取载波的原理框图如图 6-32 所示。

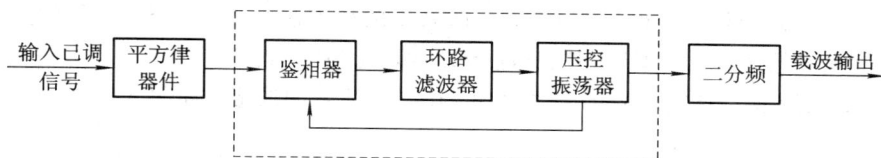

图 6-32　平方环法提取载波

设基带信号 $m(t)$ 是幅度为 A 的双极性码($m^2(t)=A^2$),则其生成的 2PSK 信号 $m(t)\cos\omega_c t$ 经过平方律器件后输出为

$$e(t)=[m(t)\cos\omega_c t]^2=m^2(t)\cos^2\omega_c t=\frac{A^2}{2}+\frac{A^2}{2}\cos2\omega_c t \qquad (6-16)$$

假设环路锁定,压控振荡器(VCO)的频率锁定在 $2\omega_c$ 上,其输出信号为

$$v_o(t)=A\cos(2\omega_c t+2\theta) \qquad (6-17)$$

式中,2θ 为相位差。

则经鉴相器(由乘法器和低通滤波器组成)后输出的误差电压为

$$v_d=\frac{A}{2}\sin2\theta=K_d\sin2\theta \qquad (6-18)$$

式中,K_d 为鉴相灵敏度。v_d 仅与相位差有关,它通过环路滤波器去控制 VCO 的相位和频率。环路锁定之后,θ 是一个很小的量。因此,VCO 的输出经过二分频后,就是所需的相干载波。

需要注意的是:由于分频器一般是由触发器构成的,而触发器的初始状态未知,因此,分频器可能会输出与实际相干载波有 180° 相位差的载波,进而引起前面所提 2PSK 信号相干解调时的相位模糊问题,而克服相位模糊问题最常用而又有效的方法就是采用 2DPSK。

案例分析

1. 设数字信息码流为"10110111001",分别画出下述情况下 2PSK 信号的波形。

(1) 码元宽度与载波周期相同;

(2) 码元宽度是载波周期的两倍。

解　设"1"码对应载波起始相位为 0,"0"码对应 π,根据数字信息码流可画出其波形如图 6-33(a)所示,对应的 2PSK 信号的波形分别如图 6-33(b)和(c)所示。

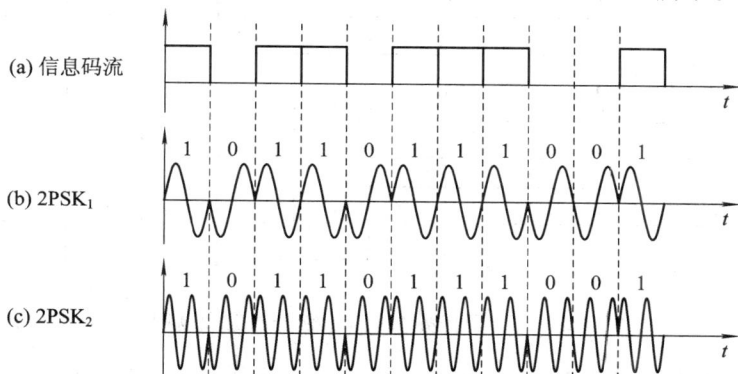

图 6-33　子任务 6.1.3 案例分析第 1 题图

2. 设数字信息码流为"10110111001"，试采用两种方法画出 2DPSK 信号的波形。

解 设码元宽度与载波周期相同且起始参考码元为"0"码。

方法一：利用波形与绝对码的关系画出 2DPSK 信号的波形，如图 6-34 所示。

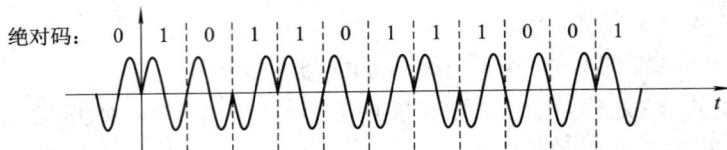

绝对码：0 1 0 1 1 0 1 1 1 0 0 1

图 6-34　子任务 6.1.3 案例分析第 2 题图 1

方法二：利用差分编码画出 2DPSK 信号的波形，如图 6-35 所示。

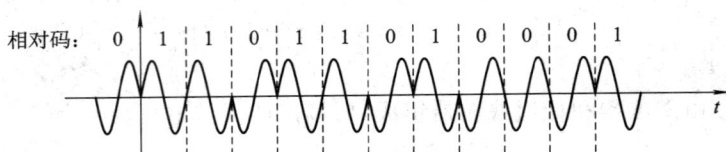

相对码：0 1 1 0 1 1 0 1 0 0 0 1

图 6-35　子任务 6.1.3 案例分析第 2 题图 2

3. 采用必备知识中的二进制信息序列"1110010"，用波形证明图 6-25 中 2DPSK 的相干解调不存在相位模糊问题。

解 这里人为设定本地载波与相干载波"倒 π"，所求波形如图 6-36 所示。由图可见，在载波"倒 π"的情况下，2DPSK 的相干解调仍然能够正确恢复出基带信息序列。

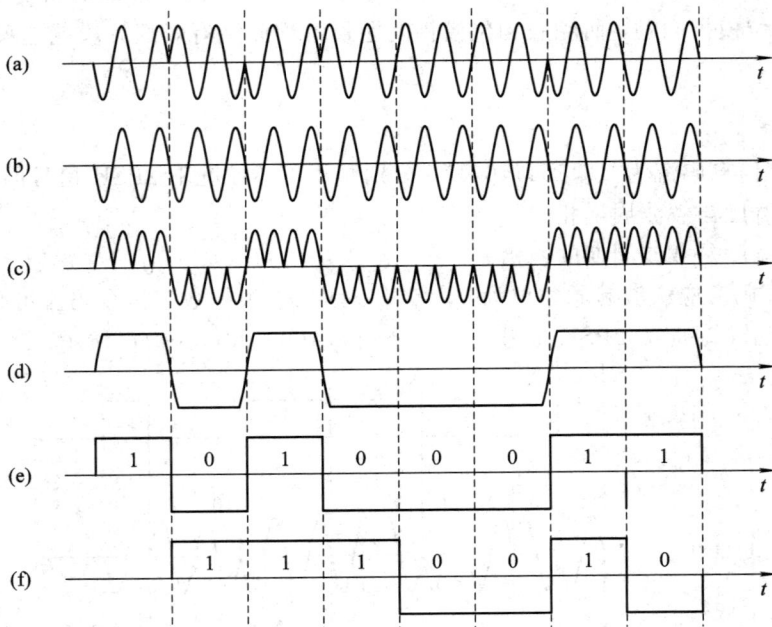

图 6-36　子任务 6.1.3 案例分析第 3 题图

4. 设基带二进制序列为"0010100"且 $\tau = \dfrac{T_s}{2}$。试分别画出 2PSK 信号包络检波法和延迟相干法提取位同步过程中的波形图。

　　解　包络检波法提取位同步过程中的波形图如图 6-37 所示。

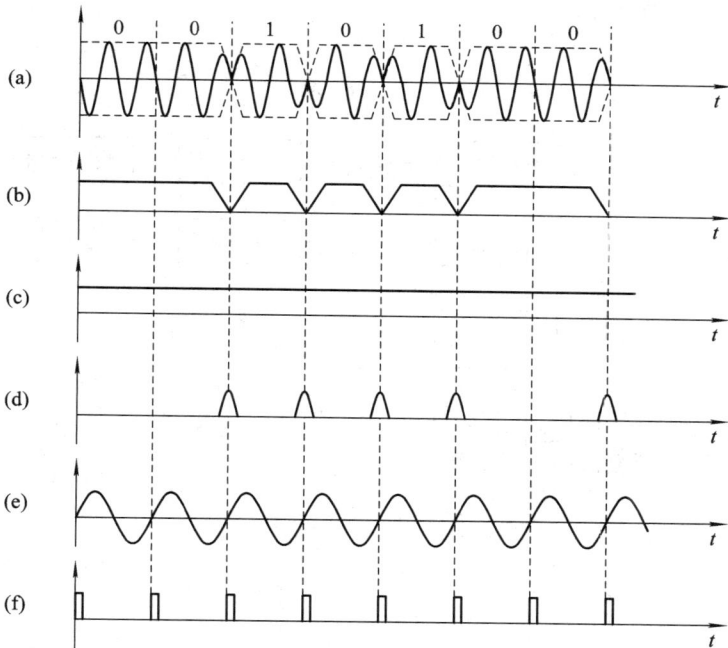

图 6-37　子任务 6.1.3 案例分析第 4 题图 1

延迟相干法提取位同步过程中的波形图如图 6-38 所示。

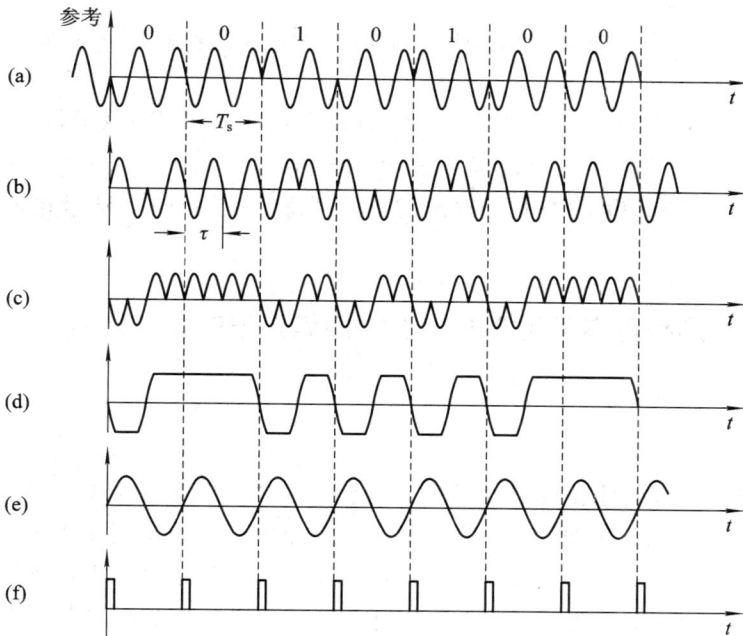

图 6-38　子任务 6.1.3 案例分析第 4 题图 2

5. 试画出 2PSK 信号相干解调完整的原理方框图（包括平方环法提取载波同步和包络检波法提取位同步的过程）。

解　所求原理方框图如图 6-39 所示。

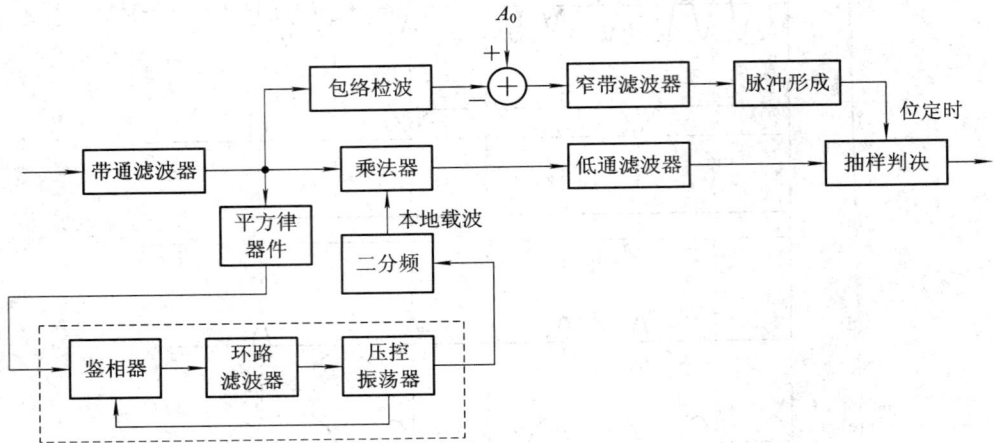

图 6-39　子任务 6.1.3 案例分析第 5 题图

思考应答

1. 已知数字信号 $\{a_n\}=1011010$，分别画出下列两种情况下 2PSK 和 2DPSK 信号的波形（假定起始参考码元为"1"码）。

（1）码元速率为 1200 波特，载波频率为 1200 Hz（要求利用信号波形与绝对码的对应关系）；

（2）码元速率为 1200 波特，载波频率为 2400 Hz（要求利用差分编码）。

2. 设基带二进制序列为"10110"，试画出 2DPSK 差分相干解调过程中对应的波形。

3. 试画出 2DPSK 信号差分相干解调完整的原理方框图（包括延迟相干法提取位同步的过程）。

子任务 6.1.4　几种基本二进制数字调制通信系统的性能比较

必备知识

由项目 1 可知，有效性和可靠性是评价通信系统的主要性能指标。对数字系统而言，有效性主要用系统的码元传输速率、信息传输速率和信道的频带利用率来表征；可靠性主要用误码率和误信率来说明。实际构建系统时，设备的复杂度和系统实现的经济性往往也要考虑在内。下面从频带宽度、误码性能、判决门限和设备复杂度四个方面分析几种基本二进制数字调制通信系统的性能。

1. 频带宽度

在码元速率 $R_B = f_s$ 相同的情况下,2ASK、2FSK、2PSK 及 2DPSK 信号的频带宽度分别为

$$B_{2ASK} = 2f_s$$
$$B_{2FSK} = |f_1 - f_2| + 2f_s$$
$$B_{2PSK} = B_{2DPSK} = 2f_s$$

可见,2ASK 与 2PSK 和 2DPSK 系统带宽相同,而 2FSK 占用的系统带宽最宽,且两个载频 f_1 和 f_2 差值越大,系统带宽就越宽。同理可知,几种二进制数字系统频带利用率的关系为

$$\eta_{2ASK} = \eta_{2PSK} = \eta_{2DPSK} > \eta_{2FSK}$$

2. 误码性能

在实际应用中,二进制数字通信系统的误码率与系统的信噪比有关。一般来讲,信噪比越大,误码率越小。在相同信噪比和解调方式下,三种调制方式的误码率之间的关系为:2PSK<2FSK<2ASK。同时,对于同一种数字调制方式来讲,相干解调的误码率低于非相干解调。设解调系统的输入信噪比为 r(dB),则几种二进制数字系统的误码率 P_e 与 r 的关系如图 6-40 所示。

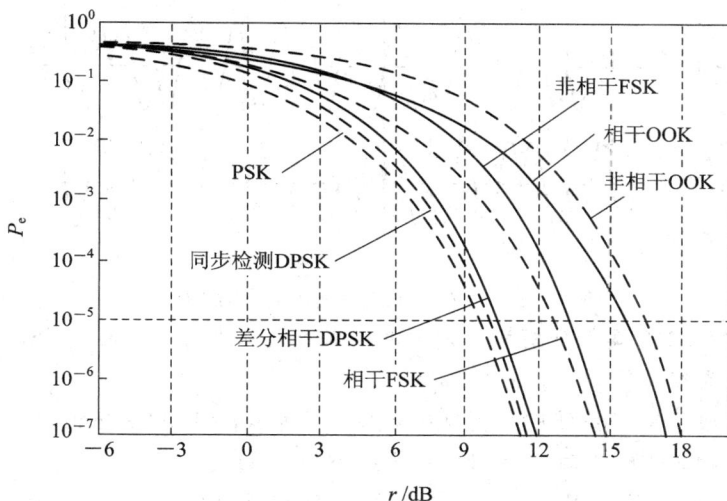

图 6-40 几种二进制数字通信系统的误码性能比较

3. 判决门限

在选择数字通信系统时,还要考虑判决门限对信道特性的敏感性,应尽量选择判决门限不受信道影响的数字系统。

2ASK 信号的判决门限理论上应取信号振幅的一半,但信号振幅会随信道特性的变化而变化,若设置为固定不变,就会导致误判,获得很高的误码率。因此,2ASK 信号的判决门限不易设置。2FSK 信号的解调只需比较上下两条支路信号包络的大小即可,无须设置判决门限。2PSK 及 2DPSK 信号的判决门限为 0 电平,与信道特性无关且稳定性好。

4. 设备复杂度

就发送端而言，几种调制方式的设备复杂度相差不多。就接收端来讲，设备的复杂度与调制和解调方式有关。对于同一种调制方式，通常相干解调设备比非相干解调设备要复杂。因此，除了对通信质量要求较高的系统外，一般应尽量采用非相干解调。同为非相干解调时，几种接收设备的复杂度由高到低依次为：2DPSK＞2PSK＞2FSK＞2ASK。

〔案例分析〕

1. 设二进制信息序列为"011011100010"，试分别画出载频与码元速率相同情况下的2ASK、2FSK、2PSK 及 2DPSK 信号的波形。

解 所求波形如图 6－41 所示。

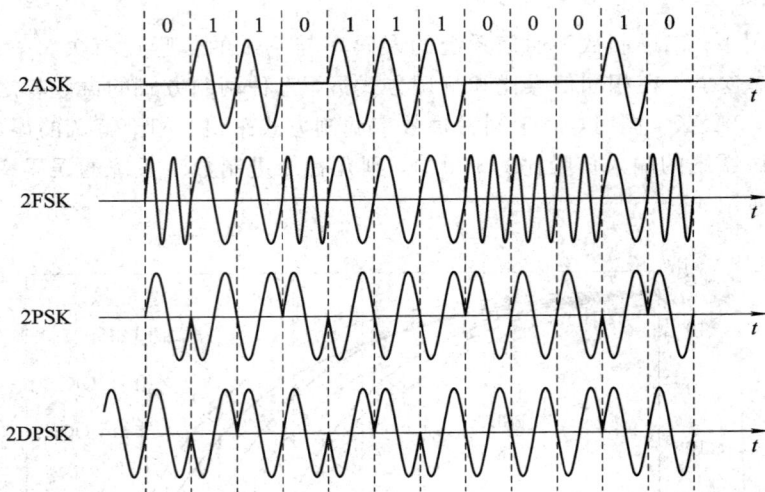

图 6－41　子任务 6.1.4 案例分析第 1 题图

2. 将子任务 4.3.2 案例分析第 4 题的理想基带系统改为 2ASK、2FSK 或 2PSK 传输，则信道带宽各应是多少？

解 由题可知，PCM 系统的码元速率不变，仍为 $R_B = 1792$ kBaud。

对于 2ASK 和 2PSK 传输，$B = 2f_s = 2R_B = 3584$ kHz。

对于 2FSK 传输，只有当 $|f_1 - f_2| > f_s$ 时，其波形曲线为双峰，因此，为了保证实现正确解调，其最小传输带宽应为 $B = |f_1 - f_2| + 2f_s > f_s + 2f_s = 3R_B = 5376$ kHz。

〔思考应答〕

1. 已知三种二进制数字调制信号的波形如图 6－42 所示，试分别判断其调制方式并写出对应的基带二进制信息序列。

2. 已知某 2FSK 系统的码元速率为 $R_B = f_s$，两载频差值为 $2f_s$，其带宽与某 2ASK 系统带宽相同，求这个 2ASK 系统的码元速率 R'_B。

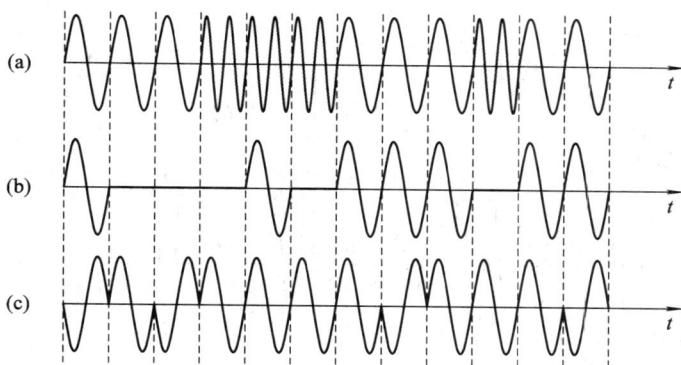

图 6-42　子任务 6.1.4 思考应答第 1 题图

任务 6.2　构建基本多进制数字调制通信系统

任务要求：在现代数字通信系统中，为了有效利用通信资源，提高信息的传输效率，大都采用多进制数字调制方式。所谓多进制数字调制，是指用多进制数字基带信号作为调制信号，去控制载波的各项参数：振幅、频率、相位，并由此产生了多进制幅移键控（MASK）、多进制频移键控（MFSK）和多进制相移键控（MPSK）等调制方式。本节的任务就是学习这三种基本的多进制数字调制方式，并通过与二进制相应调制方式的对比分析掌握它们之间的差异与各自的特点。

子任务 6.2.1　构建 MASK 数字调制通信系统

┌─────────────┐
│　**必备知识**　│
└─────────────┘

一、基本原理

以 M 进制数字信号编码序列去调制载波信号的幅度，从而产生的具有 M 种幅度形式的已调波就是 MASK 信号，其数学表示式为

$$s_{\text{MASK}}(t) = s(t)\cos\omega_c t \tag{6-19}$$

与 2ASK 信号表达式相似，式中，$s(t)$ 是单极性的 M 进制基带信号，$s(t) = \sum_n a_n g(t - kT_s)$，其中 $a_n = 0$，A_0，$2A_0$，$\cdots$，$(M-1)A_0$，这里 A_0 可设为单位幅度。

为进一步说明问题，这里以最简单的 4ASK 信号为例。假设有四进制信息序列"123102032"，则其相应的基带信号和 4ASK 信号波形如图 6-43（a）所示。图中，每位四进制码元同时采用两位自然二进制编码表示。

由图 6-43（b）可见，一个 4ASK 信号可以分解为 3 个 2ASK 信号（因为对应四进制码元"0"的信号波形为全零），或者说一个 4ASK 信号可以看成是由 3 个 2ASK 信号叠加而成的。这 3 个 2ASK 信号分别是以取四进制码元"1""2""3"时对应有载波波形且振幅不同、

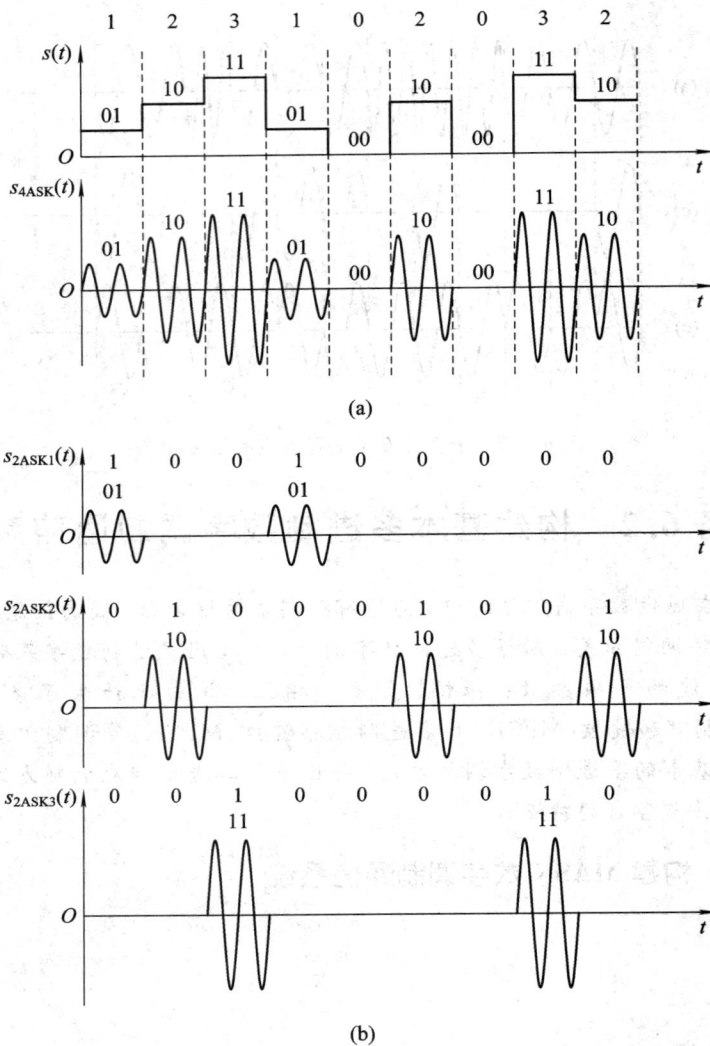

图 6-43 MASK 信号波形图

而其他码元位置上对应无载波波形的方式构成的。且每个 2ASK 信号的码元速率都相同，都等于原来 4ASK 信号的码元速率。

另一方面，根据傅立叶变换的线性特性，这 3 个 2ASK 信号线性叠加后的频谱（即4ASK 信号的频谱）就等于这 3 个信号频谱的线性叠加，所以 4ASK 信号的带宽与它分解出的任何一个 2ASK 信号的带宽都是相等的。这个结论推而广之，可以得出 MASK 信号的带宽表达式为

$$B_{MASK} = B_{2ASK} = 2f_s \qquad (6-20)$$

二、调制与解调

MASK 可以采用相乘法来实现，其实现原理框图如图 6-44 所示。由信源产生的串行二进制序列首先经过串/并变换电路转换为 lb$M$ 位并行二进制数据，然后通过逻辑电路输

出相应的 M 进制电平信号，最后通过乘法器与载波相乘，从而输出 MASK 信号。可见，相比于 2ASK 的相乘法，MASK 的实现只是多了二进制转 M 进制的过程。

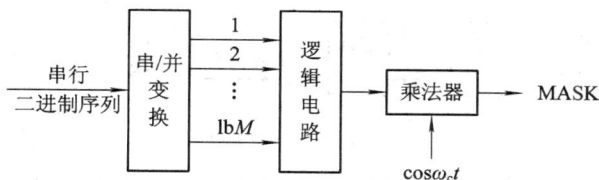

图 6-44　相乘法实现 MASK

　　MASK 信号的解调与 2ASK 信号的解调也很相似，可以采用相干和非相干两种方法。其实现原理框图几乎完全相同，只是抽样判决器的判决门限不止一个，而是要设 $M-1$ 个。由于信号振幅会随信道特性的变化而变化，因而相比于 2ASK，MASK 的判决门限更难设置。最后，抽样判决器输出的是 M 进制序列，所以还要通过逻辑电路和并/串变换电路还原成原始二进制序列。

　　在实际应用中，2ASK 有所应用，4ASK 很少应用，8ASK 以及更大进制数的 ASK 调制由于抗噪声性能和判决门限等问题几乎从不应用。

案例分析

　　1. 现欲传输基带八进制序列"56137"，试画出对应幅移键控信号的波形。

　　解　所求为 8ASK 信号，其波形图如图 6-45 所示。

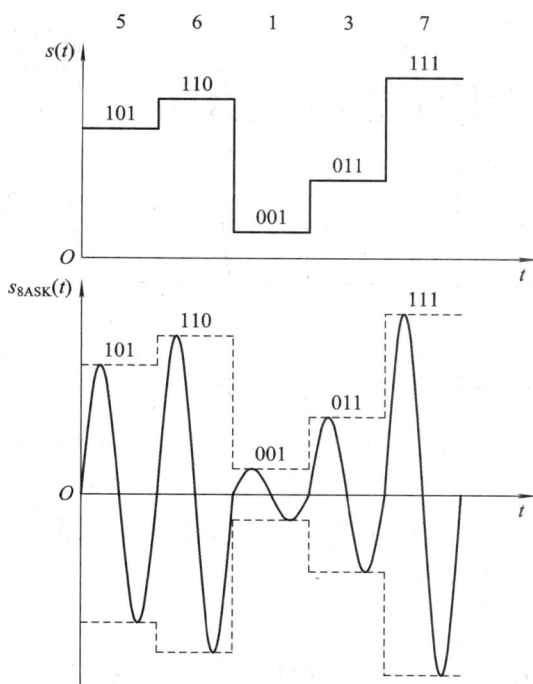

图 6-45　子任务 6.2.1 案例分析第 1 题图

2. 画出 4ASK 调制和非相干解调系统原理方框图。

解 所求方框图如图 6-46 所示。

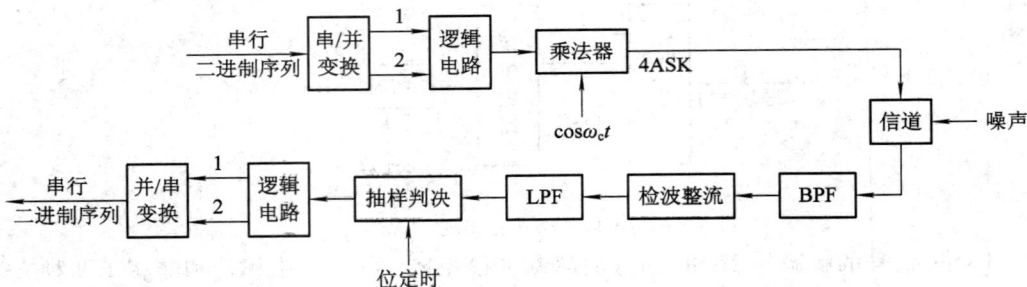

图 6-46 子任务 6.2.1 案例分析第 2 题图

3. 参考图 6-6 中 2ASK 解调过程中的波形图，试画出必备知识中 4ASK 信号解调过程中的波形图。

解 所求波形图如图 6-47 所示。

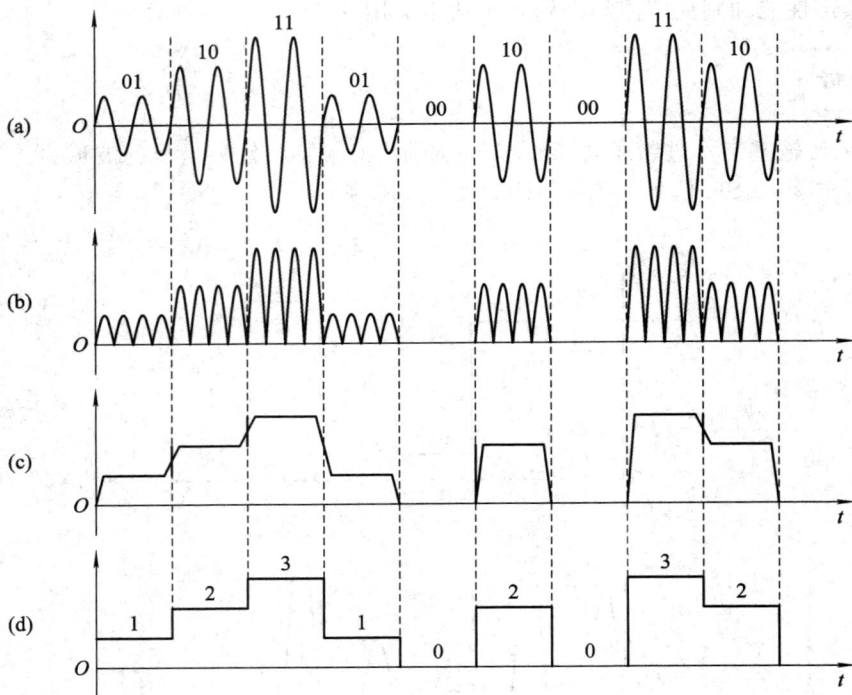

图 6-47 子任务 6.2.1 案例分析第 3 题图

思考应答

1. 设有四进制信息序列"3210312"，试画出对应的基带信号波形、4ASK 信号波形（已知码元周期是载波周期的 2 倍）和解调过程中的波形图。

2. 试将第 1 题中的 4ASK 信号波形分解成对应 3 个 2ASK 信号波形的形式。

子任务 6.2.2　构建 MFSK 数字调制通信系统

必备知识

一、基 本 原 理

以 M 进制数字信号编码序列去调制载波信号的固有频率，从而产生的具有 M 种频率形式的已调波就是 MFSK 信号，其数学表达式为

$$s_{MFSK}(t) = \sum_{n=-\infty}^{+\infty} \cos(a_n \omega_c t) \tag{6-21}$$

式中，a_n 为基带多进制信息序列，可取值为 $1, 2, \cdots, M$（注意：为了保证 MFSK 信号的恒包络特性，这里的取值不能从 0 开始）。当 $a_n = 1$ 时，MFSK 输出频率为 ω_c 的波形；当 $a_n = 2$ 时，输出频率为 $2\omega_c$ 的波形；……；当 $a_n = M$ 时，输出频率为 $M\omega_c$ 的波形。即：不同的 M 进制码元对应不同的载频，且这些载频之间呈整数倍关系。

为了说明问题，这里不妨以 4FSK 信号为例。设有四进制序列"123102032"，则其相应的基带信号和 4FSK 信号波形如图 6-48 所示。

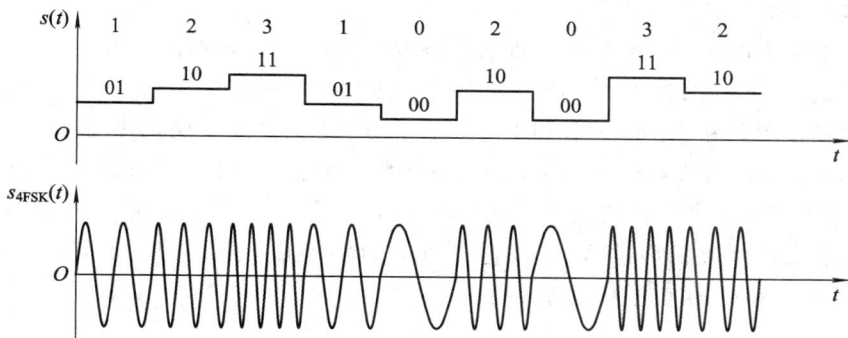

图 6-48　MFSK 信号波形图

由图 6-48 可以看出，4FSK 采用 4 种不同频率的波形来分别表示不同的四进制码元。为了便于使用带通滤波器分离不同频率码元的频谱，要求相邻载频之间的频率间隔足够大或者不同载频的码元的频谱相互正交。仿照 2FSK 与 2ASK 之间的关系，4FSK 也可以看成是由 4 路基带信号完全相同而载频不同的 2ASK 信号叠加而成的。

仿效 2FSK 信号带宽的计算方法，MFSK 的频带宽度为

$$B_{MFSK} = |f_M - f_1| + 2f_s \tag{6-22}$$

式中，f_M 为 M 个载频中的最高载频，f_1 为最低载频。与 MASK 不同，由于 MFSK 的码元采用 M 个不同的载波，因此它的带宽与 2FSK 的带宽不同，比 2FSK 的带宽要宽。

二、调 制 与 解 调

MFSK 的实现原理框图如图 6-49 所示。图中，串行二进制序列首先经过串/并变换转换为 1bM 位并行二进制数据，然后通过逻辑电路输出 M 路时序控制信号。这 M 路信号

在同一个时序脉冲期间只有一路有效，具体哪一路有效取决于当时具体的输入数据。这些控制信号分别控制 M 个门电路，控制信号有效则门电路开通，输出相应频率的载波信号；控制信号无效，则门电路截止，不输出信号。相加器将这些不同门电路输出的在时间上相互错开的并行信号按照时序叠加起来，使它们合并成为一路串行信号，这个信号就是 MFSK 信号。

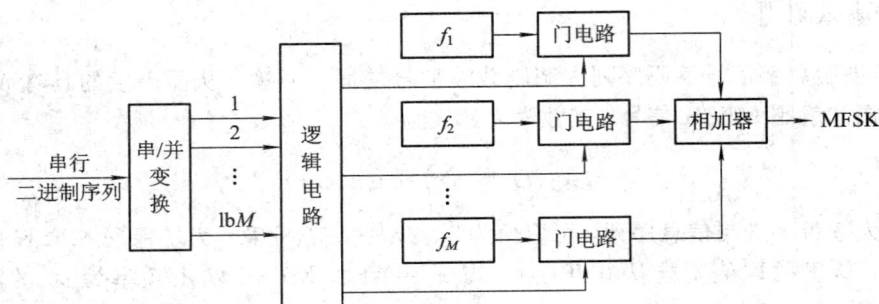

图 6-49 门控法实现 MFSK

比如要生成 8FSK 信号，串行数据先经过串/并变换转换为 3 路并行信号，然后可以通过 3-8 译码器（逻辑电路）输出 8 路但同时只有一路有效的信号，进而控制门电路，最终相加生成 8FSK 信号。

MFSK 的相干解调因对相位的精度有较高要求，所以较少使用。MFSK 的解调通常采用非相干解调中的包络检波法，该方法的实现原理框图如图 6-50 所示。由图可见，MFSK 的非相干解调和 2FSK 的非相干解调非常类似，只是每一路都需要有一个单独的抽样判决器，M 路抽样判决器同步工作，由于各包络检波器输出的多路信号中同时只有一路有效，其余皆为噪声，所以抽样判决器输出的 M 路信号中只有一路为"1"，其余都为"0"。然后由逻辑电路将判决输出的 M 位并行二进制数转换成 lb$M$ 位并行二进制数，最后经并/串变换恢复出串行的二进制序列。

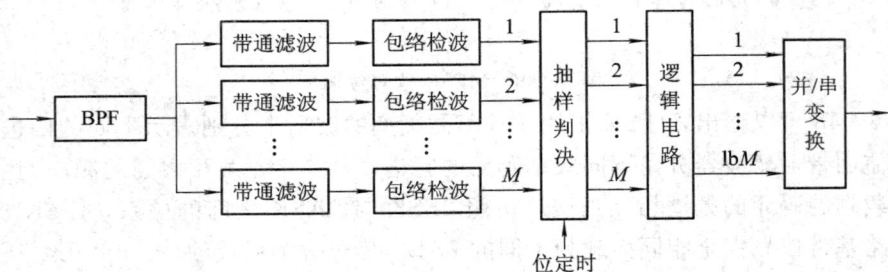

图 6-50 MFSK 的非相干解调法

由上可见，进制数（阶数）越高，FSK 的调制和解调电路就越复杂，对设备的要求就越高，也越容易因噪声影响而导致接收误判。因此在实际应用中，2FSK 有所应用，4FSK 很少应用，8FSK 以及更大进制数的 FSK 调制没有实用价值。

案例分析

1. 现欲传输基带四进制序列"0321120"，已知"0"码对应的载波周期与码周期相同，

"1"码、"2"码和"3"码对应的载频分别是"0"码的 2、3、4 倍。试画出对应频移键控信号的波形。

解   基带四进制序列信号波形及所求 4FSK 信号波形分别如图 6-51(a)和(b)所示。

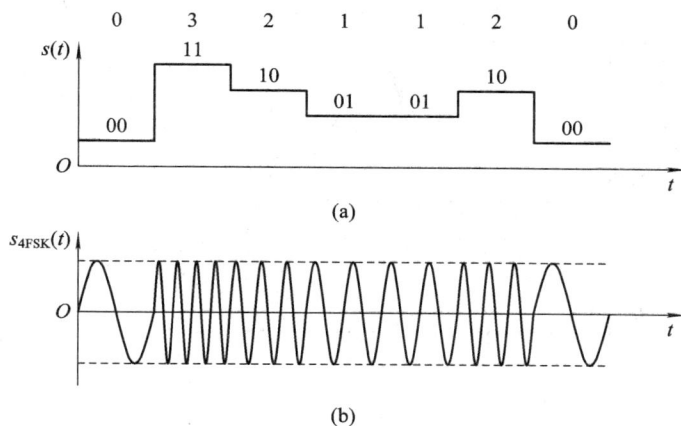

(a)

(b)

图 6-51   子任务 6.2.2 案例分析第 1 题图

2. 参考 2FSK 的包络检波解调法，试画出上题中 4FSK 信号解调过程中的波形图。

解   (1) 该 4FSK 信号通过带通滤波器后所得波形如图 6-52 所示。

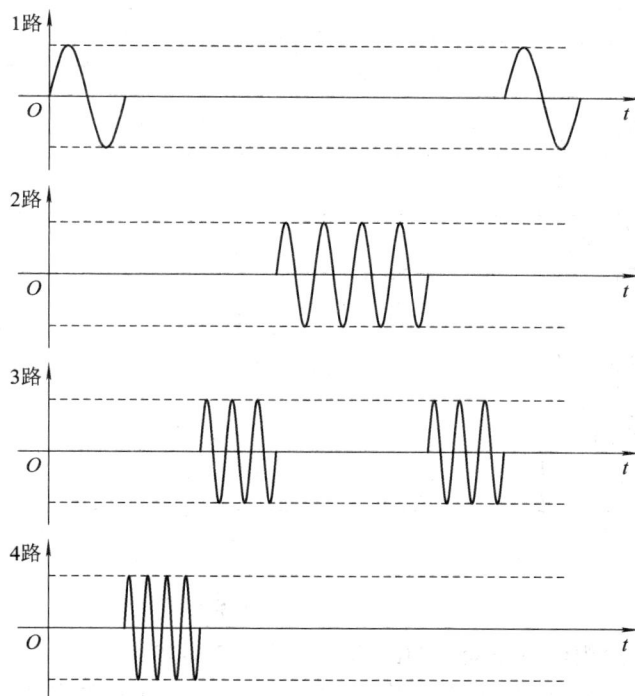

图 6-52   子任务 6.2.2 案例分析第 2 题图 1

(2) 四路信号再通过包络检波器和抽样判决器后所得波形如图 6-53 所示。

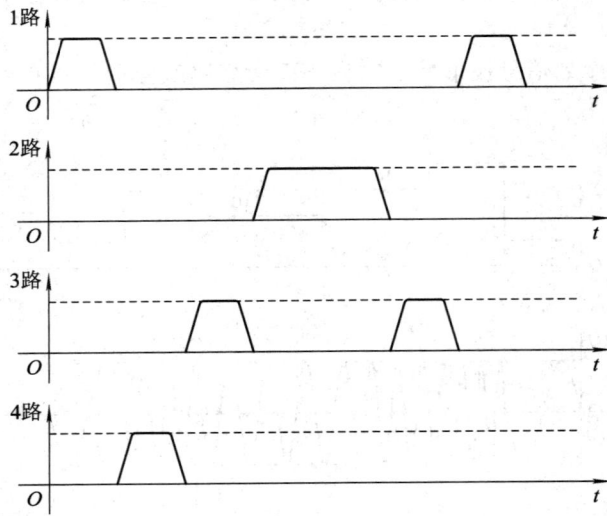

图 6-53　子任务 6.2.2 案例分析第 2 题图 2

（3）四路信号再通过抽样判决器后再生所得波形如图 6-54 所示。

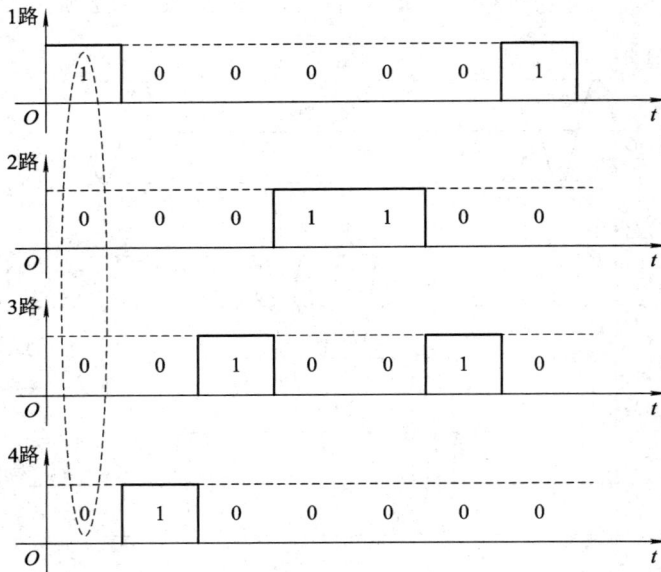

图 6-54　子任务 6.2.2 案例分析第 2 题图 3

（4）四路信号通过逻辑电路变为两路信号后所得波形如图 6-55 所示。

（5）最后，两路信号通过并/串变换恢复出的基带四进制序列信号波形如图 6-51（a）所示。

该 4FSK 信号解调过程中逻辑电路的输入/输出关系及并/串变换电路的输入/输出关系如表 6-1 所示。

1路

| 0 | 1 | 0 | 1 | 1 | 0 | 0 |

O　　　　　　　　　　　　　　t

2路

| 0 | 1 | 1 | 0 | 0 | 1 | 0 |

O　　　　　　　　　　　　　　t

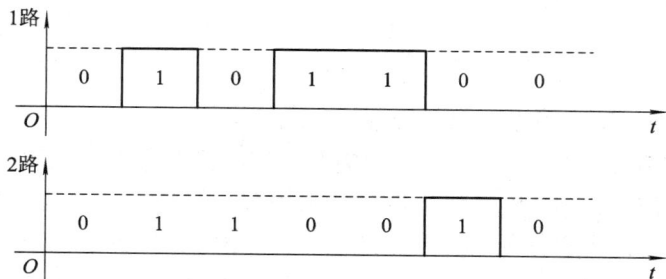

图 6-55　子任务 6.2.2 案例分析第 2 题图 4

表 6-1　子任务 6.2.2 案例分析第 2 题表

逻辑电路输入				逻辑电路输出并/串变换电路输入		并/串变换电路输出
4 路	3 路	2 路	1 路	2 路	1 路	1 路
1	0	0	0	1	1	3
0	1	0	0	1	0	2
0	0	1	0	0	1	1
0	0	0	1	0	0	0

3. 已知某 4FSK 系统使用的四个载频分别为 $f_1=10$ kHz，$f_2=40$ kHz，$f_3=80$ kHz，$f_4=20$ kHz，码元周期与第一个载波的周期相同，试求该系统的传输带宽。

解　该系统的传输带宽为

$$B_{4FSK} = |f_3 - f_1| + 2f_1 = 90 \text{ kHz}$$

┍ 思考应答 ┑

1. 已知某基带四进制信息序列 $a_1a_2a_3a_4a_5a_6$，最小载频为 f_0，试写出相应的频移键控 4FSK 信号的表达式。

2. 画出 4FSK 调制和包络检波法解调系统的原理方框图。

3. 将第 1 题中的 4FSK 信号分解成 4 路 2ASK 信号。

4. 仿照上述案例分析第 2 题，列表写出 8FSK 信号包络检波法解调过程中逻辑电路及并/串变换电路的输入/输出关系。

子任务 6.2.3　构建 MPSK 数字调制通信系统

┍ 必备知识 ┑

一、基本原理

以 M 进制数字信号编码序列去调制载波的相位，从而产生的具有 M 种离散相位形式的已调波就是多进制相移键控(MPSK)信号。为了减小干扰，各种相位波形之间的相位差应尽量大。为此，M 种相位应均分 2π，即各相邻相位均应相隔 $2\pi/M$。由此得到 MPSK 信

号的数学表达式为

$$s_{\text{MPSK}}(t) = \sum_{n=-\infty}^{+\infty} \cos\left(\omega_c t + \theta_0 + \frac{2\pi}{M} a_n\right) \tag{6-23}$$

式中，a_n 为基带多进制信息序列，可能取值为 $0,1,\cdots,M-1$。

由 MASK 和 MFSK 的实现原理图可以看出，一般信源直接产生或经模数转化后直接得到的都是二进制信息序列，该序列要经过编码过程（串/并变换和逻辑处理）才能转换成多进制形式。由前述内容可知，MASK 和 MFSK 采用的编码方法是自然二进制编码，而 MPSK 采用的编码方法是格雷码。这是由于信号相位因发生错误而转变为相邻相位的可能性最大，而格雷码的优点是相邻相位所对应的比特组合中只有一位不同，因此采用格雷码能够最大程度地减小错码的比特数。

为简单起见，本任务将以最常用的 4PSK 信号为例进行讲述。

在 4PSK 信号中，式（6-23）中的 θ_0 常用两种取值：$\pi/2$ 和 $-3\pi/4$。由式（6-23）可求出这两种取值情况下 4PSK 信号中每种码元（0、1、2、3）对应余弦波的起始相位（$\theta_0 + \frac{2\pi}{4} a_n = \theta_0 + \frac{\pi}{2} a_n$）和这种码元的取值之间的对应关系，归纳下来如表 6-2 所示。其中，$\theta_0 = \pi/2$ 的编码系统称为 $\pi/2$ 系统，$\theta_0 = -3\pi/4$ 的系统称为 $\pi/4$ 系统（名称由系统中码元对应波形的起始相位的取值特点归纳而来）。

表 6-2　4PSK 信号相位和码元之间的对应关系

四进制码元 a_n	二进制格雷码		a_n 对应波形的起始相位	
	a	b	$\pi/2$ 系统（$\theta_0 = -\pi/2$）	$\pi/4$ 系统（$\theta_0 = -\pi/4$）
0	0	0	$-\pi/2$	$-\pi/4$
1	1	0	0	$+\pi/4$
2	1	1	$\pi/2$	$3\pi/4$
3	0	1	π	$5\pi/4$

按照这种对应关系可以得到两种编码系统相应的矢量图，分别如图 6-56(a) 和 (b) 所示。

图 6-57 所示是 4PSK 和 4DPSK 信号的波形图。图中，基带信号以二进制序列"101100100100"（即四进制码元序列"120130"）为例，分别给出了 4PSK 和 4DPSK 的 $\pi/4$ 及 $\pi/2$ 系统的波形图。T_b 是四进制码元的周期，一个 T_b 对应两个二进制比特数。载波周期在这里选取与四进制码元周期相等。在求 4DPSK 信号时，设参考

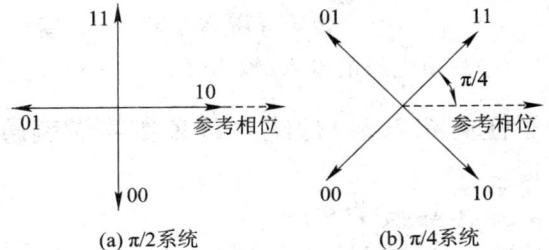

图 6-56　4PSK 矢量图

码元为"0"，所以得到的差分二进制码序列为"110111000111"，对应四进制码序列为"232032"。依照每个四进制码元周期内的码元数值到表 6-2 中进行查表，即可获得相应的起始相位值，进而画出该周期内的正弦波波形（参考载波为正弦波）。

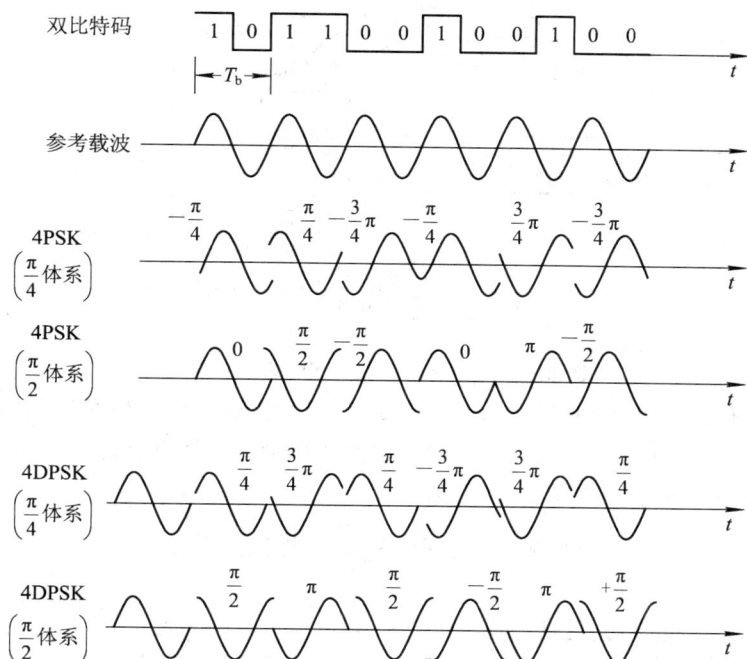

图 6-57　4PSK 和 4DPSK 信号波形图

二、调制与解调

与 2PSK 相同，4PSK 信号调制实现的方法有相位选择法（键控法）和相乘法两种。

4PSK 信号 π/2 系统实现的相位选择法如图 6-58 所示。基带二进制序列经过串/并变换变为双比特码，去控制逻辑选相电路的输出。逻辑选相电路一次从四个不同相位的载波中选择一路作为输出。要实现 π/4 系统，只需更改四相载波发生器输出的载波（相位）即可。

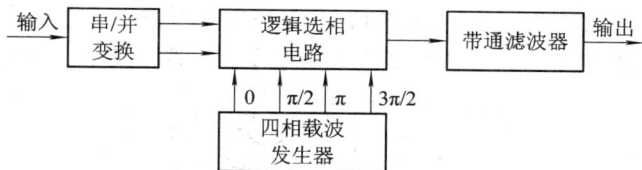

图 6-58　相位选择法实现 4PSK 的 π/2 系统

4PSK 信号 π/4 系统实现的相乘法如图 6-59 所示。图中，二进制基带信息序列首先经过串/并变换分为上下两条支路，上支路称为同相支路（I 支路），下支路称为正交支路（Q支路），两路信号都要经过电平转换，由单极性码转换为双极性码，然后分别与两路相互正交的载波相乘，相乘的结果最后送入相加器合成已调信号输出。即有

$$s_{4PSK}(t) = s_I(t) + s_Q(t) = I(t) \cdot \sin\omega_c t + Q(t) \cdot \cos\omega_c t \qquad (6-24)$$

由于产生 4PSK 信号都采用这种上下两路正交的方法，因此，4PSK 亦称正交相移键控（QPSK）。

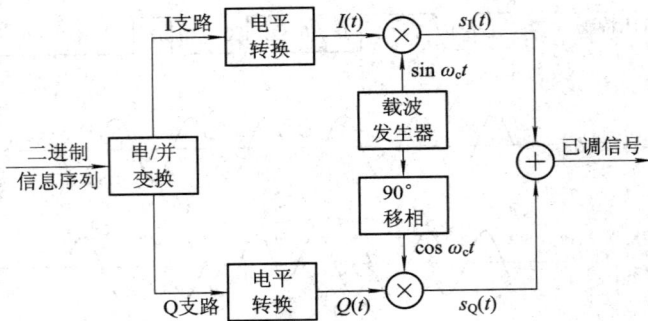

图 6-59　相乘法实现 4PSK 的 π/4 系统

　　设有二进制信息序列"1001111011"，与图 6-59 中的各步骤相对应的波形如图 6-60 所示。二进制信息序列由串行转为并行后，码元速率减半，且由于这里的串/并变换过程需要时间，因此两条支路信号的输出都有延时。

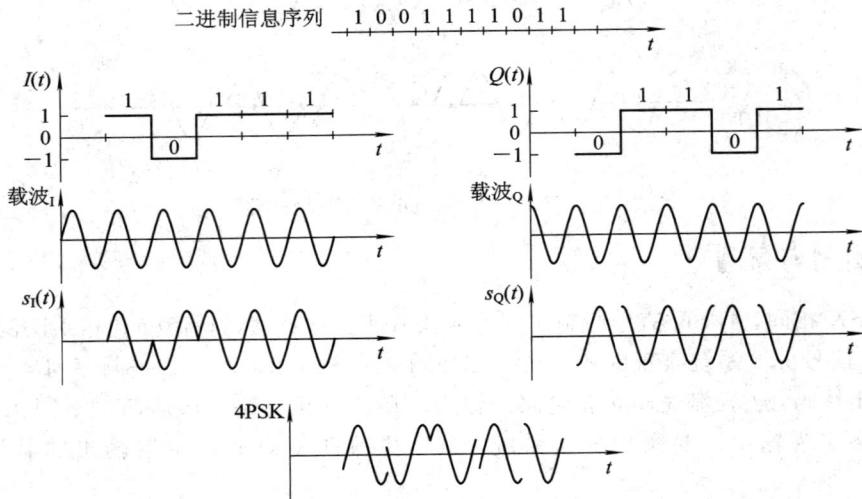

图 6-60　4PSK 的 π/4 系统的实现波形图

　　4PSK 信号 π/2 系统实现的相乘法如图 6-61 所示，请参照 π/4 系统进行分析。

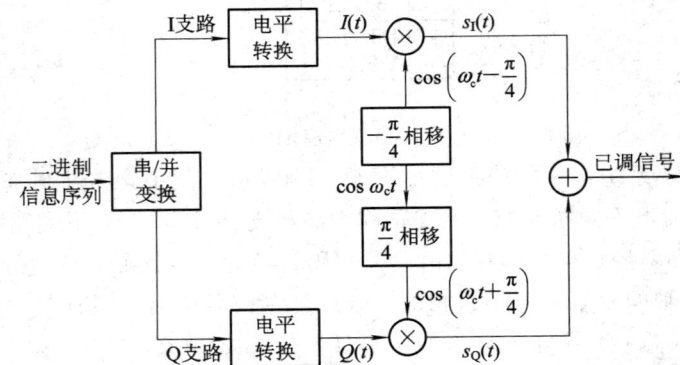

图 6-61　相乘法实现 4PSK 的 π/2 系统

由图 6-60 可知，4PSK 信号可以看成是两个正交的 2PSK 信号的合成。因此，可以采用与 2PSK 信号类似的相干解调方法进行解调。4PSK 的 π/4 系统的解调原理如图 6-62 所示。图中，BPF 的作用是滤除带外噪声。经 BPF 后，4PSK 信号分为两路，分别与两个正交的相干载波相乘，然后通过低通滤波分别滤出基带同相分量和基带正交分量，最后通过抽样判决和并/串变换，恢复出二进制基带信号序列。

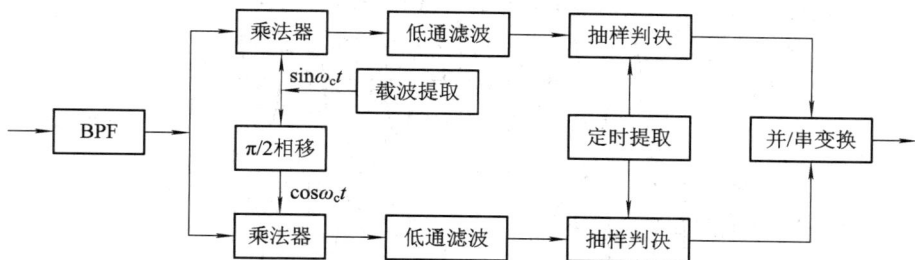

图 6-62　4PSK 的 π/4 系统的相干解调原理框图

图 6-62 中的解调过程可以用公式描述如下。

(1) 同相支路：

4PSK 信号通过乘法器后得到

$$s_{4PSK}(t) \cdot \sin\omega_c t = [I(t) \cdot \sin\omega_c t + Q(t) \cdot \cos\omega_c t] \cdot \sin\omega_c t$$
$$= \frac{1}{2}I(t) - \frac{1}{2}I(t)\cos2\omega_c t + \frac{1}{2}Q(t)\sin2\omega_c t \qquad (6-25)$$

再通过低通滤波器和抽样判决器后得到基带同相分量：$\frac{1}{2}I(t)$。

(2) 正交支路：

4PSK 信号通过乘法器后得到

$$s_{4PSK}(t) \cdot \cos\omega_c t = [I(t) \cdot \sin\omega_c t + Q(t) \cdot \cos\omega_c t] \cdot \cos\omega_c t$$
$$= \frac{1}{2}I(t)\sin2\omega_c t + \frac{1}{2}Q(t) + \frac{1}{2}Q(t)\cos2\omega_c t \qquad (6-26)$$

再通过低通滤波器和抽样判决器后得到基带正交分量：$\frac{1}{2}Q(t)$。

(3) 同相和正交两支路通过并/串变换，还原成基带二进制（双极性）码序列。

在实际应用中，2PSK、QPSK 及 8PSK 都有广泛的应用。比如在 GSM 移动通信系统中采用了 QPSK 和 8PSK 调制，3G 和 4G 移动通信系统也都在使用 QPSK 调制。

┌─────────┐
│ **案例分析** │
└─────────┘

1. 已知双比特码序列"110111001010"，载波周期等于码元周期，π/4 移相系统的相位配置如图 6-56(b)所示，试画出 π/4 移相系统的 4PSK 和 4DPSK 信号的波形（参考码元为"0"）。

解　参考码元为"0"，得到差分双比特码序列为"100101110011"。所求信号波形如图 6-63 所示。

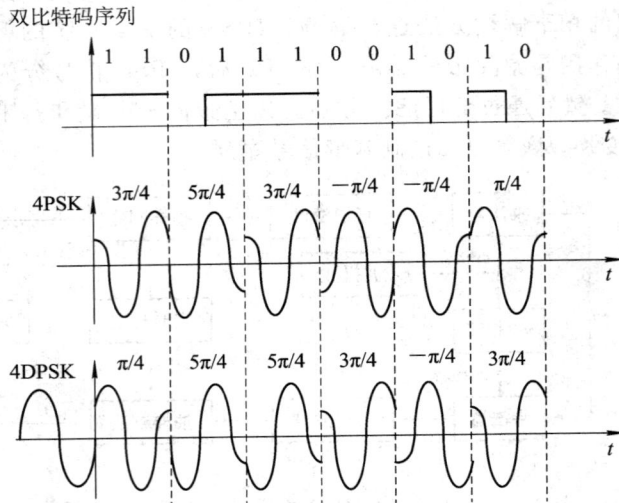

图 6-63　子任务 6.2.3 案例分析第 1 题图

2. 设有二进制信息序列"1001111011"，仿照必备知识中 4PSK 的 π/4 系统，画出图 6-61 对应的 π/2 系统的实现波形图。

解　所求 π/2 系统的实现波形图如图 6-64 所示。

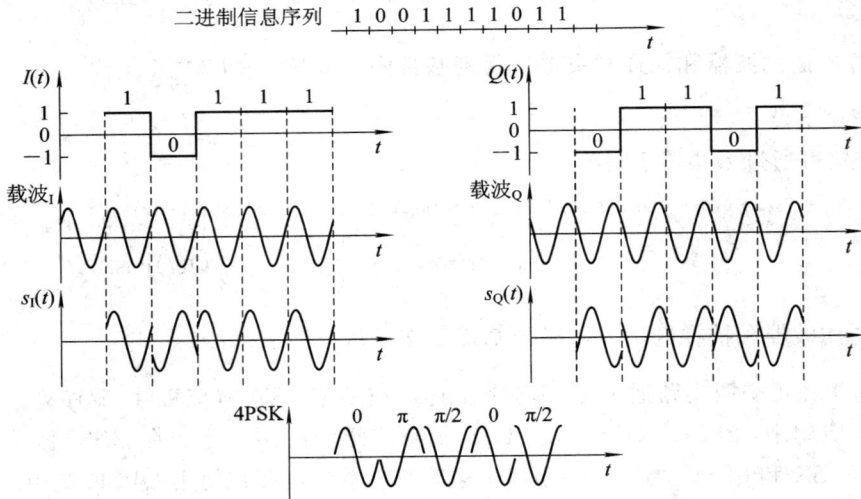

图 6-64　子任务 6.2.3 案例分析第 2 题图

3. 求 MPSK 系统的带宽。

解　由必备知识可知，一个 4PSK 信号可以看成是两个正交的 2PSK 信号的合成。同理，一个 8PSK 信号可以看成是两个正交的 4PSK 信号的合成，以此类推。因此 MPSK 信号的带宽计算公式为

$$B_{MPSK} = B_{2PSK} = 2f_s \tag{6-27}$$

式中，f_s 为码元出现的频率，与码元周期呈倒数关系，数值上与码元速率相等。

┌─────────────┐
│ **思考应答** │
└─────────────┘

1. 将上述案例分析中的第 1 题由 $\pi/4$ 移相系统改为 $\pi/2$ 系统，试画出该系统的 4PSK 和 4DPSK 信号的波形（参考码元为"1"）。

2. 仿照 4PSK 的 $\pi/4$ 系统，画出 4PSK 的 $\pi/2$ 系统相干解调原理框图并用公式证明。

子任务 6.2.4　几种数字调制通信系统的性能比较

┌─────────────┐
│ **必备知识** │
└─────────────┘

一、二进制与多进制数字调制系统的比较

多进制数字调制以二进制数字调制为基础，二者相比又有其各自的特点：

（1）根据信息速率与码元速率的关系式 $R_b = R_B \cdot \text{lb}M$，在相同 R_B 情况下，多进制数字调制系统的信息速率高于二进制数字调制系统的信息速率（是二进制数字调制系统的信息速率的整数倍）。

（2）一般来讲，多进制数字调制信号带宽与二进制数字调制信号的带宽相同，因此采用多进制并不会占用更多的频带资源。

（3）根据频带利用率公式 $\eta_b = \dfrac{R_b}{B}$，多进制数字调制信号比二进制数字调制信号具有更高的频带利用率。

（4）相比于二进制数字调制信号，多进制数字调制信号的可靠性降低了。为了保证其可靠性，应尽量使信号的各个状态相互正交。

二、几种多进制数字调制系统的比较

1. 频带利用率

在进制数 M 相同的情况下，MASK 与 MPSK 的频带利用率相同，MFSK 的带宽受最大、最小载频之间差值的影响，频带利用率相对较低。在码元速率相同的情况下，M 越大，频带利用率越高。

2. 误码率

同一种调制方式，M 越大，误码率越高。

┌─────────────┐
│ **案例分析** │
└─────────────┘

1. 求速率为 200 波特的八进制 ASK 系统的带宽和信息速率。如果改用二进制 ASK 系统，其带宽和信息速率又为多少？

解　对于 8ASK 系统，带宽 $B = 2R_B = 400$ Hz，信息速率 $R_b = R_B \cdot \text{lb}8 = 600$ b/s。

码元速率不变的情况下改为 2ASK 系统，带宽仍为 400 Hz，信息速率 $R_b =$

$R_B = 200$ b/s。

2. 设八进制 FSK 系统的频率配置使得功率谱主瓣恰好不重叠，求传码率为 200 波特时系统的传输带宽及信息速率。

解 8FSK 系统的频率配置使得功率谱主瓣恰好不重叠的示意图如图 6 - 65 所示。

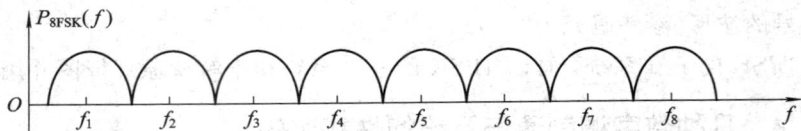

图 6 - 65 子任务 6.2.4 案例分析第 2 题图

由图可见，最高频 f_8 和最低频 f_1 之间正好相差 $8 \times 2 - 2 = 14$ 个 R_B，因此该系统传输带宽为

$$B = |f_8 - f_1| + 2R_B = 16R_B = 16 \times 200 = 3.2 \text{ kHz}$$

系统信息速率为

$$R_b = R_B \cdot \text{lb}8 = 600 \text{ b/s}$$

思考应答

1. 已知信息传输速率为 300 b/s，求八进制 PSK 系统的带宽及码元速率。

2. 已知码元速率为 400 波特，分别求 4ASK、4PSK 系统的带宽以及 4FSK 系统的最小带宽。

任务 6.3 了解几种现代实用的数字调制技术

任务要求：基本的数字调制方式都存在不足之处，如：频带利用率低、抗多径干扰能力差、功率谱衰减慢、带外辐射严重等。随着数字通信的迅速发展，对传输频带的限制和对传输质量的要求越来越高。为了改善原有技术的不足并满足新的需要，各种新型的数字调制技术得以应用。本节的任务是学习四种应用广泛的数字调制新技术：高斯最小频移键控（GMSK）、交错正交相移键控（OQPSK）、π/4 正交相移键控（π/4 - QPSK）和正交幅度调制（QAM）。

子任务 6.3.1 了解 GSM 系统中的 GMSK 调制

必备知识

MSK 是最小频移键控（Minimum frequency Shift Keying）的意思。在 FSK 中，不同码元对应不同的频率，因而在频率跳变处相位很可能是不连续的，这就会造成其功率谱产生很大的旁瓣分量，这样的信号通过带限信道后，信号的包络不再恒定，而是发生较大的起伏变化。为了克服以上缺陷，需要保证频率转换处相位的连续性，这就提出了 MSK 技术。MSK 是一种调频指数为 0.5 的二进制连续相位频移键控（CPFSK），具有为保证良好误码性能所能允许的最小频差，在相邻符号交界处其相位路径的变化连续，因此能产生恒定包络。

一、MSK 信号的特性分析

MSK 信号的时域表达式为

$$s_{\text{MSK}}(t) = \cos\left(\omega_c t + \frac{\pi a_k}{2T_s}t + \varphi_k\right) \quad kT_s \leqslant t \leqslant (k+1)T_s \quad k = 0,1,2,\cdots \quad (6-28)$$

式中，ω_c 为载波中心频率；T_s 为码元宽度；a_k 为第 k 个码元的取值，其值可为 +1 或 −1；φ_k 为第 k 个码元的相位常数，在时间 $kT_s \leqslant t \leqslant (k+1)T_s$ 内保持不变。

对于调频波而言，由于相位的不连续只可能发生在两个相邻码元之间。为此可以人为地要求在第 k 个码元的起始时刻，即 $t = kT_s$ 时，第 $k-1$ 个码元的末相位与第 k 个码元的起始相位相同，即有

$$\left(\omega_c t + \frac{\pi a_{k-1}}{2T_s}t + \varphi_{k-1}\right)_{t=kT_s} = \left(\omega_c t + \frac{\pi a_k}{2T_s}t + \varphi_k\right)_{t=kT_s} \quad (6-29)$$

由式(6-29)推导，可以得到 MSK 的相位约束条件为

$$\varphi_k = \varphi_{k-1} + \frac{k\pi}{2}(a_{k-1} - a_k) = \begin{cases} \varphi_{k-1} & a_k = a_{k-1} \\ \varphi_{k-1} \pm k\pi & a_k \neq a_{k-1} \end{cases} \quad (6-30)$$

若设第 $k-1$ 个码元的相位常数 $\varphi_{k-1} = 0$，则必有第 k 个码元的相位常数为

$$\varphi_k = 0 \text{ 或 } \pm\pi(\text{模 } 2\pi) \quad (6-31)$$

若设第 $k-1$ 个码元的相位常数 $\varphi_{k-1} = \pm\pi$，则必有第 k 个码元的相位常数为

$$\varphi_k = \pm\pi \text{ 或 } 0(\text{模 } 2\pi) \quad (6-32)$$

因此，式(6-30)表明：

(1) MSK 信号相邻两个码元的相位常数相等或相差 π 的整数倍(即 $\pm\pi$)；

(2) MSK 信号在第 k 个码元的相位常数 φ_k 不仅与当前码元的取值 a_k 有关，而且还与前一码元的取值 a_{k-1} 及相位常数 φ_{k-1} 有关。

令式(6-28)中的瞬时相位 $\omega_c t + \frac{\pi a_k}{2T_s}t + \varphi_k$ 对时间求导，可得 MSK 信号的瞬时角频率为

$$\omega(t) = \omega_c + \frac{\pi a_k}{2T_s} \quad (6-33)$$

则其对应不同码元的两个频率分别为

$$f_c + \frac{a_k}{4T_s} = \begin{cases} f_1 = f_c + \dfrac{1}{4T_s} & a_k = +1 \\ f_2 = f_c - \dfrac{1}{4T_s} & a_k = -1 \end{cases} \quad (6-34)$$

中心频率，也即载波频率为

$$f_c = \frac{f_1 + f_2}{2} \quad (6-35)$$

频率间隔为

$$\Delta f = f_1 - f_2 = \frac{1}{2T_s} \quad (6-36)$$

由任务 2.3 的知识可知，调频指数为

$$\beta_f = \frac{\Delta f}{f_s} = \Delta f \cdot T_s = \frac{1}{2} \tag{6-37}$$

对应二进制序列为 $\{+1, -1, -1, +1, +1, +1\}$ 的 MSK 信号的时域波形如图 6-66 所示。图中，一个码元周期包含 f_1 的 4 个半周，包含 f_2 的 3 个半周，满足前述 MSK 信号的各项特性。

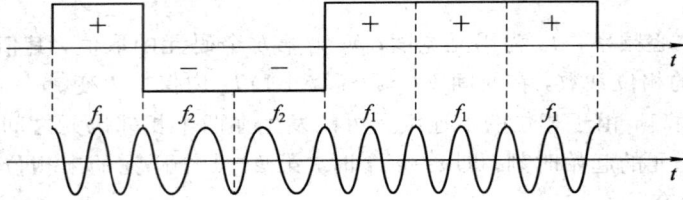

图 6-66　某 MSK 信号的时域波形图

二、MSK 信号的路径网格图

由 MSK 信号的时域表达式可知，MSK 信号的瞬时相偏 $\theta(t) = \frac{\pi a_k}{2T_s}t$。因此，在一个码元周期 T_s 内，因频移而产生的相位变化是线性的，且固定为 $\pm \pi/2$（若 $a_k = +1$，则为 $+\pi/2$；若 $a_k = -1$，则为 $-\pi/2$）。由此可以画出 MSK 信号相位的路径网格图，如图 6-67 所示。图中粗线所示为对应基带二进制序列 $\{+1, +1, -1, +1, -1, -1, -1\}$ 的 MSK 信号所经历的相位轨迹路径。由图可见，在 T_s 的奇数倍上相位取 $\pm \pi/2$ 的奇数倍，在 T_s 的偶数倍上相位取 $\pm \pi/2$ 的偶数倍。

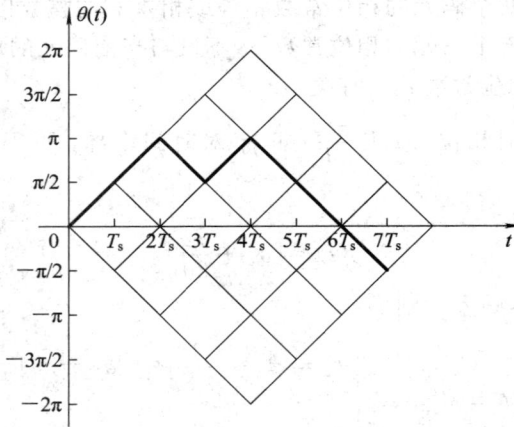

图 6-67　MSK 信号的路径网格图

三、MSK 信号的产生方法

式（6-28）可以简记为

$$s_{MSK}(t) = \cos(\omega_c t + \varphi_k(t)) \tag{6-38}$$

其中，$\varphi_k(t) = \frac{\pi a_k}{2T_s}t + \varphi_k$。

而式(6－38)可以展开成

$$s_{\text{MSK}}(t) = \cos\varphi_k(t)\cos(\omega_c t) - \sin\varphi_k(t)\sin(\omega_c t) \tag{6－39}$$

式中，

$$\cos\varphi_k(t) = \cos\left(\frac{\pi a_k}{2T_s}t + \varphi_k\right) = \cos\left(\frac{\pi a_k}{2T_s}t\right)\cos\varphi_k - \sin\left(\frac{\pi a_k}{2T_s}t\right)\sin\varphi_k \tag{6－40}$$

$$\sin\varphi_k(t) = \sin\left(\frac{\pi a_k}{2T_s}t + \varphi_k\right) = \sin\left(\frac{\pi a_k}{2T_s}t\right)\cos\varphi_k + \cos\left(\frac{\pi a_k}{2T_s}t\right)\sin\varphi_k \tag{6－41}$$

为了简化问题，不妨设 MSK 信号的起始相位为零，则根据式(6－31)和式(6－32)，φ_k 必为 0 或 $\pm\pi$，必有 $\sin\varphi_k=0$。所以，式(6－40)和式(6－41)可简化为

$$\cos\varphi_k(t) = \cos\left(\frac{\pi a_k}{2T_s}t + \varphi_k\right) = \cos\left(\frac{\pi a_k}{2T_s}t\right)\cos\varphi_k \tag{6－42}$$

$$\sin\varphi_k(t) = \sin\left(\frac{\pi a_k}{2T_s}t + \varphi_k\right) = \sin\left(\frac{\pi a_k}{2T_s}t\right)\cos\varphi_k \tag{6－43}$$

因为 $a_k=\pm1$，所以，式(6－42)和式(6－43)可进一步简化为

$$\cos\varphi_k(t) = \cos\left(\frac{\pi t}{2T_s}\right)\cos\varphi_k \tag{6－44}$$

$$\sin\varphi_k(t) = a_k\sin\left(\frac{\pi t}{2T_s}\right)\cos\varphi_k \tag{6－45}$$

所以式(6－39)可以写成

$$s_{\text{MSK}}(t) = \cos\left(\frac{\pi t}{2T_s}\right)\cos\varphi_k\cos(\omega_c t) - a_k\sin\left(\frac{\pi t}{2T_s}\right)\cos\varphi_k\sin(\omega_c t) \tag{6－46}$$

令 $\cos\varphi_k = I_k$，$-a_k\cos\varphi_k = Q_k$，则式(6－46)可整理成 MSK 信号的生成表达式：

$$s_{\text{MSK}}(t) = I_k\cos\left(\frac{\pi t}{2T_s}\right)\cos(\omega_c t) + Q_k\sin\left(\frac{\pi t}{2T_s}\right)\sin(\omega_c t) \quad kT_s \leqslant t \leqslant (k+1)T_s, \quad k=0,1,2,\cdots$$

$$\tag{6－47}$$

因为 $\varphi_k=0$ 或 π，所以式中 $I_k=\cos\varphi_k=+1$ 或 -1，可以看成是基带信号同相分量的等效数据，$Q_k=-a_k\cos\varphi_k=+1$ 或 -1，可以看成是基带信号正交分量的等效数据。根据式(6－30)和确定的基带信号数据，可以求出 I_k 和 Q_k 的准确值。$\cos\left(\frac{\pi t}{2T_s}\right)$ 和 $\sin\left(\frac{\pi t}{2T_s}\right)$ 可以看成是加权函数(调制函数)，分别是同相支路和正交支路基带信号的包络。

下面以基带数据序列 $\{a_k\}=\{1, 1, -1, 1, -1, -1, 1, 1, 1, 1, -1, 1, -1, -1, -1, 1, -1, -1, 1, 1\}$ 为例，说明 MSK 信号的产生过程。

表 6－3 中给出了该 MSK 信号的求解过程。给输入数据 $\{a_k\}$ 添加一位起始码元"1"并设差分编码起始码元为"1"，该码元与输入数据 $\{a_k\}$ 添加的第一位码元"1"做差分，输出第一位差分编码"－1"。再令第一位差分编码"－1"与输入数据 $\{a_k\}$ 的实际第一位码元"1"做差分，输出第二位差分编码"1"。再令第二位差分编码"1"与输入数据 $\{a_k\}$ 的实际第二位码元"1"做差分，输出第三位差分编码"－1"。这样依次往下，求出所有差分编码。舍弃差分编码的第一位"－1"，然后对差分编码结果进行串/并变换，转换成同相数据 I_k 和正交数据 Q_k(延迟 T_s 后)两路。接着用加权函数 $\cos\left(\frac{\pi t}{2T_s}\right)$ 和 $\sin\left(\frac{\pi t}{2T_s}\right)$ 分别对两路数据信号 I_k 和 Q_k 进行加权，加权后的两路信号再分别对正交载波 $\cos\omega_c t$ 和 $\sin\omega_c t$ 进行调制，调制后的信号

相加再通过带通滤波器，就得到 MSK 信号。

表 6 - 3　MSK 信号的变化求解过程

k	0	1	2	3	4	5	6	7	8	9	10	11	12	13	14	15	16	17	18	19	20
输入数据 a_k	1	1	1	-1	1	-1	-1	1	1	1	1	-1	1	-1	-1	-1	1	-1	-1	1	1
差分编码	-1	1	-1	1	1	1	1	1	1	1	1	-1	1	-1	-1	-1	1	1	-1	1	
同相数据 I_k	1		-1		1		-1		-1		1		-1		1		-1				
正交数据 Q_k		-1		1		1		1		1		-1		-1		1				1	

图 6 - 68 所示为 MSK 调制的原理框图。针对上面的基带信号序列，图 6 - 68 中各处信号波形如图 6 - 69 所示。

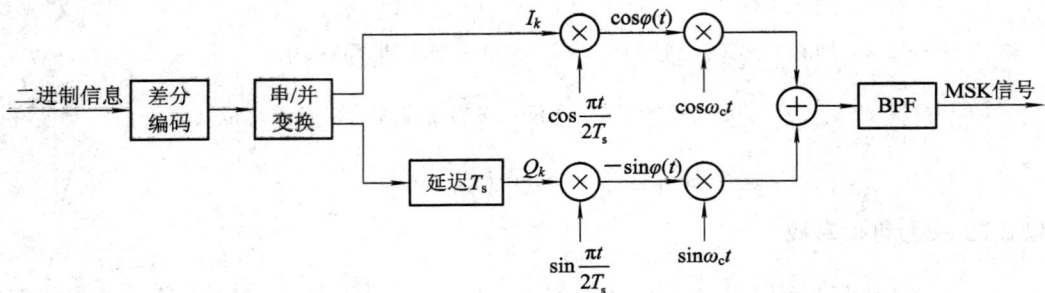

图 6 - 68　MSK 调制的原理框图

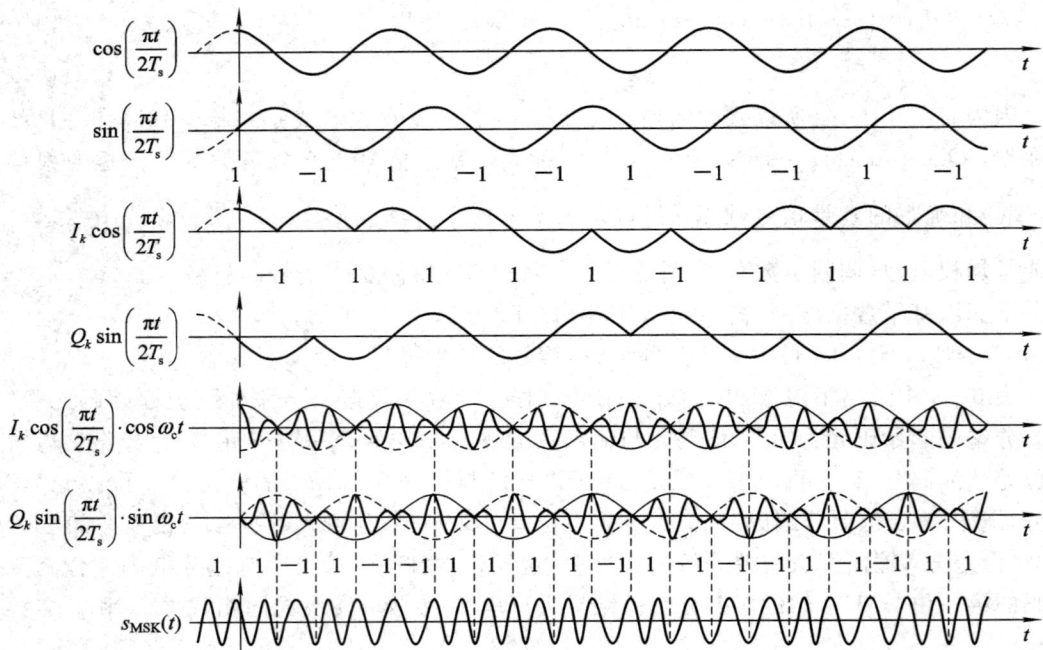

图 6 - 69　MSK 信号的波形

MSK 信号的解调与 FSK 相似，也可采用相干或非相干解调两类方法。这里仅介绍一种相干解调法，如图 6-70 所示。MSK 信号先经带通滤波器滤除带外噪声，然后分为两路，分别与相干载波 $\cos\omega_c t$ 和 $\sin\omega_c t$ 相乘，获得同相分量和正交分量，再经过积分器，分别输出 αI_k 和 αQ_k（α 为比例常数）。同相支路在 $2kT_s$ 时刻抽样，正交支路在 $(2k+1)T_s$ 时刻抽样，判决器根据抽样后的信号极性进行判决，大于零判为"1"，小于零判为"0"，再经并/串变换，变为串行数据，最后经差分译码，即可恢复基带原始数据。

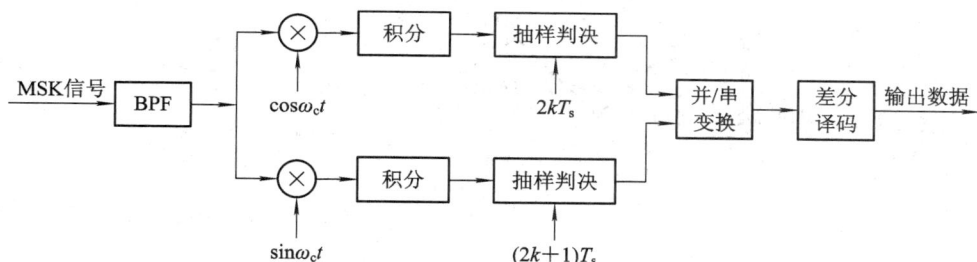

图 6-70　MSK 相干解调原理框图

四、GSM 系统中的 GMSK 调制

第二代移动通信系统 GSM 之所以选用 MSK 作为调制技术，是因为与 QPSK 等技术相比，MSK 更适合于在 2G 的窄带信道传输。MSK 与 QPSK 的归一化功率谱如图 6-71 所示。由图可见，MSK 信号的功率谱更加紧凑，功率谱在主瓣以外衰减更快，占用带宽更窄，抗干扰性更强。

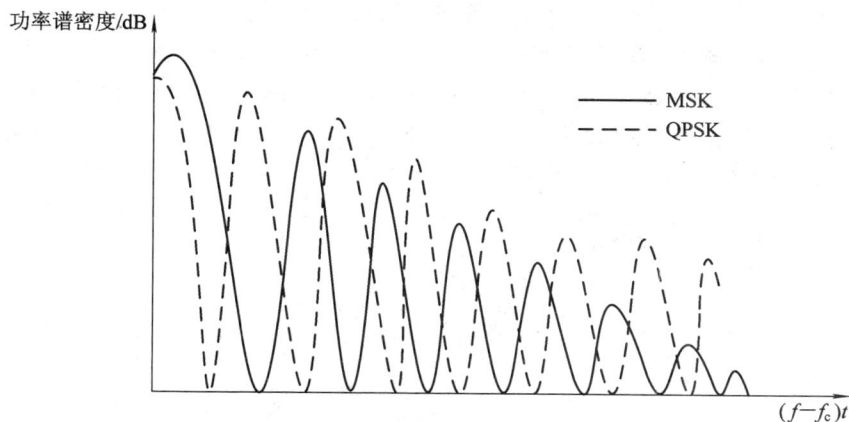

图 6-71　MSK 和 QPSK 的归一化功率谱

尽管如此，单纯采用 MSK 并不能满足 GSM 系统的要求，这是因为在移动通信系统中，对信号带外辐射功率的限制十分严格，一般衰减要求在 70～80 dB 以上。单纯的 MSK 不能满足要求，事实上 GSM 系统采用的是 MSK 的改进型——高斯最小频移键控（GMSK）。GMSK 以 MSK 为基础，在 MSK 调制之前增加一个高斯低通滤波器，其相位路径在符号转换时刻的轨迹比 MSK 调制更加圆滑、流畅。图 6-72 所示为对应基带二进制序列 $\{+1, -1, -1, +1, +1, +1, -1, +1, -1\}$ 的 MSK 和 GMSK 信号相位轨迹图。

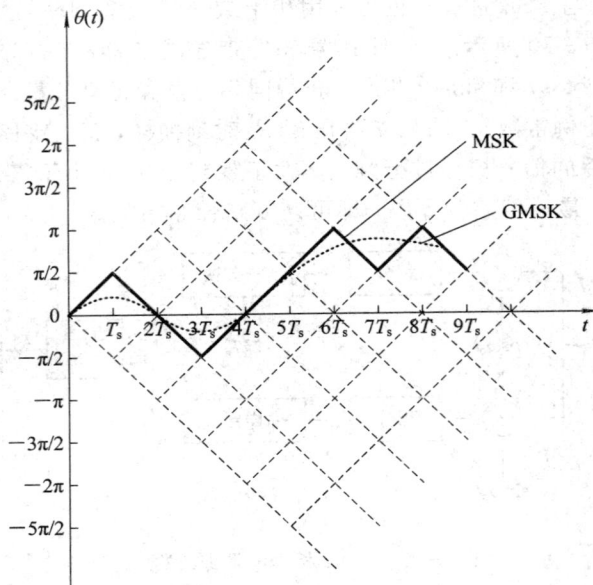

图 6-72　MSK 和 GMSK 信号相位轨迹图

　　GMSK 信号频谱的主瓣宽度由高斯低通滤波器的带宽决定。选择合适的高斯低通滤波器，GMSK 相比于 MSK 能够进一步减小调制频带的主瓣宽度，使旁瓣衰落更快，对相邻信道的干扰更小。GMSK 信号的归一化功率谱如图 6-73 所示。图中，横坐标为归一化频率$(f-f_c)T_s$，纵坐标为谱密度，参变量 B_bT_s 为高斯低通滤波器的归一化 3 dB 带宽 B_b 与码元长度 T_s 的乘积。所以 $B_bT_s=\infty$ 对应的曲线就是 MSK 信号的归一化功率谱。从图中可以看出，随着 B_bT_s 的减小，功率谱衰减明显加快。在 GSM 系统中，要求$(f-f_c)T_s=1.5$ 时功率谱密度低于 60 dB，从图上可以看出，$B_bT_s=0.3$ 时 GMSK 的功率谱即可满足 GSM 的要求。事实上，GSM 系统采用的就是 0.3GMSK，其中，0.3 指的是高斯低通滤波器的归一化 3 dB 带宽 B_b 与码元长度 T_s 的乘积 B_bT_s。

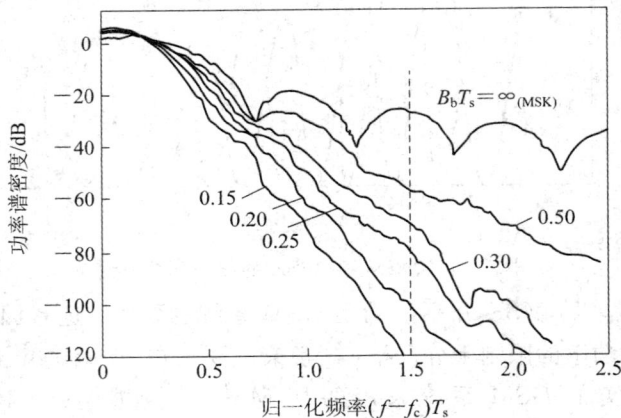

图 6-73　GMSK 的归一化功率谱

　　为什么 GSM 系统不采用更小的 B_bT_s 值呢？这是因为 GMSK 信号频谱特性的改善是

通过降低误码率性能换来的。前置滤波器的带宽越窄，输出功率谱就越紧凑，但同时误码率性能就会变得越差。因此，选用 0.3GMSK 既满足了 GSM 系统对功率谱的基本要求，同时也保证了误码性能不会更差。

案例分析

1. 已知图 6 - 66 所示的 MSK 信号的码元周期为 T_s。

（1）试求两个载波频率、中心载频、调频指数、带宽和频带利用率；

（2）试画出相应的相位轨迹路径图。

解　（1）由已知"一个码元周期包含 f_1 的 4 个半周，包含 f_2 的 3 个半周"可知 $T_s = \dfrac{4}{2f_1}$ 和 $T_s = \dfrac{3}{2f_2}$，可求出两个载波频率分别为

$$f_1 = \frac{2}{T_s}, \quad f_2 = \frac{3}{2T_s}$$

中心载频为

$$f_c = \frac{f_1 + f_2}{2} = \frac{7}{4T_s}$$

调频指数为

$$\beta_f = \frac{\Delta f}{f_s} = \Delta f \cdot T_s = \left(\frac{2}{T_s} - \frac{3}{2T_s}\right) \cdot T_s = \frac{1}{2}$$

根据子任务 6.1.2 中 2FSK 带宽计算公式，可求其带宽为

$$B_{MSK} = |f_1 - f_2| + 2f_s = \frac{5}{2T_s}$$

由码元周期为 T_s，可知码元速率 $R_b = \dfrac{1}{T_s}$；再根据任务 1.4 中频带利用率的计算公式可求其频带利用率为

$$\eta_b = \frac{R_b}{B_{MSK}} = \frac{2}{5} \text{ (b/s)/Hz}$$

（2）设该 MSK 信号起始相位为 0，则其相位轨迹路径如图 6 - 74 中粗线所示。

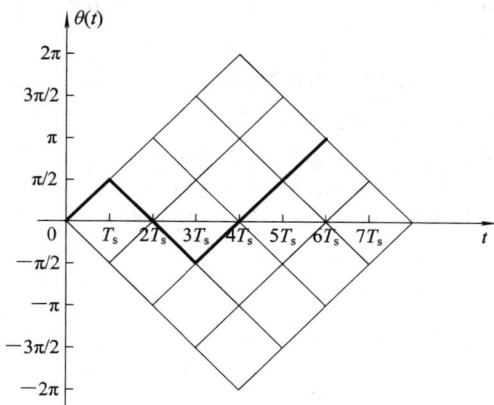

图 6 - 74　子任务 6.3.1 案例分析第 1 题图

2.（1）已知某 MSK 信号的相位轨迹如图 6-75 中粗线所示，试写出对应的二进制基带序列；

（2）又知该 MSK 信号的一个载频与码元频率的关系为 $f_1 = 2f_s$，且 $f_2 > f_1$，试求另一个载频，并画出该 MSK 信号的时域波形图。

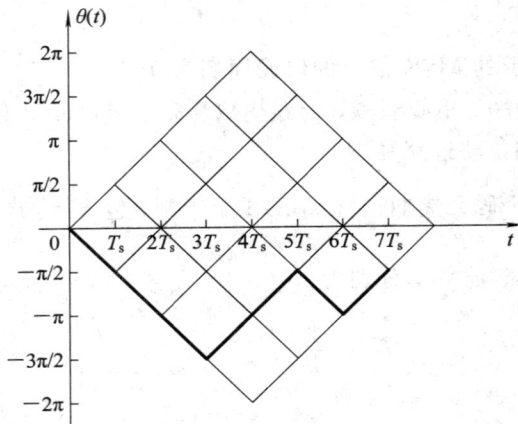

图 6-75　子任务 6.3.1 案例分析第 2 题图 1

解　（1）所求二进制基带序列为 $\{-1,-1,-1,+1,+1,-1,+1\}$。

（2）因为是 MSK 信号，所以有 $\beta_f = \dfrac{1}{2} = \dfrac{\Delta f}{f_s} = \dfrac{|f_1-f_2|}{f_s}$，且已知 $f_2 > f_1$，所以有 $\dfrac{1}{2} = \dfrac{f_2-f_1}{f_s}$，又知 $f_1 = 2f_s$，所以可求另一个载频 $f_2 = 2.5f_s$。所求 MSK 信号的时域波形图如图 6-76 所示。

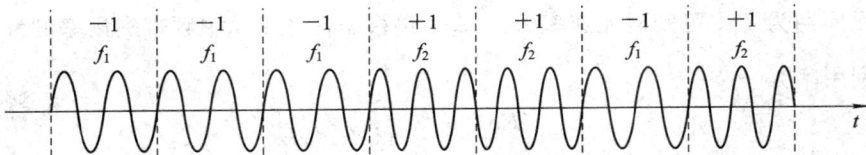

图 6-76　子任务 6.3.1 案例分析第 2 题图 2

3.已知输入基带数据序列为 $\{-1,1,1,-1,-1,-1,1,-1,1,1,-1,-1\}$，仿照表 6-3，列表求解对应的 MSK 信号的同相数据和正交数据。

解　仿照表 6-3，可得所求列表如表 6-4 所示。

表 6-4　子任务 6.3.1 案例分析第 3 题表

k	0	1	2	3	4	5	6	7	8	9	10	11	12
输入数据 a_k	1	-1	1	1	-1	-1	1	1	-1	1	1	-1	-1
差分编码	-1	-1	1	-1	-1	-1	1	1	1	-1	1	1	1
同相数据 I_k		-1		-1		-1		1		1		1	
正交数据 Q_k			1		-1		-1		1		1		1

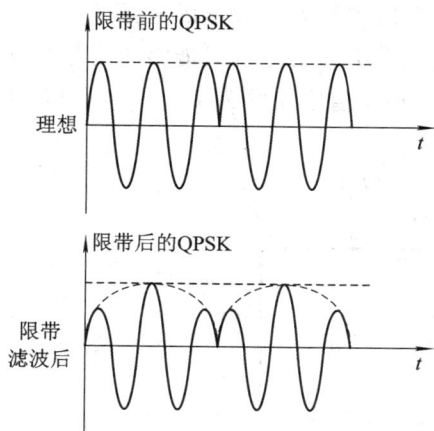

思考应答

1. 已知二进制数字序列的码元速率 $R_b=12$ kb/s，采用 MSK 调制传输，中心载频 $f_c=15$ kHz。

（1）求调频指数、两个载频频率、带宽和带宽利用率；

（2）若二进制序列为"10110101000"，试画出 MSK 波形及相应的路径网格图。

2. 已知输入基带数据序列为 $\{-1,-1,1,1,1,-1,-1,1,-1,1\}$，仿照表 6-3，列表求解对应的 MSK 信号的同相数据和正交数据。

子任务 6.3.2　了解 CDMA2000 系统中的 OQPSK 调制

必备知识

同 FSK 信号相似，QPSK 信号在码元变换处易产生 180°相位跳变（例如由 10→01，00→11 时），从而在限带滤波后导致包络起伏大、旁瓣分量增加。QPSK 信号限带前后的波形如图 6-77 所示。为克服此缺点，提出了 QPSK 的改进型——OQPSK（交错或偏移正交相移键控，Offset Quadri-Phase Shift Keying）。CDMA2000 系统从基站到手机的前向信道采用 QPSK 调制，反向信道就采用 OQPSK 调制。

OQPSK 的实现原理为：在原有 QPSK 产生电路的基础上，通过使正交支路延迟半个符号周期的方法，使同相和正交数据流在时间上错开半个码元周期，这样在相位转换处每次只有一路可能发生极性翻转，而不会发生两路同时翻转的现象，进而就避免了 180°相位跳变的发生，同时减小了包络起伏。这也是 OQPSK 得名的原因。OQPSK 的实现原理框图如图 6-78 所示，可以参照图 6-59 中 QPSK 的实现原理图对比学习。

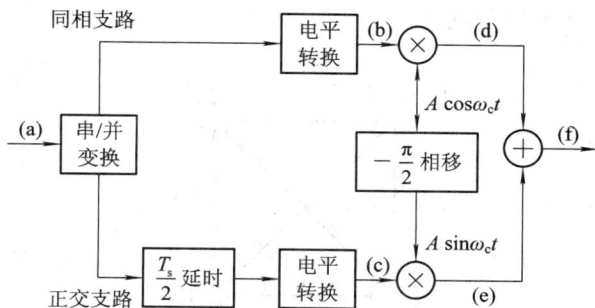

图 6-77　QPSK 信号限带前后的波形

图 6-78　OQPSK 的实现原理图

图 6-79 所示为 OQPSK 实现原理图中的各点波形图。其中（f）即为 OQPSK 的波形图，从中可以看出，在码元交界处相位的跳变只有 0°、±90°三种，没有更大的跳变。

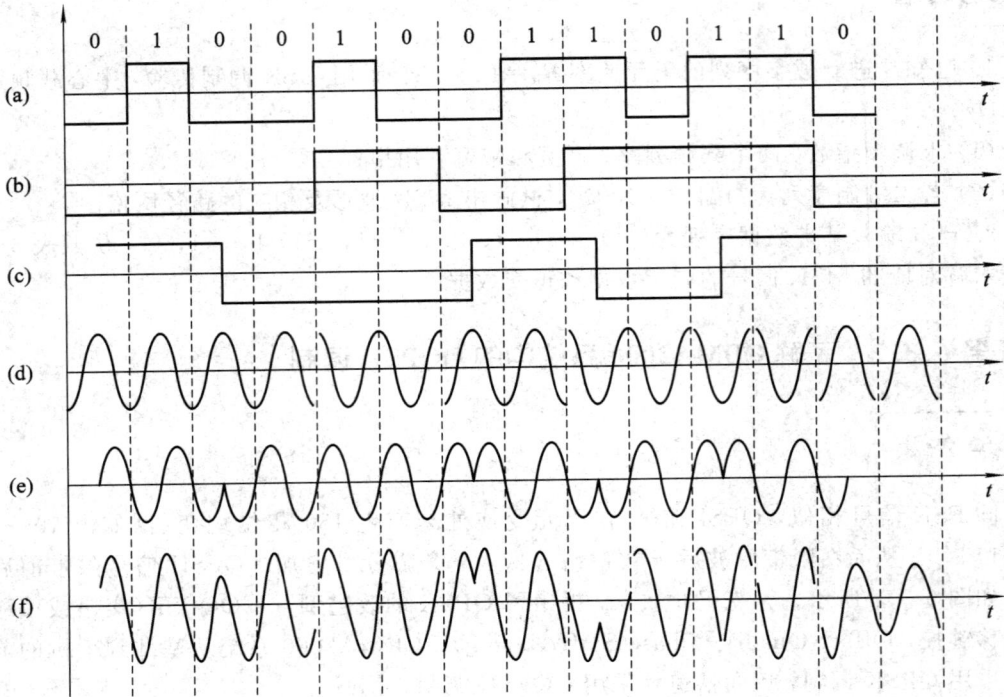

图 6-79　OQPSK 各点波形图

　　信号相位变化情况采用相位转移星座图的形式来说明更加直观。所谓星座图指的是信号矢量（相位和振幅）端点的分布图，相位转移星座图主要反映的是信号矢量端点的相位的变化情况。QPSK 和 OQPSK 的相位转移星座图分别如图 6-80(a) 和 (b) 所示。QPSK 信号可能发生 180° 的相位突变，因此，星座图中的信号点会出现沿着正方形的对角线移动的情况；OQPSK 信号相位只可能发生 ±90° 的变化，故星座图中的信号点只能沿正方形四边移动。经限带滤波器后，OQPSK 信号中包络的最大值与最小值之比约为 $2^{1/2}$，不再出现比值无限大的现象。

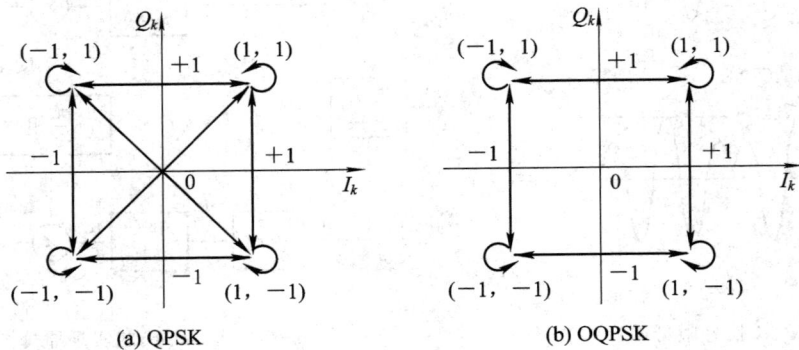

(a) QPSK　　　　　(b) OQPSK

图 6-80　相位转移星座图

　　OQPSK 信号的两个同相、正交支路如同两个独立的二相 PSK 支路，可以分别进行差分编码，以实现交错差分正交相移键控（ODQPSK）信号。其差分译码也比 QPSK 简单。

　　OQPSK 信号的解调也可采用相干解调，其实现原理框图如图 6-81 所示。其解调原理与 QPSK 基本相同（可以参照图 6-62 中 QPSK 的相干解调原理图对比学习），只是正交支路信号要与发送端保持一致，即在抽样判决前也应延迟 $\frac{T_s}{2}$。

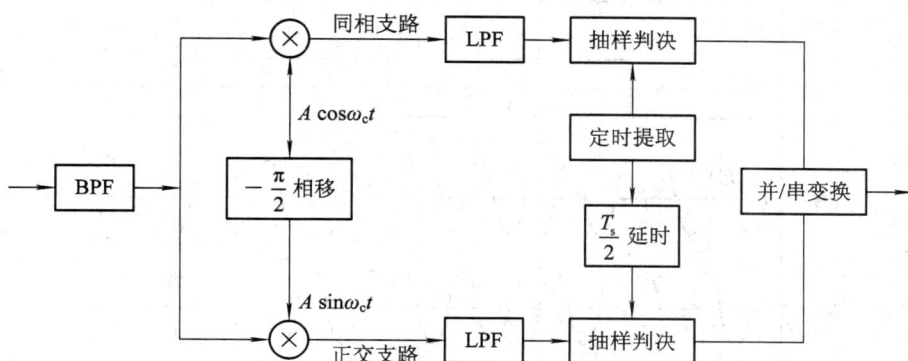

图 6-81　OQPSK 相干解调原理图

　　OQPSK 信号的功率谱与 QPSK 信号的功率谱形状相同，其主瓣包含功率的 92.5%，第一个零点在 $0.5f_s$ 处（而 QPSK 与 2PSK 相同，第一个零点在 f_s 处）。因此，频带受限的 OQPSK 信号包络起伏比频带受限的 QPSK 信号小，经限幅放大后频谱展宽的少，所以 OQPSK 的性能优于 QPSK，由于 OQPSK 信号采用相干解调方式，因此其误码性能同于相干解调的 QPSK。

　　QPSK 和 OQPSK 都属于非恒定包络调制技术，这类调制的功率放大器可以工作在非线性状态而不引起严重的频谱扩散，但它们存在频带利用率低的缺陷，显然不适应通信发展现状和趋势。各种具有高频带利用率的线性调制方式日益受到人们的关注，如 π/4-QPSK 和 QAM。

案例分析

　　1. 已知码元速率为 1000 波特，载频为 1 kHz，试画出二进制序列"100110110"对应 OQPSK 信号的波形。

　　解　由码元速率为 1000 波特，载频为 1 kHz，可知码元周期与载波周期相等。参照图 6-78 和图 6-79，所求 OQPSK 信号波形如图 6-82 所示。

　　2. 试画出第 1 题中 OQPSK 信号的相位转移星座图，并用序号标明顺序。

　　解　在第 1 题 OQPSK 信号码元转换处用序号进行标注，如图 6-83 所示。

　　由图 6-83 中的信号波形，将各个码元转换处的相位变化情况归纳如表 6-5 所示。所求相位转移星座图如图 6-84 所示。

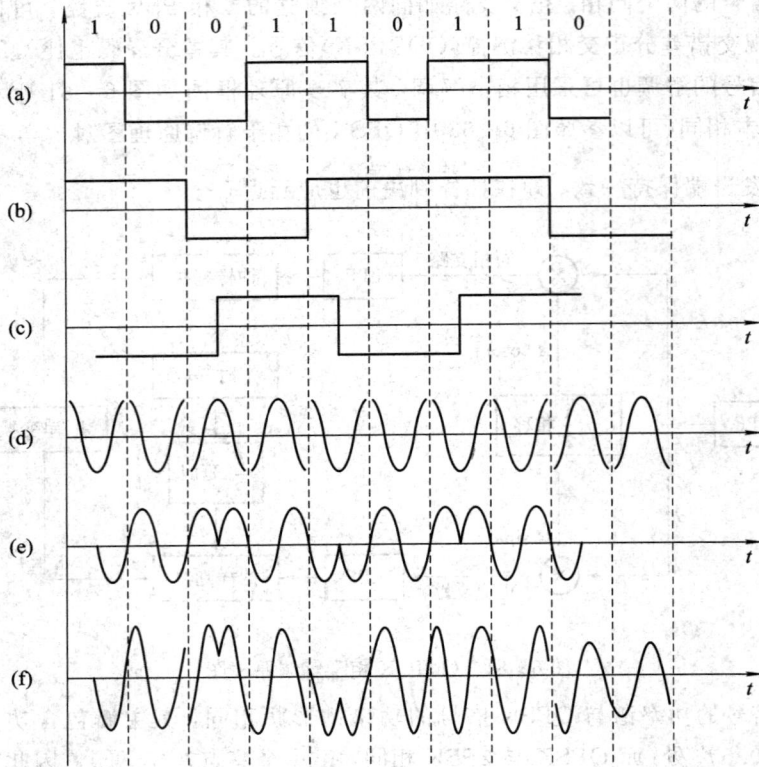

图 6-82　子任务 6.3.2 案例分析第 1 题图

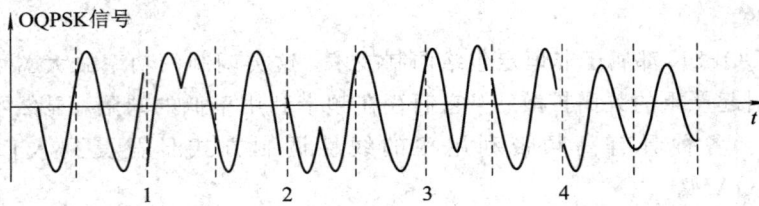

图 6-83　子任务 6.3.2 案例分析第 2 题图 1

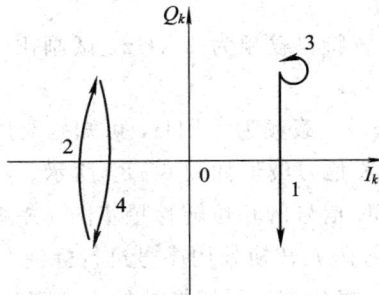

图 6-84　子任务 6.3.2 案例分析第 2 题图 2

表 6 - 5　子任务 6.3.2 案例分析第 2 题表

码元变换处	1	2	3	4
变换前的相位	45°	−135°	45°	135°
变换后的相位	−45°	135°	45°	−135°
相位变化	−90°	270°/−90°	0°	−270°/90°

思考应答

1. 已知载波速率与基带信号码元速率相同，试画出二进制序列"01101101"对应的 QPSK 和 OQPSK 信号的波形。

2. 试画出上题中 QPSK 和 OQPSK 信号的相位转移星座图，并用序号标明顺序。

子任务 6.3.3　了解 TDMA IS - 136 系统中的 $\pi/4$ - QPSK 调制

必备知识

OQPSK 虽然解决了 QPSK 信号 180°的相位跳变问题，但它不能采用差分相干解调方法进行信号解调。$\pi/4$ - QPSK 综合了 QPSK 和 OQPSK 的特点，既把码元转换时刻的相位跳变限制于 ±π/4 或 ±3π/4，没有 180°的相位突跳，又可以方便地采用差分相干解调，是适合于数字移动通信系统的调制方式之一。

$\pi/4$ - QPSK 是以 QPSK 为基础的改进型。$\pi/4$ - QPSK 调制器的原理框图如图6 - 85 所示。输入的二进制信息序列经过串/并变换后分为 S_I 和 S_Q 两路，再通过电平形成和低通滤波，然后分别对载波 $\cos\omega_c t$ 和 $\sin\omega_c t$ 进行调制，相加后便可产生 $\pi/4$ - QPSK 信号。与图 6 - 59 相比，$\pi/4$ - QPSK 的实现只是比 QPSK 多了两个低通滤波器而已。

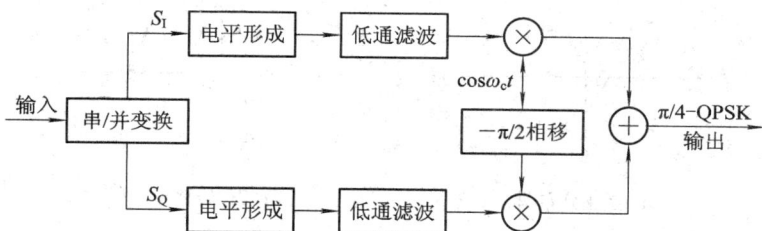

图 6 - 85　$\pi/4$ - QPSK 调制器原理框图

设已调 $\pi/4$ - QPSK 信号为

$$s_k(t) = \cos[\omega_c t + \theta_k] \tag{6-48}$$

式中，θ_k 为当前码元(持续时间为 $(kT,(k+1)T)$)的附加相位，其中 T 为 S_I 和 S_Q 的码元宽度，$T=2T_s$。θ_k 是前一码元附加相位 θ_{k-1} 与当前码元相位跳变量 $\Delta\theta_k$ 之和，即

$$\theta_k = \theta_{k-1} + \Delta\theta_k \qquad\qquad (6-49)$$

而当前码元的相位跳变量 $\Delta\theta_k$ 取决于串/并变换后的码组 S_I、S_Q，其具体关系如表 6-6 所示。

表 6-6 　 π/4-QPSK 的相位跳变规则

S_I	S_Q	$\Delta\theta_k$
1	1	$\pi/4$
-1	1	$3\pi/4$
-1	-1	$-3\pi/4$
1	-1	$-\pi/4$

　　π/4-QPSK 的相位跳变规则用相位转移星座图能够更清晰地表现出来。具体来看，QPSK 有四种状态，由其中一种状态可以转换为其他三种状态中的任何一个，相位跳变量可能为 $\pm\pi/2$ 或 $\pm\pi$，因而存在 180° 的相位变化。π/4-QPSK 将已调信号的相位均匀分割为相隔 $\pi/4$ 的 8 个相位点，并将它们再分为均匀分布的两组。设法使已调信号的相位在两组之间交替地跳变，这样的相位跳变量就只可能有 $\pm\pi/4$ 或 $\pm3\pi/4$ 的四种取值，而不会产生如 QPSK 信号那样的 180° 的相位变化。因而，信号的频谱特性得到了改善。π/4-QPSK 的星座图和相位转移图分别如图 6-86(a) 和 (b) 所示。图中，两组相位点分别用 "·" 和 "。" 表示。根据表 6-6 中 π/4-QPSK 的相位跳变规则，如果某码元周期内的相位状态是黑点中的一个（在 I/Q 轴上），则在下一个码元周期内相位状态只能是白点中的某一个（离开轴），反之亦然。例如，前一码元的附加相位为 0，当前输入码组 S_I、S_Q 为 $(1,1)$，则当前码元的附加相位应为 $\pi/4$，即 π/4-QPSK 信号由相位为 0 的黑点跳变至相位为 $\pi/4$ 的白点。若下一个输入码组为 $(-1,1)$，则 π/4-QPSK 信号将由相位为 $\pi/4$ 的白点跳变至相位为 $(\pi/4)+(3\pi/4)=\pi$ 的黑点。

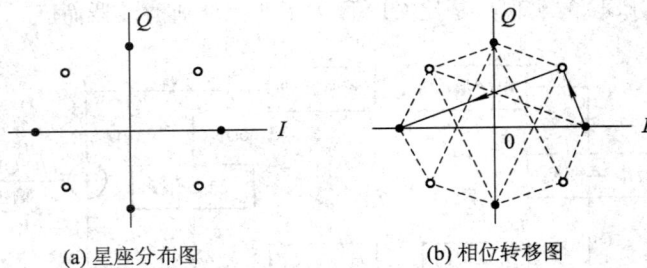

(a) 星座分布图　　　　　(b) 相位转移图

图 6-86 　 π/4-QPSK 星座图和相位转移图

　　π/4-QPSK 信号的产生还可以采用全数字式调制方式，如图 6-87 所示。π/4-QPSK 信号中所需要的八种相位状态由八相位载波发生器产生。这八种不同相位的载波作为八路输入选择器的输入，编码器和延时电路根据 π/4-QPSK 的编码特性把输入码元变换成八路输入选择器相应的三路地址输入，以选择对应的相位载波输出。其输出经带通滤波器后就生成 π/4-QPSK 已调信号。

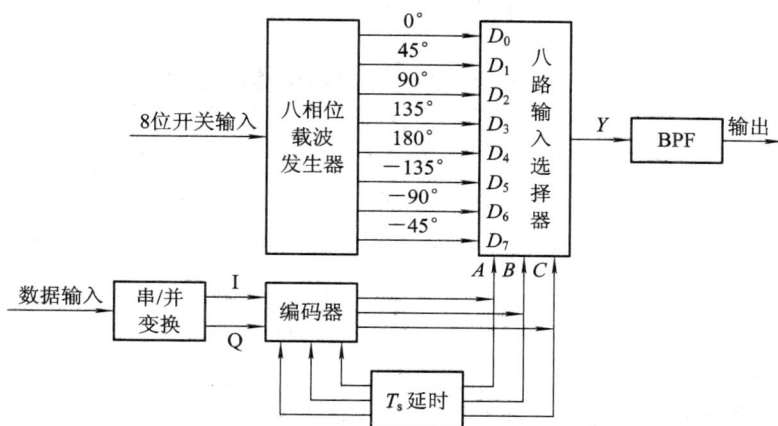

图 6-87　π/4-QPSK 全数字式调制器原理框图

如前所述，π/4-QPSK 除了对 QPSK 的相位跳变量有所改进外，解调方式是其另一个改进之处。QPSK 只能采用相干解调，而 π/4-QPSK 既可以采用相干解调、差分相干解调（或称差分延迟解调），也可以采用鉴频器检测等非相干解调方法。这里给出差分相干解调法的原理图，如图 6-88 所示。π/4-QPSK 信号先经过带通滤波器滤除带外噪声，然后分为两路，上支路与自身延时 T_s 后的信号相乘，下支路与自身延时 T_s 且经 $-\pi/2$ 相移后的信号相乘。接着分别通过低通滤波和抽样判决，最后经并/串变换还原出原始基带信号。

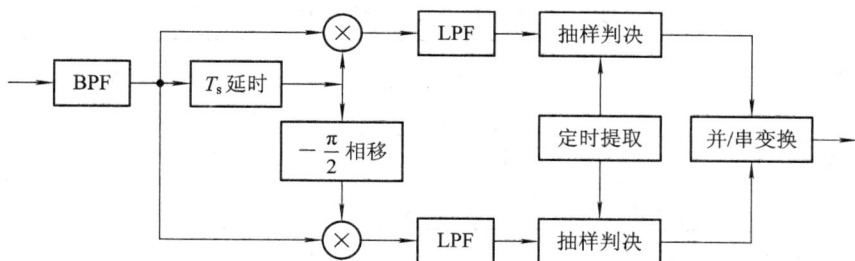

图 6-88　π/4-QPSK 差分相干解调原理图

π/4-QPSK 相位调制技术虽然产生的相位跳变比 OQPSK 大，但是由于可以采用差分相干解调，因此更适合于数字移动通信系统。它是 2G 移动通信中使用较多的一种调制方式，美国的 IS-136 数字蜂窝系统、日本的个人数字蜂窝系统（PDC）和美国的个人接入通信系统（PACS）都采用这种调制技术。

┌┈┈┈┈┈┈┈┈┐
┊ **案例分析** ┊
└┈┈┈┈┈┈┈┈┘

1. 设输入二进制序列为 $\{1,1,-1,1,1,-1,-1,1,1,-1\}$，试用列表形式求出 π/4-QPSK 信号的各个码元转换处的相位，并画出 π/4-QPSK 信号的时域波形图。

解　所求 π/4-QPSK 信号的码元转换处的相位如表 6-7 所示。在第一个数据行中，设上一个码元的起始相位 $\theta_{k-1}=0$，由第一个码组（1,1）查表 6-6 得到 $\Delta\theta_k$，再由式（6-49）

求出 θ_k。在第二个数据行中，上一行的 θ_k 成为 θ_{k-1}，由新的码组（−1，1）得到新的 $\Delta\theta_k$，再求出新的 θ_k。其余各行数据求法同上。

表 6−7　任务 6.3.3 案例分析第 1 题表

θ_{k-1}	S_I	S_Q	$\Delta\theta_k$	θ_k
0	1	1	$\pi/4$	$\pi/4$
$\pi/4$	−1	1	$3\pi/4$	π
π	1	−1	$-\pi/4$	$3\pi/4$
$3\pi/4$	−1	1	$3\pi/4$	$-\pi/2$
$-\pi/2$	1	−1	$-\pi/4$	$-3\pi/4$

所求 $\pi/4$−QPSK 信号的波形图如图 6−89 所示。

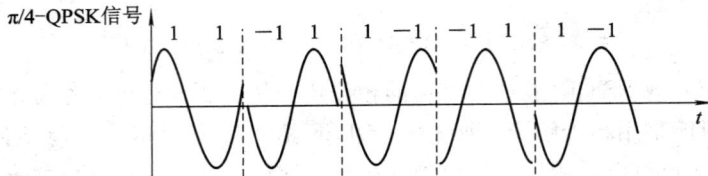

图 6−89　子任务 6.3.3 案例分析第 1 题图

2. 试求上题中 $\pi/4$−QPSK 信号的相位转移星座图。

解　将上题中 $\pi/4$−QPSK 信号各个码元转换处的相位变化情况归纳如表 6−8 所示。

表 6−8　子任务 6.3.3 案例分析第 2 题表

码元变换处	1	2	3	4
变换前的相位	$\pi/4$	π	$3\pi/4$	$-\pi/2$
变换后的相位	π	$3\pi/4$	$-\pi/2$	$-3\pi/4$
相位变化	$3\pi/4$	$-\pi/4$	$-5\pi/4（3\pi/4）$	$-\pi/4$

所求相位转移星座图如图 6−90 所示。

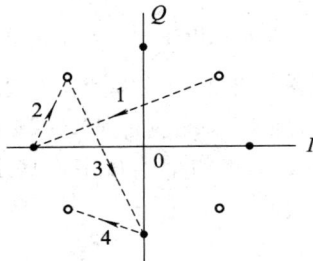

图 6−90　子任务 6.3.3 案例分析第 2 题图

思考应答

1. 设输入二进制序列为{−1，−1，1，1，−1，1，−1，1，1，−1}，试用列表形式求出 $\pi/4$−QPSK 信号各个码元转换处的相位，并画出 $\pi/4$−QPSK 信号时域波形图和相位转移星座图。

2. 试求上题中 $\pi/4$ – QPSK 信号的相位转移星座图。

子任务 6.3.4　了解 LTE 移动通信系统中的 64QAM 调制

必备知识

正交幅度调制（QAM）是一种幅度和相位联合键控（APK）的调制方式。由任务 6.2 的知识可知，系统的抗干扰能力与进制数 M 有关：M 越大，已调信号各种状态间的距离就越近，某种状态就越容易因受到干扰而变成另一种状态，从而产生误码，因而抗干扰能力越差。采用幅度和相位联合键控的方式能够在进制数不变的前提下有效地增大状态间的距离，从而明显提高系统的可靠性。

下面以星座图形式加以介绍。图 6–91(a)和(b)所示分别为 16PSK 和 16QAM 的星座图。16PSK 星座图中，16 个星座点均匀地分布于同一个圆周上，相邻星座点之间的距离都相等，所以所有星座点振幅都相等，相位都不同。16QAM 星座图中，16 个星座点分布于三个圆周上（内圆上有 4 个，中间圆周上有 8 个，外圆上有 4 个），因此共有三种振幅，共有12 种相位（在 45°、135°、225°和 315°上分别有两个星座点相位相同）。设 A 为外圆的半径，M 为进制数，L 为信号点在坐标轴上的投影数，则应有 $L=\sqrt{M}$。可以计算出两图中各端点之间的最小距离分别为

$$d_{16\text{QAM}} = \frac{\sqrt{2}}{L-1}A = \frac{\sqrt{2}}{\sqrt{M}-1}A = \frac{\sqrt{2}}{3}A \approx 0.74A \tag{6-50}$$

$$d_{16\text{PSK}} \approx \frac{2\pi}{M}A \approx 0.39A \tag{6-51}$$

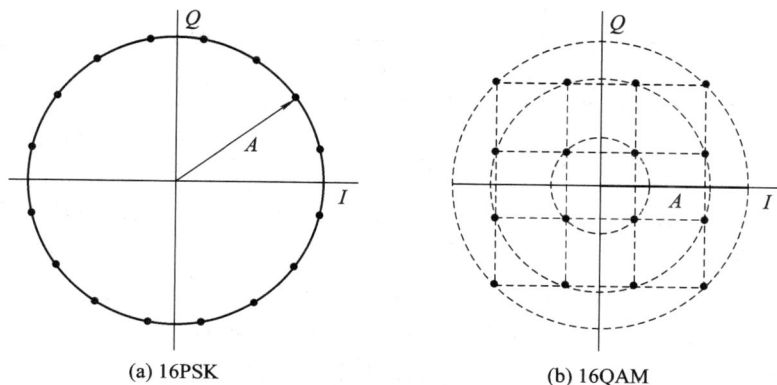

(a) 16PSK　　　　(b) 16QAM

图 6–91　16PSK 和 16QAM 信号的星座图

由上可见，16QAM 比 16PSK 端点间的最小距离要大得多，在噪声作用下由一个点误判为另一个点的可能性就小，抗干扰能力就强。实际上，MQAM 不存在二进制形式，4QAM 其实就是 4PSK。在 $M\geqslant 8$ 以后，MQAM 比 MPSK 的抗干扰能力强得多。

MQAM 的一般表达式为

$$s_{\text{MQAM}}(t) = \sum_n A_n g(t-nT_s)\cos(\omega_c t + \varphi_n) \tag{6-52}$$

式中，A_n 是基带信号幅度，$g(t-nT_s)$ 是宽度为 T_s 的单个基带信号波形。该式可以按三角公式展开为

$$s_{\mathrm{MQAM}}(t) = \left[\sum_n A_n g(t-nT_s)\cos\varphi_n \right]\cos\omega_c t - \left[\sum_n A_n g(t-nT_s)\sin\varphi_n \right]\sin\omega_c t \quad (6-53)$$

令 $X_n = A_n\cos\varphi_n$，$Y_n = A_n\sin\varphi_n$ 为 QAM 信号的振幅，则式(6-53)可以改写为

$$s_{\mathrm{MQAM}}(t) = \left[\sum_n X_n g(t-nT_s) \right]\cos\omega_c t - \left[\sum_n Y_n g(t-nT_s) \right]\sin\omega_c t$$
$$= X(t)\cos\omega_c t - Y(t)\sin\omega_c t \quad (6-54)$$

由上式可见，MQAM 是用两个独立的基带波形 $X(t)$ 和 $Y(t)$ 对两个相互正交的同频载波进行抑制载波双边带振幅调制，利用这种已调信号在同一频带内频谱正交的性能来实现两路并行数字信息的传输。这也是正交幅度调制（QAM）名称的由来。

MQAM 同 MPSK 一样，也可以采用正交调制的方法来实现。不同的是在 $M>4$ 时，MPSK 同相和正交两路基带信号的电平不是互相独立的，而是互相关联的；而 MQAM 的同相和正交两路基带信号的电平是相互独立的。MQAM 的实现原理框图如图 6-92 所示。输入的二进制数字信号经串/并变换后，由一路速率为 R_b 的序列变为两路速率为 $R_b/2$ 的两电平序列。再经 $2-L$ 电平转换后又变成速率为 $R_b/(2\ \mathrm{lb}M)$ 的 L 电平信号，然后通过低通滤波器的限带处理后分别与两个正交的载波相乘，最后相加即产生 MQAM 信号。

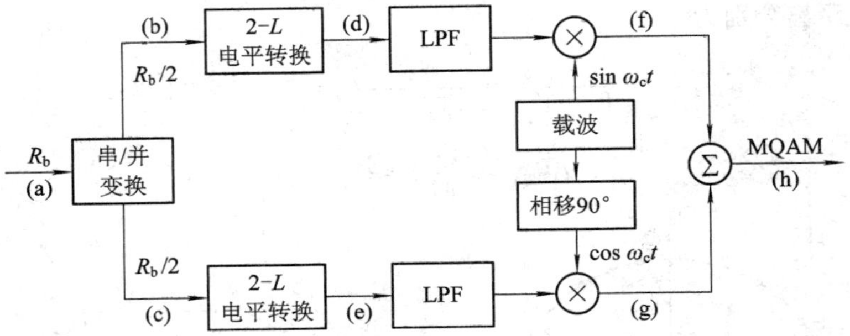

图 6-92 MQAM 的实现原理图

图 6-93 所示为以信息序列"10101001110101000101011"为例的对应 16QAM 的实现原理图中各点的波形图。

与 MPSK 相似，MQAM 信号的解调也可以采用正交相干解调法，其实现原理框图如图 6-94 所示。接收到的 MQAM 信号首先分为同相和正交两路，分别与两个正交的载波相乘，再通过低通滤波后恢复成 L 电平的基带信号，然后经具有 $L-1$ 个门限电平的判决器抽样判决后，分别恢复出速率为 $R_b/2$ 的二进制序列，最后经并/串变换由两路合并成为一路速率为 R_b 的二进制序列输出。

作为一种联合键控技术，MQAM 能够有效增大信号点间的距离，从而提高抗干扰能力，同时，MQAM 是一种线性调制，具有较高的频带利用率，因此，MQAM 是当代通信领域中应用最为广泛的一种调制方式。目前，64QAM 已经广泛应用于 4G 移动通信、有线电视以及卫星通信系统中。

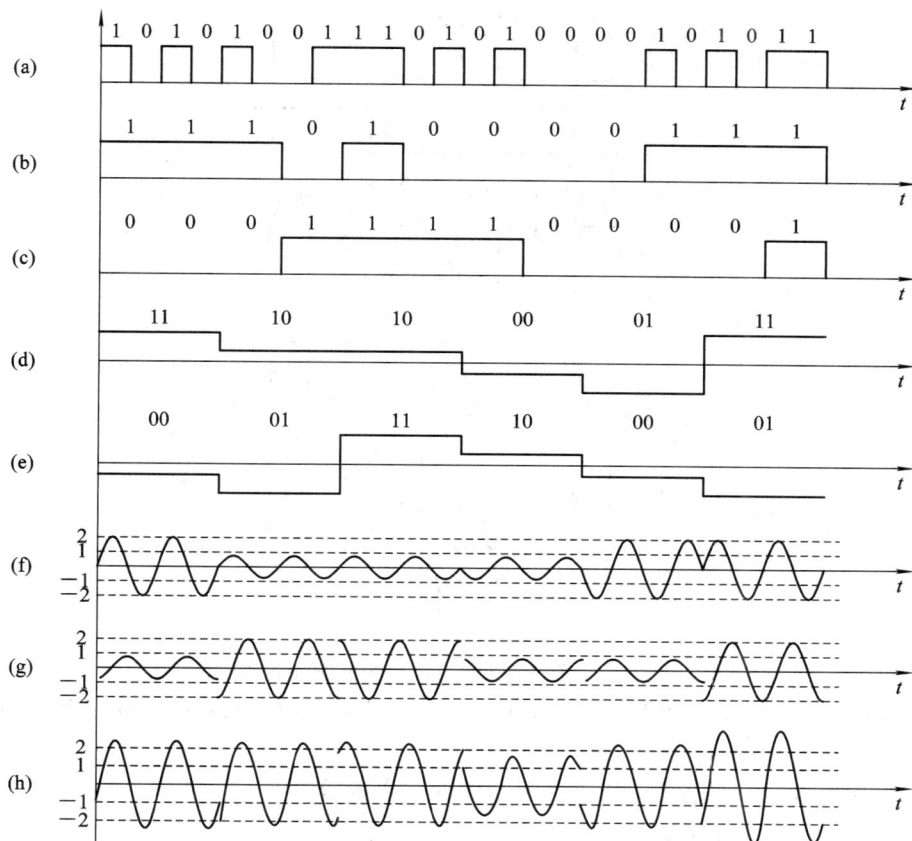

图 6-93　16QAM 的各点波形图

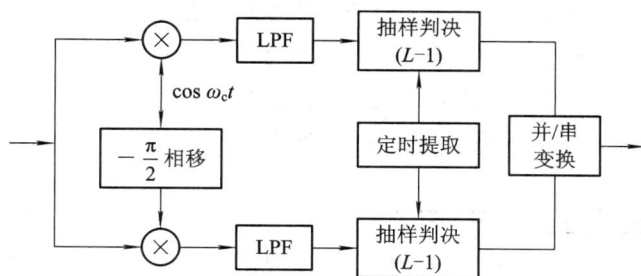

图 6-94　MQAM 正交相干解调法

┌┈┈┈┈┈┈┈┈┈┈┈┐
　案例分析
└┈┈┈┈┈┈┈┈┈┈┈┘

1. 试画出二进制序列"101001001010"对应的 QPSK 和 4QAM 信号波形图。

解　对比分析可知，当 $M=4(L=2)$ 时，MQAM 实现原理图中的"$2-L$ 电平转换"其实就是单极性码转双极性码的电平转换，与 QPSK 的实现原理图是完全相同的，因此 4QAM 信号就是 QPSK 信号，二者的产生过程及最终的波形图完全相同。对照图 6-92 中各点，所求信号波形如图 6-95 所示。

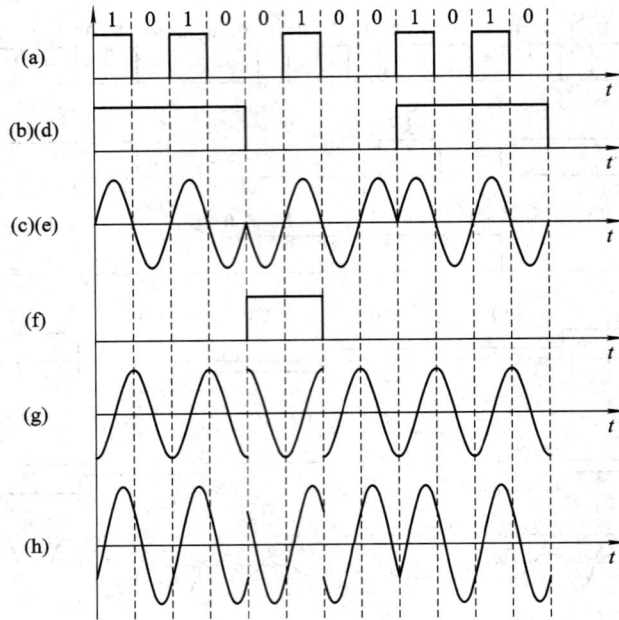

图 6-95　子任务 6.3.4 案例分析第 1 题图

2. 试画出信息序列"00001001100101001010101011"对应的 16QAM 实现原理图中的各点波形图。

解　对照图 6-92 中各点，所求波形如图 6-96 所示。

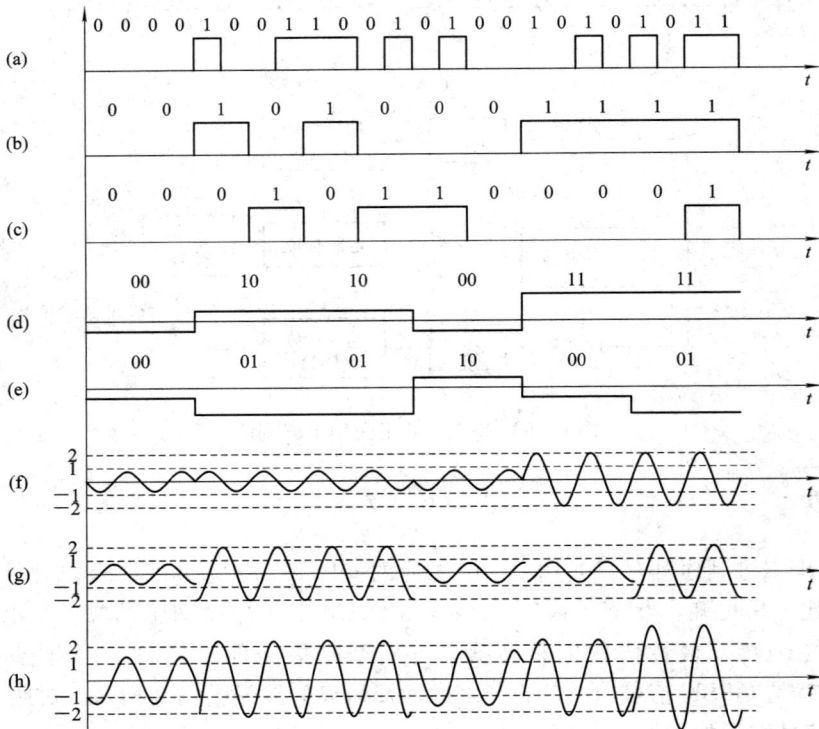

图 6-96　子任务 6.3.4 案例分析第 2 题图

3. 试分别画出上题中和图 6-93 中的 16QAM 信号的相位转移星座图。

解　四位二进制数可以编码对应一位十六进制符号。由 16QAM 的生成过程也可知，四位二进制数据生成一个 16QAM 符号。因此可将二进制信息序列每四位分为一组。对应信息序列中的第一组数据"0000"，由其对应波形可知其振幅为三种振幅中最小的，因此其对应的星座点应位于图 6-91 中三个圆中的内圆周上。再由其波形相位（为 $-135°$）可最终确知其星座点的位置。由信息序列中的其他各组数据求对应星座点的方法相同。所以，对应上题中和图 6-93 中的 16QAM 信号的相位转移星座图分别如图 6-97(a) 和 (b) 所示。

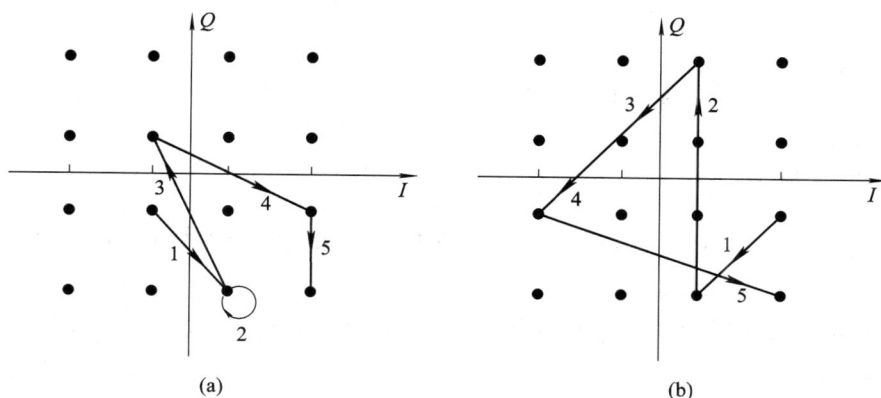

图 6-97　子任务 6.3.4 案例分析第 3 题图

4. 由上题中确定的星座点对应的二进制数据编码（分别如图 6-98(a) 和 (b) 所示），试将整个星座图中的编码数据补充完整。

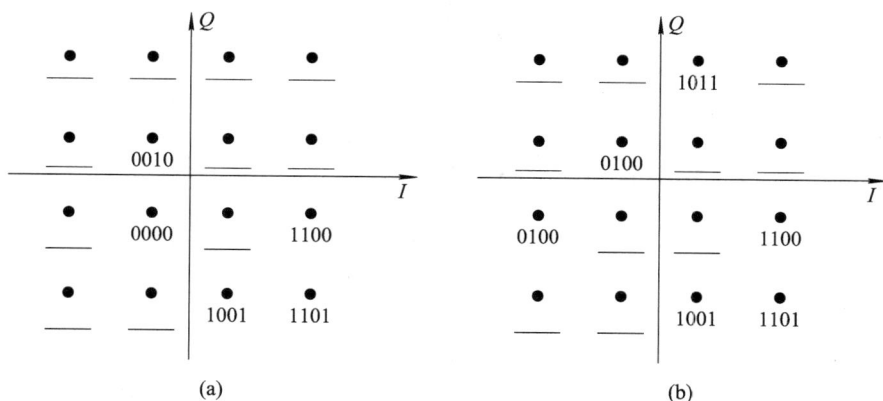

图 6-98　子任务 6.3.4 案例分析第 4 题图 1

解　结合上题中已有数据编码和 16QAM 信号生成过程中 $2-L$ 电平转换时编码的特点，可得整个星座图的编码如图 6-99 所示。

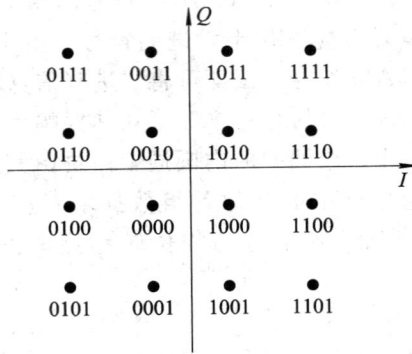

图 6-99　子任务 6.3.4 案例分析第 4 题图 2

┌─ 思 考 应 答 ─┐

1. 试根据图 6-91 中的 16QAM 星座图分别画出 8QAM 和 64QAM 星座图，并分别计数其星座点包含的相位和振幅的个数。

2. 试画出信息序列"0001111101100111"对应的 16QAM 实现原理图中的各点波形图及相位转移星座图。

思考应答参考答案

附　　录

附录1　常用三角公式

1. 和差化积公式

$$\sin x + \sin y = 2\sin\left(x + \frac{y}{2}\right) \times \cos\left(x - \frac{y}{2}\right)$$

$$\sin x - \sin y = 2\cos\left(x + \frac{y}{2}\right) \times \sin\left(x - \frac{y}{2}\right)$$

$$\cos x + \cos y = 2\cos\left(x + \frac{y}{2}\right) \times \cos\left(x - \frac{y}{2}\right)$$

$$\cos x - \cos y = -2\sin\left(x + \frac{y}{2}\right) \times \sin\left(x - \frac{y}{2}\right)$$

2. 两角和差公式

$$\sin(x \pm y) = \sin x \times \cos y \pm \cos x \times \sin y$$

$$\cos(x \pm y) = \cos x \times \cos y \mp \sin x \times \sin y$$

3. 积化和差公式

$$\sin x \sin y = -\frac{1}{2} \times [\cos(x+y) - \cos(x-y)]$$

$$\cos x \cos y = \frac{1}{2} \times [\cos(x+y) + \cos(x-y)]$$

$$\sin x \cos y = \frac{1}{2} \times [\sin(x+y) + \sin(x-y)]$$

4. 二倍角公式

$$\sin(2x) = 2\sin x \cos x$$

$$\cos(2x) = \cos^2 x - \sin^2 x = 2\cos^2 x - 1 = 1 - 2\sin^2 x$$

5. 半角公式

$$\sin^2\left(\frac{x}{2}\right) = \frac{1 - \cos x}{2}, \quad \cos^2\left(\frac{x}{2}\right) = \frac{1 + \cos x}{2}$$

6. 其他公式

$$\cos^2\theta = \frac{1}{2}(1 + \cos 2\theta), \quad \sin^2\theta = \frac{1}{2}(1 - \cos 2\theta)$$

$$a \times \sin a + b \times \cos a = \text{sqrt}(a^2 + b^2)\sin(a+c)\left(其中, \tan c = \frac{b}{a}\right)$$

$$a \times \sin a - b \times \cos a = \text{sqrt}(a^2 + b^2)\cos(a-c)\left(其中, \tan c = \frac{a}{b}\right)$$

附录 2　贝塞尔(Bessel)函数表

β n	0.5	1	2	3	4	6	8	10	12
0	0.9385	0.7652	0.2239	−0.2601	−0.3971	0.1506	0.1717	−0.2459	0.0477
1	0.2423	0.4401	0.5767	0.3391	−0.0660	−0.2767	0.2346	0.0435	−0.2234
2	0.0306	0.1149	0.3528	0.4861	0.3641	−0.2429	−0.1130	0.2546	−0.0849
3	0.0026	0.0196	0.1289	0.3091	0.4302	0.1148	−0.2911	0.0584	0.1951
4	0.0002	0.0025	0.0340	0.1320	0.2811	0.3576	−0.1054	−0.2196	0.1825
5		0.0002	0.0070	0.0430	0.1321	0.3621	0.1858	−0.2341	−0.0735
6			0.0012	0.0114	0.0491	0.2458	0.3376	−0.0145	−0.2437
7			0.0002	0.0025	0.0152	0.1296	0.3206	0.2167	−0.1703
8				0.0005	0.0040	0.0565	0.2235	0.3179	0.0451
9				0.0001	0.0009	0.0212	0.1263	0.2919	0.2304
10					0.0002	0.0070	0.0608	0.2075	0.3005
11						0.0020	0.0256	0.1231	0.2704
12						0.0005	0.0096	0.0634	0.1953
13						0.0001	0.0033	0.0290	0.1201
14							0.0010	0.0120	0.0650

附录 3　高斯误差函数表

η	erf(η)	η	erf(η)	η	erf(η)
0.00	0.00000	0.20	0.22270	0.40	0.42839
0.02	0.02256	0.22	0.24430	0.42	0.44747
0.04	0.04511	0.24	0.26570	0.44	0.46623
0.06	0.06762	0.26	0.28690	0.46	0.48466
0.08	0.09008	0.28	0.30788	0.48	0.50275
0.10	0.11246	0.30	0.32863	0.50	0.52050
0.12	0.13476	0.32	0.34913	0.52	0.53790
0.14	0.15695	0.34	0.36936	0.54	0.55494
0.16	0.17901	0.36	0.38933	0.56	0.57162
0.18	0.20094	0.38	0.40901	0.58	0.58792

η	erf(η)	η	erf(η)	η	erf(η)
0.60	0.60386	1.28	0.92973	1.96	0.99443
0.62	0.61941	1.30	0.93401	1.98	0.99489
0.64	0.63459	1.32	0.93807	2.00	0.99532
0.66	0.64938	1.34	0.94191	2.02	0.99572
0.68	0.66378	1.36	0.94556	2.04	0.99609
0.70	0.67780	1.38	0.94902	2.06	0.99642
0.72	0.69143	1.40	0.95229	2.08	0.99673
0.74	0.70468	1.42	0.95538	2.10	0.99702
0.76	0.71754	1.44	0.95830	2.12	0.99728
0.78	0.73001	1.46	0.96105	2.14	0.99753
0.80	0.74210	1.48	0.96365	2.16	0.99775
0.82	0.75381	1.50	0.96611	2.18	0.99795
0.84	0.76514	1.52	0.96841	2.20	0.99814
0.86	0.77610	1.54	0.97059	2.22	0.99831
0.88	0.78669	1.56	0.97263	2.24	0.99846
0.90	0.79691	1.58	0.97455	2.26	0.99861
0.92	0.80677	1.60	0.97635	2.28	0.99874
0.94	0.81627	1.62	0.97804	2.30	0.99886
0.96	0.82542	1.64	0.97962	2.32	0.99897
0.98	0.83423	1.66	0.98110	2.34	0.99906
1.00	0.84270	1.68	0.98249	2.36	0.99915
1.02	0.85084	1.70	0.98379	2.38	0.99924
1.04	0.85865	1.72	0.98500	2.40	0.99931
1.06	0.86614	1.74	0.98613	2.42	0.99938
1.08	0.87333	1.76	0.98719	2.44	0.99944
1.10	0.88020	1.78	0.98817	2.46	0.99950
1.12	0.88679	1.80	0.98909	2.48	0.99955
1.14	0.89308	1.82	0.98994	2.50	0.99959
1.16	0.89310	1.84	0.99074	2.60	0.99976
1.18	0.90584	1.86	0.99147	2.70	0.99987
1.20	0.91031	1.88	0.99216	2.80	0.99992
1.22	0.91553	1.90	0.99279	2.90	0.99996
1.24	0.92051	1.92	0.99338	3.00	0.99998
1.26	0.92524	1.94	0.99392	∞	1.00000

附录 4　英文缩写名词对照表

缩写字母	英文全称	中文译名
ADPCM	Adaptive Differential Pulse Coding Modulation	自适应差分脉冲编码调制
AM	Amplitude Modulation	幅度调制
AMI	Alternate Mark Inversion	传号交替反转码
AMR	Adaptive Multi－Rate	自适应多速率
APC	Adaptive Predictive Coding	自适应预测编码
APK	Amplitude and Phase Keying	幅相键控
ARQ	Automatic Repeat reQuest	自动重发请求
ASK	Amplitude Shift Keying	幅移键控
BPF	Band Pass Filter	带通滤波器
BSIC	Basic Station Identity Code	基站识别码
CDM	Code Division Multiplexing	码分复用
CDMA	Code Division Multiple Access	码分多址接入
CMI	Coded Mark Inversion	传号反转码
CPFSK	Continuous Phase Frequency Shift Keying	连续相位频移键控
CRC	Cyclic Redundancy Check	循环冗余校验码
CVSD	Continuously Variable Slope Delta－demodulator	连续可变斜率增量调制
DAC	Digital－to－Analog Converter	数模转换器
DCT	Discrete Cosine Transformation	离散余弦变换
DM	Delta Modulation	增量调制
DSB	Double Side－Band	双边带
DPCM	Differential Pulse Coding Modulation	差分脉冲编码调制
DPSK	Differential Phase Shift Keying	差分相移键控
EHF	Extremely High Frequency	极高频
ErCF	Error Complementary Function	互补误差函数
ErF	Error Function	误差函数
FDM	Frequency Division Multiplexing	频分复用
FDMA	Frequency Division Multiple Access	频分多址接入
FEC	Forward Error Correction	前向纠错
FM	Frequency Modulation	频率调制
FSK	Frequency Shift Keying	频移键控

续表一

缩写字母	英文全称	中文译名
GMSK	Gauss Minimum frequency Shift Keying	高斯最小频移键控
GPS	Global Positioning System	全球定位系统
GSM	Global System for Mobile communication	全球移动通信系统
HDB	High Density Bipolar	高密度双极性
HEC	Hybrid Error Correction	混合纠错
HF	High Frequency	高频
IEC	International Electrotechnical Commission	国际电工委员会
ISDN	Integrated Service Digital Network	综合业务数字网
ISO	International Standardization Organization	国际标准化组织
ITU	International Telecommunication Union	国际电信联盟
LF	Low Frequency	低频
LPC	Linear Predictive Coding	线性预测编码
LPF	Low Pass Filter	低通滤波器
MASK	Multi – system Amplitude Shift Keying	多进制幅移键控
MDPSK	Multi – system Differential Phase Shift Keying	多进制差分相移键控
MFSK	Multi – system Frequency Shift Keying	多进制频移键控
MPEG	Moving Picture Experts Group	动态图像专家组
MPSK	Multi – system Phase Shift Keying	多进制相移键控
MQAM	Multi – system Quadrature Amplitude Modulation	多进制正交幅度调制
MSK	Minimum frequency Shift Keying	最小频移键控
MF	Medium Frequency	中频
NBFM	Narrow – Band Frequency Modulation	窄带调频
NRZ	Not Return to Zero	不归零
OFDM	Orthogonal Frequency Division Multiplexing	正交频分复用
OOK	On – Off Keying	开关键控
OQPSK	Offset Quaternary Phase Shift Keying	交错四进制相移键控
PACS	Personal Access Communication System	个人接入通信系统
PAM	Pulse Amplitude Modulation	脉冲幅度调制
PCM	Pulse Coding Modulation	脉冲编码调制
PDC	Personal Digital Cellular	个人数字蜂窝
PDH	Pseudo – Synchronous Digital Hierarchy	准同步数字系列

缩写字母	英文全称	中文译名
PDM	Pulse Duration Modulation	脉宽调制
PDMA	Packet Division Multiple Access	包分多址接入
PLL	Phase Lock Loop	锁相环
PN	Pseudo – random Noise；Pseudo – random Number	伪随机噪声；伪随机数
PM	Phase Modulation	相位调制
PPM	Pulse Position Modulation	脉位调制
PSK	Phase Shift Keying	相移键控
PWM	Pulse Width Modulation	脉宽调制
QAM	Quadrature Amplitude Modulation	正交幅度调制
QPSK	Quaternary Phase Shift Keying	四进制相移键控
RPE – LTP	Regular Pulse Excited – Linear Predictive Code	规则脉冲激励线性预测编码
RZ	Return to Zero	归零
SC – DSB	Suppressed Carrier – Double Side – Band	抑制载波双边带
SDM	Space Division Multiplexing	空分复用
SDMA	Space Division Multiple Access	空分多址接入
SHF	Super High Frequency	超高频
SNR	Signal Noise Ratio	信噪比
SSB	Single Side – Band	单边带
TACS	Total Access Communication System	全接入通信系统
TDM	Time Division Multiplexing	时分复用
TDMA	Time Division Multiple Access	时分多址接入
TS	Time Slot	时隙
UHF	Ultra High Frequency	特高频
VCEG	Video Coding Experts Group	视频编解码专家组
VCO	Voltage – Controlled Oscillator	压控振荡器
VHF	Very High Frequency	甚高频
VLF	Very Low Frequency	甚低频
VSB	Vestigial Side – Band	残留边带
WBFM	Wide – Band Frequency Modulation	宽带调频
WDM	Wave Division Multiplexing	波分复用

参 考 文 献

［1］　樊昌信，张甫翊，徐炳祥，等. 通信原理. 5 版. 北京：国防工业出版社，2001.

［2］　曹志刚，钱亚生. 现代通信原理. 北京：清华大学出版社，2000.

［3］　崔雁松，李志菁. 通信原理. 北京：北京师范大学出版社，2012.

［4］　孙学军，王秉钧. 通信原理. 北京：电子工业出版社，2001.

［5］　沈保锁，侯春萍. 现代通信原理. 北京：国防工业出版社，2002.

［6］　杜思深，林家薇，庞宝茂，等. 现代通信原理. 北京：清华大学出版社，2004.

［7］　谭中华，郭兵. 现代通信技术. 北京：机械工业出版社，2006.

［8］　南利平. 通信原理简明教程. 北京：清华大学出版社，2003.

［9］　苗长云，沈保锁. 现代通信原理及应用. 北京：电子工业出版社，2005.

［10］　孙学军. 通信原理教程. 北京：人民邮电出版社，2007.

［11］　梅开乡，化雪荟，李猛. 通信原理. 北京：北京师范大学出版社，2007.

［12］　黄葆华，牟华坤. 通信原理. 西安：西安电子科技大学出版社，2007.

［13］　王秉钧，窦晋江，张广森，等. 通信原理及其应用. 天津：天津大学出版社，2000.

［14］　沈越泓，高媛媛，魏以民. 通信原理. 北京：机械工业出版社，2004.

［15］　崔琳莉等. 通信原理. 北京：国防工业出版社，2015.

［16］　钱学荣，王禾. 通信原理学习指导. 北京：电子工业出版社，2002.

［17］　沈保锁，侯春萍. 现代通信原理题解指南. 北京：国防工业出版社，2005.